北京市高等教育精品教材立项项目

认知神经科学导论

沈　政　方　方　杨炯炯　等编著

图书在版编目(CIP)数据

认知神经科学导论/沈政,方方,杨炯炯等编著. —北京:北京大学出版社,2010.5
ISBN 978-7-301-15857-9

Ⅰ.认…　Ⅱ.①沈…　②方…　③杨…　Ⅲ.认知科学-概论　Ⅳ.B842.1

中国版本图书馆 CIP 数据核字(2009)第 171198 号

书　　名:认知神经科学导论
著作责任者:沈　政　方　方　杨炯炯　等编著
责 任 编 辑:陈小红
标 准 书 号:ISBN 978-7-301-15857-9/B·0828
出 版 发 行:北京大学出版社
地　　址:北京市海淀区成府路 205 号　100871
网　　址:http://www.pup.cn
新 浪 微 博:@北京大学出版社
电 子 信 箱:zpup@pup.cn
电　　话:邮购部 62752015　发行部 62750672　编辑部 62752021
出版部 62754962
印 刷 者:三河市北燕印装有限公司
经 销 者:新华书店
787 毫米×960 毫米　16 开本　16.75 印张　356 千字
2010 年 5 月第 1 版　2024 年 8 月第 9 次印刷
定　　价:38.00 元

内 容 介 绍

作为大学本科教育的基本教材，本书由三部分共十二章组成。第一部分(第 1、2 章)介绍了认知神经科学的理论概念、方法学原理和相关学科的基础知识；第二部分(第 3～7 章)是本书的主要内容，分别讨论了知觉、注意、学习记忆、语言思维和社会情感等认知神经科学基础知识；第三部分(第 8～12 章)分别讨论了成瘾行为、测谎、精神疾病和脑与心理发展障碍等问题的当代研究进展，它是第二部分内容的延伸与扩展，使认知神经科学基础知识更贴近社会生活和疾病等重要问题。

本书的特点在于它的系统性、前沿性和广泛性。系统性是指其对基本心理过程的认知神经科学知识进行系统性介绍；前沿性在于它吸收了认知神经科学近几年的最新研究成果，引用了较多 2008—2009 年的文献资料；广泛性指它蕴涵的多方面的内容都与社会生活息息相关。

本书不仅适用于心理学、教育学、医学等院系的本科基础教学，还可作为法律、哲学和计算机科学等专业的教学参考书，作为提高基础理论水平的读物并有助于上述各领域的研究人员扩展知识、提高理论水平。

前　言

认知神经科学是当代国际前沿科学之一，它采用无创性脑成像技术和有创性动物实验相结合的策略，揭示智能和情感活动的脑功能基础。简言之，这是运用当代科学手段揭示大脑奥秘的科学领域。自从1995年它以高度跨学科的姿态展现在科学界以来，仅仅十多年就已经取得很大的进展：加深了对基本认知过程的脑科学认识，开拓了社会情感认知神经科学的新领域，并为许多重大脑疾病揭示出前所未有的新科学事实。

1879年冯特在德国莱比锡大学建立世界上第一个心理学实验室，标志着科学心理学的开端。实验心理学从感觉阈值的测定和记忆与遗忘曲线等简单心理现象的实验分析做起；即使是生理学和心理学交叉的生理心理学，在20世纪上半叶，仍然只能以动物跑迷宫或经典条件反射为手段研究脑和行为之间的关系。20世纪60～80年代，认知心理学创建的初期，也只能在知觉、注意和记忆等心理活动实验中，分析它们的认知加工过程；对这一过程的脑功能基础，只能靠事件相关电位和外周生理参数进行粗略的研究，并在20世纪60年代导致心理生理学分支学科的诞生。与以往的历史不同，认知神经科学在相关学科研究的基础上，很快就开拓出社会情感认知神经科学的新领域，研究人们社会交流和理解他人的脑科学基础，为探索社会相关的脑科学问题奠定了基础。2008年11月，著名认知神经科学权威Gagganiga在*Neuron*杂志上，以“法律与神经科学”为题发表评论，他认为认知神经科学为一些社会伦理学和法律问题提供了良好的科学基础，为一些行为的法律界定提供了科学手段。他还介绍了近两年美国、英国和欧洲各国科学基金会资助法律相关的认知神经科学研究的情况。所以，在撰写这本教材时，我们为当代社会情感认知神经科学的发展及其在法律和社会问题中的作用所鼓舞，在书中增写了成瘾行为和测谎等章节。使本书形成三个单元：认知神经科学理论与方法学基础（第1、2章）、基本心理过程的认知神经科学基础（第3～7章）和社会与疾病等重大问题（第8～12章）。无论是关于语言、思维和情感等高级复杂心理过程的研究，还是社会与疾病的重大问题研究中，最近几年都出现了重大科学突破。作者在撰写这些问题时，情不自禁地为这些闪光点感到振奋。例如，第6章中思维和语言的诸多脑功能回路，第7章情感脑机制的新理论体系，第8章毒品复吸的脑内最后共同通路，第9章对传统测谎技术的评价和新技术的孕育，第10章精神疾病的遗传内表型，第12章在脑性别分化中激素的作用；还有移植胎脑的帕金森氏病人，十多年死后尸检发现，胎脑细胞仍存活在老人脑内等。这些新科学事实和新概念，有助于我们对自身、他人和社会的全面理解，有助于人们科学准确地对待社会、疾病和人际交往中出现的问题。对国家和社会而言，这些新知识以及未来揭示的认知神经科学新知识，将会有助于科学与法制社会的融合，对测谎、吸毒、多种形式的性偏好与性行为、精神疾病等都会出现新的视角、疗法和法律界定的新标准。

本书作为心理学、教育学、医学等院系的本科教材，由下列北京大学和北京师范大学的五位教授们合作编写，第 2 章第由林庶芝，第 3 章由方方，第 5 章由杨炯炯，第 11 章由王立新分别撰写，其余各章由沈政撰写。由于写作匆忙和水平所限，错误之处恳请同行指正。

沈政

2009 年 4 月于北京大学

目　　录

1

概　　论

本章对认知神经科学产生的历史背景和过程及其基本理论概念和方法学进行了介绍,并对它在过去十多年间所取得的研究进展和目前发展趋势做了概括性的介绍。

第一节　认知神经科学的诞生

作为认知神经科学的发端,虽然"认知科学"一词早在1973年就已出现,但严格地说,直到1995年《认知神经科学》一书问世,才标志着认知神经科学作为一个成熟的科学分支,立于世界科学发展的前沿。麻省理工学院出版社1995年推出的大部头专著《认知神经科学》由著名科学家,裂脑研究专家加扎尼加(Gazzaniga)教授主编,170多位国际著名学者分别为全书11篇92章撰文,全书1400多页200多万字,有百余张插图和27张彩图。这本巨著全面描绘了认知神经科学是研究人类心灵脑机制的科学,把它确立为一门崭新的独立学科。这门科学为人类揭示出神经组织和脑结构怎样通过其生理过程,产生知觉、注意、记忆、语言思维、情感和意识等精神活动的奥秘。

一、认知神经科学的序幕

认知神经科学的序幕由认知科学和神经科学两大学科群所拉动。这里分别介绍这两大学科群。认知科学(cognitive science)的名词最早由美国科学家 Higgens 于1973年所使用,他提出了一个跨学科研究的目标和方案。1975年,一家美国私人基金会(斯龙基金会)支持了这个跨学科的研究计划,并于1977年创刊了《认知科学》杂志。1980年初,美国学术界的一些有影响的大学开始设立认知科学研究中心,其中加州大学圣地亚哥分校的认知科学中心和麻省理工学院的认知科学中心建立得较早,也最有影响。1987—1990年,麻省理工学院出版社先后推出作为大学本科生和研究生的基础教材《认知科学导论》,该书较全面地总结了认知科学,介绍了一些研究领域的进展。

什么是认知科学? Pylyshyn 指出:认知科学是研究智能实体与其环境相互作用原理的科学。所谓智能实体是人类、动物和智能机的泛称。因此,也可以说认知科学研究的是人类、动物和机器智能及其与环境相互制约的关系。研究人类智能的科学有心理学、心理语言学;研究动物智能的有动物心理学和比较心理学;研究机器智能的科学有计算机科学，特别是人工智能学以及人工神经网络的研究。此外，在宏观水平上，概括研究智能实体的表征、计算能力及其内部结构与功能关系，则成为计算认知科学和认知哲学的重要命题。总之，认知科学是一大类科学的总称，主要包括心理语言学、心理学、人工智能学、人工神经网络理论、计算认知科学和哲学认识论。

1987—1988年间，欧洲认知科学界由35位著名科学家组成的科学技术发展预测和评估委员会(FAST)，经过反复研究后，建议出版一套认知科学研究指南，倡导五个领域的研究工作：认知心理学、逻辑和语言学、认知神经科学、人机接口和人工智能。认知神经科学作为该系列出版物的第四卷已于1991年出版，标志着认知神经科学在欧洲作为一门独立的科学分支已经得到认可。虽然我国认知科学起步较晚，但发展却很快。20世纪80年代初，推动我国认知科学发展的3个源头都显示出了无限的生命力。首先，老一辈著名科学家钱学森倡导系统论与思维科学的研究活动，并出版了一系列论文集和著作。其次，认知心理学理论研究在国内外的交流与发展中，逐渐成为心理科学的主流，在国内形成一支研究力量，包括中国科学院心理所、各大学心理学系和中国科技大学研究生院的北京认知实验室，并出版了一批代表性著作。再次，国内外计算机科学的发展产生对人工智能与神经网络理论研究的迫切需要，并形成庞大的研究队伍。20世纪80年代末期，先后建立了中科院自动化所的模式识别实验室，北京大学视觉、听觉信息处理实验室和清华大学智能信息处理实验室。自1990年，我国8个一级学会联合召开“中国神经网络首届学术会议”以后，跨学科研究队伍不断扩大。1993年，在国家“八五”计划中，将“认知科学若干前沿领域”列为国家高科技攀登计划的重大项目，并同时将“有神经网络功能的非线性动力学研究”作为重点课题投入工作。总之，无论国内还是国外，20世纪80～90年代，认知科学都是受到高度重视的高科技新领域。

神经科学是一大类学科的总称，这些学科均以“分析神经系统的结构和功能，揭示各种神经活动的基本规律，在各个水平上阐明其机制，以及预防、诊治神经和精神疾患”为自己的基本研究内容，包括神经生理学、神经解剖学、神经胚胎学、神经组织学、神经组织化学、神经细胞学、神经超显微结构学、神经生物化学、神经生物物理学、神经药理学、精神药理学、行为药理学、神经遗传学、神经免疫学、神经行为学、比较心理学、生理心理学、心理生理学、神经心理学、比较神经学、神经病学、神经外科学、精神病学、脑肿瘤学和颅脑影像学等。这些学科彼此渗透，相互支持，新技术、新概念层出不穷，日新月异，构成当代生物医学发展的前沿学科之一。

神经科学的发展历史可以追溯到几世纪以前的自然哲学时期，甚至在中国古代第一部医书——《黄帝内经》中也有体现。然而，当代神经科学的孕育，是从1958年在莫斯科召开的国际脑研究进展的学术会议上开始的。在这次会议上，许多国家的代表都希望能成立一个非政府间的跨国机构，目的在于组织脑研究的学术交流活动，这就促成60年代初国际脑研究机构(The International Brain Research Organization, IBRO)的建立，IBRO成立以来，与国际科联(The International Council of scientific Unions，ICSU)和世界卫生组织(The World Health Organization，WHO)之间建立了密切的协作关系。在IBRO成立的最初年代里，建立了7个传统的学部，并均冠以“神经”二字，包括神经解剖学、神经化学、神经胚胎学、神经内分泌学、神经药理学、神经生理与行为学和神经语言与通讯学。

美国神经科学会成立于1964年，当时只有几百名会员。1991年，其会员竟达1.9万人，成为生物科学最大的学会。这一发展与美国政府对神经科学的高度重视有关。1989年7月25日，美国总统签署了国会通过的法令，将20世纪90年代称为“脑的十年”，呼吁美国公众、各种组织机构包括神经科学研究社团、各级政府，积极促进神经科学的发展。这项议案列举了20条理由，说明脑研究的科学与社会意义，以及命名“脑十年”的必要性。我们把这20条归纳为3个方面。第一，列举了脑研究发展中开辟了广阔前景的新科学进展，包括脑成像技术、计算神经科学、分子神经生物学、分子遗传学、分子免疫学和药理学等方面的进展。过去25年间，15位神经科学家获得诺贝尔生理学或医学奖，作为脑研究吸收当代科学技术取得的丰硕成果的一种标志。第二，列举了神经系统疾病、人口老龄化和药物滥用等医学问题和社会问题的严重性和科学解决的迫切性。第三，列举了对人类思维、情感脑机制的认识和建立神经网络模型研究的可能性和必要性。美国政府和科学界高度重视上述3方面的现实问题，并提出发展神经科学的倡议。世界各国的科学机构和脑研究领域的科学家们，对美国政府的倡议都感到振奋，并做出了积极的响应。

我国科学技术部和自然科学基金委员会将脑研究课题列为国家“八五”攀登计划。还批准了六七项与神经科学发展有关的重大、重点研究项目，如脑神经网络功能的非线性动力学研究、脑内单胺神经元的整合功能、脑下垂体前叶的肽能神经支配、中枢神经生长的实验研究、视中枢神经元对视觉信息特征提取、整合及相关回路研究、神经元核膜上甾体激素受体的研究等。1992年11月9～12日，在上海召开了第一届全国神经科学学术会议，交流了321篇研究论文。

二、认知神经科学的诞生

1989年美国创刊了名为“认知神经科学”的专业期刊，1991年美国一家私人基金会McDonnell-Peu Faundation拨款1200万美元专门资助在全世界各地关于认知神经科学的课题研究。促成了认知神经科学的诞生。1995年，Gagganiga主编的《认知神经科学》从分子、细胞、脑结构和脑功能系统四个层次上，总结了人类对精神活动及其物质基础的研究成果。在分子和细胞两个层次上，认知神经科学把脑细胞及细胞内的分子结构和功能的可塑性看做是知觉、记忆等心理变化的物质基础；在脑结构和脑功能系统两个层次上，认知神经科学以心脑机能结构映射的进化作为理解知觉、记忆、情感和意识等精神活动脑机制的主要基础之一。《认知神经科学》一书的主要思想就是阐明组成脑的分子和细胞如何以其可塑性参与脑结构与功能系统的形成，进而通过结构与功能系统映射的进化，逐渐出现了人类的意识和多层次的精神活动。认知神经科学之所以能在1995年成熟起来，与科学方法的进步密不可分。20世纪70～80年代神经生物学新技术和分子神经生物学技术层出不穷，为脑科学在分子、细胞水平上的研究进展提供了坚实的方法学基础；20世纪80年代出现的无创性脑成像技术，经过10多年的发展，直至1992年功能性磁共振脑成像技术的出现，形成了空间分辨率和时间分辨率互补的多种无创性脑成像技术，为认知科学家特别是心理学家提供了直接观察正常人心灵变化的脑功能动态变化规律的方法学。多种多样的有创性和无创性研究技术从不同侧面提示了心灵脑活动的许多新科学事实。科学方法的成熟性是认知神经科学诞生的重要前提。

第二节　认知神经科学的基本理论

对认知功能的脑机制，从不同学科出发形成了五大理论体系，本节分别加以介绍。

一、物理符号论、信息加工学说和特征检测理论

物理符号论是人工智能研究中形成的认知科学理论，信息加工学说是认知心理学中的基本理论，特征检测理论是神经生理学发展中出现的理论学说，三个领域的理论一脉相通。20世纪50年代计算机科学和人工智能诞生不久，就试图把人类的智能用物理符号加以表达，再转化为机器语言的编程，以便在机器运行这些程序中实现人工智能。心理学家以产生式原理用"如果……那么……"的符号形式，表达了人类解决问题的思维过程；而逻辑学家用数理逻辑符号表达了人类的认知过程，两者分别形成了人工智能的心理学派和逻辑学派；认知心理学家们则吸收物理符号论的原理，把人类认知活动视为信息加工过程。

20世纪上半叶，在心理学中占主导地位的理论是行为主义，它注重刺激和其引起的行为反应，而忽略了人们头脑中的心理过程。当时实验心理学也主要是研究简单的感觉、运动和记忆等心理过程。20世纪50年代末，计算机科学和信息科学的迅速发展，特别是在1956年，以Simon和Newell为先导的人工智能领域的形成，以及Chomsky为代表的心理语言学的诞生，都极大地促进了心理学的变革。所以，在50年代末就形成了利用信息加工的概念，改造传统心理学的发展趋势，形成认知主义的理论思潮。1967年，Neisser出版了名为《认知心理学》的专著，标志认知心理学的确立。这本专著将认知心理学划分为视认知、听认知和记忆、思维高层次心理过程等三大部分。随后，传统实验心理学也采用信息加工的理论观点，研究感觉、运动、记忆、知觉等心理过程。高层次心理过程的研究，如概念形成、问题解决、语言运用等，也在信息加工理论下迅速开展起来。到20世纪80年代，完整的认知心理学体系已经建成。Simon把认知

心理学看成是认知科学第一个重要组成学科，然后才是人工智能学、语言学、哲学、神经科学等。认知心理学与认知科学在理论和方法学上有许多共同之处，其差别仅在于认知心理学以人类认知过程为研究对象，而认知科学面对各种智能系统（人、动物和机器等智能系统）。

认知心理学认为，人类认知过程的本质就是信息加工过程，那么，什么是信息？计算机处理的信息是数据和文本，是来自外部输入的离散的物理符号。人类认知过程的信息加工则是对内外刺激的决策与选择所得到的内部表征。因此，人类认知加工的信息寓于认知主体之中，经过四十多年的研究，认知心理学发现人类认知活动所加工的信息相当复杂，并不能简单地使用信息"熵"进行计算。人类认知加工的信息有许多特性：可描述性、层次性、方向性、阶段性和实体包容性。

认知心理学在认知过程研究中，经常使用信息加工的名词，形成了两类加工过程的基本概念，即自动加工过程和控制加工过程。与此相应，还提出信息加工时序性、心理资源有限性和心理资源分配的概念。这些基本概念都是通过知觉、注意和短时记忆的研究，针对反应时的变化和认知作业成绩的实验事实，提炼出来的。除了描写信息加工的性质之外，还在分析加工形式上使用了串行加工、并行加工、连续加工、离散加工、自下而上加工和自上而下的加工等基本概念。总之，认知心理学根据严格控制的实验设计，仅靠行为或操作数据，以上述基本概念为基础，对认知微结构进行推论或巧妙构思。

认知过程脑结构与功能基础问题由神经生理学家研究，提出了特征检测器和功能柱理论。在神经生理学领域中，20世纪50～80年代利用细胞微电极记录的方法，在视觉功能研究中，逐渐形成特征检测器和功能柱理论，为人工智能的物理符号论和信息加工的心理学理论提供了生理学基础。视觉生理心理学研究发现，在视网膜、外侧膝状体和大脑皮层中，都存在一些专门对线段、方位敏感的细胞，将它们称为特征检测器。随后在皮层上又发现对颜色进行选择性反应的颜色检测细胞。在大脑皮层上，对外界视野同一空间部位发生反应的这些不同特征检测细胞聚集在一起，形成垂直于皮层表面的柱状结构，称为功能柱，它是皮层功能和结构的基本单元。在视皮层内存在着许多视觉特征的功能柱，如颜色柱、眼优势柱和方位柱。利用细胞微电极技术和脱氧葡萄糖组织化学技术，可以证明一些功能柱的存在。方位柱不仅存在于初级视皮层（枕叶17区），也存在于次级视皮层中，它们对视觉刺激在视野中出现的位置和方向的特征进行提取。

尽管特征提取的功能柱理论可以很好地解释颜色、方位等某些视觉特征的生理基础，但外界千变万化的诸多视觉特征，是否都有与之相应的功能柱呢？这些都是特征提取功能柱理论所无法肯定回答的。然而，空间频率柱理论却试图对这种难题给出一种理论解释。

与上述特征提取的功能柱模型不同，视觉空间频率分析器理论则认为视皮层的神经元类似于傅里叶分析器，每个神经元敏感的空间频率不同，例如与视网膜中央区5度视角范围相对应的大脑皮层17区细胞和18区细胞之间敏感的空间频率显著不同,前者为0.3～2.2周/度,后者仅为0.1～0.5周/度。那么,什么是图像的空间频率呢?概括地说,每一种图像的基本特征在单位视角中重复出现的次数就是该特征的空间频率。例如:室内暖气设备的散热片映入人的眼内时,在单位视角中出现的片数就是它的空间频率。显然同一物体中某种特征出现的空间频率与其对人的距离和方位有关。当我们观察暖气片时,随着我们站的距离和方位不同,映入眼内单位视角中的片数就有差异。一般地说,由远移近地观察同一客体时,其空间频率变小;反之,则空间频率增大。像暖气片这种以相等距离规律性重复排列的景物,类似于周期性正弦波,更多的景物特征不规则排列形成的图形可以用傅里叶分析,将其分解为许多空间频率不同的正弦波式的规则图案,由不同的皮层神经元按其发生最大反应的频率不同,分成许多功能柱,称为空间频率柱。空间频率柱成为人类视觉的基本功能单位,对复杂景物各种特征的空间频率进行着并行处理和译码,是视觉的基本生理心理学基础。

综上所述,人工智能中的物理符号论,认知心理学中的信息加工学说和神经生理学中的特征检测与功能柱理论,大体都始于五六十年代,在80年代初达鼎盛期,其中特征检测器和功能柱理论代表人物 Hubel 和 Wiesel 于1981年获诺贝尔生理学或医学奖。人工智能创始人之一 Simon 于1986年获美国总统颁发的美国国家科学奖。

二、联结理论、并行分布处理和群编码理论

与人工智能中离散物理符号论不同,联结理论始于20世纪40～60年代的人工神经网络研究,在沉寂了近20年之后于80年代中期再度兴起。这一理论认为,认知活动本质在于神经元间联结强度不断发生的动态变换,它对信息进行着并行分布式处理,这种联结与处理是连续变化的模拟计算,不同于人工智能中离散物理符号的计算,因而又称为亚符号微推理过程。这种连续模拟计算的基础就形成了一定数量神经元的并行分布式群编码。由此可见,认知心理学从人工神经元间群编码的理论中吸收其信息加工的并行分布式处理的概念,神经生理学则吸收了神经元群编码的理论概念,遂使三个领域一脉相通,在神经元活动的时空构型中找出认知活动的神经基础。这里值得指出的是,在20世纪末,心理学取得的重大研究进展就是内隐认知过程的实验分析,包括内隐知觉、内隐学习、内隐记忆和内隐思维等。这些无意识的自动加工过程似乎是以并行分布式的连续计算为基础的;外显的有意识的认知活动是以控制性加工过程以及离散物理符号表征为主。

三、模块论或多功能系统论

受到计算机编程和硬件模块的启发,Fodor(1983)提出认知的模块性(modularity),认为人脑在结构与功能上都是由高度专门化并相对独立的模块(module)组成,这些模块复杂而巧妙地结合,是实现复杂精细认知功能的基础。20世纪80～90年代,模

块思想已发展为多功能系统理论，特别是在记忆研究中取得了较多科学发现的支持。

四、基于环境的生态现实理论

1993年初在认知科学杂志上掀起环境作用与物理符号理论的大论战，一批年轻的心理学家与人工智能物理符号理论大师Simon之间展开了大论战。20世纪50年代以后，认知科学家们一直把认知过程看成是发生在每个人头脑或智能系统内部的信息加工过程。而环境作用(situated action)的观点则认为认知决定于环境，发生在个体与环境交互作用之中，而不是简单发生在每个人的头脑之中。1994年，Gibson的理论在美欧复兴。1979年之前，美国心理学家J. J. Gibson出版了几本专著：《视觉世界的知觉》、《生态光学》和《视知觉的生态理论》等，认为生物演化中外界环境为生物机体提供了足够的信息，使之直接产生知觉，故而将生物机体的知觉看成是直接的不变性知觉，不需要对环境中诸多物理特性逐一检测。脑功能区、模块的分化、细胞发育和生物化学与生物物理机制的发展，无不与生态环境变迁有关。

五、机能定位论

1861年Broca医生发现运动性失语症，是左额下回后1/3的脑结构受损所致，使脑的机能定位理论指导了当时对脑高级功能的研究。以后的近百年之间，通过解剖学和生理学方法，试图为每一种高级功能在脑内找到一个中枢，或一种特异的细胞。到20世纪80年代前后，曾以半讽刺的方式，否定了祖母细胞(grandmother cell)是识别熟悉面孔的特异细胞。如今，时隔几十年，古老的机能定位论，由于有了无创性脑成像技术，再度复兴。用脑激活区作为机能定位的客观指标，用细胞电生理方法和脑成像相结合的途径，21世纪之初确定了额、顶、颞叶皮层中有一种镜像细胞(mirror neuron)，是人类社会交往的脑科学基础。因此科学的发展走了一条否定之否定的螺旋式发展道路。随着科学的发展镜像细胞是否会被否定，有待后人评说。

综上所述，当代认知神经科学在阐明认知过程的脑机制中，存在多元化的理论观点，可以分别用于分析不同层次机制，它们之间并无根本对立或排他性。但有些理论观点则很难相容，例如，神经元理论中特化细胞与群编码观点就各有自己的实验事实依据。因此，如何建立统一的认知神经科学理论是认知神经科学发展的重大问题。

第三节 认知神经科学的方法学

认知神经科学方法包括两大类互补的研究方法：一类是无创性脑功能(认知)成像技术；另一类是清醒动物认知生理心理学研究方法。前一类方法中又分为脑代谢功能成像和生理功能成像两种；后一类方法中包括单细胞记录、多细胞记录、多维(阵列)电极记录法和其他生理心理学方法(手术法、冷却法、药物法等)。本书主要介绍无创性脑功能成像技术，其中脑代谢功能成像包括正电子发射断层扫描技术(PET，对区域性脑代谢率、脑血流和葡萄糖吸收率的测定)、单光子发射断层扫描技术(SPECT，对脑血流测定)、功能性磁共振(fMRI，通过氧合血红蛋白测定血氧水平相关的信号，BOLD)。这些脑代谢功能成像技术的空间分辨率和时间分辨率各不相同。PET 的空间分辨率在 20 世纪 80 年代为 1.75 cm，90 年代提高为 6～7 mm，其时间分辨率由分钟数量级提高为秒数量级，现在约 40～60 s 可给出一幅清晰图像。fMRI 的空间分辨为毫米水平，时间分辨率最高可达 50 ms，一般 100 ms，即 0.1 s 就可给出一幅图像。由此可见，fMRI 无论就其空间分辨率还是时间分辨率均优于 PET。脑代谢功能成像对于快速认知活动无法做到实时成像或快速跟踪，采用积分测量法(integrated measurement)，则将数十秒数据积分起来可形成清晰的图像。然后进行对照的认知实验，将两种认知条件不同的图像采用减法处理，即完成 A 认知任务的 PET 图像减去无 A 任务的对照 PET 图像，所得差值为 A 任务操作的脑代谢功能差异。除减法法则外，还利用一致性分析(consistent analysis)，即将 A 任务减 A 对照组的差值与 B 任务减 B 对照组之差值再相减，以作为完成不同认知任务的脑代谢功能的特异性变化的脑代谢基础参数。

无论是减法法则还是一致性分析，虽有一定的实验心理学基础，但它在一定的前提下才可靠。首先，用减法法则意味着脑内的认知过程信息加工是串行的，按一定方向无曲折地层次性处理过程。被试在完成认知作业时，忠诚执行指示语要求，并毫不分心地完成作业。此时参与这项认知任务的脑结构与其他心理活动的脑结构分离而不相干。只有这样，其减法所得结果才与所进行的认知活动完全相关。显然，这种约束条件在实现 PET 认知测量中是很难满足的。

第二类生理功能成像是在自发脑电活动(EEG)、诱发脑电活动(EP)和脑磁(MEG)场变化的基础上，结合计算机控制的断层扫描技术(CT)而实现的。它的时间分辨率极为理想，可实时跟踪认知活动的脑功能变化。但在记录的头皮电极为 19 个电极时，空间分辨率为 6 cm；41 个电极时为 4 cm；120 个电极时为 2.25 cm；256 个电极时为 1.0 cm。由此可见，其空间分辨率很不理想。为提高其空间分辨率，采用了偶极子(dipole)算法，但常常发现所得结果不是唯一的。虽然生理功能成像技术时间分辨率佳，技术所耗资金少是其优点，但其空间辨率却无法满足认知神经科学的要求。因此，近年将脑代谢功能成像与生理功能成像结合起来应用，取各自之长相互补充，以满足空间和时间分辨率的要求。在多种脑认知成像技术应用中，为了比较各种方法所得图像之间的关系，必须进行多种比例性立体变换。这些变换不仅以解剖学定位标志为标准，还要以 10 多种脑数据参数进行线性和非线性变换。因此，这是一项技术难度很大的研究工作。尽管如此，脑认知成像对于认知神经科学的要求，仍存在许多问题。首先，脑代谢功能成像的激活区反映出脑代谢率或脑区域性血流量的增加，与神经元的兴奋性水平并非总是平行性变化，特别是对于抑制性神经元而言，代谢率增高，导致神经元单位活动的降低。实际上，脑抑制性神经元和兴奋神经元的分布至今尚难以给出明确的答案。因此,代谢功能成像的激活区是否能代表神经元功能活性的问题还需进一步实验研究。其次,在代谢功能成像分析中,每个场激活区至少为0.8 cm^3,即使假设为1 mm^3,则至少含有数以万计皮层神经元(10^5细胞/mm^2皮层),不能设想这么多神经元都是在同步性发放,功能均一地发挥生理心理功能。总之,脑认知成像技术可以为我们对认知过程的脑功能形成直观的图像。然而这种图像仅可提供结构或区域性功能关系,对于细胞水平的机制显然过分粗糙。下面我们选取几种常见的认知神经科学方法进一步加以讨论。

一、脑功能之窗——事件相关电位和高分辨脑电成像技术

脑功能之窗的提法已有20多年的历史,但它的真正含义只是脑功能成像技术问世以后,由于脑电成像和其他脑代谢成像联合运用,才显示出它们作为脑功能之窗的本意。20世纪20年代,德国精神病科医生Berger面对许多精神病的诊断问题,决心寻找一种检查人脑功能的方法,以便作为诊断精神病的重要根据。他利用当时物理学上最灵敏的弦线式电流放大器经过反复的试验,终于在1925年,从安静闭目的人头上记录出8～13次/秒变化的波形。每当睁开眼睛后,这个曲线就被幅值很小、变化更快的波形所代替。他把这个发现写成文章寄给德国生理学杂志,一些审稿专家都认为这些波形不是发自人脑,而是来自记录仪器的不稳定性。直到1929年经当时世界最著名的意大利电生理学实验室反复验证,才证明伯格医生在人头皮上记录到的8～13次/秒节律变化,确实是发自大脑的电活动,并把该节律称为伯格节律或α波,把睁眼后的低幅快波(14～30次/秒)称为β波。

20世纪30～50年代,人们一直努力发现一些新的脑电波,试图用以诊断精神疾病,都没有成功。但脑电活动的记录用于诊断癫痫和脑瘤等占位性病变却得到了广泛的应用。但伯格医生的心愿至今未了,脑电图(EEG)至今仍无法作为诊断精神病的重要手段,更无法作为探究脑认知功能的有效手段。然而,20世纪60年代以后通过许多信号处理技术,已能分析出认知活动的平均诱发电位。脑的自发活动α节律大约在25～75 μV范围随机地波动,而人的认知过程或外部刺激诱发的电活动小于1 μV,淹没在自发的α节律之中。因此,在20世纪60年代以前,无法在正常人类被试的认知活动中观察脑的诱发电变化。随着信号处理技术的发展,利用时间锁定叠加的办法,多次重复同一刺激,使诱发反应逐渐加在一起,而自发活动由于其本质是随机变化的,叠加中相互抵消。这种时间锁定叠加技术可以提高信号与噪声的比例,使自发脑电活动背景上的诱发活动能够检测出来,这就是平均诱发电位。

平均诱发电位是一组复合波,用组成成分的潜伏期和波幅对其进行分析。刺激之后1～10 ms的一些小波称早成分,10～50 ms的波称中成分,50 ms以后的成分称晚成分。早、中成分主要反映感觉器官和传入神经通路的活动,晚成分才是认知过程脑功能变化的生理指标。对于认知活动来说,可以把诱发其产生的内外刺激看成事件,而这些

晚成分就是事件引起的脑电活动变化，故称之为事件相关电位。脑事件相关电位的变化与被试接受的刺激和脑功能变化的时间尺度能精确地一致。换言之，脑电活动的时间分辨率很高，可以实时记录认知过程的脑功能变化。但其空间分辨能力较差，头皮外记录的脑电活动很难分析出是脑内哪些结构或细胞群活动的结果。为了克服事件相关电位分析的这一弱点逐渐增加头皮上记录的点数，从原来常用的8导增加为12导、21导、32导、64导、128导和256导。随记录部位的增加，得到较多的数据，就可以通过一种偶极子的算法求解出每一电活动成分由脑内发出的位置。把这种分析的结果变换成断层扫描图，就称为高分辨率或高密度脑电成像技术。

二、心灵窥镜和脑断层扫描技术

窥镜是现代医学中检查内脏的一种有效工具，如胃窥镜、膀胱窥镜等，它可以使医生直接看到脏器的内壁，检查是否有肿块、溃疡和出血等病变。那么心灵窥镜是否也能使研究者们看到人们脑子里的心理活动呢？对这个问题不能用是或否加以简单地回答。我们先以断层扫描技术为起点回答这个问题。对脑进行X光射线摄影，专家用肉眼进行分析，由于脑内各种软组织X光射线吸收的值相差很小，也由于脑立体结构在平面胶片上显影的重叠，就无法得到有价值的信息。它应用连续旋转，不断改变X光射线方向所得到的大量连续体层图代替单一平面图。用光电探测器和电子计算机分析处理代替人类肉眼直接分析。因此，脑断层描述装置由连续旋转的X光射线发射部分，穿过脑组织吸收后X光射线的接收和换能装置，计算分析系统等三大部分组成。X光射线放射部分，由可旋转的X光射线发射球管组成，其X光射线束宽度可调，球管每次以一度的角度可连续旋转180度，可得43 200个数据。计算分析系统，由一套计算机装置构成，包括主机、输入输出卡、存储器、显示器、打印机和绘图仪等。计算机系统把接受的数据进行处理。在显示器或绘图仪上，可显示出160×160点矩阵，开成一个由25 600个点组成的脑组织图像。每个点反应了1.5×1.5体层扫描厚度（毫米）的脑组织吸收X光的值。若体层扫描厚度为13 mm时，则计算机给出的25 600个点中的每一个点均是0.033 75 cm^3脑组织吸收X光的值。通常以水对X光吸收值取作为标准值零，光吸收值每相差0.2%则为1，头骨为400～500；大脑灰质为19～23；白质为13～17；脑室系统为1～8；流动血液为6，凝血为20～30。灵敏接收器和换能系统，把各种脑组织对X光吸收差异灵敏地传递给计算机分析系统，很快地计算出结果，并在荧光屏或绘图仪上显示出各种脑结构的变化。利用人工颜色技术，把这种黑白图形转变为彩色图形，便于观察。虽然X光断层扫描技术与脑功能构像没有直接关系，由计算机控制的扫描技术却是各种脑成像技术的共同基础。无论是单光子还是正电子发射或磁共振成像，都通过脑断层扫描的基本方法得到图像数据并构成三维脑结构图像。

三、正电子发射断层扫描仪

正电子发射断层扫描仪(PET)是当今世界上最昂贵的生物医学仪器，每台造价600万～700万美元。它与其他生物医学构像技术不同，不是关于脑结构的造影，而是一种关于脑功能的造影技术，测定脑中不同区域葡萄糖的吸收率和血流量等。这种机器由放射化学装置和探测系统组成。当人们注射一种放射性半衰期只有几十分钟的^{18}F-D-脱氧葡萄糖之后，静静地躺在床上时，PET机器就开始了紧张的工作，脑吸收^{18}F-D-脱氧葡萄糖分子发射出正电子，遇到脑内的负电子，就会对撞，两败俱伤，化成一对180度反方向的强光子发射出来，这时就可以对脑不同结构进行造影。这种造影就像CT技术一样对脑进行一层层、一块块的逐一检查，对其葡萄糖吸收率进行活体动态测定。所以，利用^{18}F-D-脱氧葡萄糖和PET机器，就可以研究人们各种认知活动时，脑区域性葡萄糖的吸收率。通过PET技术研究，脑科学家发现，人们看黑白素描时，初级视皮层葡萄糖吸收率最高，看复杂彩色风景画时，次级视皮层的葡萄糖吸收率最高；不太懂音乐的人听音乐时，右半球葡萄糖吸收率高，音乐行家听音乐时，左半球葡萄糖吸收率高；单独遮住眼睛进行视觉剥夺或单独掩起耳朵进行听觉剥夺时，葡萄糖吸收率在两侧大脑半球是对称的，但视、听觉同时被剥夺，则右半球特别是右前额叶下区和后枕区的葡萄糖吸收率下降率更为明显；一些退行性痴呆的病人，脑额区葡萄糖吸收率显著变低；一些精神分裂症病人与正常人不同，脑的葡萄糖吸收率在额叶最低，而正常人则额叶较高。这些事实说明^{18}F-D-脱氧葡萄糖分子在脑内吸收率，不但是脑信息加工的灵敏指针，也可以作为脑疾病的诊断指标。

四、核磁共振和功能性磁共振成像

核磁共振(nuclear magnetic resonance, NMR)成像的基本理论研究工作远在1952年就得了诺贝尔物理学奖，应用核磁共振波谱仪分析化学物质的组成部分，也有40多年的历史，但是形成关于脑组织构像的核磁共振技术，应用于生物医学研究则是80年代的事情。在恒磁场中，某些物质的原子核在射频电磁波的能量激发下吸收能量，随后又发射能量的现象，就称为核磁共振现象。每种原子或离子的结构不同，受激发后出现共振的频率不同。如氢原子的核磁共振频率42.59兆赫兹，钠原子核磁共振频率仅为11.26兆赫兹。脑核磁共振的构像仪器中，射频线图(RF)可以发出1～700兆赫兹的射频电磁波，足以激发脑内化学组成中主要原子核产生的核磁共振现象。除射频线圈外，脑核磁共振构像机内还有一组恒常磁线圈引出一万高斯以上的强磁场，作为脑核磁共振的背景磁场，通常其场强为1.5 T、3 T等。在X、Y、Z三维方向上各有一组梯度磁场是检测脑核磁共振现象的主要部分。梯度磁场中，每一微小的变化都由计算机采集数据，构成图像显示出来。计算机采集数据和图像分析的基本原理与CT和PET机器中的原理完全相似。

磁共振成像技术自20世纪80年代,在世界各国的大医院中普遍使用,我国各地医院已有近千台机器在应用,主要用于各脏器器质性病变的诊断,当然包括脑器质病变,这种仪器不能进行脑功能成像研究,但却是功能性磁共振研究的技术基础。下面我们进一步介绍功能性磁共振成像的技术原理。

虽然功能性磁共振成像(functional magnetic resonance imaging, fMRI)原理,即回波平面成像(EPI)原理,于1977年就提出来,但直到1992年,功能性磁共振成像技术才问世。这是由于EPI要求仪器中梯度磁场的变化梯度0.2 mT/m,而且上升时间不得慢于100 ms,这在技术上难度很大。此外,功能性磁共振成像中采样率要求不得少于500 kHz,只有这样才能在短于100 ms射频脉冲期对磁共振数据采样K空间给出足够快的扫描。最后,普通磁共振成像仪器的信噪比也满足不了功能磁共振快速成像的要求。因为随着成像速度快,噪声成比例增加,磁共振仪的这些条件满足之后还要有较好的计算方法和软件,才能对快速成像的数据进行处理。由于软、硬件条件的上述改进,使传统磁共振成像从约60 s才能出一幅清晰图像,改变为每0.1 s可给出较好图像。除仪器条件的这些特点还有多种不同EPI方法,用于不同目的,如水扩散成像法适于得到脑灰质和白质分布的精细变化,而灌注成像法适于得到局部血容量的测定。一般采用梯度快速成像法可灵敏测定含氧血红蛋白的分布状态,以此作为脑功能的灵敏指标,适用于认知神经科学和精神病研究,也就是通常所讲的磁共振认知成像技术。

第四节 认知神经科学的发展

自从1995年认识神经科学取得学术界公认的前沿科学地位以来,已经走了十多年的历程,无论是在研究的广度和深度上都取得了很大进展,它的理论和方法学也有了新的发展。

一、新领域的开拓——社会和情感认知神经科学的问世

2001年美国科学家试图谋求美国政府将2001～2010年冠以“行为科学十年”,作为1990～2000年“脑科学十年”的延续。为此认知心理学家、社会心理学家、人类学家、神经科学家、神经病学家和社会学家共同合作,研究人类社会问题的脑科学基础。他们试图应用无创性脑成像技术研究情绪、情感、社论动机等社会情感心理问题的功能网络及其动态特性。首先,在美国加州大学洛杉矶分校召开了第一次协作工作会议,计划召开70～80人的小规模会议,结果吸引了300多位来自世界各地的多学科专家,充满了合作研究的激情。

东道主UCLA的代表首先宣告,社会认知神经科学实验室的建立,由Matthew D. Lieberman教授任实验室主任。2006年牛津大学出版社创刊*Social Cognitive and Affective Neuroscience*杂志,2008年心理科学出版社创刊*Social Cognitive*

Neuroscience 杂志。北京大学心理学系也宣布成立社会认知神经科学实验室，由韩世辉教授主持工作，并在 *Nature Neuroscience Review* 杂志上发表了综述性报告。2007年《心理学年鉴》上 Matthew D. Lieberman 发表题为"社会认知神经科学：它的核心过程"的文章。他将社会认知神经科学定义为：利用认知神经科学的研究方法，如无创性脑成像技术和神经心理学方法，检查社会现象和社会过程的学科。所谓基本过程是指自动过程和控制过程，以及指向自己和他人内心世界和指向他们的外表特征的过程。2008 年 11 月 6 日美国认知神经科学界著名权威 Gazzaniga 在 *Neuron* 杂志上发表了题为"法律和神经科学"的评论，透露一些发达国家的科学基金会，在 2007—2008 年间特别资助关于犯罪嫌疑人的刑事责任能力鉴定的科学方法以及法庭采信问题的研究。测谎的基础理论研究报告也在 2008 年有了飞速的发展。可以说，社会情感认知神经科学已成为当代科学的热点。

虽然社会和情感认知神经科学作为一个新的科学分支出现在 21 世纪之初，但它的理论基础却是经过了几十年研究的积累。其中对社会情感认知神经科学的形成起着关键作用的是心灵理论、镜像神经元和共情的三个研究领域所得到的新科学事实。

（一）心灵理论

心灵理论（theory of mind）的概念是 1978 年比较心理学家 Premach 和 Woodruff 在观察大猩猩的社会行为中提出来的概念。他们发现，大猩猩能彼此理解各自的心理需求和行为意向，因而能够互动，彼此帮助。另一批动物心理学家认为这种现象只是一种联想学习行为，没什么特别之处，不赞成用"心灵理论"这一概念。十多年之后，儿童发展心理学研究进一步支持了这一概念。他们通过情境观察发现，理解自己和别人的心理意向和需求的能力，不是出生就有的，大约是在 4 岁时才发展出来的一种能力。认知神经科学在 21 世纪之初，用无创性脑成像的方法发现（Gallagher et al. 2002），当人们想象和理解自己伙伴的意图时，前扣带回皮层受到激活，为心灵理论确定了脑科学基础。

（二）镜像神经元

Rizzolatti 和 Craighero（2004）综述了过去几年内在恒河猴细胞电生理学研究中的发现，在其额叶 5 区皮层中存在一些神经细胞，当猴子看到饲养员拿着水瓶，就激烈地兴奋起来，同样的兴奋也发生在猴接近水瓶喝水之际。所以，他们就把这类神经元称之为镜像细胞，它们对所看到的别人的动作和行为类型特别敏感，似乎是能够发现和理解别人行为意向的检测细胞。这一发现在社会认知神经科学领域中产生很大的震动，似乎发现了人类社会关系赖以发展的脑科学基础，使社会认知问题的研究又有了一项重要的自然科学基础。

（三）共情

共情（empathy）是指感受或体验到别人情感或情绪变化的能力。心灵理论和镜像神经元的研究侧重于描述通过认知过程在人们之间发生社会关系的社会认知神经科学基础，而共情的研究则揭示了人们在社会交往中情感方面相互影响的脑机制，其表现为腹内侧前额叶的激活。

上面三个发现提供了理解人类社会交往中，认知和情感相互理解和相互影响的脑科学基础，也是社会情感认知神经科学作为新学科分支，能够建立起来的重要基础。

二、认知神经科学方法学的进展

在过去的十多年间，作为认知神经科学最重要的方法学基础，无创性脑成像技术也有很大的发展，无论是仪器硬件结构和它的附属器件，还是它的应用软件以及测试分析方法，都取得了很大发展。此外，多种脑成像技术同时并用也是其重要的发展。

（一）功能性磁共振成像的研究进展

自从1992年功能性磁共振成像技术面世，很快就在世界各国迅速发展起来，并成为认知神经科学研究中最受青睐的重要工具，而且在应用中取得进一步发展。

1. 硬件发展

在过去十多年间，基础研究中应用的功能性磁共振仪已从1.5 T场强的仪器升级为3 T、4 T、7 T乃至11 T场强，随着磁共振仪器场强提高，其图像的清晰度和分辨率也进一步提高。但是，场强提高也带来许多问题，例如，与情感和社会心理问题相关的大脑内侧前额叶和基底部，由于这些脑组织邻近上颚和鼻窦等有空隙的部分，仪器场强提高后对这些非脑组织部分的空隙分辨率也增高，形成了对脑功能变化的干扰。所以目前仍以3 T场强的仪器为主要工具。

2. 实验设计

除了仪器硬件的更新换代，研究中的实验设计也更为合理。早期研究多采用组块设计，可以简单将之理解为实验组、对照组 依次逐一完成实验。近几年已经广泛采用事件相关的实验设计，即把不同组的刺激随机混合在一起，以随机方式呈现，事后按刺激性质作为标记，分门别类地叠加在一起，最后比较不同种类刺激引起的血氧相关信号(BOLD)平均值之间差异的显著性。这样做就克服了组块设计方案中，连续多次重复呈现完全相同刺激所引起BOLD信号逐渐降低的生物适应效应。

正是利用脑细胞对刺激的生物适应性效应，Grill-Spector和Malach(2001)创造出一种新的实验设计方法，称为功能性磁共振适应性成像法，是介于组块设计和事件相关设计之间的一类实验设计方法。例如，在面孔识别的实验中，熟悉人面孔和陌生人面孔分别是两个实验组，按组块实验设计，连续重复呈现熟悉人面孔刺激，再连续重复呈现陌生人面孔。但是在功能性磁共振适应性成像法中，每组刺激中也要做刺激属性的不同变化。例如，在屏幕上呈现的同一人的照片尺寸不同，在屏幕上的位置不同以及照片的方向或视角不同等，结果发现有些次级物理特性，如照片尺寸和出现的位置，不影响大脑皮层梭状回(FFA)对面孔反应的适应性。换言之，重复呈现的面孔照片不论其尺寸还是在屏幕上出现的位置是否改变，BOLD信号都逐次减弱(适应性反应)。相反，无论照片的视角不同(如正面照和侧面脸照片),还是照片的照明灯光的角度不同,都明显克服了梭状回对照片重复呈现的 BOLD 信号适应性。这说明,虽然是同一个人的照片,但它引起大脑敏感区磁共振信号变化不同,据此可以认为识别人类面孔的关键性脑结构,对面孔照片不同物理特性产生不同的反应。这也可以理解成实验设计不同,影响 fMRI 仪器的分辨率不同。为提高 fMRI 的分辨率,在设计认知实验中,经常要明确所感兴趣的脑结构,以便使仪器对准这个脑区,检测 BOLD 信号,这称为 ROI 区的实验设计。

3. 突破性发展

除 fMRI 的硬件和实验设计的进展,功能性磁共振方法学在过去十多年间还取得了更大的突破性进展,这就是发展了非血氧水平相关的功能性磁共振方法。这类方法包括用于测定脑微小动脉生理状态的加权灌注成像法(perfusion weighted imaging)和显示脑区之间神经纤维或蛋白质的加权弥散成像法(diffusion weighted imaging)以及血管空间占位成像法(vascular-space-occupacy, VASD)。

(1) 加权灌注成像法又称动脉自旋标记法(arterial spin labeling, ASL),用于测定血液从颈动脉向脑内灌注以及从脑内动脉向微小血管灌注效应,它可以对全脑或某一脑结构血液供应进行功能成像。

(2) 加权弥散成像又称弥散张力成像(diffusion tensor imaging, DTI)由于血液中的水分子具有各向同性的扩散性,它在神经纤维(白质)和神经细胞体(灰质)中的行为不同,纤细的神经纤维限定水分子只能沿着神经纤维方向弥散。这样功能性磁共振成像的磁场环境中,就能很好采集到神经纤维(白质)的图像以及一些脑结构之间神经纤维联系的图像。正是采用这些方法,2005 年发现自闭症儿童脑深层白质的发育缺陷,随后又为男女两性人格差异的 E-S 理论提供了科学基础。

(3) 血管空间占位成像技术(VASD)主要测定脑内毛细血管容量变化,为认知神经科学实验提供一种新的生理参数。

(4) 磁共振波谱成像技术(magnetic resonance spectroscopy, MRS)

在过去十多年中 MRS 也得到了较快的发展,它是一种非 BOLD 信号的检测方法。其实,MRS 的理论和技术比功能性磁共振技术更早,它不是建立在单一质子的磁共振现象基础之上的成像技术,它分析和比较多种化学物质的分子组成,或者是某一脑区的化学组成分析。这种技术比 fMRI 更复杂,所以发展得比较慢。利用这种方法,目前检测人脑神经细胞轴突中乙酰天冬氨酸(N-acetyl aspartate, NAA)的分布。它的变化可以作为吸毒、脑中风和许多脑疾病的指标之一。

从上述功能性磁共振成像方法学的多样性可以看出,它在认知神经科学中的应用领域越来越广泛,已成为当前最为重要的方法。

(二) 高分辨率脑电图和事件相关电位

虽然脑电图是一项有 80 多年历史的传统技术,但在这 80 年中经历了多次历史机遇,不断得到新生。第一次历史机遇发生在 20 世纪 60 年代,由于吸收了快速傅里叶变换的信号处理方法和锁时叠加(平均)技术,不但使自发脑电信号处理走向新阶段,也使诱发电位的研究开辟了新领域。平均诱发电位和事件相关电位的研究,提高了电生理技术的应用价值和应用领域。平均诱发电位的早成分研究在70～80年代就得到广泛应用,特别是脑干听觉平均诱发电位技术在当时成为早期诊断听神经瘤的重要手段。平均诱发电位的晚成分的研究,很快成为脑事件相关电位的新研究领域,促进了心理生理学和认知神经科学的发展和成熟。第二个历史机遇是1992年功能性磁共振成像技术的问世,它不但没有取代电生理学技术反而从下述两个方面推进了脑电技术的快速前进,出现了一派繁荣发展的局面。

1. 高空间分辨率脑电记录和源分析技术的出现

功能性磁共振技术对于脑功能的检测具有极高的空间分辨率,但这种基于脑血氧水平的信号分析是脑细胞耗能的变化,滞后于脑细胞的兴奋性变化。因此,需要有时间分辨率高的脑电信号分析方法的配合,才能得到脑兴奋性变化的空间和时间特性。20世纪90年代以前,脑电图仪器最多是21—32导联,为了使脑电图与fMRI配合,脑电图仪的导联数从32导起不断增加导联数,先后有64导、128导和256导等不同型号的产品问世。导联或电极数的增多就能通过逆算法分析出事件相关电位成分在脑内产生的部位,也就是求出偶极子的参数,以便与fMRI所得到的激活区加以对比。

2. 事件相关的脑反应分析

在过去十多年间随着数字信号处理的理论和技术发展,出现了一批新算法,例如,独立成分分析,小波分析,相干分析等。这些算法在事件相关电位分析中的应用,不仅提高了信噪比,而且促使人们思考如何克服事件相关电位研究中的片面性缺陷。什么是它的片面性呢?事件相关电位分析是以同一刺激反复出现,将每次诱发的电位变化以刺激呈现时刻为零点,进行时间锁定叠加,这样就把背景的脑自发电位作为噪声平均削弱而抛弃,使原来淹没在自发电位之中的诱发电位显现出来。这种处理技术优点是提高诱发电位的信噪比,但其片面性却不止一点。首先,它假设只要刺激参数恒定,脑诱发反应也是恒定的。其次,脑受到一种刺激,它的自发电活动基本不变,只是在其背景上出现一个很弱的诱发电位。事实上这两点假设都不成立,不仅神经细胞,而且所有的生物组织对外部刺激的反应,都表现为习惯化和敏感化的变化趋势。当一个刺激对生物组织不是损伤性的或致命性的,就表现为习惯化,刺激重复多次呈现,对其反应也就变得淡漠和减弱;相反,若刺激是损伤性的,当其重复出现,就会表现为过快过强的敏感化反应。这是生命体生存的基本基础。所以,事件相关电位技术的第一点假设是片面的;第二点假设存在的问题更多。当受到一个刺激后,脑电图(EEG)不仅仅是出现了一个微弱的诱发电位,而且发生了复杂的变化。首先表现为自发电位基本节律的变化,原来安静时以α节律(8～13次/秒)为主,受到刺激的瞬间发生α阻抑反应,β节律(14～30次/秒)取代了α节律成为主频率。其次,脑不同部位记录的电活动,即不同导联的电活动都在不同程度上发生这种β节律取代α节律的去同步化反应(de-synchronization),随后又逐渐发生同步化(synchronization),脑电活动的频率逐渐变慢。再次,前头部与后头部之间以及左右两侧与脑中线的诸多导联电活动之间存在一定的相位差。受到刺激的瞬间,各导联电活动之间的相位关系就会发生重组。简言之,当大脑接受到来自于内外环境中的事件(刺激)时,脑电信号发生下面四类与事件相关的反应(event-related EEG responses):事件相关电位(event-related potentials,ERPs)、事件相关去同步化(event-related desynchronization, ERD)、事件相关的同步化(event-related synchronization, ERS)、事件相关的相位重组(event-related phase resetting, ERPR)。

如何将刺激重复呈现所引起的这四类脑电变化及其蕴涵的脑功能信息分别加以提取,正是这一技术领域的前沿课题,相信经过今后若干年的研究,对脑的事件相关反应会有更准确的分析技术问世。

(三) 事件相关的实验设计与叠加技术的发展

过去十多年间,信号处理技术领域出现的大量新算法,丰富了认知神经科学研究方法学,使事件相关的实验设计成为主流的方法学原则。无论是功能性磁共振成像的实验研究还是大脑电磁信号采集分析技术,都以事件相关的实验设计为基础。事件相关的实验设计包含两方面的设计技巧,一是事件相关的呈现技巧;二是反应的采集与叠加技巧。下面一些研究方法是认知神经科学领域的新发展趋势:

1. 刺激呈现技巧:去习惯化的刺激呈现法

为克服脑对重复刺激出现的习惯化反应所引起的各类信号衰减,将几类事件混合在一个实验段内,以随机方式呈现,事后分类叠加。

2. 叠加技术的发展

事件相关的实验设计不仅把刺激作为一种事件,还把被试的反应也作为一类事件。此外,不仅把事件出现的时刻作为零点进行叠加处理,还把脑信号本身的特性作为叠加处理的零点。因此,就有下列锁定的叠加技术:刺激时间锁定的叠加处理(time-locked averaging)、反应时间锁定的叠加处理(response-locked averaging)、脑信号相位锁定的叠加处理(phase-locked averaging)。

研究认知过程,特别是研究知觉和注意过程的脑机制,以刺激时间锁定的叠加处理方法为主;研究执行过程的脑机制以反应锁定的叠加技术为首选;关注脑信号的时序性则采用锁相叠加方法为好。当然,对同一次实验所得原始数据进行各种叠加处理,比较之间的异同,可能更为全面,充分利用了数据资源。

(三) 光成像技术

随着心理生理活动,脑组织的光学特性发生两类时程不同的改变,均可通过近红外光检测技术加以测定,并据此可以分析脑功能激活的状态。当脑受到某一刺激数十毫秒之内,神经细胞发生一系列生化变化,这时如果导入一束近红外激光,就会发生散射效应,通过近红外散射光测量就能反映出神经细胞兴奋性的变化,这种脑组织对近红外光(波长750～880 nm)的散射效应(650～950 nm)被称为脑的快速光信号(fast optic signals)。随着脑细胞的兴奋,氧化代谢增强,消耗了脑血流中的氧,所以不但增加了局域性脑血流,而且流入含有高浓度氧的含氧血红蛋白 O_2Hb 迅速变为脱氧血红蛋白HHb,它们对近红外光的吸收效应构成了数秒时窗内的光信号变化。这就产生了慢时窗光信号。通过20多年的研究,虽然对两种光生理信号的起源还有一定争议,但大体取得的共识是快速光生理信号(毫秒时窗)与神经细胞兴奋过程相关;慢光生理信号(秒时窗)与神经细胞兴奋后脑代谢,即血氧含量的功能变化相关。事件相关的近红外光散射的快生理信号与事件相关电位具有相似的时窗,但是却有更好的空间分辨率。脑电记录分析法随电极数量增多,空间分辨率会有所提高。但即使是采用256个记录电极,其空间定位误差也不小于20 mm。与之相比,近红外成像的空间分辨率即使只有不超过10个记录光极(optode),它的空间分辨率是10 mm。在时间特性上,视觉刺激引发潜伏期100 ms的快速光生理信号,复杂的实验范式在额叶和前额叶诱发潜伏期300～500 ms的快速光生理信号,随后还有数秒时间窗的光吸收效应所引起的慢光信号变化,与fMRI有相近的时窗。所以,近红外成像可以灵活快速地采集一系列功能相关的信号变化,与fMRI共用(每扫描一次需要数秒),既可以提供极高的图像分辨率(1～2毫米量级)和大脑被激发部位的准确定位,又可以采集被试毫秒数量级的动态变化信号。

2

基 础 知 识

第一节　神经系统的形态结构与基本功能

神经系统(nervous system)是产生心理现象的物质基础，随着神经系统的进化，心理活动也越来越复杂。因此，要了解心理现象的产生，必然要了解神经系统的结构与功能。神经系统是结构复杂、机能高超的系统，在整个宇宙中没什么已知的其他东西能够与之相比。神经系统之本是神经组织。

一、神经组织

神经组织由神经细胞(nervous cell)与胶质细胞(glial cell)组成。神经细胞是神经系统最基本的结构与功能单位，所以又将其称为神经元(neuron)。神经系统的一切机能都是通过神经元实现的。

(一) 神经元

人脑内大约有 10^{12} 个神经元，它们虽然在形态、大小、化学成分和功能类型上各异，但是在结构上大致相同，都是由细胞体(soma)、轴突(axon)和树突(dent rite)组成的(见图 2-1)。细胞体与树突颜色灰暗，所以在中枢神经系统内神经元的细胞体与树突聚集的地方，称为灰质或神经核团。神经元的轴突(神经纤维)由于负责传输神经信息，外面覆盖一层脂肪性髓鞘，故颜色浅而亮，所以，将其密集的地方称白质或纤维束。

1. 神经元的结构与功能

神经元有独特的外形，由细胞体伸出长短不同的胞浆突，称树突和轴突。树突是细胞体向外伸出的多个树突干。树突干像树枝样反复分支成丛状，枝端表面有很多小刺，称嵴突(spines)。轴突粗细均匀、表面光滑，刚离细胞体段为始端，后为神经纤维。纤维末端有若干分支，叫神经末梢，末梢终端膨大形成扣状，称终扣或突触小体。

多数情况下树突接受其他神经元或感受器传来的信息，并将信息传至细胞体。细胞体聚合多个树突分支传入的神经信息，再经过细胞质内的信号传导，通过轴突传出整合后的神经信息至下一个神经元。神经元之间没有实质性的联系，那么神经信息是怎样从一个神经元传到下一个神经元的呢？是通过一个细微的结构——突触来完成的。

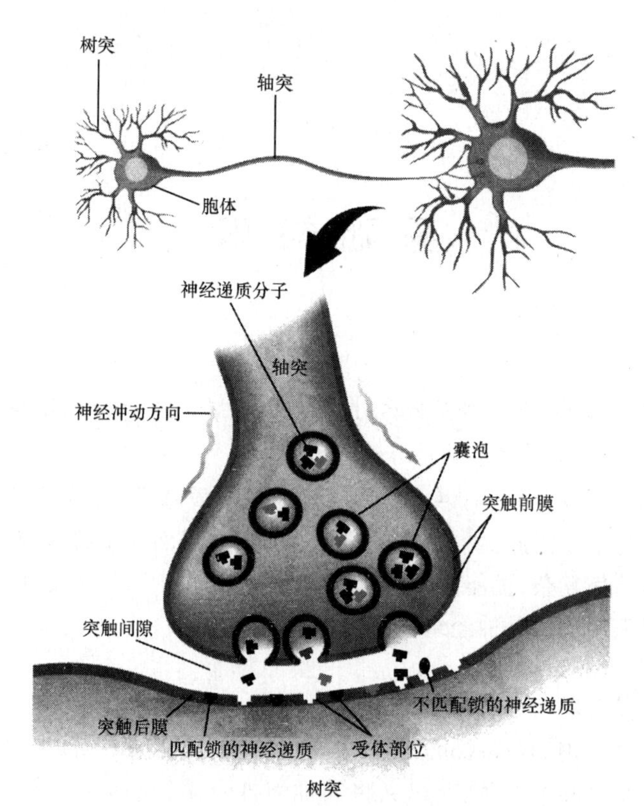

图 2-1 神经元与突触传递示意图

2. 突触

突触(synapse)是神经元之间发生联系的细微结构,由突触前膜(轴突末梢)、突触后膜(下一个神经元的树突或胞体)和突触间隙(前、后膜之间的缝隙)三个部分组成。突触间隙因突触的种类不同宽窄不一。电突触间隙约 10～15 纳米;化学突触的间隙较宽约 20～50 纳米。化学突触前膜——终扣内含有许多线粒体和大量囊泡,囊泡内含有神经递质。线粒体含有大量合成神经递质和能量代谢的酶。当神经冲动传至神经末梢时,神经递质就从小囊泡释放出来,进入突触间隙,与突触后膜上的受体结合,使膜对离子的通透性改变,从而出现局部电位变化,称之为突触后电位(见图 2-1)。神经递质种类很多,但其作用只有两种:一种能引起兴奋性突触后电位(EPSP),这种电位达到一定强度可使下一个神经元产生神经冲动;另一种能引起抑制性突触后电位(IPSP),这种电位使突触后膜兴奋性降低,阻碍下一个神经元产生神经冲动。

突触传递的特点:① 神经冲动在神经纤维上的传导是双向的,而突触的传递只能从突触前膜向突触后膜传递,这种单向传递保证了神经系统有序地进行活动。② 突触延搁,神经冲动通过突触时,传递的速度较缓慢。③ 时间和空间总和效应,突触后膜在一定空间范围内和一定时间内相继出现的突触后电位加以总和,只要达到单位发放的阈值，就会导致这个神经元产生动作电位。④ 抑制作用，兴奋和抑制是神经元活动的两种基本形式。神经系统的抑制作用主要是通过突触活动实现的，是突触很重要的机能。抑制可发生在突触前膜上，称为突触前抑制；也可发生在突触后膜上，称为突触后抑制。⑤ 对药物敏感性，突触后膜上的受体对神经递质有很高的选择性，因此，使用受体拮抗剂或激动剂可能阻止或增强神经冲动在突触间的传递，从而改善或提高脑的信息处理能力。

3. 神经元类型

根据神经元的传递方向可将其分为三类：感觉神经元(sensory neurons)将感受器传来的信息，传向中枢神经系统；中间神经元(inter neurons)又叫联络神经元，它们将从感觉神经元中获得的信息，传给其他中间神经元或运动神经元；运动神经元(motor neurons)从中枢神经系统，将信息带给肌肉和腺体。每个运动神经元都与数以千计的中间神经元发生联系，形成庞大的神经网络。

(二) 胶质细胞

在神经系统庞大的神经元网络中，还有比神经元多 5～10 倍的胶质细胞。这类细胞的主要功能是：形成支持神经元分布的框架；在脑的发育过程中，帮助神经元找到自己适当的位置；促进或直接参与神经纤维髓鞘的形成，以便在神经信息传递过程中起绝缘作用，提高传递速度；起到脑内清洁工的作用，吸收过量的神经递质并及时清理受损或死亡的神经元；形成血脑屏障，使毒物和其他有害物质不能进入脑内；还可能对信息传递所必需的离子浓度有所影响。近年认为，胶质细胞之间，以及胶质细胞与神经元之间存在多时间尺度的信息交流的并行网络，因而认为胶质细胞也参与复杂的智能活动。

二、神经系统

神经解剖学将神经系统分为两大部分：即中枢神经系统(central nervous system, CNS)和外周神经系统(peripheral nervous system, PNS)。

(一) 中枢神经系统

中枢神经系统由颅腔里的脑和椎管内的脊髓组成。颅腔里的脑分为大脑、间脑、中脑、桥脑、延脑和小脑 6 个脑区(见图 2-2)。椎管内的脊髓分 31 节，即颈 8 节、胸 12 节、腰 5 节、骶 5 节和尾 1 节。

1. 脑结构与功能

(1) 大脑

大脑(cerebrum)覆盖在其他脑区之上，略呈半球状，大脑顶端的正中纵裂将其分为左右两个半球。正中纵裂的底是连接两半球的胼胝体。胼胝体由两半球间交换信息的神经纤维(白质)组成。大脑表面有许多皱褶，凸出来的称为回，凹下去的称为沟或裂。大脑表层神经元密集，呈灰色(灰质)，为大脑皮层或大脑皮质。大脑深层多由神经纤维占据，呈白亮色(白质)，为大脑髓质。在髓质内还有一些核团(灰质)，称为基底神经节，

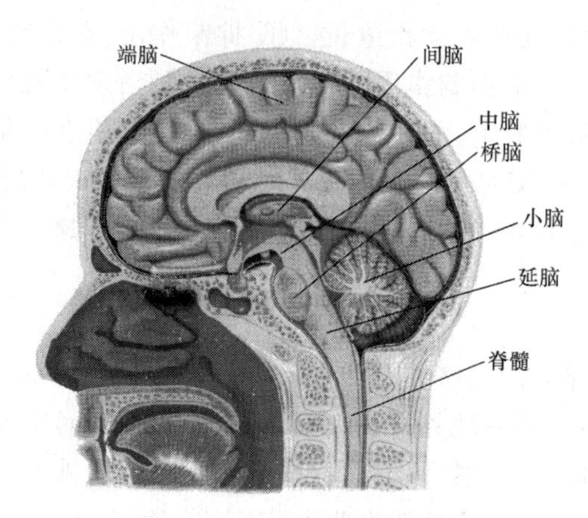

图 2-2 中枢神经系统各部

参见图 2-5 和 2-6。

大脑皮层是面积约 2200 cm^2 的灰质层，其中 1/3 露于表面形成回，2/3 形成沟、裂的壁和底。皮层的结构差异很大，据人类大脑皮层神经细胞排列的层次不同，可将其分为古皮层，只见于大脑半球内侧缘的海马结构（胼胝体上回、束状回、齿状回、海马回钩的一部分）；旧皮层，见于大脑内侧缘与底面的前梨状区（外侧嗅回与环周回）和内嗅区。古皮层和旧皮层只有分辨不清的三层神经细胞；除古皮层和旧皮层，其余 90%以上的大脑皮层都是新皮层。新皮层中神经细胞按水平方向排列成十分清楚的 6 层，而且皮层上还有垂直贯穿的柱状结构。在人类新皮层中约有三百多万个柱状结构，每个柱中约有 4000 个神经细胞，研究发现，处在同一柱内的神经细胞具有相同或相似的机能，称之为功能柱。

① 大脑半球皮层按脑沟、裂的走向，可将其分为若干个脑叶和回。大脑半球背外侧面的皮层从前向后分为四个叶：额、顶、枕和颞叶（见图 2-3）。

位于中央沟前方，外侧裂上方的皮层为额叶（frontal lobe）。其中直接靠着中央沟前面，并与中央沟平行的回，称为中央前回。中央前回的机能是直接管理肌肉运动，称为运动区。额叶具有调节和控制高级认知活动运动的功能，如筹划、决策和目标设定等。因意外事故损伤额叶，能影响人的行为能力和改变人格；位于顶枕裂前方，中央沟后方的皮层为顶叶（parietal lope），其中紧靠中央沟并与中央沟平行的回称为中央后回。中央后回是接受全身躯体感觉信息的感觉区，所以顶叶负责躯体的各种感觉；位于顶枕裂与枕前切迹连线的后方皮层为枕叶（occipital lobe），是视觉中枢；位于外侧裂下部的皮层为颞叶（temporal lobe），与听觉关系密切；此外在大脑外侧裂的深部皮层为岛叶，与味觉有关。

大脑半球的内侧面，围绕半颈的环状回为边缘叶（limbic lobe），它包括胼胝体下回、扣带回、海马回和海马回深部的海马结构（见图 2-4）。胼胝体下回与其前方的旁嗅区组成隔区（area septi），内含伏隔核。

大脑半球底面皮层，大脑纵裂两侧的嗅沟中，有嗅球和嗅束。嗅束向后移行于嗅三

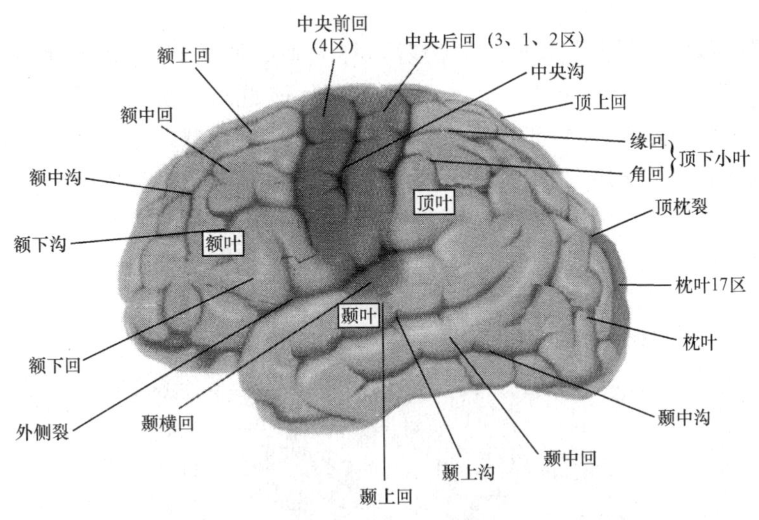

图 2-3 大脑外侧面

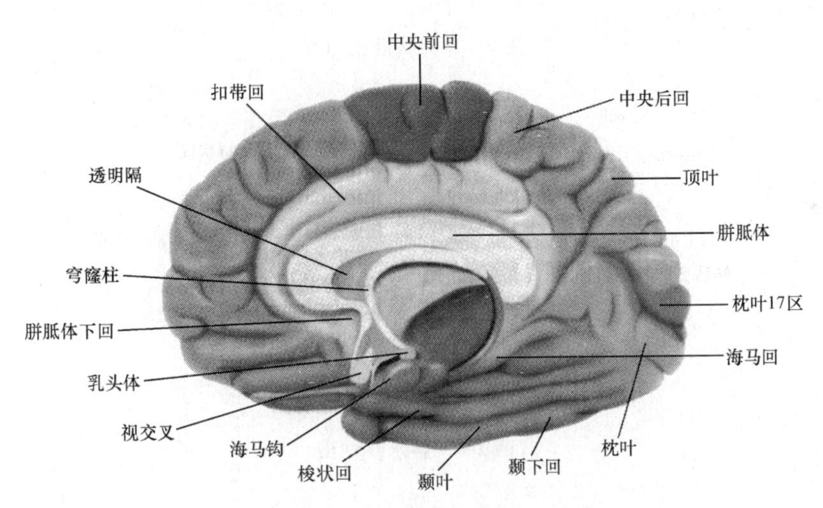

图 2-4 大脑内侧面(矢状正中切面)

角。嗅三角发出两条灰质带:一条向内移行于大脑半球内侧面的隔区,称为内侧嗅回;另一条向外移行于梨状区,向后移行于环周回,称为外侧嗅回。嗅沟的内侧为直回;外侧为眶回。

② 大脑半球髓质由有髓纤维组成。根据纤维的起止、行程可分为三类:即投射纤维,同一半球内的联络纤维和左、右半球间的联合纤维。投射纤维是大脑皮层与皮层下中枢间的上、下行纤维。除了嗅觉投射纤维外,绝大部分投射纤维经过内囊。内囊是一个较厚的白质层,位于豆状核、尾状核与丘脑之间。联络纤维,包括联络同一半球各叶和各回间的纤维。联合纤维包括连接两半球新皮层的胼胝体,连接两侧旧皮层和古皮

层的前连合和海马连合。

③ 大脑半球髓质深部有一些神经核团,称为基底神经节,包括尾状核、豆状核、杏仁核和屏状核(见图 2-5、2-6、2-7)。尾状核与豆状核组成纹状体。尾状核和壳核又称新纹状体。豆状核分内、外两部分,外部为壳核,内部为苍白球。尾状核与豆状核,对机体的运动功能具有调节作用。杏仁核在嗅觉、情绪控制和情绪记忆形成中具有重要作用。

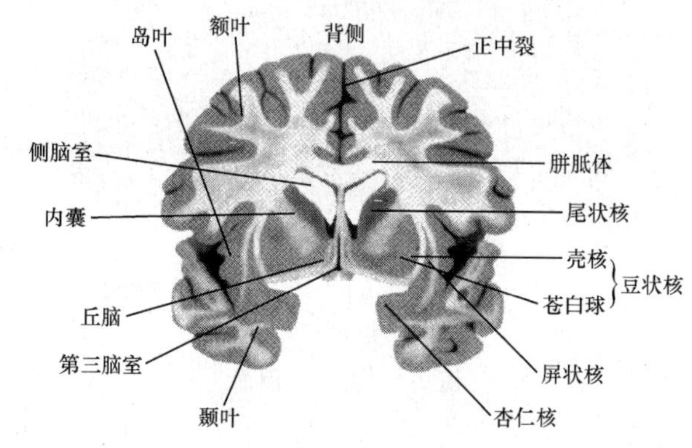

图 2-5 大脑冠状切面

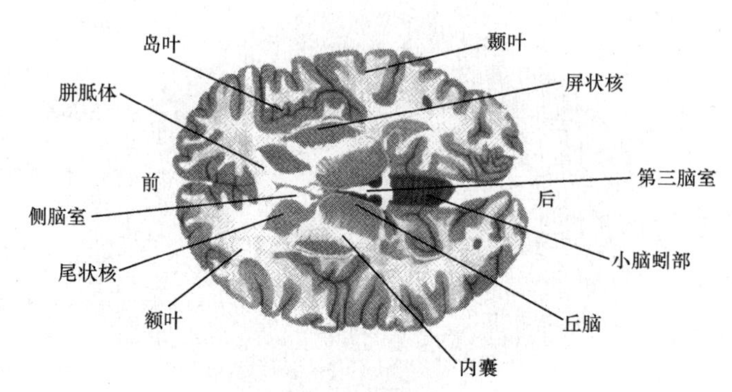

图 2-6 脑水平切面

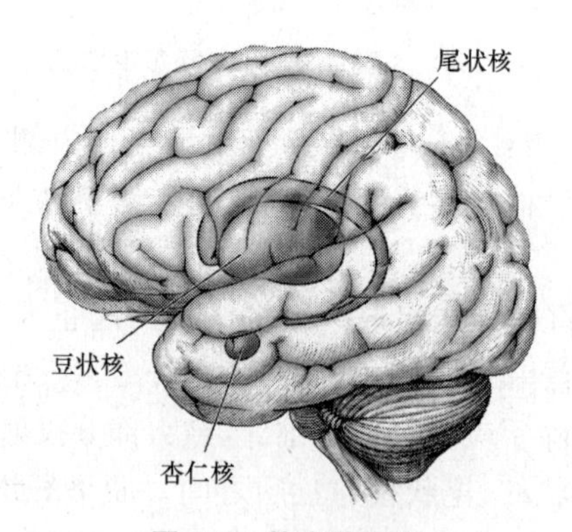

图 2-7 基底神经节

大脑皮层的每个功能区,如运动、躯体感觉、视觉和听觉等都有层次结构。大概由三级组成,即初级皮层区(一级皮层区)、次级皮层区(二级皮层区)和联络皮层区。初级区为投射中心,直接接受皮层下中枢传入的信息或向皮层下发出的信息,与感受器或效应器之间保持点对点的功能定位关系,对外部刺激实现简单而原始的感觉功能或发出简单的运动信息。次级区分布在初级区周边(见图 2-8)只接受初级皮层传来的信息,与皮层下中枢没有直接的特异联系。次级感觉皮层将初级感觉皮层的信息联合加工为复杂的单感觉性的知觉,运动性次级皮层区的神经信息实现着复杂序列性运动功能。次级感觉和次级运动区都失去了点对点简单空间定位的特性。联络皮层区是次级皮层之间的重叠区,实现着各种皮层功能区之间的联系。在大脑皮层中可分为两个联络皮层区:一个位于顶、枕、颞叶的结合点上。它是躯体感觉,听感觉、视感觉的重叠区,对外来的各种信息进行加工,综合为更高级的多感觉性的知觉,并加以储存;另一个联络区位于额叶前部,它同皮层所有部分发生联系,综合所有信息做出行动规划,通过对运动皮层调节与控制完成复杂活动。

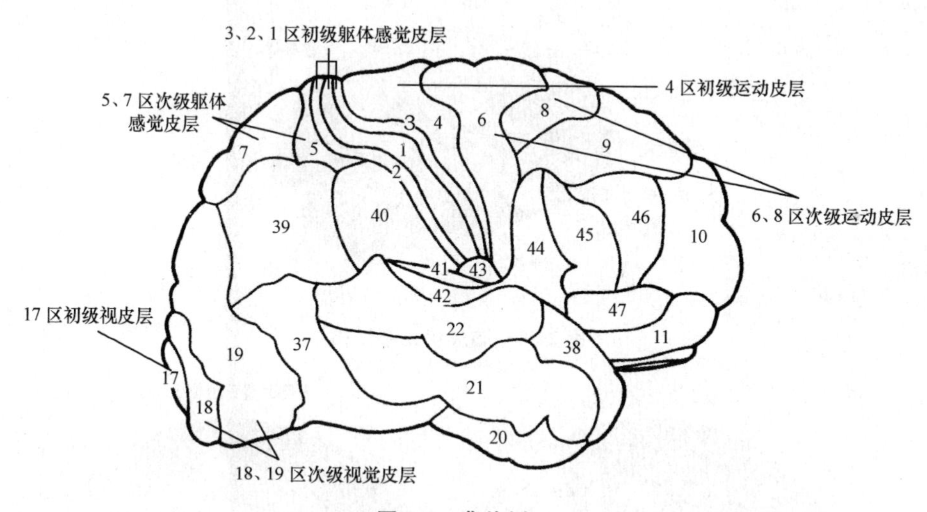

图 2-8 背外侧

(2) 间脑

间脑(diencephalon)居于大脑与中脑之间,被大脑半球所遮盖。间脑外侧与内囊相邻,内侧面为第三脑室,间脑分丘脑、上丘脑、底丘脑和下丘脑四个部分(见图 2-5、2-6、2-10)。

丘脑(thalamus)是一对卵圆形的灰质团块,其前端较窄,后端膨大。丘脑内侧面第三脑室侧壁上有中央灰质,内含中线核。丘脑外侧面有丘脑网状核与内囊相连。丘脑内有一白质板为内髓板,将丘脑分为若干核团。据核团之间的纤维联系,可将丘脑诸核分为感觉中继核、皮层中继核、联络核等(见图 2-11)。感觉中继核包括外侧膝状体、内侧膝状体和腹后核。它们接受来自外周脑、脊神经传入的各种特异的感觉冲动,经过整合

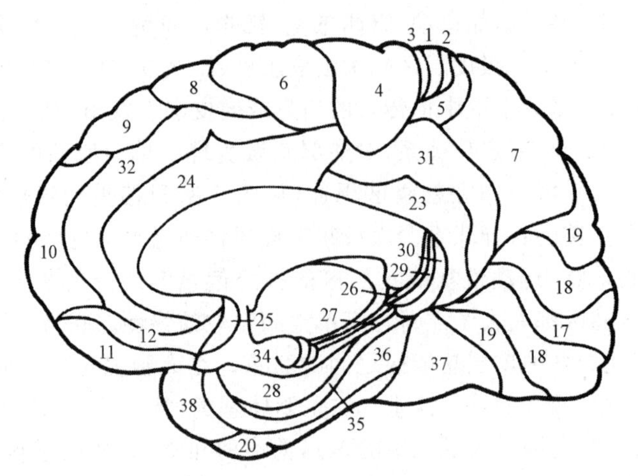

图 2-9 内侧(矢状切面)面

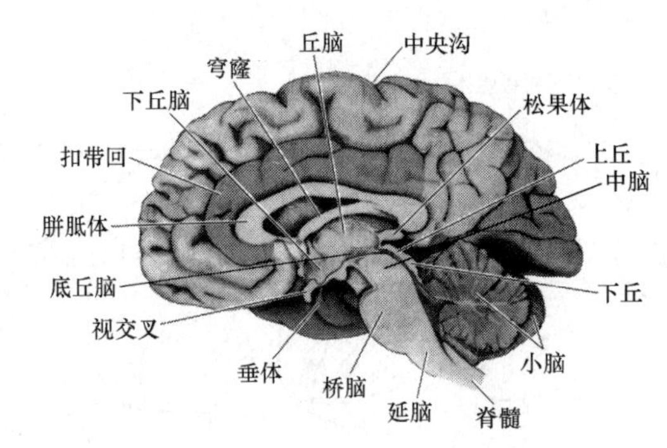

图 2-10 脑矢状正中切面

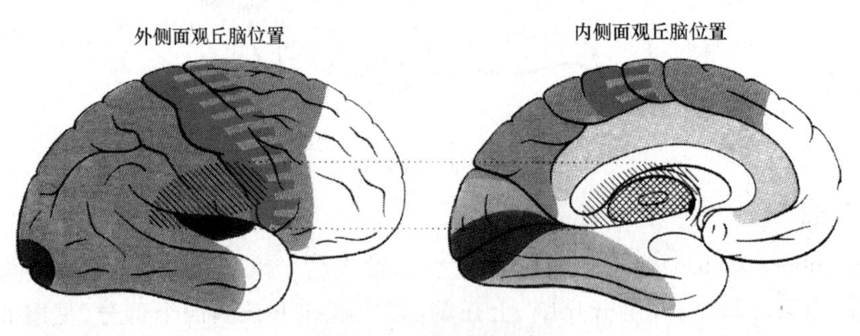

图 2-11A 丘脑的位置

后点对点地投射到大脑皮层初级区，如外侧膝状体传送视觉信息至枕叶视皮层初级区(17 区)；内侧膝状体传送听觉信息到颞叶听皮层初级区(41 区)；腹后核传送躯体感觉信息至顶叶初级躯体感觉初级皮层区中央后回(3，1，2 区)。皮层中继核包括前核、腹外核和部分腹前核。它们接受特定的皮层下结构传入的信息，经过整合后再投射到特

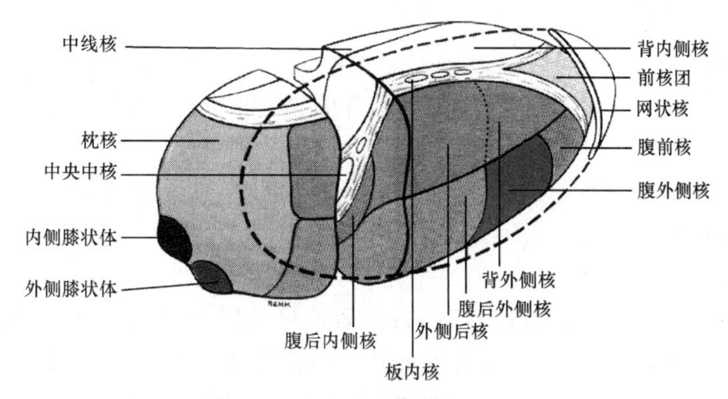

图 2-11B 丘脑的功能分区

定的皮层区。如前核接受下丘脑与海马的信息至扣带回,与内脏活动有关;腹外核接受苍白球和黑质来的纤维至额叶和前岛叶皮层,另外还接受脑干网状结构的上行纤维以及内髓板和中线核来的纤维。这些纤维联系表现出非特异系统的特征。丘脑腹外侧核接受小脑和苍白球来的纤维至中央前回,对运动机能起重要作用。联络核,只接受丘脑其他核团的信息,再一次整合形成复合信息,再投射至联络区皮层(颞、顶、枕联络区,额叶联络区),也有少量纤维投射至颞、枕叶。这类核位于丘脑背侧和后部,包括背内侧核、背外侧核,后外侧核和枕核。根据丘脑诸核的特点,不难看出丘脑不仅仅是信息传递的中继站,而且还是大脑皮层下除嗅觉外所有感觉的重要整合中枢。

上丘脑(epithalamus)位于丘脑背尾侧(见图 2-10)。在两侧上丘脑之间有松果体,是比较重要的内分泌腺,与发育、血糖浓度调节、生物钟现象有很密切的关系。此外,上丘脑还是嗅觉的皮层下中枢。

下丘脑(hypothalamus)位于丘脑腹侧。它包括第三脑室下部的侧壁和底及其底上的一些结构:视交叉、乳头体、灰结节、漏斗以及垂体。下丘脑是神经内分泌、内脏功能和本能行为的调节中枢。

底丘脑位于丘脑的腹侧。它包括红核和黑质的顶部、丘脑底核、未定带和底丘脑网状核。刺激丘脑底部可提高肌张力,并促进反射性和皮质性运动,是锥体外系的组成部分。

(3) 脑干

脑干(brain stem)自下而上,依次由延脑、桥脑和中脑三个部分组成。脑干腹侧多为白质,由脊髓与大脑之间的上、下行纤维构成,占据脑干背侧面的多为灰质,上下排列着 12 对脑神经核。中脑背侧有四个凸出为四叠体,由一对上丘和一对下丘组成(见图 2-10),分别对视、听信息进行加工。脑干背、腹之间称被盖,由纵横交错的神经纤维和散在纤维中的许多大小不一、形态各异的神经细胞组成,即脑干网状结构,其上下行纤维弥散性投射,调节脑结构的兴奋性水平。此外,延脑是调节呼吸、血压、心率,维持生命最必要的调节中枢。

(4) 小脑

小脑(cerebellum)位于桥脑与延脑的背侧(见图 2-10),其结构与大脑相似,外层是灰质,内层是白质,在白质的深层也有 4 对核,称为中央核。小脑的主要功能是调节肌肉的紧张度以便维持姿势和平衡,顺利完成随意运动。近些年的研究表明,小脑在程序性学习中具有重要作用。

2. 脊髓结构与功能

脊髓(spinal cord)各节段内部的特点虽不尽相同,但概貌大体一致。在脊髓的横切上(见图 2-12),中央有一小孔为中央管。中央管周围为 H 形灰质,外侧为白质。灰质前端膨大为前角,其内以大型运动神经元为主,该神经元的轴突组成前根(运动神经);灰质的后端狭窄为后角,其内主要聚集着感觉神经元,接受来自后根纤维的信息(感觉神经)。在胸髓和上三节腰段,在灰质的前、后角之间有侧角,其内以植物神经元为主,该细胞轴突进入前段,形成交感神经节前纤维。脊髓的白质是由密集的有髓纤维组成。按传递方向可分为上行、下行纤维束。每束纤维都有特定功能、起止和行程。一般纤维束均按它的起止和部位命名。脊髓是中枢神经系统的原始部分,来自躯干、四肢的各种感觉,通过脊髓上行纤维传至脑进行分析和综合;脑通过下行纤维束调节脊髓前角运动神经元的活动。因此,在一般情况下脊髓的活动是受脑控制的。不过脊髓本身也可完成一些反射活动,如膝跳反射等。

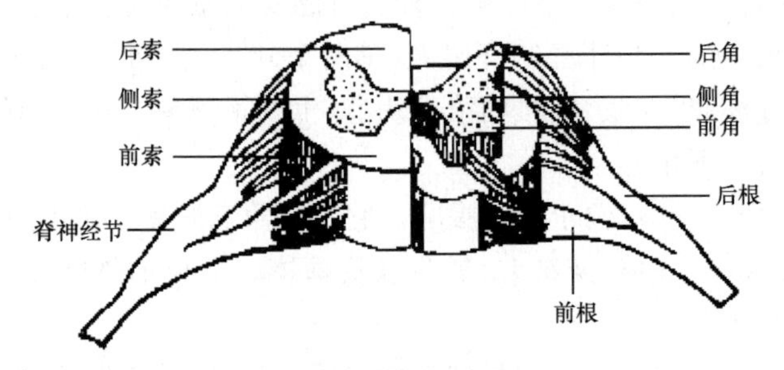

图 2-12 脊髓节模式图

(二) 外周神经系统

外周神经系统由 12 对脑神经(见图 2-13)和 31 对脊神经(见图 2-14)组成,它们分别传递头部、面部和躯干的感觉与运动信息。在脑、脊神经中都有支配内脏运动的纤维,分布于内脏、心血管和腺体中,称为自主神经或植物神经系统(autonomic nervous system, ANS)(见图 2-15),它们维持机体的生命过程。根据自主神经中枢部位与形态特点,将其分为交感神经与副交感神经,在功能上彼此相辅相成地发挥作用。交感神经支配应付紧急情况下的反应,如唤起战斗或逃避危险的准备,心率加速、呼吸急促、肌肉充血、胃肠蠕动减缓等;当危险过去后,副交感神经兴奋减缓了这些过程。副交感神经维持正常情况下的常规活动，如排出体内的废物，通过瞳孔的收缩与流泪保护视觉系统，持久性地保护体内能量(见图 2-15)。

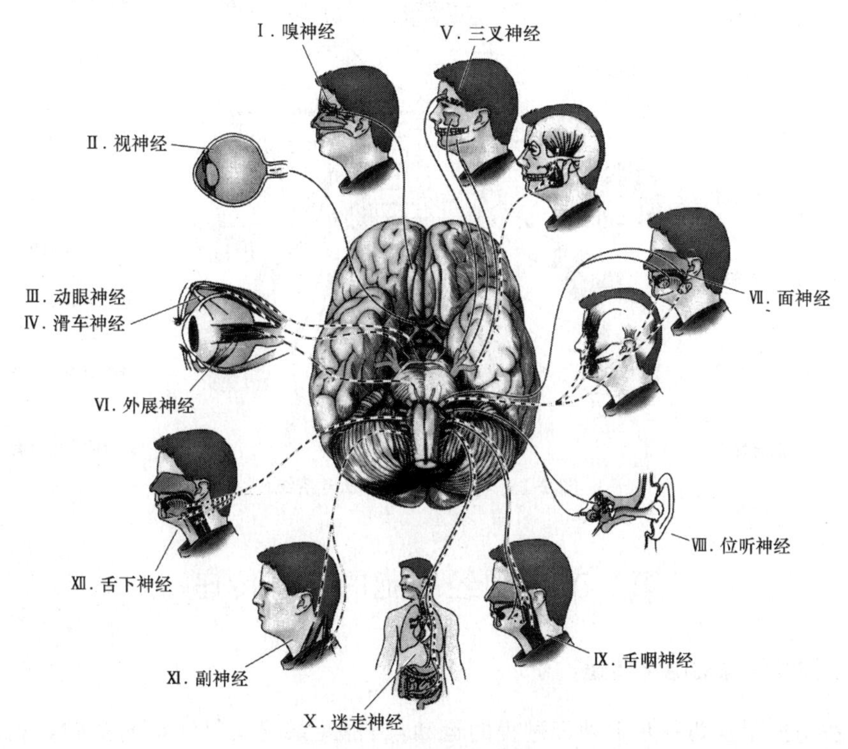

图 2-13 12 对脑神经

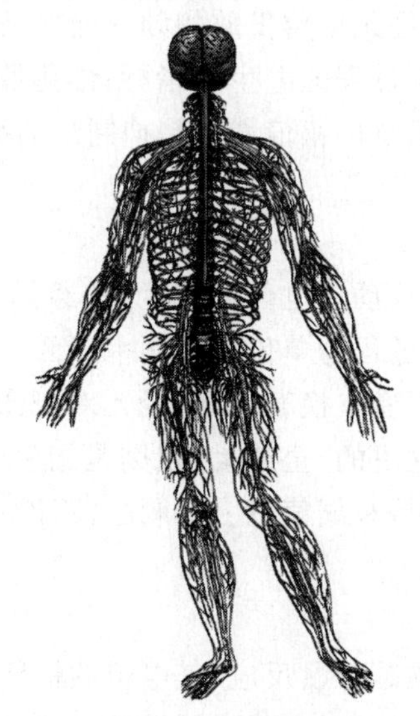

图 2-14 脊神经

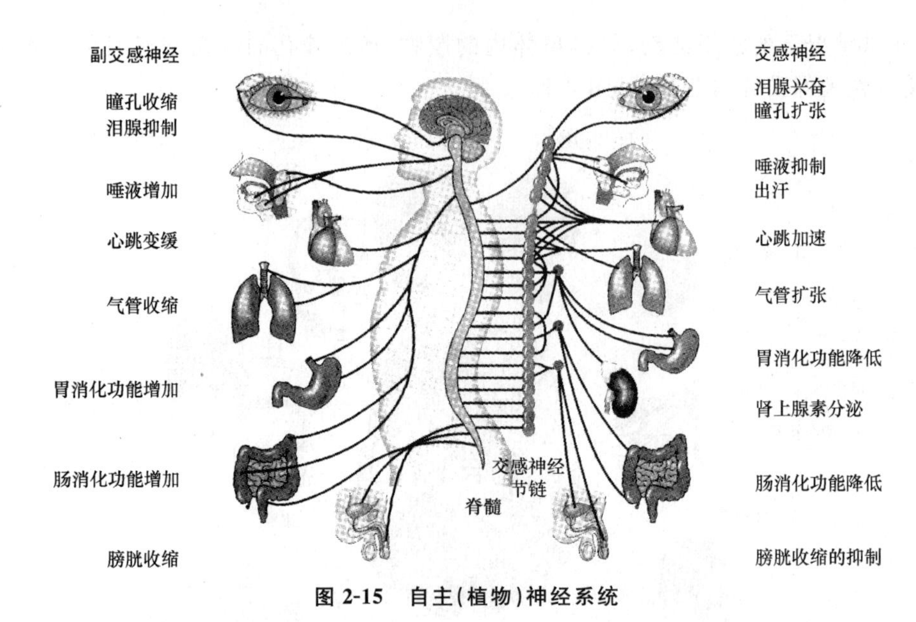

图 2-15 自主(植物)神经系统

第二节 神经细胞的信息传递

一、神经信息的电学传递

兴奋与抑制这两种基本神经过程的运动,是神经系统反射活动的基础。利用电生理学技术能够记录动作电位或神经冲动的发放,作为兴奋和抑制两种神经过程在细胞水平上的表现。一般说来,神经元单位发放的频率增加是兴奋过程的电生理指标;神经元单位发放的频率降低是抑制过程的电生理指标;细胞膜上的级量反应负电位幅值增高,是兴奋性增强的表现;正后电位幅值增高是抑制活动增强的指标。下面介绍这些基本概念。

(一) 单位发放

刺激达到一定强度,将导致动作电位的产生,神经元的兴奋过程,表现为其单位发放的神经脉冲频率加快,抑制过程为单位发放颇率降低。无论频率加快还是减慢,同一个神经元的每个脉冲的幅值不变。换言之,神经元对刺激强度是按着“全或无”的规律进行调频式或数字式编码。这里的“全或无”规则是指每个神经元都有一个刺激阈值;对阈值以下的刺激不发生反应,对阈值以上的刺激,不论其强弱均给出同样高度(幅值)的神经脉冲发放.

(二) 级量反应

与单位发放规律相对应的是级量反应,其电位的幅值随阈上刺激强度增大而变高,反应频率并不发生变化。突触后电位、感受器电位、神经动作电位或细胞的单位发放后的后电位，无论是后兴奋电位还是后超级化电位都是级量反应。在这类反应中，每个级量反应电位幅值缓慢增高后缓慢下降，这一过程可持续几十毫秒，且不能向周围迅速传导出去，只能局限在突触后膜不超过 1 μm^2 的小点上，但能将邻近突触后膜同时或间隔几毫秒相继出现的突触后电位总和起来（空间总和与时间总和）。如果总和超过神经元发放阈值，就会导致这个神经元全部细胞膜去极化，出现整个细胞为一个单位而产生 70～110 mV 的短脉冲（不超过 1 ms），这就是快速的单位发放，即神经元的动作电位。

（三）神经信息的电学传递

神经元的动作电位可以迅速沿神经元的轴突传递到末梢的突触，经突触的化学传递环节，再引起下一个神经元的突触后电位。所以，神经信息在脑内的传递过程，就是从一个神经元"全或无"的单位发放到下一个神经元突触后电位的级量反应总和后，再出现发放的过程，即"全或无"的变化和"级量反应"不断交替的过程。那么，这一过程的物质基础是什么呢？五十多年前，细胞电生理学家根据这种过程发生在细胞膜上，就断定细胞膜对细胞内外带电离子的选择通透性，是膜电位形成的物质基础。

（四）静息电位

在静息状态下，细胞膜外钠离子（Na^+）浓度较高，细胞膜内钾离子（K^+）浓度较高，这类带电离子因膜内外的浓度差造成了膜内外大约－70～90 mV 的电位差，称为静息电位（极化现象）。

（五）动作电位的产生过程

当这个神经元受到刺激从静息状态变为兴奋状态时，细胞膜首先出现去极化过程，即膜内的负电位迅速消失的过程，然而这种过程往往超过零点，使膜内由负电位变为正电位，这个反转过程称为反极化或超射。所以，一个神经元单位发放的神经脉冲迅速上升部分，是膜的去极化和反极化连续的变化过程，这时细胞膜外的大量 Na^+ 流入细胞内，将此时的细胞膜称为钠膜；随后细胞膜又选择性地允许细胞内大量 K^+ 流向细胞外，称为钾膜。这就使去极化和反极化电位迅速相继下降，就构成细胞单位发放或神经干上动作电位的下降部分，又称细胞膜复极化过程。细胞的复极化过程也是个矫枉过正的过程，达到兴奋前内负外正的极化电位（－70 mV 的静息电位）后，这个过程仍继续进行，使细胞膜出现了大约－90 mV 的后超级化电位（AHP）（图 2-16）。后超级化电位是一种抑制性电位，使细胞处于短暂的抑制状态，这就决定了神经元单位发放只能是断续地脉冲，而不可能是连续恒定增高的电变化。综上所述，神经元单位发放或神经干上的动作电位，其脉冲的峰电位上升部分由膜的去极化和反极化过程形成，膜处于钠膜状态；峰电位的下降部分由复极化和后超级化过程形成，此时膜为钾膜状态。虽然在五十多年以后的今天，未能推翻这些经典假说，但现代电生理学和分子神经生物学研究表明，神经元单位发放是个机制非常复杂的过程，绝非简单膜选择通透性所能概括的复杂机制。

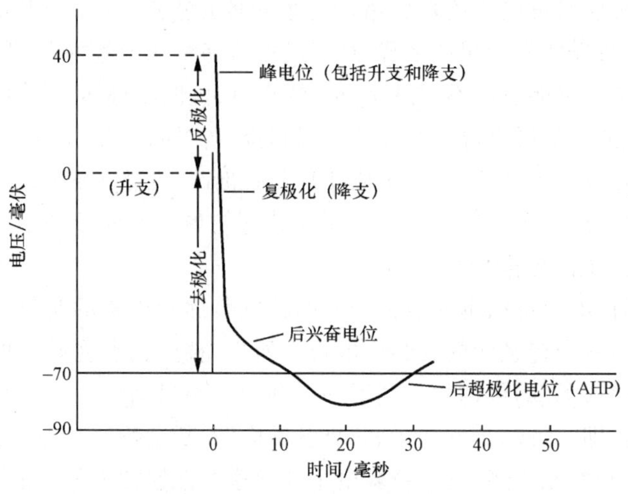

图 2-16 典型动作电位示意图

二、神经信息的化学传递

当代分子神经生物学研究发现，至少有数以百计的生物分子，参与神经信息的传递和加工过程。根据这些分子的作用，可以分为神经调质（neuromodulators）、神经递质（neurotransmitters）、受体蛋白（receptor proteins）、离子通道蛋白（channel proteins）、细胞内信使（messengers in the neurons）、逆信使（reverse messengers）等。当一个神经细胞受到刺激，处于兴奋状态时，其细胞膜内外发生离子交换，大量钠、钙离子流入膜内，促进神经末梢释放神经递质。释放出来的神经递质通过突触间隙，与突触后膜上的受体结合，激发了突触后膜上的通道门或 G-蛋白相关性受体，引发细胞内第二、三信使和逆信使的合成与释放。细胞内信使的激活，造成离子通道门开放，突触后细胞单位发放，神经信息继续向下一个神经元传递。与此同时，逆信使迅速扩散到突触前神经元，调节其神经递质的合成与释放过程。一些神经调质在突触前神经元中合成，并对该神经元神经递质的释放加以调节。由此可见，在神经信息传递过程中，这些生物活性分子发生着复杂的相互作用。这里将对这些生物活性物质：神经递质、调质、受体、通道蛋白、细胞内信使和逆信使进行简要的介绍。

（一）神经递质与调质

神经递质是一些小分子或中分子的化学物质，由突触前末梢释放。越过突触间隙（30～50 nm），作用于突触后膜。神经调质作用于释放递质的神经细胞体或稍远的神经末梢，调节自身的生成和释放速率。神经递质和调质的释放过程有两种机制：一是量子释放（quantum releasing），只要释放就将末梢囊泡内所含递质一次性全部放出；另一种是级量释放（graded releasing），释放递质决定于神经冲动发放的频率快慢。神经递质对突触后细胞的兴奋作用，即递质的作用有两种方式：促离子式（ionotropic）和促代谢式(metabotropic)。前者作用快速(10 s之内),后者作用时程长。每个神经元主要接受一种神经递质传来的神经信息,但也有许多神经元可接受多种神经递质传来的神经信息。根据神经递质的化学结构,可将其分为如下几类:

胆碱类	乙酰胆碱(acetylcholine)
单胺类(monoamines)	儿茶酚胺类(catecholamines):多巴胺(dopamine)、去甲肾上腺素(norepinephrine)、肾上腺素(epinephrine)、鳟胺(octopamine)
	吲哚胺(indoamines):5-羟色胺(serotonin)
氨基酸类(amino acids)	兴奋性神经递质:谷氨酸(glutamate)、门冬氨酸(aspartic acid)
	抑制性神经递质:甘氨酸(glycine)、γ-氨基丁酸(γ-aminobutyric acid, GABA)
肽类(peptides)	阿片肽类(opioides):脑啡肽(enkephalin)、p-内啡肽(p-endophin)、强啡肽(dynorphin)
	神经垂体激素类(neurohypophyseals):血管加压素(vasopressin)、催产素(oxytocin)、垂体后叶运载蛋白(neurophysins)
	快速激肽类(tackykinins):P物质(substance P)、K物质(substance K)、神经激肽B(neurokinin B)、鳣脡肽(eledoisin)
	肠激肽类(gastrins):肠激肽(gastrin)、胆囊收缩素(ckolecytokinins, CCK)
	生长抑素(somatostatins):生长抑素-14、生长抑素-28
	胰高血糖素相关物质(glucagon related):血管活性肠肽(vasoactive intestinal peptides, VIP)
	胰岛相关物质(pancreatic related):神经肽Y(neuropeptide Y)

(二)受体蛋白与通道蛋白

受体都是蛋白大分子,存在着四级结构及其立体构像的变化。第四级结构表现为一个分子由几个亚单元组成,例如,n型乙酰胆碱蛋白质由5个亚单元组成,只有α亚单元才是与乙酰胆碱结合的活性基。受体分子的第三级结构表现为三维立体构像,由亲水基、疏水基与介质间相互作用,以及离子键、范德瓦耳斯力的综合作用而形成。一级和二级结构表现为分子内氨基酸排列顺序和氢键等形成的肽链折叠、螺旋和网格状扭转等结构变换。受体蛋白的四级结构变换,正是受体生物效应的基础。20世纪80年代初,对受体的分类是按与之结合的神经递质或调质命名进行的,但随受体结合生物机制的研究成果,到90年代初,已按受体作用机制分为三大类:

1. 配体门控受体家族与配体门控离子通道

配体门控受体家族都是大蛋白分子,由4至5个亚单元组成,多段跨膜并构成离子通道。所以,又是化学门控离子通道蛋白分子。这种受体接受相应配体——神经递质、调质等。当它们发生结合时,蛋白分子即变构,同时导致离子通道开启和关闭,所以从受体结合到产生电变化的过程较快。n型乙酰胆碱(nAchR)、A型GABA受体、甘氨酸受体、兴奋性氨基酸受体等,都是配体门控受体。这里对最后一类受体稍加解释。因为计算神经科学中有些研究报道,兴奋性氨基酸受体是根据其受体激动剂或受体拮抗剂(引起受体活性增强或减弱的化学物质)而命名,可分为4类受体:K受体(激动剂为海人酸,kainate),Q受体(激动剂为使君子酸,quaisqualate),L-AP受体(拮抗剂为L-2-氨基-4-磷酸正丁酸,L-2-amino-4-phosphor-nobutyrate)和NMDA受体(激动剂是N位甲基-d-门冬氨酸,N-methyl-d-aspartate)。

2. 电压门—离子通道

电压门—离子通道包括多种跨膜蛋白分子。

3. G-蛋白相关的受体家族(G-耦合受体)

G-蛋白是一种活性依从于三磷酸鸟苷(GTP)存在与否而发生变化的蛋白质。1984年,在视网膜的光化学反应中首先发现G-蛋白的存在。G-蛋白相关的受体包括:β-肾腺能受体(β-adrenergic receptor,β-AR)、m型胆碱能受体(mAChR)、B型GABA受体和K物质受体(substance K-receptor,SKP)。这些受体除其活性依赖于G-蛋白外,分子结构和作用机制都十分相似。它们都是镶嵌在细胞膜上且跨膜6~7次的大蛋白分子。

(三)细胞内信号转导系统

细胞内信号转导系统是神经递质与受体结合之后所激发的,在细胞内信息传递过程中发挥作用的一系列生物化学活性物质组成,包括20世纪80年代所说的第二、三、四信使分子。第四信使本身有时就是离子通道蛋白质。第二信使(second messengers)包括环-磷酸腺苷(cAMP)、环-磷酸鸟苷(cGMP)、肌醇三磷酸(inositol tri-phosphate,IP3)、二酰甘油(diacyl glycerol,DAG)、磷酸肌醇(phosphatidyl inositol,PI)、钙离子(Ca^{2+})、钙调素等。第三信使(third messengers)是蛋白激酶(protein kinase),分为蛋白激酶A、蛋白激酶C、蛋白激酶G和钙调蛋白的蛋白激酶。它们平时处于不活动状态,细胞内第二信使可使之激活。

(四)细胞核内的基因调节蛋白——CREB

细胞内信号转导系统中的第二信使钙-钙调素(Ca^{2+}/calmodulin),随外部刺激的重复,会出现三种过程:

(1) 激活腺苷酸环化酶,从而导致cAMP-依存性蛋白激酶(如PKA)的激活,PKA的四个亚基分离,其中催化亚基携带高能量进入细胞核,使核内的基因调节蛋白激活(CREB-1)。

(2) PKA的催化亚基还募集分裂素激活的蛋白激酶(mitogen-activated protein kinase,MAPK)与之一道进入细胞核,在激活CREB-1的同时,移除CREB-2。CREB-2对CREB-1具有抑制作用。当CREB-1激活后,首先触发即刻早基因表达形成C/EBP,由C/EBP诱导基因晚表达合成新蛋白质,并导致新突触的生长。

(3) 基因表达的抑制作用,包括钙抑素(calcineurin)和磷酸化酶抑制素,后者作用细胞核内的 CREB-2，使其抑制和约束新突触的生长。由此可见，在细胞核内的信息分子的生物学机制中，存在着抑制性的约束环节，CREB-2 的激活和移除的两种环节：一方面，当钙调素过剩，在细胞质内引起钙抑素形成，导致细胞质磷酸化酶Ⅰ激活，当其移入细胞核内，不是激活 CREB-1 的活性，而是激活 CREB-2，从而抑制 CREB-1 的活性。另一方面，PKA 与 MAPK 协同作用于细胞核，不仅激活 CREB-1，还移除 CREB-2。

（五）逆信使

本节前面所介绍的内容是神经信息从一个神经元向下一个神经元的化学传递机制，概括地说是神经信息从前一个神经元轴突末梢到下一个神经元的细胞核之间的化学传递链条。它的特点是沿着神经信息传递的方向传递；但是还有一种反方向的化学传递物质，称逆信使。

20 世纪 90 年代初，有 5 个著名实验室报道，利用 NADPH 黄素酶（NADPH diaphorase）组织化学法和氧化氮合成酶（NO synthesis enzyme，NOS）免疫组织化学法，对氧化氮（NO）合成位点、分布和作用靶的研究的发现，提出了逆信使的概念。

氧化氮一直被看成有毒的简单无机分子，即神经毒剂芥子气。在组织间具有极强的扩散能力，从其生成到发生作用的半衰期只有几秒钟。然而，近年表明，当突触后膜上的受体被激活，钙离子通道门开启，大量钙离子流入突触后细胞内，使胞内钙离子浓度从平时自由钙水平（约 50 nM/L），迅速上升到 0.1～1 μM/L 时，在钙-钙调素作用下，活化氧化氮合成酶，在还原型辅酶Ⅱ（NADPH）的参与下，细胞内的精氨酸转化为瓜氨酸，并释放出 NO。生成的 NO 迅速扩散，其作用靶是突触前的鸟苷酸环化酶（guanyl cyclase，GC），与此酶活性基团上的铁离子结合，使之活化，促使磷酸鸟苷酸环化为第二信使——cGMP。随后 cGMP 调节蛋白激酶、磷酸二酯酶和离子通道等信息传递的生化机制。由于 NO 合成和发挥作用所要求的钙离子浓度不同，决定其在兴奋的突触后细胞内生成，再扩散到具有自由钙水平的突触前成分，发生激活 GC 的生理效应。NO 逆神经信息传递方向发挥作用，故称之为逆信使。NO 在外周神经内是一种新型神经递质，从突触前神经末梢释放。

第三节 大脑的电活动与心理生理学的基本理论概念

一、脑的电现象

可分为自发电活动和诱发电活动两大类，两类脑电活动变化都在大脑直流电位的背景上发生。脑的前部对后部，两侧对中线都有一恒定的负电位差，约几十毫伏，这就是脑直流电现象。除病理状态，一般在心理活动中，脑直流电并不发生相应变化，所以对其研究较少。

（一）脑电图

在脑直流电背景上的自发交变电变化，经数万倍放大以后所得到的记录曲线，就是通常所说的脑电图(electroencephalogram, EEG)(图 2-17)。当人们闭目养神,内心十分平静时记录到的 EEG 多以 8～13 次/秒的节律变化为主要成分,故将其称为基本节律或 α 波。如果您这时突然受到刺激或内心激动起来,则 EEG 的 α 波就会立即消失,被 14～30 次/秒的快波(β 波)所取代。这种现象称为 α 波阻抑或失同步化。这代表脑发生了兴奋过程。近年发现,正常人类被试在高度集中注意力时,可出现 40 次/秒左右的高频脑电活动,称为 40 赫兹脑电活动或 γ 节律。相反,当安静闭目的被试变为嗜睡或困倦时,α 波为主的脑电活动为 4～7 次/秒的 θ 波所取代。当被试陷入深睡时,θ 波又可能为 1～3 次/秒的 δ 波所取代。这种频率变慢,波幅增高的脑电变化,称为同步化,从 β 波变为 α 波的过程亦属于同步化。相反,变为低幅、快波的脑电变化,成为失同步化或异步化。从宏观角度,异步化表明脑内出现了兴奋过程。疲劳、困倦、脑发育不成熟的儿童和某些病理过程均可出现 θ 波为主的脑电活动。δ 波常出现在深睡、药物作用和脑严重疾病状态。脑电技术的发明人,是一位德国的精神科医生 H. Berger,他的本意是想用之诊断精神病,但至今未能成功。因为这种记录技术对于微妙的心理活动来说,实在是太粗糙了。

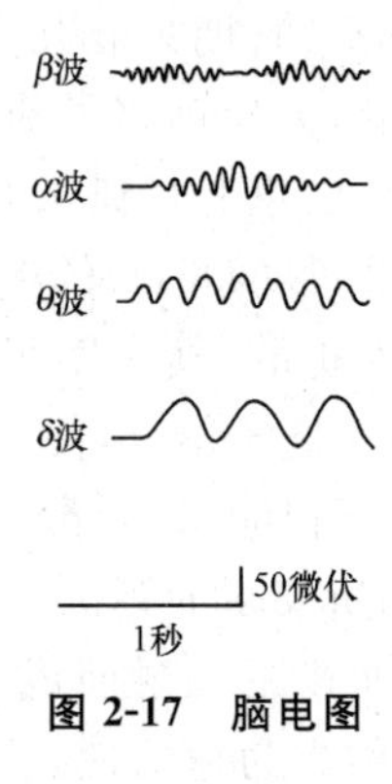

图 2-17　脑电图

(二) 平均诱发电位

20 世纪 60 年代以来,在计算机叠加和平均技术的基础上,对大脑诱发电位变化进行了大量研究。这种大脑平均诱发电位(averaged evoked potentials, AEP)是一组复合波,刺激以后 10 毫秒之内出现的一组波称为早成分,代表接受刺激的感觉器官发出的神经冲动,沿通路传导的过程;10～50 毫秒的一组称为中成分;50 毫秒以后的一组波称为晚成分。根据每种成分出现的潜伏期不同,对早成分用罗马数字标定,分别命名为 I 波、II 等;对中成分按出现时间顺序及波峰极性,分别命名为 N0、Na、Nb 或 Pa、Pb 波等。按电位变化的方向性和潜伏期对晚成分进行命名,例如,潜伏期 50～150 毫秒之间出现的正向波称 P100 波,简称 P1 波;潜伏期约 150～250 毫秒的负向波称 N200 波,简称 N2 波;潜伏期约 250～800 毫秒的正向波称 p300 波,简称 P3 波(见图 2-18)。晚成分又称事件相关电位(event-related potentials, ERPs),它的变化与心理活动的关系是当代心理生理学的热门研究课题。迄今,事件相关电位的每个波在脑内的起源仍不明了。因此,脑平均诱发电位虽比自发电活动更能反映出心理活动中脑功能的瞬间变化,但对于真正揭露心理活动的机制来说,仅是一种十分粗糙的技术。1992 年空间分辨率较高的功能性磁共振成像技术问世,不但没有代替事件相关电位技术,反而使它获得了新生,向提高空间分辨率的方向发展。在仪器的硬件结构上向 32、64、128、256 通道的密集电极方面发展;在软件方面发展了偶极子的算法,通过高密度分布的电极采集的数据,推算出不同成分在脑深部的起源。

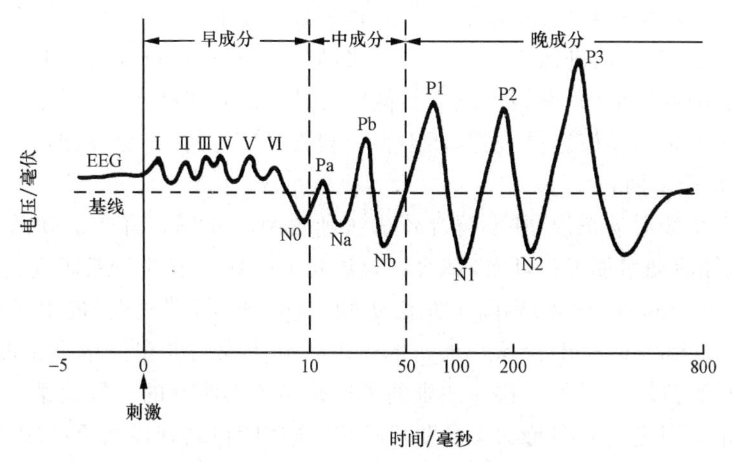

图 2-18 平均诱发电位组成波示意图

二、心理生理学的基本理论概念

心理生理学以心理因素为自变量,生理参数为因变量,研究正常人在受到心理刺激时,生理参数变化的规律;同时也常用生理参数变化作为指标,判断人的心态,例如,是否疲劳,是否说谎等。认知活动的时序性、心理容量有限性和两类加工过程是它的三个最基本的理论概念,也是理解心理活动中事件相关电位和外周自主神经系统电生理参数变化的基本概念。所以我们先介绍这些概念,再讨论用它们去理解电生理指标变化的理论意义。

(一) 认知活动的时序性

Meyer 等(1988)系统论述了现代心理时序测量(mental chronometry)的历史渊源、基本模型和存在的问题。Van der Molen 等(1991)系统地论述了时序心理生理学的基本原理。由于篇幅所限,这里只能简要地加以介绍。

认知活动的时序性概念至今已经历了 150 多年的发展历程,从最初的神经肌肉反应时,到现代对复杂认知活动的时序性分析,出现过许多法则和模型,各反映了时序性的不同侧面。然而,时序性原理至今仍面临许多难题,有待继续研究。

1. 减法法则

Doder(1868)将刺激—反应分为从简到繁的 A、B、C 三类。A 类反应为单一刺激引起的单一反应,即简单反应时(simple reaction time,SRT);B 类反应要求被试对两类刺激分别给出不同的反应,称为复杂反应时(complex reaction time, CRT);C 类反应要求被试只对多种刺激中的一种给出反应(go reaction),对其他刺激均不反应(nogo reaction),称为反应或不反应时(Go/Nogo RT)。减法法则(subtraction method)是建立在两个假设的前提之下,对这三类反应之间时序性关系进行概括的规则。首先,假设在复杂的认知反应中包括刺激鉴别、反应选择和反应执行等一系列顺序进行的串行过程,前一段不完成就无法进入下一阶段。其次,假设这些串行过程可以简单地"纯插入"(pure insertion)或取消,并不因而改变其他串行过程的时间特点。例如,从复杂反应中可以减去刺激鉴别和反应选择过程,而不影响刺激—反应的简单反应时。

2. 相加因子法则

对于许多认知活动来说,并不符合减法法则的两个前提。有些认知活动可以同时进行,有些认知活动增加某一环节,就会明显影响另一些环节的加工速度。为克服减法法则的不足,Sternberg(1969)删除了减法法则中的"纯插入"假设,提出了相加因子法则(addictive factor method)。这一法则的运用可以使我们发现信息加工的阶段性,以及影响这些加工阶段的因子。这一法则的逻辑是简单而明确的。假设某一信息加工过程是由按一定顺序进行的串行加工各阶段组成,这些阶段之间没有重叠现象,则每一阶段可能都存在着特异的因子对其发生影响,它们对该过程反应时的影响是其作用的总和;反之,如果因子 F1 和 F3 共同用于同一阶段,则其共同作用的结果并不等于各自作用之和。利用这一法则可以判断信息加工过程的阶段性,Sternberg 采用两条推论规则。如果我们的实验数据中,发现两个或多个因素对某一认知过程发生作用时,该过程的平均反应时变化等于各因素单独作用之和,就可以判定这一认知过程是由两个以上的信息加工阶段所组成;相反,这些因素作用的效应是交互的,反应时变化不等于各个因素单独作用之和,则至少可以断定这些因素作用于某一共同加工阶段。由此可见,相加因子法则不需要对比简单与复杂反应过程的减法法则,仅对同一认知过程发生影响的各因子效应进行计算,就可以判断出该信息加工过程的阶段性。运用这一法则的基本前提是,信息加工过程是由彼此在时间上不重叠的一些离散的串行阶段所组成。因此,它的应用范围具有很大局限性。为克服这一局限性,许多学者做了多种尝试,试图更好地解决既不是严格串行,又不是严格离散的认知加工过程的时序特性。由此,在20 世纪 70～80 年代间出现了两类时序特性模型,即栅格模型和连续模型。

3. 层次模型

McClelland(1979)为克服相加因子法则的不足,设想几个信息加工过程可以同时并行性进行,这种层次模型(cascade model)并行加工系统与串行离散系统相比,有许多特点:首先,这个系统有许多加工层次,每个层次可以连续激活达到适宜程度向下一层次输出；其次，一个层次的输出是单向性逐级进行的，其信息总为下一层次有效地利用；其三，末级输出可激活一种反应机制，或在几种可能的反应中进行识别和选择性激活；最后，在这一系统中，唯一进行离散性反应的是输出执行环节。由此可见，McClelland的层次模型仍保持着信息加工过程的单向阶段性原则。他设想每个加工层次都由许多处理单元组成，这些单元的激活是连续的量变过程，这些单元激活值的线性积分，决定了该层次信息加工的结果。他认为，这一模型可以较好地解释影响反应时各因素间的交互作用。这种层次模型可以适用于非严格的串行离散加工过程，使其对影响平均反应时的各因子呈现出相加因子法则所揭露的规律。所以，这种层次模型实际上扩大了相加因子法则的适用范围。

4. 连续信息流模型

为克服相加因子法则只能用于离散串行加工过程的局限性，Eriksen 和 Schultz (1979)在其视觉信息加工的实验数据基础上，提出了连续信息流的加工模型(continuous flow model)。这一模型建立在两个假设前提之上，并推出一个重要的结论。首先，他们假设刺激信息在视觉系统中有一个逐渐级量的累积发展过程；其次，当刺激首次呈现时，就引起该系统各个组成成分同时对其进行加工，加工的结果连续地向反应系统传递，在反应系统中启动了较广泛的反应单位矩阵。随刺激的反复呈现或持续性存在，知觉信息的积累，则视觉系统的输出范围就会越来越小，这种范围缩小的过程最终发生了特异的反应。总之，连续模型认为视觉信息加工过程既是并行的又是连续的，目标刺激和背景噪音刺激，可同时引起视觉系统广泛性同时兴奋。刺激的连续性积累是个量变过程，最终导致目标刺激引起的兴奋，达到适宜值产生知觉反应。因此，目标刺激特性和背景(或噪音)特性对认知反应时都有影响。目标与背景刺激引起的效应在视觉系统中竞争性激活，是由于对刺激信息加工的时间分布方式决定的。这种模型可较好地解释背景或噪音对平均反应时的影响，这使它优于相加因子法则的串行离散模型。

5. 非同步离散编码模型

前面分别介绍了两大类认知时序模型。减法法则和相加因子法则适用于串行离散阶段性认知模型，层次模型和连续模型是一类连续量变的并行认知加工过程。为了在这两类模型之间架起桥梁，Miller(1982，1988)提出并用实验事实证明了一种非同步化离散编码模型(asynchronous discrete coding model)。这种模型主张刺激的各种属性在许多层次或阶段的加工过程中，非同步地通过各层次或阶段，各自离散地传递到反应机制中，分别启动反应机制的“准备效应”(response preparation effect)。同时，各层次或阶段上的信息加工未完成之前，也能传递到下一阶段或层次上对其产生启动效应。因此，某一认知过程的总平均反应时，不可能像严格离散串行阶段模型那样，等于各阶段耗费时间的总和。某一因素在某一阶段上延长了反应时，它却可能同时启动了下一阶段的反应发生代偿作用，总反应时未必延长。所以，各加工阶段或层次上的离散编码机制在传递过程中非同步性达到下一阶段，结果造成多种复杂的结果，使总平均反应时的预测变得十分困难。这一模型在信息加工多种模型间架起了一个连续的桥梁，其一端分析粒度为零，使之成为连续变换的过程；另一端分析粒度为1，使该过程成为典型的离散过程。因此，非同步离散编码模型的同步差异大于或等于1时，则接近离散阶段模型；同步差异小于或等于零时，则符合连续模型。

认知活动时序概念的上述五个模型，是按历史年代逐渐形成的，模型之间的差异反映了时序概念的发展历程。由简到繁，时序性原理的发展越来越使认知心理学和实验心理学家们感到困扰，使之对仅仅依靠反应时和正确率能否准确推断信息加工的微过程产生了疑惑。一些认知心理学家认为，反应时和正确率只是认知活动的最后表征方式，而无法揭露其中间过程。所以，他们把希望寄托于心理生理学参数的时序性，可能生理参数的时序性对认知微过程能给出更多的科学资料。认知活动的时序性模型成为心理生理学分析信息加工结构特性的重要基础。串行还是并行，离散性还是连续性问题，都是加工过程的结构属性。与此不同，心理容量或心理资源的概念则与信息加工的效率有关，是认知心理生理学的另一个重要理论概念。

（二）认知活动的容量有限性

心理容量（mental capacity）、心理资源（mental resource）或能量（energitics）在文献中常常作为同义词相互代替。这一概念最早出自于James（1890）的著作《心理学原理》。20世纪50～60年代，工程心理学和认知心理学赋予其以新的含义。自20世纪80年代，它们成为认知心理生理学的重要理论概念。

在工程心理学中，Knowles(1963)提出了人类作业的操作模型。他认为，作为操作者的人好像是容量有限的资源库（limited capacity resources），面对一些工作任务时，这种资源可以分配地利用。20世纪70～80年代，工程心理学热衷于测量不同工作负荷时，已经利用的和可以利用的能量，以及这种测量的主观心理参数和客观生理指标。Kahneman(1973)明确指出，注意的容量模型是指完成心理操作时可以利用的能量。Norman和Bobrow(1975)分析了双项任务作业中容量或资源分配问题，提出了作业-资源函数中资源限定（limited-resource）的加工过程和数据限定（limited-data）的加工过程。Wickens(1984)在总结资源或容量概念发展的历史资料时，概括出单资源论（single-resource theory）和多资源论（multiple-resource theory）的理论观点，指出工作负荷测试必须综合地分析主任务、次任务参数（primary and secondary task parameters）、生理测量和主观心理测验等四项结果，并综述了许多致力于寻求心理容量、资源、心理能量与生理和物理能量间相互关系的研究报告。他指出瞳孔、心率、区域性脑血流量、脑区域性葡萄糖代谢率和平均诱发电位等生理参数，均可作为心理资源分配的重要生理学参数指标。同时，他也指出，没有一项生理指标可以完全代替心理资源的全面分析。Brown(1982)指出心理负荷（mental load）是多维度的，任务要求可能是感觉、知觉、注意、知觉运动等多方面的，随时变化的。心理负荷和心神耗费（mental effort）并非完全一致，前者常用任务要求的难易加以度量，后者用执行任务者的主观努力程度加以度量。然而,面对同一难度的任务,不同人可能采用不同策略,耗费心神的程度也相差很大。除了个人能力、技能的不同,还有动机因素。总之,心神耗费、任务要求和动机水平三者相互制约,决定了心神耗费的测量是十分困难的问题,必须同时进行任务分析、主观评定,还应对双重任务中心理资源的分配和适当的生理指标等加以综合分析。Eysenck(1982)认为,动机、唤醒水平、人格特质等多种变量,对于完成某项作业所需的心理资源或耗费心神的程度均有一定关系。对引导性刺激作用的分析,是研究这种复杂关系的较好途径。他概括了这类刺激对作业的8种影响:① 它可以增强选择性注意这一控制加工过程;② 加速内部信息加工过程和外部的行为反应率,但往往降低作业质量;③ 影响内部动机状态,也常引起动机水平的波动或焦虑状态;④ 常常不利于作业的持久性改善,因为它能降低本能的动机水平;⑤ 较强的引导性刺激降低并行共享的信息加工过程;⑥ 增高唤醒水平;⑦ 与作业成绩的关系是曲线性的;⑧ 可能增加注意的涣散力。在这8种影响中,较为重要的是信息并行加工过程的降低,可导致信息的有效利用率降低,这是引起作业成绩变差的主要原因。刺激与作业成绩的曲线关系可能最初改善作业成绩,是由于其增强选择性注意的信息控制加工过程。随后由于它引起自动加工过程的并行处理变差,以及动机的波动或焦虑状态,因此又引起作业成绩的下降。

通过上述讨论,我们不难理解心理容量的一般属性。首先,心理容量具有有限性,这种有限性常常决定了认知活动或心理操作的效率。知觉的通道容量有限性、短时记忆的容量有限性、选择注意的容量有限性,分别决定了知觉、记忆和注意功能的效率。除了有限性之外,容量的共享性和可分配的灵活性是两个息息相关的属性。人们在同时执行几项认知任务时,这些性质不同的任务可以共享心理容量。而心理容量能灵活地主动分配在这些认知任务之中,以确保主要任务的精细完成,同时兼顾次级任务。

(三)自动加工过程和控制加工过程

在认知心理学中,心理容量的概念与两种信息加工过程的研究密切相关。Posner和Snyder(1975)最先提出了关于信息加工中的自动激活概念,指出这一概念的3个操作标准:不是在意识控制下进行的;主体对此过程一无所知;该过程并不干扰其他心理活动。Posner(1978)进一步指出:自动激活的信息加工过程是以往学习的结果,是内在编码及其联结在重复刺激作用下的激活。他还提出,与此相对应的是注意过程,其特点为容量有限性(limited capacity)。Schneider和Shiffrin(1977)明确而完整地提出了信息加工中控制过程和自动过程的概念,用以对选择性注意、短时记忆搜索和视觉搜索等心理过程进行综合解释。Schneider等(1984)进一步指出,自动过程是一种快速的并行传入过程,也是一种不费心神,不受短时记忆容量限制,不受主体意识直接控制的加工过程。自动加工过程是主体对同一刺激多次重复应用而发展起来的,是熟练技巧行为的基础。与此相对应的控制加工,是一种缓慢的串行传入过程,也是耗费心神、容量有限的加工过程,又是主体对不断变化的刺激进行反应的过程。因此,控制过程由主体随意加以调节。Kahneman 和 Treisman(1984)明确总结出自动加工过程的三个标准:非随意性、不需意志参与即可自动开始,一旦开始也无法随意终止;自动加工过程不耗费精力,它既不受其他随意活动的干扰,也不干扰其他随意活动;几种自动加工过程可以同时并行性地进行,彼此没有干扰,没有容量限制,无意识地进行着。

Hasher 和 Zacks 于 1979 年就将记忆的耗费心神的加工过程和自动加工过程(effortful and automatic processes in memory)作为研究记忆的理论框架。他们将耗费心神的加工过程,称为意识的控制过程,是练习和精细的记忆活动,它的发生常常干扰其他认知过程。与耗费心神的意识控制过程不同,自动加工过程从有限容量的注意机制中吸取较小能量的心理操作,它的发生不干扰其他认知活动的进行。他们将自动加工过程分为两类:一类是制约于遗传性的自动加工过程,随着学习和实践而不断提高的加工过程,是熟练技能的重要基础。Johnson 和 Hasher(1987)又将自动加工过程称之为非意识的、无策略的加工过程和无策略的加工记忆(memory without strategic processing)。

有意识的学习(intentional learning)与无意识的学习(incidental learning),外显的或自觉的记忆测验(explicit)与内隐的或不自觉的记忆测验(implicit)之间的不一致,已成为研究记忆的焦点。通过重复启动效应,即对刺激的加工由于受到过去经历的同样刺激的影响而得到促进的现象,揭露了内隐记忆的许多规律。Fridrich、Hehik 和 Tzelgov(1991)研究了词汇存取过程中的自动过程。他们认为,语义启动机制中视觉的、语音的和语义表征间的编码,存在着固有联结性、自动激活或扩散性激活,这种联结性会造成完全自动的启动效应。这种扩散性激活的完全自动的启动效应对记忆过程来说,是一种快速的易化机制。基于与主词相关的目标期望集所引起的注意过程参与下,可能实现一种非自动启动机制。这种非自动启动机制在注意分配变化时需要一定的时间,所以是一种慢过程,既包括相关词提取的易化过程,也包括无关词提取的抑制过程。自动的和非自动语义启动机制均发生在词汇存取之前。启动词和目标词之间的语义匹配,则是词汇决策之后发生作用的机制。由此可见,对于语词记忆启动效应的研究,引出自动加工和非自动加工过程间的复杂关系,是当前记忆研究中的核心问题。

两种信息加工过程的概念在知觉理论中的意义,可以通过 3 种知觉理论加以分析,即特征结合理论、RBC 理论(recognition-by-components,RBC)和拓扑计算理论。特征结合理论由 Gelade(1980)提出,10 年后加以修正,近年仍在深入研究、继续完善之中。这一理论将知觉形成过程分为两个阶段:前注意(preattentionalstage)和注意阶段(atten-tionalstage)。前注意阶段对物体各种特征进行搜索,各种特征形成多维向量,如颜色维度、方向维度、位置维度等。这种搜索过程不需注意参与,因而是自动加工过程。注意参与下的串行加工过程,可将各维度上的特征加以结合,实现特征结合的目标。注意集中参与的控制过程,才能很好地实现特征结合,否则注意分散将会造成知觉模糊或错觉(错觉性特征结合)。当某一维度上的目标或特征非常明显,则注意引导的搜索过程很快指向该特征。目标必须定位地与其他特征分离出来,才能保证不发生错误结合。否则在许多搜索任务中,特征结合可能是伪装的或错误的。由此可见,这种知觉理论强调资源有限的注意过程在特征结合中的重要作用,而自动加工过程只为控制过程提供可选择性结合素材。在特征结合理论的基础上,Duncan 和 Humphreys(1989)明确地将视觉搜索的加工过程分为三个阶段:不受资源限制的并行性自动加工过程,竞争性匹配过程和视觉短时记忆阶段。第二、三阶段是注意资源有限的过程。可见,后两个阶段都是控制加工过程。对于不受注意资源和记忆容量限制的,自动激活的无意识知觉过程,又称为阈下知觉。对它的研究大大地丰富了知觉理论。

时序性、心理容量和两种信息加工过程与心理生理学参数的关系,是认知心理生理学的核心理论之一。在后面的一些章节中，我们将会涉及这些理论概念。

第四节　神经网络、神经计算和计算神经科学

一、人工神经网络

人工神经网络、神经计算和神经计算机是三个相互联系、相互区别的新概念。神经网络(neural network)是类似生物脑或神经系统的网络模型;神经计算机(neurocomputer)是神经网络的硬件实现;神经计算机所作的高速并行的分布式运算,就是神经计算(neurocomputation)。也可以说,神经计算是神经网络的软件实现。联结理论(connectionism)的核心是并行分布式信息加工(parallel distributed processing, PDP),PDP是神经计算的同义语。联结理论一词概括了神经网络模型及其硬件实施和软件实施中诸方面的特点。所以,它是较全面的高度概括性的术语。联结理论或神经网络理论的出现不是偶然的,是计算机科学、神经科学和心理学三个学科发展的产物。就心理学而言,联结理论的历史渊源可追溯到古老的联想主义理论(associationism),这种理论在现代科学心理学诞生以前的18世纪就已经存在。联想是指不同概念在人们头脑中相互作用的现象。可归纳出三条基本联想律:类似律、对比律和接近律。现代心理学中还保留着联想性思维等概念。20世纪20年代 ,行为主义心理学兴起,把行为看做是刺激—反应之间的联结(S-R)。只要把握住刺激与反应之间的关系,就可以阐明人类行为的基本规律。在对婴儿行为的观察和对动物学习过程的研究中,行为主义都取得了较大的进展,发现了学习的练习率、频因率和近因律等。20年代已经成熟的经典神经生理学脑反射论,也将行为的基础看成刺激与反应之间的联结,其生理基础是刺激在脑内引起的兴奋灶与支配反应的中枢兴奋灶之间的联结。学习行为正是在无关刺激(如铃声),不断与有生物学意义的刺激(如食物)同时出现,在动物脑内同时引起听觉兴奋灶和食物中枢的兴奋灶,两者便可以形成暂时联系。通过先天的食物运动通路引起饮食行为和唾液、胃液分泌的反应。即使单独出现铃声,不伴有食物强化,动物的食物运

动反应和食物分泌反应也会出现。这是由于脑内已建立了暂时联系。50年代,创始条件反射理论的苏联科学界,信守巴甫洛夫的经典概念,认为脑内暂时联系的形成,是由于非条件刺激的强兴奋灶对条件刺激引起的弱兴奋灶吸引的结果,这一过程必须在大脑皮层的参与下才能完成。然而,到70年代,神经生物学的研究进展已经证明,暂时联系是中枢神经系统的普遍特性。无论是大脑皮层还是皮层下中枢,甚至脊髓都具有实现暂时联系的能力,这是由于暂时联系的细胞生理学基础是"异源性突触易化"。任何一个神经末梢会聚在某一个神经元上,形成许多异源性突触。它们同时性的兴奋或以极短时间间隔的兴奋,都可以总合起来引起这个神经元的发放。不同来源的突触兴奋可以彼此易化,就是异源性突触易化现象。80年代,人工神经网络的联结理论中,神经单元之间连接权重的变换正是受到神经生理学概念的启发而产生的。

二、计算神经科学

与神经网络理论不同,计算神经科学是神经科学的分支,以神经生物学实验所得到的数据为基础建立脑功能的数学模型,是这一学科的研究任务。

(一) 神经科学实验是计算神经科学的基础

计算神经科学不同于人工神经网络的理论研究,必须以当代神经科学实验研究为基础。只有密切关注神经科学各层次研究的新技术和新成果,从中吸收建立模型的实验数据作为计算的基础,才能作出有意义的贡献。人工神经网络的研究家从神经生理学、神经解剖学教科书中就可以为自己的网络研究工作找到生物学理论依据;计算神经科学家则必须从神经科学最新研究成果中寻找自己的计算课题。典型的计算神经科学家既从事计算研究,又进行某一领域的神经科学实验。虽然计算机技术可以帮助他们更好地处理实验数据,进行计算研究,但计算机的应用并不是计算神经科学家所必需的工作条件。计算神经科学家通过对已有实验数据建立数学模型,不但可以预测新理论或给出新的实验设计,还可以给出实验手段所难以得到的科学数据。计算神经科学研究的这些优势,必须是建立在最新的实验基础上才能发挥出来。

(二) 智能活动的显现特性是计算神经科学研究的主题

计算神经科学不同于其脱胎的理论神经生物学、计算神经生物学、数学生物学和生物物理学。首先,在于它立足于智能或认知活动显现特性的计算分析。因此,那些基于神经冲动的生物物理过程或神经生理学数据之上的计算,或对神经系统生理功能和模拟研究并不属于计算神经科学的范畴。只有围绕认知活动或行为的显现特性所进行的计算和模拟研究,才是真正的计算神经科学。

Hoppfield(1982)将3种智能系统统称为物理实体系统(physical system)。它们智能活动的基本特点是显现的集合计算能力(emergent collective computational ability)。显然,还原论的方法学原理与计算神经科学的要求背道而驰。所谓显现特性,是指智能由其各组成成分的总体活动产生的,这不能由各部分相加而得到,是超越各部分之和的那些新特性。智能的这种显现特性如将智能系统分解开就不复存在。所以,计算神经科学对智能进行计算和模拟研究的基本原理,是并行分布式信息加工原则。由此而产生两个学科特色:计算分析围绕认知或智能问题,而不是神经或神经元生理功能的生物物理与物理化学机制;运用并行分布式计算原理,虽然常常使用脑的简化模型,但必须提供建立模型的理论框架、算法及其约束条件。

简化模型中的算法及其约束条件,往往可通过现代数字计算机或神经计算加以实现。计算神经科学对计算机的使用,与高能物理学、流体力学、天文学、气象学不同,不是运用简单方程或算法进行大量重复运算,也不像计算分子生物学、计算化学那样,在具体实验和结果的计算分析中反复提高得到一种新理论。计算神经科学并不意味着大量计算,也不意味着一定要使用现代计算机,而是要对认知过程进行表征,对其信息加工和信息存贮过程在与计算机比较中得到新的概念和数学表达。例如,Hopfield 模型的出现,并没有借助计算机进行大量的数字计算,但这种数学模拟仍是计算神经科学的一个组成部分。这是因为 Hoppfield 模型有助于对大脑获取信息(学习)和提取信息(记忆)过程的理解。相反,即使应用现代计算机对生物体某一器官的解剖学或化学成分进行十分精细的大量计算,由于它和认知功能无关,缺乏对智能活动等行为水平和细胞、分子水平关系的新认识,所以仍不属于计算神经科学的研究范畴,而只能是计算生物学领域的研究。因此,计算神经科学中的"计算",无论是在整体、细胞和分子水平上,都必须立足于行为和智能的显现特性之上,寻求理解智能活动基础的概念、新算法,并在新算法及其约束条件与当代各类计算机加以类比中,发现智能化计算机、智能化机器人和智能化武器设计的新原理。

(三)多种算法的比较研究是计算神经科学发现科学真理的重要途径

在神经科学最新实验数据基础上,计算神经科学围绕着智能活动的显现特性进行计算研究时,虽然运用并行分布式计算原理,但计算方法应多样化。比较各种算法所得到的结果,才能较深刻地揭露生物脑智能活动的规律与特性。Linsker(1990)的"知觉自组织"一文,为我们树立了一个典范。他用四层局域性转变成有序的认知内容,这就是系统的自组织作用。对于这种自组织作用,他们采用 Hebb 方程、Hoopfield 能量函数、主成分分析、最小平方法和信息计算等多种算法,并比较其间的共同特性。利用 Hebb 方程将网络功能表达为四个方程式:

$$M^{\pi} = a_1 + M_j L_j^{\pi} C_j \tag{1}$$

$$(\Delta C_i)^{\pi} = a_2 L_i^{\pi} M^{\pi} + a_4 M^{\pi} + a_5 \tag{2}$$

$$C_i = \sum_i Q_{ij} C_i + \left[R_1 + (R_2/N) \sum C_j \right] \tag{3}$$

$$Q_{ij} = \langle (L_i^{\pi} - \bar{L}) \times (L_j - \bar{L}) \rangle \tag{4}$$

式中 $a_1, a_2, a_3, a_4, a_5, R_1, R_2$ 均为任一常数,C_j 是第 j 个输入单元与输出 M 单元的连接权重,式(1)、(2)是两个独立方程。

三、计算模型

(一) 知觉的计算模型

在知觉研究领域中，从20世纪60～70年代的特征提取理论，到80年代的新拓扑理论和知觉整合理论，越来越强调知觉中的搜索过程以及注意的作用问题。特别是Treisman关于知觉搜索中的维度和竞争性结合理论，不但正确解决了注意与知觉的关系，还解释了错觉形成的机制；关于知觉的认知心理学理论和研究方法，将在后面有关章节中详细讨论。这里简要地举例说明知觉计算研究的发展趋势与意义。Tsotsos(1990)在近年知觉心理学理论影响下，使用复杂性水平的计算方法，分析视觉问题。所谓复杂性水平分析，就是将一个问题的计算要求和给定资源匹配起来的组合优化算法。复杂性系列可分为P和NP两类，P类(polynomial)是所有可控问题的复杂性，NP类是非可控问题的复杂性。复杂性水平分析可使一个NP问题找到一个多项式$P(n)$，使此问题由时间复杂性为$O(2^{P(n)})$的算法来解决。视觉匹配反应时，可以反映出视觉机制与系统算法的复杂程度。所以，视觉搜索匹配过程也可分为两类：一是事先有明确靶子的界定搜索(bounded visual search)，是注意机制参与的视觉收搜过程，另一类仅隐含描述靶子的非界定性视觉搜索(unbounded visual search)。非界定的视觉匹配任务以象元数或刺激复杂性为指数关系，即$O(I^2)$。非界定性视觉搜索匹配是NP完全性问题，界定搜索是P类有线性的时间复杂性问题。复杂性水平分析算法，就是要寻求使非界定NP完全性问题，转换为界定搜索的条件。假设一套知觉图形(images)由四维坐标x、y、j、m表示，x、y是欧几里得坐标值，f_n是图形类别指标的集合如颜色、运动、深度等，由离散的正整数j表示。如果$i_{x,y,j}=m$中，j不是m中的元素或x、y值超出图的矩阵，则$i_{x,y,j}=0$。视觉搜索靶子T(target)也是四维坐标，与I一一对应，但未必相等。两者匹配是指：

$$\sum_{P\in I'}\mathrm{diff}(P)=\sum_{P<I'}\left[\sum|t_{x,y,i}-I_{x,y,i}|\right]\leqslant Q$$

式中Q为差别的绝对阈值。此式表明每次匹配的差别总和小于阈值Q时，才可完成一个圆形的匹配。如果在图像系列中由许多图像子集所构成，则这些子集匹配的相关总和大于甲以上，才认定两者是最佳匹配。其相关由下式表示：

$$\sum\mathrm{corr}(P)=\sum_{P\in I'}\left[\sum_{f\in M_i}t_{x,y,i}I_{x,y,i}\right]\geqslant\varphi$$

只有同时满足上面两个数学方程式的要求，才可认定完全匹配。怎样满足这两个匹配方程式的要求呢？至少有三种办法：① 从高层次开始选择匹配参数中影响最大的参数，优先进行组合优化，即优化和逼近的策略；② 降低匹配标准，提高匹配效率；③ 引入注意机制，首先抑制无关成分，很快选择空间域使指数复杂性递降为线性时间复杂性。总之，对视觉搜索的复杂性水平计算与传统算法的不同之处，在于从顶-底的策略引入注意机制、复杂性递降的算法原则。

(二)小脑结构与机能模拟

小脑对运动功能的调节作用及其结构的有序性,很早就引起计算神经科学家们的重视。著名学者 Marr(1969)提出了小脑皮层的理论,并对小脑网络进行了模拟。他认为小脑网络的功能在于接通适当的“运动命令”。小脑位于上下行神经通路之巅,对运动功能具有重要作用。形态学上小脑的最大特征是数以万计的颗粒细胞与一个攀缘纤维同时聚合在一个浦肯野氏(浦氏)细胞上。所以,Marr 的理论核心在于攀缘纤维和平行纤维的同时兴奋,可引起颗粒细胞与浦氏细胞间突触的变化,正是这类突触存贮着传入冲动及其应激活的传出冲动间的关系。到 20 世纪 80 年代,Marr 的理论推断在蛙的实验研究中得到证实。Chajlakhian 等(1989)在此基础上对小脑浦氏细胞网络的学习能力进行了计算机模拟。他们的网络模型由 1 个浦氏细胞,20 000 个颗粒细胞和 700 根苔状纤维组成。这些参数来自大白鼠小脑解剖学研究。平均 5 根苔状纤维聚合到 1 个颗粒细胞上。反之,每根苔状纤维均可与大约 143 个颗粒细胞发生连接。在这个网络中进行了两类模拟试验:(1) 记录兴奋的苔状纤维;(2) 在浦氏细胞中提取记录过的信息。结果发现平行纤维与浦氏细胞间的突触效率

$$E = I/N \times \log 2g$$

式中 I 为信息容量,N 为连接强度变化的突触数目,g 为突触效率的状态数。在这一模拟条件下突触状态只考查未学习的还是学习的两种状态。E 的值总是小于 1。这种结果意味着浦氏细胞的树突膜在接受传入冲动的特性上缺乏特异选择性,既不纯粹是主动活性的,又不纯粹是被动性的,大量树突之间存在着零协同性,浦氏细胞大量树突之间关系类似噪声,缺乏方向性,缺乏记忆信息的能力,这有利于自然选择。

Braamhof(1991)根据小脑浦氏细胞对传入脉冲刺激的时域编码特性和其树突上大量存在的钙依从性钾离子通道和钙离子通道活动的时间特性,对小脑空间时间相关特性进行数学模拟。他发现浦氏细胞与前额叶皮层细胞、听觉皮层细胞和基底神经节细胞一样,具有高维时间空间相关的非线性运算能力和学习能方。其数学模型由下列微积分方程和乙状函数表达:

$$\mathrm{Ca}_{ij}(t) = \int_0^t a_{\mathrm{Ca}} V_{ij}(u) \mathrm{e}^{-\frac{u}{K_{\mathrm{Ca}}}} \cdot \frac{1}{K_{\mathrm{Ca}}} \mathrm{d}u + \theta_{\mathrm{K}}$$

$$\mathrm{K}_{ij}(t) = \int_0^t [a_{\mathrm{K}} V_{ij}(u) + aK_{\mathrm{Ca}} \cdot S_{\mathrm{Ca},ij}(t)] \mathrm{e}^{\frac{u}{k_k}\frac{1}{K_{\mathrm{K}}}} \mathrm{d}u + \theta_{\mathrm{K}}$$

$$S_{\mathrm{Ca},ij}(t) = f\mathrm{Ca}_{ij}(t)$$

$$V_{ij}(t) = \beta S_{\mathrm{Ca},ij}(t) - rf[K_{ij}(t) + W_{ij} S_j(t)]$$

$$O_t(t) = f\sum_j^{\mathrm{Ca}_{ij}} [V_{ij}(t)]$$

$\mathrm{Ca}_{ij}(t)$、$\mathrm{K}_{ij}(t)$分别代表钙、钾离子通道的开状态,V_{ij} 代表相关的连接强度,θ_{Ca}、θ_{K} 分别代表钙、钾通道导通阈,K_{Ca} 和 K_{K} 代表钙离子通道和钾离子通道的开关时间,大约在

50～300 毫秒之间，离子通道对 V_{ij} 效应由微分方程和乙状函数所模拟，钾离子通道导通降低 V_{ij}，钙离子通道导通增加 V_{ij}，V_{ij} 与两种离子通道开启的关系是线性的，$S_{Ca,ij}$ 描述游离钙离子浓度及其对钙依存性钾通道开启的作用。系统的输出 $O_i(t)$ 是各部分权重总和的乙状函数。

从小脑模拟研究中可以看出，研究的层次从结构形态、细胞神经生理学特性到细胞膜上的离子通道特性的模拟，逐渐深化、发展，在理论上从小脑运动控制功能、随机选择零协同性到时间空间多维相关对学习功能的模拟，也是个不断提高的过程。一方面我们看到小脑模拟研究的这种发展提高过程；另一方面，我们必须认识到计算神经科学的这种模拟研究与细胞神经生理学进展还存在一段距离，神经生物学对小脑学习研究的新事实和科学数据，还没有吸收到计算研究的范畴。

3

知觉和意识

第一节　知　　觉

感觉和知觉都是当前事物作用于我们的感觉器官所产生的反映。它们的差别在于:感觉是对事物的个别属性(如颜色、气味、温度)的反映;知觉则是对事物各种属性所构成的整体的反映。当你只看到光亮,听到声音,这叫感觉;当你看到一个红色的、里面装满茶水的杯子放在桌子上,这是知觉作用的结果。由此可见,知觉的宗旨是解释:作用于我们感官的事物是什么,在哪里,将要去哪里,对生存有何意义?

人类知觉是一个连续、瞬时,并且通常无意识的过程。然而这种“自然而然”的过程通常会掩盖知觉过程内部的复杂机制。

一、视觉

(一) 视觉通路

1. 眼球

眼包括眼球、眼睑、泪器、眼窝和眼肌五大部分。众所周知,人具有两个眼球,位于头骨水平中线的两个眼窝内,由其周围细小而有力的眼肌调整转动朝向。人类的眼动由特定脑区负责协调控制,对于扫视视野中不同位置和不同远近的图像十分必要,而不必像其他某些物种(鸽子或猫头鹰)一样扫视物体时需转动整个头部。眼睑和泪器保护眼球、分泌眼泪并维持眼球湿润干净。

人类和很多食肉动物的双眼位于头部前侧,使得视野中有大部分重叠,双眼视觉对于深度知觉很有益处(见“深度知觉”),这样有助于捕食者准确进攻前方猎物;然而很多草食动物的双眼位于头部两侧,使得视野的重叠很小,而总覆盖面积很大,有助于被捕食者监控大范围空间中的可能危险。因此自然界中,双眼位置反映出不同物种进化过程中在深度知觉和视野覆盖面积之间的权衡。

一直以来,关于眼球成像功能的了解主要来自于对透镜成像原理的研究。眼球的构造可与照相机作比照:巩膜好比是照相机的外壳;角膜好比是透镜前方的玻璃盖;前房好比是玻璃盖与透镜之间的空间;虹膜上的瞳孔好比是光圈;晶状体好比是透镜;比照相机更好的是睫状体中的肌肉，可以灵活改变晶状体的焦距；玻璃体好比是腔体；视网膜好比是底片。总而言之，与照相机一样，眼球的光学功能体现在两方面：收集外界物体表面发出或反射出的光；并在眼球后部聚焦形成其清晰的图像（图 3-1(a)）。

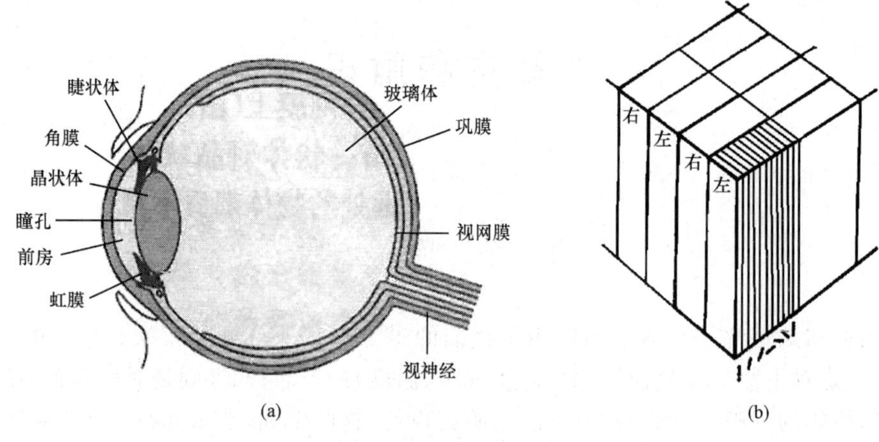

图 3-1　眼球结构示意图

(a) 眼球的基本构造

(b) 功能柱示意图，方位柱镶嵌在眼优势柱内，并垂直于皮层表面依次相间排列

2. 视网膜：感光细胞、中间细胞、神经节细胞

正如上文提到的，视网膜位于眼球后部，最内层由数百万感光细胞组成，分为两种类型：主要位于中央凹的视锥细胞；主要位于视网膜外周的视杆细胞。感光细胞内的感光色素暴露在光线中会分解并改变其周围电流，这就将外界光刺激转换为大脑可理解的神经电信号。

视锥细胞大约为 6.5 百万/单眼，光敏感度低，但具有分辨颜色的能力。因其包含不同视紫蓝质分子而分为三种，对不同波长的光子敏感（见“颜色知觉”）。与视网膜的视轴正对的中央凹处视觉最敏锐，仅含视锥细胞且密度最高。鸽子视网膜中只含有视锥细胞。视杆细胞分布密度约为 1.25 亿/单眼，其所含视紫红质分子对弱光敏感，一个光量子可引起一个细胞兴奋，5 个光量子就可使人感觉到闪光，但不能分辨颜色。猫头鹰只有视杆细胞。人类的中央视野主要负责敏锐和有色的视觉；外周视野主要负责夜间的视觉。

接下来，视网膜感光细胞将视觉信息传给双极细胞进行初步会聚；然后水平细胞和无长突细胞对神经信号进行侧向联系；最后神经节细胞的轴突聚集成视神经（穿出眼球部位的视网膜因无感光细胞而称盲点）将信息首次通过发放动作电位的方式向上传递（最终达到皮层的中枢神经系统）。对灵长目来说，神经节细胞有两个主要分类：M 细胞和 P 细胞。M 细胞比 P 细胞大且轴突粗厚，因而信号传递速度快；M 细胞感受器较大，对光强的细微差别敏感，故能有效处理低对比度，但高对比度时发放率易饱和，且空间分辨率低，对颜色也没有感觉。P细胞则相反，它能有效地处理高对比度，且有高空间分辨率，对颜色敏感，但信号传递速度较慢，其数量则比M细胞多得多(P细胞占神经节细胞的80%左右，M细胞只占10%，另有10%左右为其他细胞)(进一步传递情况见“LGN分层投射”)。

事实上，人类虽然有约2亿6千万感光细胞，却只有2百万神经节细胞——即视网膜的传出细胞，表明此时信息已得到部分整合和抽象化处理。

3. 视交叉、皮层上(下)通路、LGN分层投射

视觉信息在从眼睛传递到中枢神经系统的过程中，进入大脑前，每条视神经分成两部分：颞侧(外侧)的分支继续沿着同侧传递；鼻侧(内侧)的分支经过视交叉投射到对侧。由此可知，左视野的所有信息被投射到了大脑右半球；右视野的所有信息被投射到了大脑左半球。

进入大脑后，根据每一条视神经中止于皮层下结构的位置可分为不同的通路：视网膜-膝状体通路，即从视网膜到丘脑的外侧膝状体(LGN)的投射，并且几乎全部中止于枕叶的初级视皮层(V1)，该通路包含了超过90%的视神经轴突；剩下10%的纤维形成视网膜-丘体通路传到其他皮层下结构，包括丘脑枕核以及中脑的上丘，这10%就已经多于整个听觉通路已发现的神经纤维，因此，上丘和枕核在视觉注意中同样扮演重要角色，甚至有时视网膜-丘体通路被认为是更为初级的视觉系统(见“皮层下视觉”)。

视网膜-膝状体通路的具体投射情况为：灵长目的外侧膝状体共有6层，内侧1、2两层由大细胞构成，分别接受右眼或左眼的视网膜神经节中的M细胞输入；其余的3、4、5、6层则接受来自视网膜神经中的P细胞投射(分别来自左、右两只眼睛，但每一层只能从一只眼睛得到输入)。生理实验表明：LGN中的小细胞层神经元主要携带有关颜色、纹理、形状、视差等信息，大细胞层神经元则主要携带与运动及闪烁目标有关的信息(进一步皮层投射见“运动知觉”)。

4. 初级视皮层的功能柱、拓扑地形图

Hubel和Wiesel从1962年开始用单细胞微电极记录结合组织学技术研究视皮层细胞构筑，1981年获得诺贝尔生理学或医学奖。他们在初级视皮层发现了两类主要功能柱：方位柱——具有相同最优朝向的视皮层细胞垂直于皮层表面柱状排列；眼优势柱——大多数双眼细胞接受双眼输入时总有一侧眼占优势，同侧眼优势比率相同的细胞垂直于皮层表面柱状排列(图3-1(b))。而空间频率柱则不如上述两种功能柱那样界限分明。

拓扑性投射是视觉加工的又一个显著而又普遍的特性：在视网膜上相邻的区域对应投射到纹状皮层的相邻区域。这种转换保证了视觉表征与真实世界相比，空间相对位置保持不变，仅在相对大小方面稍有扭曲。其中，中央视野在枕极得到较大面积的表征，说明人类对视网膜中央位置物体的皮层加工程度远远高于外周视野(图3-2(b))。这种拓扑地形图在之后的几个视皮层区得到一定保持(具体见“视皮层分区”)。

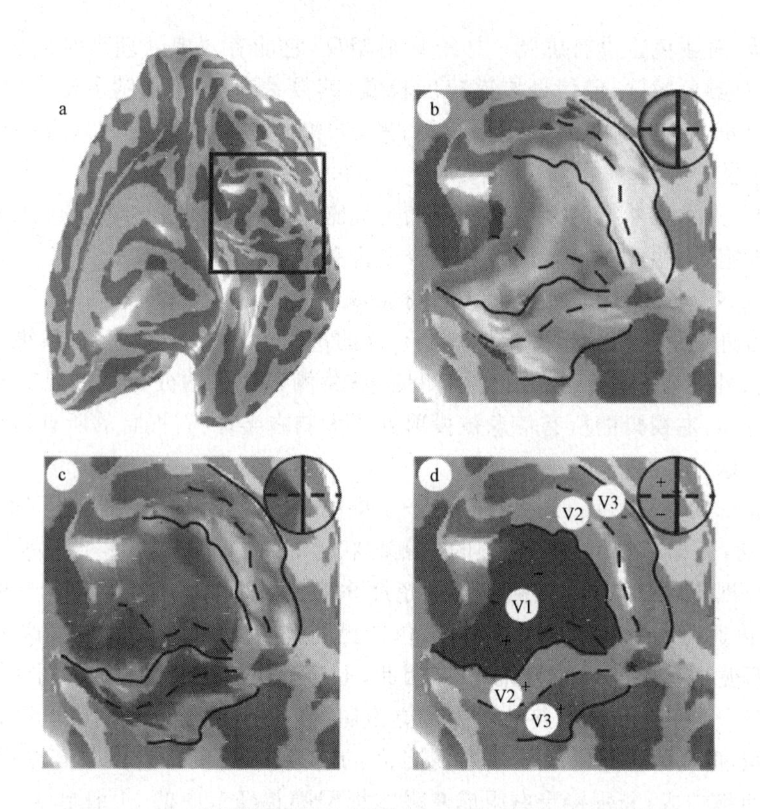

图 3-2　由视野的圆心角和距圆心距离定出的视皮层功能图

(a) 图中为右半球立体的腹后侧观,深灰色为沟,浅灰色为回,框中所强调并被随即放大的部位就是枕叶

(b) 由视野中距中心不同距离的环状刺激定出拓扑投射地形图,右上角圆形图例代表视野中不同位置的刺激激活了视皮层上对应颜色所表示的部位

(c) 由视野中不同圆心角的楔状刺激定出的各视觉区的边界,图例同上

(d) 视野中不同圆心角在视皮层上对应表征部位的不连续处即为视觉区的分界,上下视野在 V1 处连续,而在 V2 和 V3 处则分离成位于 V1 上下的两个部分。(引自 Wandell, et al, 2007)

5. 腹侧通路的视皮层分区

近年来,随着视觉生理研究的逐步开展,在猴子及人类的皮层上已经发现了越来越多的皮层视觉区。

确定视觉区的标准有很多。其一为神经解剖:例如,V1 和 V2 之间的边界(皮层标本表面有无条纹)相当于布罗德曼 17 区和 18 区之间的边界。其二,测量空间中信息是在皮层中的对应表征:每一个视觉区都包含对侧视野外部空间的拓扑表征,功能上相邻视觉区之间的边界就可以标记为拓扑图的不连续处(图 3-2(c)和图 3-2(d))。皮层内拓扑图的重复并不是每个区域各自接收独立输入所产生的,而是一个区域投射到另一区域时这种拓扑图仍然能被保持,由此可区分出 V1,V2,V3。其三为功能专门化:比如

V4负责颜色知觉；而V5，又叫MT，负责运动知觉，这两个纹外皮层的功能都同时得到PET脑成像和脑损伤研究的证据支持(具体见“颜色知觉和运动知觉”)。

6. 颞叶和顶叶——what & where通路

很多实验发现：以颞叶为代表的腹侧通路负责辨认物体，也就是所谓的what通路；而以顶叶为代表的背侧通路负责定位物体或为抓握物体做准备，也就是所谓的where通路。颞叶损伤病人通常表现出视觉失认症：不能通过视觉辨别某种类别的物体，比如，面孔失认症的病人不能够通过观察面孔来识别他人(甚至是配偶、父母或孩子)，但却可以通过听他们讲话而立刻辨认出来，然而这种缺陷又不是视觉体验缺失引起的(他们可以很细致地描述出所看到的面孔，包括脸上的雀斑和鼻梁上的眼镜)，可以推测这是what通路的辨认环节出了问题。同样，顶叶损伤的病人表现出单侧忽视的症状：即不能注意到损伤部位对侧视野中的物体，而这种缺陷又不是物体特异性的，可以推测这是where通路的定位环节出了问题。

然而，目前两个通路的连接处还没有得到最终的确定，一个可能的位置是大脑中的额叶，因为这个脑区能够同时从颞叶和顶叶接收信息，不过其中可能还有很多复杂的环路和中转站，有待进一步研究。

7. 皮层下视觉：盲视

如前所述，几乎LGN的所有上行性轴突都终止于初级视皮层。虽然初级视皮层受损会导致个体失明，然而这种失明可能是不完全的，有研究显示，动物或人在初级视皮层缺失的情况下仍然可以保持视觉能力。

牛津大学的Weiskrantz在1986年测试了一个半侧视野失明患者D.B.，考察他是否可以检测到呈现在盲区的客体的位置。结果像预期的那样：D.B.在定位刺激上的眼动表现好于概率水平。这种盲人患者仍残留一些定位刺激能力的现象，其具体机制尚存争论，Fendrich等研究者1992年反驳：另一种可能是皮层损伤并不完全，盲视可能来自于剩下组织的残留功能。

(二) 视知觉

1. 初级视觉

(1) 颜色知觉及其生理机制

在知觉方面，人类通常用三个维度描述色彩：首先“红色”、“蓝色”描述的是颜色的“色调”维度；第二个维度是“亮度”；第三个是“饱和度”，也就是颜色中白色所占的比例，比如红色中白色比例越重就会越接近粉红色，也就越不饱和。在物理方面，上述三个维度分别对应为：色调对应于光波的平均波长；明度对应于光波的波形面积；饱和度对应于光波的变异方差。

关于颜色的生理机制，首先是Helmholtz的三色理论。他发现一般人只要用三种色光依不同比例混合就可以配成任何一种颜色，所以认为人类有三个系统来处理色彩，其后20世纪70年代生理学家果然发现三种人类视锥细胞，分别对不同波长有最高的光吸收率:S视锥细胞对419纳米的光最敏感;M对531纳米光敏感;L对558纳米光敏感。后来,Hering提出了对比加工理论,用来解释色盲(红色盲同时也是绿色盲,蓝色盲同时也是黄色盲)、颜色后效或颜色的同时对比效应(具体见"视错觉神经机制")等现象:对红色兴奋就对绿色抑制;对黄色兴奋就对蓝色抑制;对白色兴奋(或抑制)就对黑色抑制(或兴奋)。对此,后来研究者在LGN和视网膜上都找到了生理证据支持:在猴子的LGN上面,1968年DeValois和Jacobs找到了对比细胞,对光谱刺激在不同的波长处产生由兴奋到抑制的转变。视网膜的神经节细胞中也可找到对比细胞。

进一步,双重加工理论将以上两种理论结合起来认为:三色理论在感受器层次体现颜色信息的接收;对比加工理论在神经节细胞层次体现对颜色信息的整合。整合的方式为神经网路连接:比如,神经节中的R^+G^-细胞(红绿对比)接收L细胞的兴奋和M细胞的抑制;B^+Y^-细胞(黄蓝对比)接收S细胞的兴奋和L+M的抑制;W^+B^-细胞(亮度对比)接收S细胞的兴奋和L+M的兴奋。后来,研究者又在V1中发现了双重对比细胞,即感受野呈现中心-外周同心圆模式:比如,中心R^+G^-外周R^-G^+(中心红-外周绿)的细胞等。在对M.S.脑损伤病人的研究中,发现了皮质色盲:即使视锥细胞或视皮层对比细胞正常也有可能丧失颜色知觉,是因为其颜色中枢V4受损所致。Zeki等人1993年借助正电子断层扫描技术(PET),通过将被试看灰色刺激时的新陈代谢活动从被试看颜色刺激时的新陈代谢活动中减去,同样得到了表征颜色的区域V4。

(2) 空间知觉:细胞感受野、方位选择和边缘检测

正如前文所述,视网膜中的神经节细胞是视觉通路中第一种可以发放神经动作电位的细胞,经Kuffler和Barlow在1953年采用单细胞记录的方式首次发现具有中心-外周同心圆模式的感受野,具体分为两种:中央兴奋细胞和中央抑制细胞,分别对中央亮周围暗和中央暗周围亮的刺激有强烈反应。随着技术手段的进步,后来研究者同样得到了双极细胞分级神经电信号的中心-外周同心圆感受野。同样的模式也在LGN细胞中发现,只不过面积更大,周围抑制更强。

Hubel和Wiesel发现初级视皮层V1部分神经元有共同特点:对大面积弥散光刺激没有反应,而对有一定朝向的亮暗对比边缘或光棒、暗棒有强烈反应。但若刺激方位偏离该细胞的"偏爱"方位,细胞反应便停止或骤减。也就是说,V1中部分神经元的感受野为狭长的线条形,并且可以检测到空间中特定位置、特定方向的刺激。除了这种简单细胞,研究者还在V1中发现了复杂细胞:不仅对方位刺激有反应,而且感受野更大,刺激位置也不必局限在某个特定位置,该神经元还可以对刺激运动的特定方向进行类似于对特定方位的反应。复杂细胞不同于外侧膝状体细胞和简单细胞那样只对一侧眼的刺激有反应,而是对两眼的刺激都有反应,但会有单眼优势,表明复杂细胞已开始初步处理双眼信息。复杂细胞占V1皮层的75%左右。最后还有一类超复杂细胞,只对具有端点的线段或拐角才有最佳反应。

从双极细胞、神经节细胞和外侧膝状体同心圆式的感受野到简单、复杂、超复杂细

胞的边缘式感受野，每一水平的细胞所“看”到的要比更低水平的细胞多一些，并逐渐建立物体的线条和轮廓，为更高级视皮层对视觉信息的加工和构建（比如物体的形状知觉）提供基础。

（3）深度知觉

深度知觉又称距离知觉或立体知觉，是个体对同一物体的凹凸或对不同物体的远近的感知，并且根据视网膜二维平面的信息输入构建具有深度的三维空间，是知觉构建的一个绝佳实例。虽然根据经验和线索，单眼可在一定程度上知觉深度，但深度知觉主要通过双眼视觉实现。深度知觉的线索有：双眼视差、双眼辐合、晶状体的调节、运动视差等生理线索；也有物体遮挡、线条透视、空气透视、物体纹理梯度、明暗和阴影以及熟悉物体大小等客观线索。大脑可以整合各种线索判断深度和距离。

关于深度知觉的生理机制主要集中在 V2 视觉区。1962 年 Hubel 和 Wiesel 首次在 V1 皮层发现了双眼神经元，即同样的棒状或边缘刺激呈现给双眼引发的反应强于呈现给单眼，但仅当呈现给双眼视网膜上同一位置时，V1 的双眼神经元才会有反应，说明 V1 对于视差不敏感（仅对零度视差敏感）。后来，研究者在猴子 V2 皮层中发现了对于特定角度视差有反应的神经元，说明双眼分视主要从 V2 开始得到体现。

（4）运动知觉

运动知觉包括对物体真正运动的知觉和似动。对物体按特定速度或加速度从一处向另一处的连续的位移的知觉，是真正运动的知觉。人们把静止的物体看成运动或把客观上不连续的位移看成是连续运动，称为似动。要得到连续似动的最佳效果依赖于刺激强度、时间间隔和空间距离三个物理参数，它们之间的关系可由 Korte 定律得到。似动现象是一种视错觉现象。类似的，电影中一系列略有区别的静止画面产生连续运动的“动景运动”；在黑暗中注视一个细小的光点会看到它来回飘动的“自主运动”；在皓月当空的夜晚人们觉得月亮在“静止”的云朵后徐徐移动的“诱发运动”；在注视倾泻而下的瀑布以后将目光转向周围的田野会觉得景物都在向上飞升的“运动后效”（神经机制见“视错觉”）等，都是运动视错觉的一种。

如前所述，运动知觉最早开始于视网膜神经节细胞中的 M 细胞。M 细胞的反应迅速、感受野大、对光强敏感和低空间分辨率等特性十分适合加工运动信息，而 P 细胞的相反特性则适合加工形状和颜色信息。M 细胞和 P 细胞的分离特性一直维持到 LGN 不同片层中，并进一步传递到 V1 皮层中。由前可知，V1 能对向各个方向（共 360 度）运动的物体产生方向特异性反应，最终 V1 中的运动神经元投射到位于内侧颞叶的运动区（MT），此时可对相互垂直运动的光栅进行矢量整合，从而感知到倾斜 45 度的共同运动。对脑损伤病人的研究发现，MT（又叫 V5）区域损伤的病人不能觉察到连续的运动。Zeki 等人 1993 年借助 PET，通过将被试看静止刺激时的新陈代谢活动从看运动刺激的活动中减去，同样得到了表征运动的区域 V5。

2. 中、高级视觉

(1) 知觉组织(格式塔)、Amodal 完型及错觉轮廓

在充满多个物体的复杂场景中,由初级视觉分析得到的线条和轮廓必须被恰当归于不同表面和物体,并还原出真实的相互关系,才有助于个体对外界信息的正确处理。

格式塔心理学家研究得到几条经典的知觉组织规律:接近性(在时间或空间上接近的部分容易形成一个整体)、相似性(颜色、大小、形状相似的部分容易被看做一个整体)、完整性(单纯的、规则的、左右对称的部分容易被看做一个整体)、连续性(形成连续平滑线条的部分容易被看做一个整体)、共同命运(向着相同方向运动变化的部分容易被看做一个整体)、定势因素(先前知觉的组织形式会对紧接着的知觉产生相同的影响)等。

前文提到的单眼深度知觉线索之一的"物体遮挡",也是知觉组织的线索之一,可以有效协助个体分割图形和背景并正确分辨物体。推断被遮挡物体的形状,又称为"amodal 完形",遵循 Pragnanz 的最简原则。另一种类似视觉遮挡的现象可以使人们产生错觉轮廓,又称为"modal 完形",即人们会将物理方面(明度、颜色、质地、空间位置等)不连续的刺激看成是连续的,甚至清楚地看到并不存在的"虚幻边","虚幻面"及"虚幻的遮挡线索",会觉得错觉图形比周围的区域亮并压在其他图形上面。

自 1970 年至今,研究者们一直试图得到该现象的生理机制。Von der Heyt 和 Peterhans 在 1989 年通过单细胞记录手段发现 V2 皮层中的部分神经元对错觉轮廓有选择性反应。

(2) 物体识别:观察者中心\物体中心

高级视觉要解决的问题是如何分辨和归类物体及其各种属性,此阶段的加工对象不再是光点、线段、轮廓或表面,而是物体。物体具有三个方面的不变性:大小不变性、平移不变性和旋转不变性。然而,物体在视觉皮层中的表征方式及其对应的识别方式一直是颇有争议的话题:究竟以观察者为中心,还是以物体为中心呢?

Bulthoff 和 Edelman 在 1992 年、方方和何生在 2005 年分别以三维物体和面孔为刺激进行视角后效(具体见"视错觉神经机制")的行为研究,得到同一物体不同视角的表征,支持了观察者为中心的物体识别理论。其他研究者也通过单细胞记录和 fMRI 技术在颞叶得到了对物体视角有选择性的神经基础,在生理上支持了该结论。

(3) 面孔及其特异性加工区域 FFA

面孔是高级视觉中不容忽视的一类特殊物体,其特殊性已得到一些行为证据的支持(倒置效应、部分—整体效应等),而且生理上众多研究也得到面孔加工的一系列特定脑区。2008 年的最新研究通过微电极刺激结合脑成像技术在猴子皮层中发现了这些区域之间的特异性联结。目前较为公认的面孔区域要属颞叶梭状回面孔区(face fusiform area, FFA)。该区域的功能特异性得到电生理研究、脑成像研究以及脑损伤病人研究的广泛支持,并已基本被证实不是纯粹的专家效应(人类看面孔最多形成的经验所

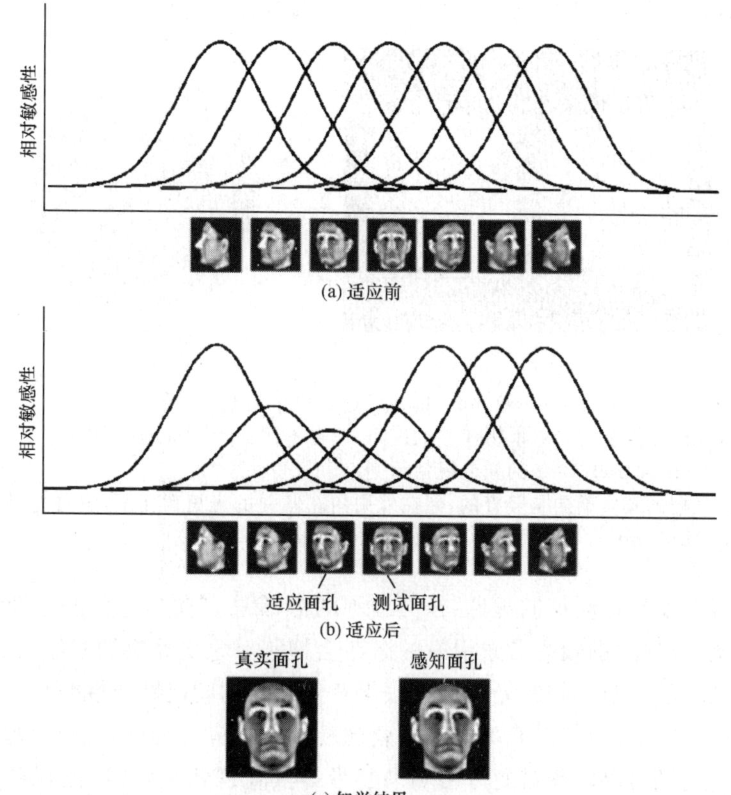

图 3-3　在观察者中心的物体表征假设下，适应面孔特定视角产生相应后效的原理示意图

(a) 假设人类视觉系统中的一群神经元中每一个神经元都依次表征某一个特定的视角

(b) 在适应了侧向的某一特定视角后，位于该适应视角周围的神经元群的敏感性降低

(c) 导致正面视角的面孔看起来向与之前适应相反的方向转动。(Fang & He, 2005)

致)。最新的研究方向已经深入到该区域与其他面孔区之间的联结以及功能上的异同。

(三) 视错觉

像其他知觉一样，视知觉并非客观世界的直接反应，而是一个重构的过程。虽然通常情况下可以还原真实世界，然而在特殊情况下重构过程不能保证百分之百准确，此时便出现“视错觉”(大小错觉、朝向错觉、形状错觉、位置错觉、颜色错觉、运动错觉等)。研究者会反过来利用这一点得到日常生活中得不到的视觉系统内部重构的规律，使视错觉成为有力的研究工具之一。

1. 同时对比效应(颜色、朝向)及侧抑制

同时对比效应指同一刺激因背景不同而产生感觉差异的现象。比较典型的有颜色对比效应：同一种颜色放在较暗的背景上看起来明亮些，放在较亮的背景上看起来灰暗些(图 3-4(a))。还有朝向对比效应，也叫倾斜效应：同样竖直的光栅放在周围朝右的光

栅中看起来偏左，放在周围朝左的光栅中看起来偏右(图 3-4(b))。

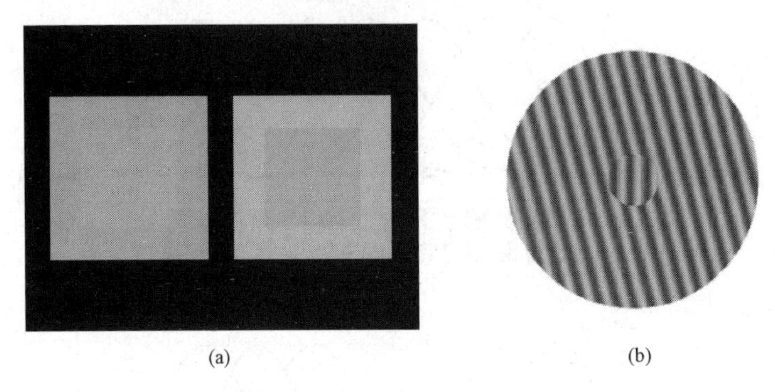

图 3-4　同时对比效应示意图

(a) 左右方框内嵌套的小方框物理颜色相同，但在不同的大方框的颜色对比下，右侧小方框显得更绿(引自 Hans Irtel，1998 的颜色视觉示例)

(b) 中央光栅的真实朝向是竖直的，但在外周向左倾斜的光栅对比下，中央光栅显得稍微向右倾斜。(引自 Clifford & Harris，2005 的研究图示)

目前主流的解释是侧抑制理论：任何细胞的激活总会在一定程度上抑制邻近细胞的激活。因此，色块周围较亮背景引发的激活会抑制对色块反应的神经元的活动，从而影响对色块亮度的判断；同样，光栅周围倾斜背景引发的朝向特异性激活会抑制光栅处对应朝向神经元的活动，使对光栅反应的朝向神经元反应不均衡，光栅看起来向反方向倾斜。该机制同样可以解释赫曼方格和马赫带等其他视错觉，并广泛存在于神经网络模型构建中，已被证实有助于提高动物对图形的识别能力。

2. 适应后效(颜色、运动)及神经元疲劳模型

"入芝兰之室，久而不觉其香；入鲍鱼之肆，久而不闻其臭。"刺激对感受器的持续作用使感受性降低的现象属于感觉适应的一种，是神经元疲劳所致。随之产生的错觉为适应后效。比较典型的视觉后效有前文提到的颜色后效(长时间注视红色块后，在白色屏幕上会错觉地看到蓝绿色块)、运动后效(注视倾泻而下的瀑布后将目光转向周围的田野，会觉得景物都在向上飞升)。

与同时对比效应相类似，该现象是由神经元激活水平不均衡引起的。此时，引发部分神经元反应减弱的原因是神经元的疲劳，比如在观看红色块前，视网膜或 LGN 中 R^+/G^- 和 R^-/G^+ 的对比神经元对白光的反应一样好；适应过程中 R^+/G^- 神经元的敏感性因疲劳而下降，而 R^-/G^+ 神经元则不变；适应后 R^+/G^- 和 R^-/G^+ 神经元对白光的反应敏感性不再等同(R^-/G^+ 敏感性相对更高)，这种不平衡导致白色块看起来有些发绿。虽然会导致视错觉，但适应可以使得个体能够忽略环境中的不变因素，及时节省认知资源处理环境中的新异因素，有利于其在快速变换的自然环境中存活发展。

二、听觉

（一）听觉的神经通路

内耳的复杂结构提供了将声音（声压的变化）转换为神经信号的机制：声波使得耳鼓振动，在内耳液中产生了小波，从而刺激了排布于耳蜗基底膜表面上的细小毛细胞（初级听觉感受器）产生动作电位。通过这种方式，一个机械信号，也就是液体的振荡，被转换为一个神经信号，也就是毛细胞的输出。耳蜗的输出被投射到两个位于中脑的结构：耳蜗核和下丘。从那里，信息被输送到位于丘脑的内侧膝状体核（medial geniculate nucleus，MGN），再将信息传递到位于颞叶上部的初级听皮层（A1）。

（二）声音的三种特性

声音的三种知觉特性分别为响度（loudness，声音的大小）、音调（pitch，声音的高低）和音色（musical quality，声音的辨识度），分别对应着声波的三种物理特性。其中，发声物体发出声波的振幅越大，知觉到的声音响度就越大（图 3-5(a)）。发声物体发出声

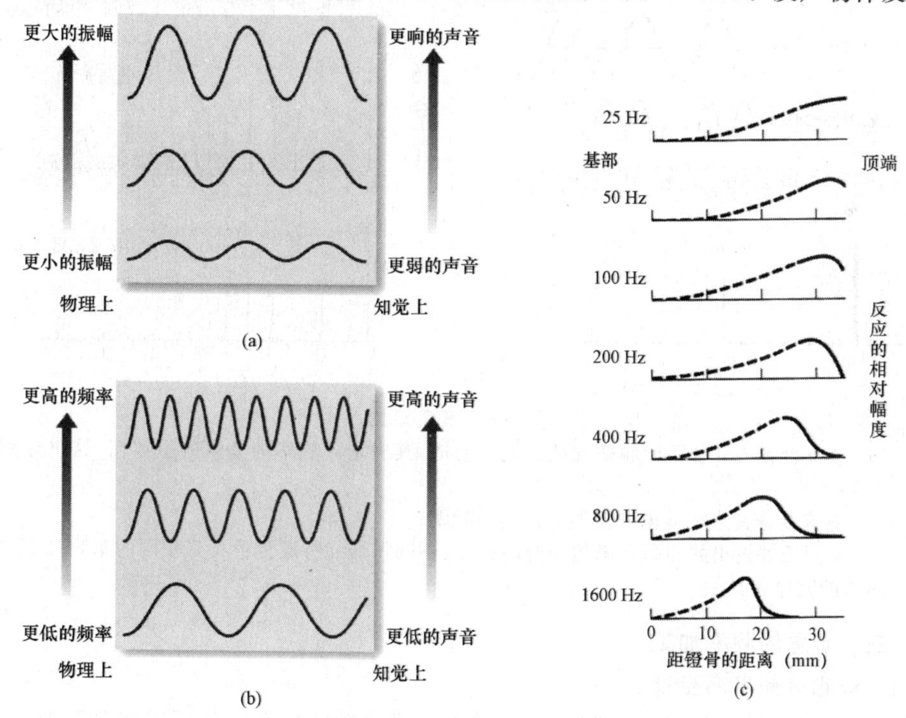

图 3-5　声音响度知觉

(a) 同一频率的纯音刺激，其振幅越大，则响度越大

(b) 同一振幅的纯音刺激，其频率越高，则音调越高

(c) 基底膜对不同频率的声音具有的最大反应（红色反应曲线的峰顶）出现在基底膜距镫骨不同距离的位置：低频声音的最大激活处位于耳蜗顶端；高频声音的最大激活处位于耳蜗基部

波的频率越高，知觉到的声音音调就越高(图 3-5(b))。不同的发声体由于材料、结构不同，发出声音的音色也就不同。即使在同一音高和同一声音强度的情况下，根据不同的音色人耳也能区分出声音是不同乐器还是人发出的。听知觉中同样的响度和音调上不同的音色就好比视知觉中同样饱和度和亮度配上不同的色调的感觉一样。

音色的不同取决于不同的泛音：每一种乐器、不同的人发出的声音不是纯音而是复合音，复合音中除了一个基音(特定声波做傅里叶分析后的基频)，还有许多不同频率的泛音(特定声波做傅里叶分析后的谐波)伴随(图 3-6(a)，图 3-6(b))。正是这些泛音决定了其不同的音色(图 3-6(c))。由于不同的泛音虽然都比基音的频率高，但强度都相当弱，因此音调取决于声波中基音的频率。

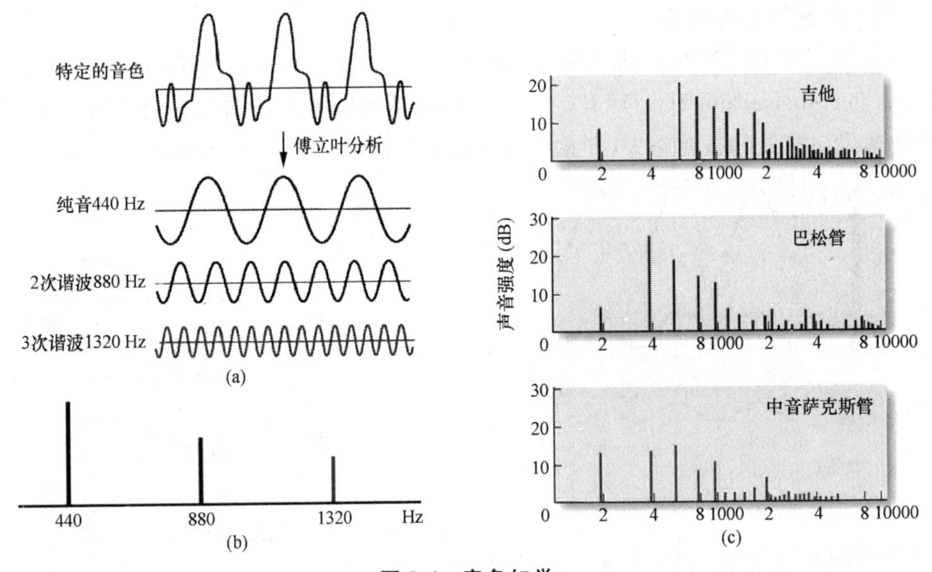

图 3-6 音色知觉

(a) 该复合音由 3 种不同频率的纯音复合而成，其中谐波频率为基频的整数倍(这里分别为 2 和 3 倍)

(b) 对该复合音进行傅里叶变换后得到的频谱

(c) 不同乐器发出的同一音调的乐音的频谱：不同乐器的特定音色具有相同的基频(2 Hz)和有不同的谐波伴随其中

(三) 听觉的频率加工

1. 细胞的频率感受野

在听觉系统的早期阶段，即耳蜗处，关于声音来源的信息已经可以得到区分。毛细胞具有编码声音频率的感受野。人类听觉的敏感范围为最低 20 Hz 到最高 20 000 Hz，但是对 1000～4000 Hz 的刺激最敏感。这个范围涵盖了对人类日常交流起关键作用的大部分信息，如说话声或饥饿婴儿的啼哭声。位于耳蜗较粗端即基部的毛细胞被高频声音激活；位于较细端即顶端的毛细胞被低频声音激活(图 3-5(c))。这些感受野在很大范围内重叠。而且，自然声音如音乐或说话，是由复杂频率构成的；这样，声音就激活了广大范围的毛细胞。

2. 听皮层的张力拓扑图

不仅在听觉加工的早期阶段基底膜上有张力拓扑图（tonotopic map）——依照音频高低次序排列的映射，初级听皮层与声音的频率也有连续的映像关系。正好像视野中相邻位置的刺激激活视皮层的相邻区域一样，频率相似的声音刺激在听皮层上的激活位置也是相邻的。属于听觉皮层的张力拓扑图不只一处，在最新的一个实验中在上颞叶中找到6个具有张力拓扑性定位的区域（Talavage et al.，2004）

3. 绝对音感与相对音感

在比初级听觉皮质区更高阶的听觉联合皮质区（auditory association cortex）及额叶中，就找不到这类张力拓扑图。事实上，对于一般只具有相对音感的人（relative picth，只能辨识音与音之间的相对音高关系）而言，绝对音高的信息似乎是内隐的；只有少数人具有绝对音感的人（absolute pitch，指能在没有基准音的提示之下正确听出钢琴上随意出现的音，且辨音的正确率达到70%以上）（Miyazaki，1988）能将这个低阶的信息保留到高级阶段，并外显地展现出对绝对音高的识别能力。一般人偶尔也会展现出类似于绝对音感的能力，比如在没有提示音的情况下唱熟悉的歌曲时，人们通常所选用的调高差不多总是固定的，变动范围通常不超过两个半音（Levitin，1994）。这种在不经意之间所流露出的绝对音高记忆，说明一般人也拥有内隐的绝对音高能力。

在音乐家里面，华人、日本人和韩国人具有绝对音感的比例似乎特别高，因此，绝对音感或许跟基因遗传有关（Zatorre，2003）。虽然亚洲音乐班大多十分重视绝对音感的训练，但欧洲的音乐传统反而更重视相对音感，即强调听音与和弦的能力。

在一般人眼中绝对音感似乎是一种特异功能，因此格外令人羡慕。然而，认知神经科学家Sacks（1995）在对一名自闭症患者的研究中发现，尽管该患者耳朵十分灵光，也有特别优异的音乐记忆力，但对音乐和很多视觉景象都缺乏情感或审美能力。像大部分的自闭症患者一样，该患者讲话的语调平直、缺乏自然的抑扬顿挫，在“随音乐节奏拍手”方面也有显著的障碍。从进化的观点来看，人人皆具备的能力可能比所谓的特异功能更能体现自然演化的规律，因为相对音感的加工其实比绝对音感更高级、更复杂。我们很容易制造出一部能够显示绝对音高的机器（如市售的调音器），但若要教计算机判断旋律中的哪一个音是首调Do，似乎没有想象中那么容易。动物行为学家也发现，许多动物的听音方式较接近绝对音感而非相对音感：将动物习得的旋律移调之后，它们就认不得了。从这个观点来看，人类在听音乐时倾向于听相对音高而非绝对音高，可能反映着一种其他动物所缺乏的较为高级的抽象能力。

（四）听觉的空间定位线索

在草鸮的研究中研究者发现，动物仅仅依靠两条线索来定位声源位置就可以在夜间进行捕食活动：声音到达双耳的时间差别（双耳时差）；声音到达双耳的强度差别。这两种线索由独立的神经通路加工，即听神经分别在耳蜗核处的大细胞核团和角细胞核团形成突触连接，各自上行投射到中脑丘系核的前后两个区域。

加州理工学院的小西成一(Konishi)提供了一个比较具体的神经模型来解释猫头鹰大脑如何编码耳间时差和强度差别。耳间时差方面，前丘系神经元起着同步探测器的作用，必须同时接收到两耳输入才会被激活。因此，若声源直接位于动物前方，中央的同步探测器会被激活；若声源位于动物的左侧，偏左的同步探测器就会被激活。耳间强度方面，信息首先在丘系核后部会聚，这些神经基于输入信号的强度进行编码，并由之后的神经元将信号整合确定声源的竖直位置。脑干外侧核将丘系水平得到的水平和竖直位置的信息进一步整合，得到声源的三维空间定位。

在 Konishi 的模型中，草鸮的声音定位问题在脑干水平就得到了解决。然而听皮层对于将定位信息转化为行动可能更加重要。因为猫头鹰并不想简单地攻击每个声源，它必须知道声音是否由潜在猎物发出。也就是说，Konishi 的脑干系统解决了“在哪里”的问题，但还没有涉及“是什么”的问题。猫头鹰需要对声音频率做更加详细的分析，以便决定一个刺激是由一只田鼠还是一匹小鹿的运动产生的。

(五) 鸡尾酒会效应及其生理心理学机制

鸡尾酒会效应是典型的听觉注意现象，因常见于鸡尾酒会上而得名：设想在嘈杂的鸡尾酒会上，某人站在一个挤满了人的屋子里，周围可能有十个，二十个人在说话，还有各种声音如音乐声、脚步声、酒杯餐具的碰撞声等，而当这个人的注意集中于欣赏音乐或与别人的谈话时，对周围的嘈杂声音可以充耳不闻。也就是，人们能挑选出自己想听的对话。换句话说，大脑对其他对话都进行了某种程度的判断，然后能够排除其干扰。

半个多世纪前 Cherry(1953) 提出“鸡尾酒会效应”，这一奇特的知觉问题引发了很多研究者的兴趣。但从信号加工的观点来看，分离目标言语成分与掩蔽言语成分，并对目标言语成分进行组合是一个非常困难的任务。尽管近年来信息科学和计算机技术有了快速的发展，但到目前为止还没有任何计算机言语识别系统能在有干扰言语的环境下像人类那样实现对目标言语的有效识别。

目前的研究仅仅是一个起步，主要集中在对声音掩蔽的研究上。研究者发现，在嘈杂的声学环境中，如果目标声音和干扰声音都是言语，目标声音所受到的干扰影响可以分成能量掩蔽(energetic masking)和信息掩蔽(informational masking)。能量掩蔽发生在听觉系统的外周部分，即当掩蔽声音和目标声音同时出现，尤其两者在频谱上重叠时，听觉系统对目标声音的动态反应就会下降，进而觉察和辨认目标声音所需要的信噪比被提高。能量掩蔽使进入高级中枢的目标信息有实质性的缺失，而这种缺失是任何高级中枢的加工所不能补偿的。信息掩蔽是另外一种更复杂、发生在中枢部位的掩蔽作用，即当掩蔽声音和目标声音在某些信息维度上有一定的相似性时，例如，当目标声音与掩蔽声音都是言语时，一些神经/心理资源就会被用于对掩蔽声音的加工，目标声音和掩蔽声音之间就会在高级加工层次上出现竞争与混淆，从而使目标信号受到了掩蔽作用。李量的实验室研究(2004)发现,优先效应导致成功的主观空间分离可以在一定程度上起到去信息掩蔽的作用。

第二节 意 识

一、意识的基本问题

(一) 心身关系——意识的哲学观

关于心身关系的哲学讨论由来已久,对这些问题的讨论形成了意识的基本理论。所谓心身关系问题,就是人类精神活动(如知觉、思维、信仰等等)和大脑中的物理活动(如神经元放电、皮层活动等等)之间的关系问题。虽然我们已经得到了许多科学的结论,但是对这一关系哲学上的思考无疑也对研究精神问题的实质具有重要意义。下面我们就来看看,就这一问题哲学家们都提出了哪些理论。

1. 二元论

二元论的版本很多,其中最有代表性的理论是法国著名哲学家笛卡儿提出的实体二元论(substance dualism)。实体二元论也被称为笛卡儿二元论,主要的思想是将精神和躯体看成两个不同的实体。大多数哲学家认为,物质实体的存在性是毫无疑问的。那么,在实体二元论中关键的问题是精神实体是否存在,如果存在,它的本质是什么。要注意,这里所说的精神实体,既包括形象的感觉体验,如颜色的感觉、疼痛的感觉等,同时也包括抽象的心理状态,如愿望、信仰等。除了实体二元论之外,还有属性二元论(property dualism),即认为物理的大脑包含了非物理的特征,这些特征与所有物理的特征或维度都有质的差别。

2. 唯心主义

唯心主义(idealism)是单元论的一种,它认为物质世界是不存在的。虽然也有一些著名的哲学家,如英国的贝克莱大主教支持这一理论,但是总的来说,这一理论并不为人们所广泛接受。其主要的问题便是,如何解释不同个体对同一物理事件知觉的共性。例如,贝克莱大主教对这一问题的回答是,上帝造就了这一切的共同性。而随着科学的发展,这一论点获得的支持已经越来越少,因此逐渐淡出了历史。

3. 唯物主义

另一派,也是目前主流的单元论即唯物主义(materialism)。唯物主义也分为两派,一派是还原唯物主义(reductive materialism),一派是取消唯物主义(eliminative materialism)。还原唯物主义也叫心理大脑同一论,该理论认为,精神事件可以被还原到物质的活动,换句话说,精神活动和大脑活动是等价的。还原论的观点在其他科学领域已经取得了巨大的成功,人们期望能够将其应用于心理事件的解释。例如,我们说一个人饿了,其实就是说他的外侧下丘脑具有某种放电模式。但是要注意的是,这一论点并不否认心理概念的科学性,认为这些概念仍然可以用来科学地描述精神事件。而另一派更为激进的唯物主义——取消唯物主义,则不这么认为。他们的观点是,现有的一些描述心理状态的概念并不科学,应该将它们彻底取消。但是无论如何,两派都承认,心理活动归根结底是一种物质运动过程。

4. 行为主义

这里谈到的行为主义是指哲学上的行为主义(philosophical behaviorism)。这一理论的支持者认为,要谈论精神现象,就必须通过外显的、可观测的行为来描述。因为只有客观的行为才可量化和测量。严格说来,行为主义是唯物主义的一种。但是行为主义更强调将精神活动还原为行为活动而不是神经生理学活动。曾经在很长一段时间里,行为主义广泛影响了心理学的发展。但是行为主义也有自身的缺陷。首先,很难将世界上所有的条件反应都描述出来,造成行为的原因可能是多种多样的。其次,很难完全排除精神概念的存在,如信念、动机等,这些过程都实实在在地发生着。因此,行为主义也在不断地自我改善以适应新的形势。

5. 功能主义

功能主义(functionalism)最早开始于 20 世纪 60 年代的一场哲学运动,其主要思想是,心理状态可以由该心理状态、环境条件(输入)、组织行为(输出)和其他心理状态之间的因果关系来定义。与行为主义不同的是,功能主义允许其他心理状态的存在。例如,在描述饥饿这个状态时,就可以从知觉、动机、信念等方面去描述。并且,人们试图在这些心理状态以及环境和行为之间建立因果联系。

(二) 意识的标准

长期以来困扰哲学家或心理学家的一个问题是,我们怎么知道其他的人或动物是有意识的呢? 这个问题也是心灵哲学中的一个经典主题:他人心知问题(problem of other minds)。很显然,我们都知道自己是有意识体验的。但是,这一意识体验也仅仅只有本人才能直接获得。先撇开哲学上关于意识存在与否的讨论,如果我们相信其他人或者动物是和自己一样有意识体验的,那么,我们就需要一个标准决定从哪些方面可以判断出他们也存在类似的体验。这种判断的标准大致可以基于两个原则。一种是行为上的相似性,即他人在行为上的表现和我自己的表现大致相似。例如,当手被针扎的时候,我本人的反应是喊痛,并且缩回手臂,而我们可以观察到其他人的反应也大致是这样的。由于我自己是有意识体验的,因此我们也相信,这个时候其他人也具有相似的意识体验。另一个原则是物理上的相似性,即其他人或某些动物和我们自己在生理和物理结构上具有相似性。例如,所有正常的人类都有相似的生理结构和功能,而且在大脑结构上所有人都差不多。有了这些原则,我们就可以发展一些具体的标准来对意识进行判断。

1. 现象学标准

所谓的现象学标准就是个体的主观感觉,即个体知道自己肯定是有意识的,因为这是我们的主观体验。这一现象被称为第一人称知识(first person knowledge)或者主观知识(subjective knowledge)。虽然这一标准不适合用于科学描述意识现象,但是现象学的体验却是意识的定义性特征。

2. 行为标准

相对于现象学的标准,一个可以客观、科学地描述意识的标准就是个体的行为。从行为主义的思想我们可以看到,行为可以通过第三人称的观察,客观地进行描述和测量。但最重要的问题是,我们怎样才能将行为和意识联系起来?为了解决这一问题,我们需要这样一个假设,即在相同的物理条件下,如果其他人的行为和我们自己的行为足够相似,由于我们清楚自己是有意识的,因此可以假设其他人也像我们一样有意识体验。但是就像上文中谈到的一样,这一标准有时并不是那么有效。

3. 生理学标准

随着现代科学的发展,人们可以更深入地了解大脑的活动。因此,找到意识存在的生物学基础也是当前意识研究的重要方向。然而,现在人们对意识的生物学基础还了解甚少,仅仅是提出了一些科学的假设。一些神经科学家发现了对意识来说比较关键的神经活动特征,如发生在特定皮层的神经活动、由某些神经递质中介的神经网络,以及以约40次每秒的频率发生的神经元放电活动等。不过我们应该认识到,虽然这种标准看起来很客观,但是如果没有主观标准,它其实并不能给意识一个真正客观的定义。因为如果没有个体的主观报告,我们并不知道某个神经活动是否真的是意识的反映。所以,有关意识的所有生物学定义必须来自于主观定义。

二、意识的研究方法

我们在上文中对意识的基本问题进行了探讨,下面我们就意识的具体研究方法来进行逐项分析。由于目前意识研究领域所使用的实验刺激大多数是视觉刺激,因此本文所讨论的意识形式主要也集中于视觉意识。为了说明意识的作用,人们往往采取将意识消除的范式,考察在无意识下哪些视觉能力仍然保持,哪些视觉能力受损。通过将视觉能力和视觉意识进行分离,可以为研究视觉意识的基础提供重要线索。

(一) 病人研究

1. 裂脑人研究

最初使用裂脑人研究意识的思路可上溯至心理物理学家费希纳,他在1860年就已经提出,胼胝体可能在意识的统一中起着关键作用,并推测如果我们将一个正常人的胼胝体切断,就会在个体内产生两个独立发展的意识。但是,不可能仅仅为了满足心理学家的好奇心实施这样的手术。事实上,这种手术是在医学上首先使用的。切除胼胝体可以用来治疗癫痫发作,接受了这个手术的病人也就被称为裂脑人。一个有名的例子便是Springer和Deutsch在1981年报告的患者N. G.的病例。

主试先在N. G.的右视野快速闪现一个杯子图案,当询问N. G.看到什么时,N. G.

正确回答“杯子”。然后主试又在其左视野快速闪现一个勺子，但是这次 N. G. 回答什么也没看到。而更有意思的是，如果让 N. G. 用左手在一些被遮住的物体中选出刚才出现在左视野的物品时，她能选出勺子。但是问这是什么东西时，她回答说“铅笔”。

由于存在视交叉，左视野和右视野的信息会投射到对侧的脑半球。那么，这个实验是不是可以说明，N. G. 只有左半球有意识？答案是不一定。还有一种可能，即言语的中心位于左半球。N. G. 不能口头报告出左视野的有意识知觉可能是因为投射到右半球的信息不能通过胼胝体传递到左半球的言语中心。不过，从 N. G. 的行为表现上来看，她对左视野的物体还是能觉察到的，只是不能通过语言表现出来。这样，问题又回到我们上文中所讨论的，意识的标准究竟是什么？在这个实验中，通过主观报告的方式得不到被试有意识的结论，但是根据行为上的相似性和生理结构上的相似性，我们又不能否认被试对视野中的物体是能觉察到的。这一现象也提示我们在研究意识的时候，要考虑多种可能性，对判断标准的选择也要谨慎。

2. 盲视

在病人研究中另一个令人感到惊奇的病例就是盲视现象。所谓的盲视，就是指初级视皮层损伤的患者，在主观报告没有意识的情况下，却在某些视觉任务中有高于概率水平的表现。第一例也是最有名的一例盲视现象的患者是 Lawrence 和 Weiskrantz 报告的一位名叫 D. B. 的患者。

主试首先在 D. B. 受损一侧视野中呈现一个亮点，让 D. B. 报告看到了什么。不出所料，D. B. 报告自己什么也没看到。但是，在下一项任务中，主试要求 D. B. 将自己的眼睛转到呈现光点的位置。由于光点的位置是沿着水平轴的几个固定位置，所以即使 D. B. 说自己什么也没看见，主试也鼓励他随便猜测一个。结果出乎人们意料，D. B. 的表现好于概率水平。但是他自己却坚持称什么也没看到，所有的选择都仅仅是基于猜测作出的。

对于这一现象，Weiskrantz 提出了有两个视觉系统的假设来解释。他认为，虽然初级视皮层大面积的损伤了，但是有一个到达丘脑上丘的次级视觉通路仍然保持完好。如果皮层通路对视知觉来说是关键的，而上丘可完成无意识的视觉功能，这样就可以解释盲视的现象。虽然目前对这一解释还有许多质疑，但是无论盲视的神经机制是什么，这个现象的存在本身就说明了并非所有视觉能力都需要依赖视觉意识的参与。

（二）正常人研究

为了研究意识在视觉加工中的作用，研究者首先需要知道哪些视觉功能是不需要意识参与的，这就需要意识消除的方法。幸运的是，并非只有皮层受损才能表现出意识状态的丧失。通过一定的实验技术，也可以使正常人处于无意识的状态。这样的范式包括掩蔽、拥挤效应和双眼竞争等。通过这些方法，可以在一定程度上使正常被试在主观上报告对刺激或刺激的属性没有意识，在客观的行为上也符合无意识的一般表现。为了将无意识的判断标准具体化和客观化，我们需要首先了解什么是意识的阈限。

1. 意识阈限

所谓意识的阈限就是指刚好能使被试意识到刺激存在的刺激强度。但是由于意识判断标准并不一致,因此阈限的测量也有两种方法。主观意识阈限的测量采用直接询问的方法,让被试回答"你能否看见刺激"。而客观意识阈限的测量则采用迫选的方法,以确定在直接的知觉任务中被试没有获得视觉上的信息。例如,在颜色辨别任务中,快速闪现一个色块,然后问被试色块的颜色是红、黄、蓝、绿中的哪一个,如果被试的正确率是25%的概率水平,则可以确定被试对颜色是没有意识的。

这样,我们在设计实验时可以设计为两部分任务。这两个不同的实验任务采用相同的实验刺激。第一部分是直接的知觉任务,即对意识阈限进行直接测量。通常这一任务是一个简单的探测任务,例如,让被试回答刺激是否出现,如果被试的正确率是50%,我们就可以认为被试对刺激是觉察不到的。第二部分是间接任务,研究在没有视觉意识的情况下,对刺激的哪些加工仍然可以发生。基于这种范式,研究者发展出了许多意识消除的方法,包括掩蔽(masking)、拥挤(crowding)、双稳态图形(bistable figures)、双眼竞争(binocular rivalry)、运动诱发视盲(motion-induced blindness)、注意盲(inattentional blindness)、变化盲(change blindness)以及注意瞬脱(attentional blink)等。这些方法各有利弊,下面我们主要讨论三种应用比较广泛的方法:掩蔽、拥挤和双眼竞争。

2. 掩蔽

掩蔽可分为前掩蔽、后掩蔽和三明治掩蔽(前后都有掩蔽刺激)。在一个典型的掩蔽范式里(以后掩蔽为例),通常会先后快速呈现两个刺激:一个是目标刺激,这个刺激呈现十分短暂,需要被试基于这个刺激完成某些任务;另一个是掩蔽刺激,通常和目标刺激在空间上处于同一位置,但是和实验任务无关(图3-7(a))。当我们在时间和空间上适当地安排刺激时,掩蔽可以有效且广泛地消除刺激的视觉意识。一般认为,掩蔽之所以会发生,是因为掩蔽刺激阻断了对目标刺激的加工。不过在前掩蔽中,则可能是由于目标的有效对比度降低导致的。不管是由什么引发的,掩蔽确实可以控制刺激不为被试所意识到。

但是,掩蔽也存在着很多不足之处。首先,掩蔽为了产生有意识和无意识两种状态而分别使用了两种实验条件,一种是有掩蔽条件,一种是无掩蔽条件,这就改变了刺激的物理属性。其次,掩蔽成功需要的时间和空间条件十分苛刻,目标刺激必须快速地闪现,而且在位置上也要接近或与掩蔽刺激重叠。换句话说,掩蔽不可能产生持续的无意识知觉。另外,在某些实验条件下,目标刺激虽然不可分辨,但是却可以被探测到。比如,被试知道有刺激存在,但是却不知道这个刺激是什么。这样就模糊了意识与无意识的界限。

3. 拥挤

在外周视野,如果单独呈现一个刺激(例如字母),我们很容易就能认出它,但是如果在这个刺激周围放上一些干扰刺激(如在上下左右各放置一个其他的字母),那么,对

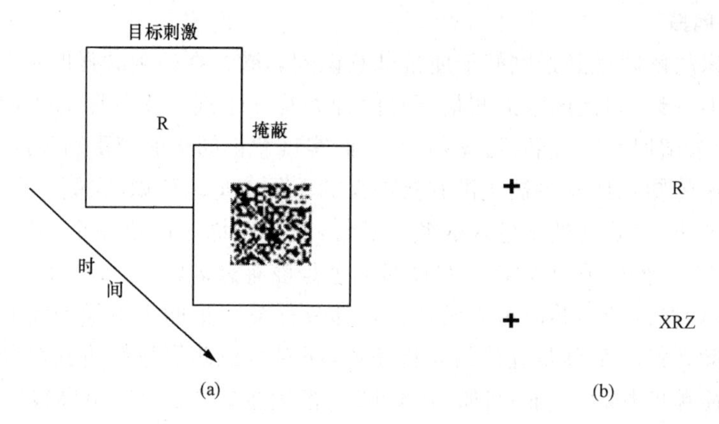

图 3-7 掩蔽和拥挤示意图

(a) 示意了后掩蔽的范式，掩蔽刺激紧跟在快速闪现的目标刺激之后，出现在和目标刺激相近或重叠的位置

(b) 示意了拥挤效应，盯住左侧注视点，使目标刺激位于外周视野，当目标刺激单独呈现时，可以很好的识别出字母 R；当目标刺激周围加上干扰刺激时，R 就变得不能识别了

目标字母的辨别能力将大大下降，甚至完全不能分辨出中间是什么刺激（图 3-7(b)）。这一现象被称为拥挤效应。拥挤效应在空间视觉中是一种很普遍的现象，在多种刺激和任务条件下都发现了稳定的拥挤效应。例如，字母识别、视敏度、朝向辨别、立体视敏度、面孔识别，甚至运动刺激都能产生拥挤效应。

与掩蔽不同，拥挤可以产生持续性的无意识状态。只要保证被试很好的盯住注视点，将刺激放到外周视野，无论看多久都不能分辨目标刺激。但是，拥挤也有自己的不足。首先，拥挤基本上只能在外周视野才能发生，这就要求被试必须一直保持很好的盯住注视点的状态，对被试的要求比较高。其次，和掩蔽一样，拥挤的范式在产生有意识和无意识的状态时也需要两种不同的实验条件，改变了刺激的物理属性。最后，比掩蔽更严重的是，当对目标刺激进行简单的探测任务时，甚至没有拥挤效应的产生。即被试是完全可以意识到目标刺激的存在，只是对其部分属性不能很好的分辨。因此，在拥挤的条件下，虽然目标刺激已经不可分辨，但是仍然可以对其某些属性产生适应。例如，何生等人（He，S. et al.，1996）在 1996 年就证明了在拥挤条件和没有拥挤的条件下，对目标光栅朝向的适应都产生了显著的后效。

4. 双眼竞争

双眼竞争和双稳态图形一样，都可以产生双稳态知觉。在双稳态知觉情况下，虽然物理刺激没有发生任何改变，但是知觉状态会不停的波动，就好像对知觉的两种解释不断地在意识中进行切换。双稳态图形我们应该都很了解，例如著名的花瓶-面孔图形，人们会交替地将这幅图看成黑背景上的一个花瓶或者白背景上的两张面孔。在这种条件下，两只眼睛看到的都是同一幅图像。虽然比较方便，但是能产生双稳态的图形毕竟有限，实验材料上比较欠缺。而双眼竞争则是让两只眼睛分别看不同的图形，例如，左眼只看到向右倾斜45°的光栅，右眼只看到向左倾斜45°的光栅。被试会知觉到这两张图形不断的交替出现，一会儿看到的是向右倾斜45°的光栅，一会儿看到的是向左倾斜45°的光栅。这样，被试当前知觉到的图形就是有意识的，而另一只眼看到的图形就是无意识的。

由于造成双眼之间竞争的是知觉的冲突而不是图形的不确定性，因此可以采用广泛的材料来作为实验刺激。例如，Tong等人(1998)就采用人脸和房子作为刺激(图3-8(a))，证明了FFA在知觉到人脸时激活，而PPA则在知觉到房子时激活(图3-8(b))，说明这两个脑区的活动都需要意识的参与。不过，双眼竞争也有不足之处。首先就是被试的意识状态不可预期，我们只能依靠被试的主观报告来判断哪种知觉状态占优，例如，Tong的实验中就是让被试按键报告自己看到的是什么。对于这一缺陷，研究者又发展出了闪烁抑制的范式。即将目标刺激放在被试的一只眼，另一只眼呈现不

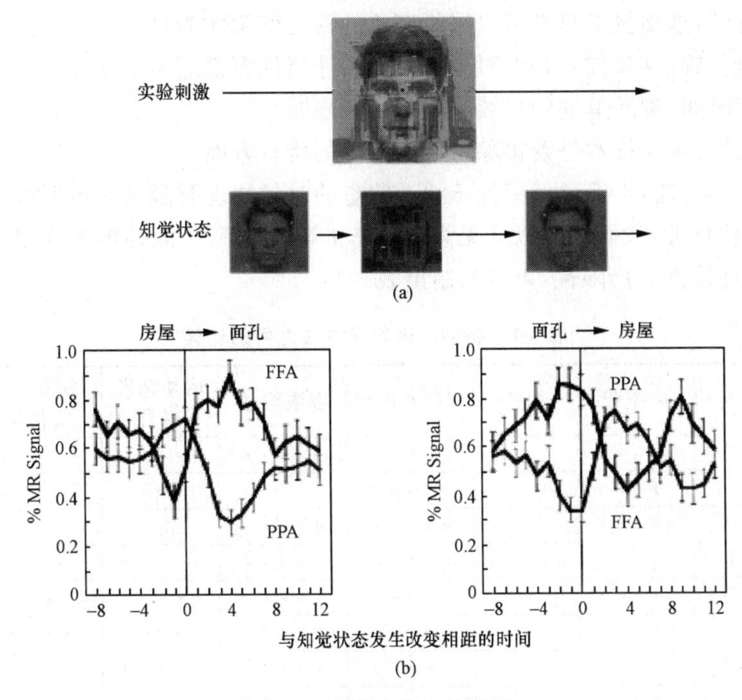

图3-8 双眼竞争实验举例

(a) 让被试在fMRI扫描仪里，带着红绿眼镜看如图所示的实验刺激。由于红色或绿色的镜片会滤去相应颜色的光波，因此被试的一只眼睛会看到绿色的人脸，另一只眼睛会看到红色的房子。然而被试报告的知觉状态是交替看到人脸和房子，每种状态持续数秒钟。要求被试在知觉状态发生变化时按键报告当前看到的图片

(b) 记录到的fMRI实验结果。可以看到，当被试的知觉状态由房屋变为面孔时，FFA激活上升，同时PPA激活下降；当知觉状态由面孔变为房屋时，PPA激活上升，FFA激活下降。从而说明了FFA和PPA这两个区域的活动都需要意识的参与(Tong F, Nakayama K, Vaughan T, & Kanwisher N, 1998)

断闪烁的噪声图案或其他运动的图案。这样，由于噪声图案强度很高，很容易在知觉状态中占优，可以大大延长目标刺激处于无意识状态的时间，完成实验任务。另外，双眼竞争对图片的大小也有要求。如果竞争的图像过大，就会产生一种混合的知觉图像，好像是两幅图像中的独立的区域之间在竞争。这就需要实验者在设计实验时尽量采用较小的图片作材料。

5. 总结

除了上面谈到的掩蔽、拥挤和双眼竞争三种方法之外，还有多种控制意识状态的方法，例如：运动诱发视盲、注意盲、变化盲以及注意瞬脱等等。从上面的讨论也可以看到，每一种方法都有自身的优缺点。那么，我们以什么标准来评价这些研究方法的优劣，更重要的是，在设计实验的时候，我们怎么来根据实验需要选择合适的实验范式呢？根据 Kim 和 Blake 的总结(2005)，有五条评价的标准：

- 普遍性：这项技术是否可以采用广泛的视觉刺激作为材料？
- 视野位置：这项技术是否对中央视野和外周视野都适用？
- 持续时间：刺激呈现的持续时间是否有限制？
- 稳定性：这项技术是否排除了视觉意识的所有方面？
- 刺激不变性：当视觉意识处于波动状态的时候物理刺激是否能保持不变？

除了这些标准，我们还可以从无意识状态的确定性和预测性等方面来评价。基于每种方法的优缺点和局限性，可以绘制出表 3-1：

表 3-1 各种心理物理方法之间的比较

	后掩蔽	拥挤	双稳态图形	双眼竞争	运动诱发视盲	注意盲/变化盲	注意瞬脱
刺激种类	*****	?	*	*****	***	*****	*****
刺激大小	***	?	*****	*	***	*****	*****
视野位置	*****	*	*****	*****	*	***	*****
刺激持续时间	*	*****	*****	*****	*****	***	*
无意识的确定性	***	*	*****	*****	*****	****	***
刺激不变性	***	*	*****	*****	*****	****	*****
无意识持续时间	*	*****	*****	*****	*****	****	*
可预测性	*****	*****	*	*	*	**	*****

a. 表中的“*”代表某种方法在该条标准上的相对优劣。*越多表示优势越强。

b. “?”代表目前还不清楚的项目。

c. 每一个条目的意义：刺激种类——该技术是否可以有效地将广泛的刺激变为无意识；刺激大小——该技术是否在广泛的刺激大小上有效；视野位置——该技术在中央视野和外周视野是否一样有效；刺激持续时间——该技术在刺激呈现时间上有无限制；无意识的确定性——无意识状态下刺激是否完全的以及确定的不可见；刺激不变性——视觉意识变化时物理刺激是否保持不变；无意识持续时间——无意识持续的时间是否长于数百毫秒；可预测性——无意识的出现是否可控，无意识持续的时间是否可预测。(根据 Kim & Blake，2005 的表格重绘)

从表 3-1 可以看出，没有哪种方法在所有情况下都是杰出的。每种方法的优势必须取决于实验的设计。因而，对不同方法得出的实验结果在解释上可能并不一致。我们在做实验的时候必须根据实验需要来选择合适的范式。

4

注意的认知神经科学研究

无论是巴甫洛夫的经典神经生理学还是认知心理学创建的早期,都十分重视注意问题的研究。前者提出朝向反射理论,后者主要的理论是选择性注意加工,或称为注意的过滤器理论。随着电生理学技术的发展,利用外周生理参数和脑事件相关电位所积累的科学事实,逐渐将两种经典的注意理论连接起来。事件相关电位的研究支持了早选择的理论观点,并把注意研究引向心理资源分配的方向。朝向反射的理论研究涉及了外周感官到皮层下脑结构,乃至大脑皮层中枢的研究。现代脑成像技术把这一研究推向新的阶段。

现代的注意理论不仅涵盖了自底而顶和从上到下的信息流还有循环信息流和大范围交流的信息流等多层次机制。注意的主要功能是对意识的导向、警觉的维持和执行控制。本章将对这些理论分别加以讨论。

第一节　从朝向反射理论到模式匹配理论

20 世纪 50～60 年代,经典神经生理学以新异强刺激引起的朝向反应,作为非随意注意的模型,进行了广泛的研究,导致非联想性注意理论的形成;与此同时,在朝向反射深入研究的基础上,则形成了联想性模式比较的注意理论。这两种经典的理论虽由共同的实验模式为起点,但导致不同的结论。一个强调非特异性传入通路和非选择性外抑制的神经机制;另一个强调经验或期望中的感知模式与现实刺激模式之间的比较。

一、朝向反射理论与非随意注意

这种理论沿袭着巴甫洛夫经典神经生理学关于外抑制的理论和 20 世纪 50 年代神经生理学关于网状非特异系统生理特点的理论路线,认为非随意注意并没有感觉通道的特异性,不论是视、听、躯体感觉还是化学的感受刺激,只要具备新异性的强刺激特性,就会引起外抑制的机制,即网状非特异系统的强烈激活。当新异刺激重复发生,由于非联想性习惯化学习机制,使其形成消退抑制或网状非特异系统唤醒水平的降低,使朝向反射消退,这就是从注意到不注意的转化过程。按着这种非联想注意理论的方向,许多实验室系统地研究了朝向反应的各种生理参数的变化，包括心率、血压、血容量、呼吸、瞳孔和皮肤电等自主神经功能参数，肌张力和肌电等外周运动神经功能参数，以及脑电活动的中枢功能参数。新异刺激引起瞳孔放大，皮肤电导迅速增强等交感神经的兴奋效应；头颈肌肉与眼外肌肉收缩使头眼转向刺激源；脑电图出现弥散性去同步化反应，皮质的兴奋性水平提高。全部这些朝向反应的生理变化，对于各种新异性刺激的性质是非特异性的。无论是声、光刺激或温度刺激，以及痛刺激，只要它对机体是新异的，都会引起这些生理变化。不仅刺激的性质，而且刺激量的差异对朝向反应的生理变化也是非特异性的。例如，刺激接通或撤除，都会同样地引起这些朝向反应的生理变化。朝向反应生理变化的这种非特异性使之与适应反应和防御反应显著不同。温刺激引起外周血管和脑血管的扩张，而冷刺激则使它们收缩。这就是说，适应反应随刺激性质的不同而异，在有害刺激引起的防御反应中，无论是外周血管还是脑血管都发生收缩。这种收缩反应，在重复应用有害刺激的过程中并不会减弱，说明它与朝向反应的成分不同，不易消退。总之，朝向反应的多种生理指标变化，不同于适应反应和防御反应，其特点在于对不同性质刺激或一定范围强度的刺激，均给出非特异性反应。对重复应用同一模式的刺激，则朝向反应消退；变换刺激模式，则再次呈现朝向反应。所以，刺激模式在朝向反应中具有重要意义。

20世纪60～80年代，对朝向反应各种生理变化进行精细分析后发现，各种生理变化出现的时间和稳定性不同，其生理心理学意义也各不相同。60年代，生理心理学家们普遍认为，皮肤电反应是朝向反射最稳定的重要生理指标。然而，对新异刺激的皮肤电变化的潜伏期大约为1秒，达到波峰需约3秒，恢复到基线需约7秒。所以，为了引出朝向反应的皮肤电变化，最适宜的重复刺激间隔至少为10秒。几次重复以后，皮肤电的朝向反应就会消退。

Verbaten(1983)认为，在朝向反应中，眼动变化的潜伏期仅为150～200毫秒，比皮肤电变化快5倍，可能与朝向反应早期的信息收集有关。眼动变化的习惯过程也较快，但与刺激的复杂程度和不确定性有关。刺激的信息含量多、不确定性大时，习惯化过程较慢。皮肤电反应的习惯化过程则不受刺激复杂程度的影响。所以，眼动和皮肤电在朝向反应中的变化规则和机能意义并不完全相同。此外，在朝向反应中，皮肤电反应、血管运动反应和脑电α阻抑反应也都有不同的变化规律。重复刺激时，首先消退的是皮肤电反应；随后消退的是血管运动反应；脑电α阻抑反应并不完全消退，只是从弥散的"阻抑反应逐渐缩小，仅在某一皮层区出现局限性反应。在头皮上记录平均诱发电位时发现，重复呈现刺激36次以上，其P300波仍未消退；而皮肤电反应在10～20次重复刺激时完全消退。这些事实说明，在朝向反应中，外周生理变化与中枢神经系统的生理变化有不同的规律和机能意义。

二、朝向反射的联想性模式匹配理论

在朝向反应研究中发现,不仅刺激的强度和新异性可以引起注意的心理生理变化,而且刺激强度或模式的变化,也会引起朝向反应。俄国心理学家索克洛夫根据这一发现,最初把朝向反应分为两种类型:新异刺激引起的初始性朝向反应和消退之后刺激模式变异性朝向反应。在此基础上,进一步提出两类朝向反应的共同基础,这就是现实刺激模式与经验中或期望中的模式比较中的不匹配性。因此,他认为现实和经验之间的联想性比较是注意的生理学基础。由于这种联想不匹配总是短暂的、易变的,所以非随意注意也是不持久的。具体地讲,这种机制发生在对刺激信息反应的传出神经元中,在这里将感觉神经元传入的信息模式和中间神经元保存的以前刺激痕迹的模式加以匹配,如果两个模式完全匹配,传出神经元不再发生反应。两种模式不匹配就会导致传出神经元从不反应状态转变为反应状态。进一步实验分析表明,不匹配机制引起神经系统反应性增加的效应可以发生在中枢神经系统的许多结构和功能环节上,其结果是大大提高对外部刺激的分析能力或反应能力。

既然朝向反应是短暂的反应过程,它随着刺激的重复或刺激的延长而消退。采用精细的分析和记录手段,对这一过程进行时相性分析是十分必要的。事件相关电位的记录和分析,是一种较为理想的手段。一些研究者发现,初次应用新异刺激引起的初始性朝向反应,与消退之后刺激模式变化引起的变化性朝向反应不同:两者的脑事件相关电位变化不一,神经机制也不相似。在变化性朝向反应中存在着特异性脑事件相关电位波——不匹配负波(mismatch negativity,MMN);而在初始性朝向反应中存在着较大的顶负波,这两种负波的潜伏期均在150～250毫秒之间,是N2波的不同成分。

顶负波是初始性朝向反应的恒定成分,在初次应用新异刺激时出现于顶颞区,潜伏期约200毫秒的负波,简称N2波。有时N2波分为两个波峰,分别称N2a和N2b。N2b波是在N2a波的基础上进一步加大而形成的。当N2b波下降以后形成的正相波称P3a,N2b-P3a构成一个复合波。N2a则常常是不匹配负波(MMN),而N2b-P3a复合波是不匹配负波的后继成分。

不匹配负波对各种物理性质不同的和心理学意义不同的刺激,均给出相似的反应。它只反映出刺激模式的变化,不论是声、光或电刺激,只要这种模式在重复应用时发生一定的变化,就能有效地引起不匹配负波的出现。但是不匹配负波出现的潜伏期和持续时间,与刺激强度变化的幅度有关。外部刺激强度变化的幅度越大,则不匹配负波出现的潜伏期越短,持续时间也短,但负波峰值较高。反之,外部刺激强度变化越小,不匹配负波出现的潜伏期长,持续时间也长,负波峰值低。一般而言,从刺激变化时起,不匹配负波达到峰值所需的潜伏期约200～300毫秒。潜伏期短则峰值高;潜伏期长则峰值低。不匹配负波常常出现于额区或额中央区。当不匹配负波之后伴随一个正波或负正双相复合波N2b-P3a时,就会出现朝向反应;相反,如果由刺激模式变化引起的不匹配负波之后，不伴有 N2b-P3a 波或一个正波，不会出现朝向反应。事件相关电位的这些变化，说明了大脑皮层在注意中的复杂作用。

第二节　选择性注意的心理资源分配理论

心理生理学对注意的研究，一方面沿袭了传统心理生理学的理论发展方向，吸收认知心理学的理论概念，设计新的实验方案，发展传统理论；另一方面完全根据认知心理学的理论体系，对注意过程进行认知神经心理学实验研究。联想性模式比较理论与心理资源分配的观点相结合所形成的理论，可作为前一条理论发展路线的代表；选择注意理论的认知心理生理学研究，可作为第二条理论发展路线的代表。

一、心理资源的分配与注意的生理参数

前面已经讨论了心理容量的理论概念，这里将从两个方面讨论这一概念怎样引导传统心理生理学的理论研究，发展为现代认知心理生理学的新领域。关于注意的脑事件相关电位研究所发现的新的生理参数，也有利于心理容量分配的注意理论的发展。我们先讨论从传统理论向现代理论的过渡，再逐一考查注意的脑事件相关电位的生理参数，并讨论其心理学意义。

（一）从联想性模式匹配到心理资源分配的理论过渡

前面已经介绍了索科洛夫的联想性模式比较理论。这种注意理论是 20 世纪 60 年代在朝向反应研究的基础上形成的。Siddle(1991)系统总结了这一理论，发展为现代心理容量理论的实验研究。这篇论文作为美国心理生理学会成立 30 周年学术讨论会大会主席的学术总结发言稿，不仅总结了他自己实验室的工作，还系统阐述了非随意注意、朝向反射、习惯化和心理资源分配的联想理论分析原理和发展趋势。该文从 4 个方面综述了朝向反射及其习惯化研究的发展。他概述了索科洛夫模式比较理论的实验依据，在此基础上提出配对刺激实验方案，以及次级任务反应时分析的原则。他认为变异性朝向反射比初始性朝向反射具有更明显的模式间效应，这类科学数据有利于说明心理资源分配概念在注意理论发展中的重要意义。在 S1-S2 刺激模式连续重复的过程中，以一定时间的刺激间隔(inter-trial intervals)重复 24 次的试验序列，其中某几次刺激呈现时，遗漏 S1-S2 模式中的 S2 成分，从而使这一实验系列刺激中，发生了模式间的变异(inter modality change)。此外，24 次 S1-S2 刺激序列中，还安排两类持续时间长短不同的 S1-S2 刺激。在 S1-S2 刺激呈现时或在刺激间隔期，不定期地使用另一种探测刺激，与 S1 和 S2 均不相同，并同时记录对探测刺激的反应时（按键）和皮肤电阻变化。被试的主要任务是暗自计数刺激系列中的刺激时间较长者出现的次数；被试的次级任务是对探测刺激做出按键反应。这种实验范式，称为次级任务探测反应时试验(the experiment with secondary task probe reaction time)。Siddle(1989)利用这一试

验模式的具体参数，S1-S2 刺激对的持续时为 4 秒，但持续时间较长(6 秒)者出现概率为 0.25。换言之，总数 24 次的重复序列中，S1-S2 为 4 秒者 18 次，为 6 秒者 6 次。被试主要任务是辨别并默数在 24 次中，持续时间较长的 S1-S2 呈现的次数。在 S1-S2 的刺激序列间，任何一处均可能出现一个 70 分贝的声音探测刺激，可出现在 S1 呈现时，或 S2 呈现时，或刺激间隔期。每当 70 分贝声音信号出现时，被试按键进行反应，记录反应时及此时皮肤电变化。最主要的参数是比较在 S1-S2 刺激对中，漏掉 S2 后的反应时和下一次刺激中 S2 再呈现时的反应时，以及被试对探测刺激的反应时和皮肤电反应幅值。结果表明，在 S2 漏掉或再现时，均造成反应变慢的行为效应；皮肤电幅值明显增加，特别是 S2 再现时，皮肤电反应幅值更高。作者认为这一结果说明：S2 漏掉和再现时引起的反应时和皮肤电生理参数的变化，是心理资源分配所引起的，特别是 S2 再现引出的高幅值皮肤电反应，表明这时被试动员了较多的心理资源。

(二) 心理资源分配与脑事件相关电位

除了反应时和皮肤电的上述变化，在注意机制的研究中，20 世纪 80 年代以来，更多采用脑事件相关电位作为生理指标，其中一些是注意的时序参数，留在后面讨论。这里先介绍与心理容量有关的脑事件相关电位注意波，包括 N1 或 N2 波、Nd 成分和 CNV 波。

1. N1 波及其慢复合波

Pieton(1978)等报道了一个持续几百毫秒的声刺激，引起人们注意时(朝向反应)，常可观察到在声音呈现后 120～150 ms 之间出现一个负波，随后出现一个慢波，一直延续到声音终止。这种短暂的负波及其后的晚慢电位波(late sustained potentials)，在两半球间的颅顶区(Cz)最大。如果用一个视觉刺激，则引出的晚慢成分主要在两侧枕区，无论听觉刺激还是视觉刺激，引出的 N1 和其后的慢波都随刺激延长而向附近脑区扩展。深入研究发现，晚慢波之前瞬时变化的 N1-P1 波幅值，仅在其出现后 30～50 ms 内逐渐增高，随后就为后慢负波所取代。后者可持续恒定幅值达 3.5 s，甚至其幅值在 5～9 s 内才逐渐下降。这种 N1 波及其晚慢电位与被试非随意朝向反射有关，不受选择注意的影响，说明它是一个自动加工过程，不存在心理资源分配问题。

2. N2 波成分与非随意注意

张武田(1988)综述了 N2 波成分与非随意注意的关系，N2 成分具有通道特异性，即不同感觉通道获得的刺激，其诱发电位在头皮上的分布不同。Simson(1977)等和 Renault(1980)等分别用声音和闪光作为刺激物，结果表明听觉诱发 N2 成分最大峰值出现颅顶区，而视觉刺激诱发 N2 主要表现在枕区。N2 成分的另一个明显的特点，是它在随意注意和不随意注意情况下产生相同的反应。例如，Fod(1976)用音调作刺激，一种条件要求被试对其中的异常音调作反应；另一种条件要求被试读书，不去注意音调的变化。结果由异常音调所诱发的 N2 成分，在两种情况下是相同的。在双耳分听的实验中，也发现对注意耳中音调的变化和非注意耳中音调的变化，诱发出同样的 N2 成分。Naatanen(1983)等人的进一步实验发现，当被试对差别细微的声音刺激作选择反应时(如1000赫兹和1010赫兹，要求对后者作反应)，尽管被试在主观上未觉察到二者的差别，但也表现出N2成分。实验结果显示出正确觉察和未觉察到声音刺激的差别，二者所诱发出的N2成分的波幅是相等的。因此Naatanen等提出：N2波表现了以自动方式对环境的变化作出反应的过程，可能参与到定向反应活动中，是一种自动加工过程，不耗费心理资源。

3. Nd成分

Michie(1993)等报道，采用3种频率的调幅音，基频分别为2000赫兹、960赫兹和900赫兹，音强均为80分贝，声音呈现长度为51毫秒或102毫秒两种，通过立体声耳机分别在左耳或右耳呈现。在160秒时间内多次变化频率和持续时间的长短(51毫秒或102毫秒)在左、右耳中的呈现。请被试注意听一种频率的或某一持续时间的声音，对其他声音不去理会。同时记录和分析脑事件相关电位，对所得结果计算出的注意声音和非注意声音引起的负向波之差(Nd)，即两种声音诱发的事件相关电位成分相减后得到的差异负波。计算结果表明，注意与非注意的脑事件相关电位之差由3个成分组成：注意的事件相关电位中100～270毫秒间的负波；非注意的事件相关电位中170毫秒至声音终止间的正波；注意的事件相关电位中270～700毫秒的第二负波。随注意与非注意声音鉴别难度逐渐增大(如由2000赫兹与900赫兹间的区别，960与900赫兹间的区别)，Nd出现的时间延迟。这说明，随心理资源的耗费，Nd波与非注意声音引起的正波关系也发生变化。

4. CNV波

伴随负慢电变化(contengent negative variation，CNV)，也称期待波。Walter等最早报道了这类事件相关电位。他们在研究声-光-刺激相互作用时发现，如果第一个刺激(S1)作为一定间隔时间后出现的第二刺激(S2)的警告信号，并要求被试在S2呈现时完成一个动作。S1呈现后200毫秒，在大脑皮层尤其是前额叶显著地出现负慢电位变化，这种变化持续到被试完成动作以后，但很少超过2秒。负慢电变化的波幅很低，只有几微伏到10微伏之间，而且重叠在大脑自发电活动之上很难辨认。因此，只有经过直流放大，并通过计算机叠加，方能记录出来。

Walter等人的发现受到各国学者的重视，30多年来对负慢电位变化进行了多方面研究，Rohrbaugh和Gailard总结了前人的工作并分析了负慢电位变化的组成成分和心理学意义。他们引用的负慢电位变化模式图中(图4-1)，以闪光作为警告信号，声音作为按键反应的命令，可以发现在光信号之后约200毫秒时，曲线向上移动(负向)，大约500毫秒时，出现第一个波，称为O波(O wave)，与被试对外界事件的定向反应有关，可以看做负慢电变化的感觉成分。在S2命令发出之前，也就是按电键动作开始之前，出现一个小的变化，称为终波(terminal wave)，与被试期待着运动命令的出现，也就是与运动的准备有关。

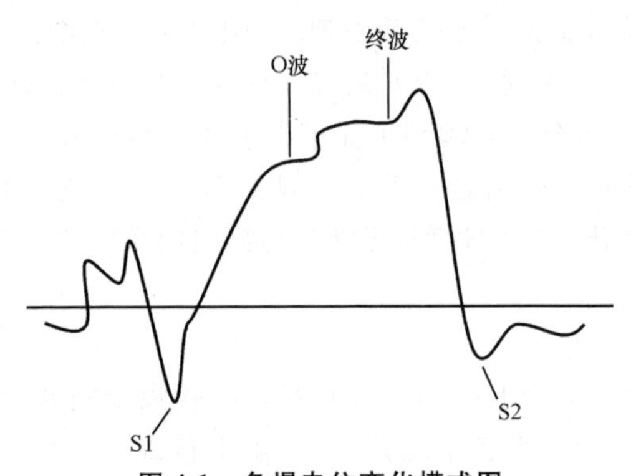

图 4-1 负慢电位变化模式图

S1：警告命令发出；S_2：运动命令发出。

二、选择性注意

20 世纪 60～70 年代，在认知心理学发展的初期，认知心理学家花了较大的力量研究注意的理论问题。他们先后采用了滤波实验范式（filtering paradigm）、双重刺激范式（double-stimulation paradigm）、选择集（selective set paradigm）等，进行了系统研究。在此基础上，先后提出了两类加工过程和两类注意过程的理论、探照灯理论、基于空间和基于物体的视觉搜索理论以及特征整合理论。就选择注意而言，又有注意的早选择和晚选择两种不同观点，是注意时序性研究的重要理论问题。除了这些认知心理学的理论概念外，认知心理生理学家们，还创造了许多适于研究注意与事件相关电位时序性的实验范式，分别用于研究视、听、躯体感觉相关的选择性注意的生理机制。其中通过事件相关电位的时间特性为两种选择作用时间问题提供了科学证据。

（一）选择性注意与听觉事件相关电位的时序性

Hillyard(1973)等最早将 GO/NO-GO 实验范式引入选择注意的电信号研究。通常有 4 个属性不同的刺激：其中两个属性可以进行快速鉴别；另两个属性进行慢鉴别。要求被试集中注意力鉴别 4 类属性中的一种作为目标，一旦目标出现尽快按键（GO 反应），其他属性出现不按键（NO-GO 反应）。Hillyard 最初使用的刺激，是持续时间不同的长信号（D^+）和短信号（D^-）作为两个慢鉴别的信号，声音在左、右耳（L，R）中出现，作为快速鉴别的两个属性。首先要求被试鉴别其中的两个信号，然后再要求被试对两个信号的组合进行鉴别。例如，只对左耳出现的长持续音（L-D^+）做出按键反应，对左耳出现的短音（L-D^-），右耳出现的长音（R-D^+）或右耳出现的短音（R-D^-）均不反应。他们利用这种实验模式研究发现：听觉选择性注意伴随 N1 成分的幅值增高。N1 成分的变化与注意的选择集模式完全相符，即上述不同刺激集的性质制约其快鉴别或慢鉴别的物理属性。后来将这种由于刺激物理属性制约所引起的 N1 成分变化，称为外源性脑事件相关电位成分。对刺激的注意反应在脑事件相关电位中除了 N1 成分外，还有内源性加工负波，虽然该成分的潜伏期也在 100 毫秒左右，但其持续时间较外源性 N1 成分长些，只有当被试理解了两种属性组合的刺激中，含有 GO 反应的意义而做出正确率较高的反应时，才会出现加工负波的 N1 成分。它反映了被试对当前刺激与以前刺激在头脑中的表象加以比较的过程。Natanen(1987)通过实验分析认为，选择性注意的加工负波 N1 可能含有 3 个成分：内源性成分发源于颞上回皮层；接近颞上回皮层的方向性偶极子，导致正—负双向波，其潜伏期为 100 毫秒的正波和随后约 150 毫秒的负波组成；颅顶的感觉通道非特异性成分其波幅最高，常称之为顶负波。Hackley 等(1990)利用声、光刺激相结合的方法，证明正—负双向波主要出现在颞上回。

Graham 和 Hackley(1991)在总结听觉选择注意的脑事件相关电位的研究资料基础上指出：在注意的心理生理学过程中，存在着 3 个层次的自动加工机制。首先是强自动加工机制，短潜期的事件相关电位成分无论是有意识的随意注意或不随意注意，均不影响这一加工机制，它的事件相关电位成分不发生改变，只决定于刺激的物理性，相当于外源性事件相关电位成分。其次是部分自动加工机制，以中脑结构功能为基础的脑事件相关电位，为 250 毫秒以前的成分，这种注意的事件相关电位可受随意注意的调节提早出现(潜伏期缩短)或延迟出现，它既受外部刺激的影响，又受意识状态的影响，称为中源性事件相关电位成分(mesogenous potentials)，是一种特异性事件相关电位。最后是控制加工机制，脑事件相关电位表现为 P3b 波，是一种容量有限的注意机制，称内源性事件相关电位成分，受认知和行为过程的控制。

(二) 早选择的电生理学证据

1991～1993 年间，美国加州大学圣地亚哥分校的 S. A. H. Hillyard 通过对听觉平均诱发电位的中成分的分析，发现在双耳分听实验范式中，被试选择注意的纯音刺激比忽视的纯音刺激，诱发出高幅值的正波，其潜伏期在 20～50 毫秒之间。通过脑磁图的定位研究证明，P50 成分发源于初级听觉皮层。视觉平均诱发电位的研究也发现选择注意诱发出高幅成分，其潜伏期约 100 毫秒。这两项事实似乎有利支持早选择的理论观点。外界刺激信息在达到相应感觉通道的皮层特异区所产生的高幅值诱发反应，说明选择性发生在知觉信息传递的早期。这一结论在背侧额叶皮层受损的病人研究中进一步得到确定。

背侧额叶皮层受损的病人，其听觉平均诱发反应 P50 和体感刺激的平均诱发反应 P50 均比正常人显著增高；而听觉和体觉初级皮层受损的病人，分别只出现与受损皮层相应的诱发电位的中成分选择性幅值降低。这说明，背侧额叶皮层受损不能向丘脑网状核发出兴奋冲动，丘脑网状核无法对脑干网状结构发挥抑制作用。当然也不排除背侧额叶皮层直接抑制各种初级感觉皮层对干扰项的反应。总之，无论对正常人的平均诱发电位的中成分分析，还是对脑损伤病人的中成分分析，乃至对动物的实验研究，都说明选择注意的选择作用，发生于潜伏期短于 100 毫秒的早期阶段。

三、视觉注意及脑事件相关电位的时序性

视觉注意可人为地分为物体属性的注意和空间位置的视觉注意。前者较为简单，后者较为复杂。

（一）基于物体的视觉注意

Hansen 和 Hillyard(1983)提出一种类似听觉注意心理生理学实验的范式。刺激由垂直的棒状条图在视野中呈现的三维特性加以表征，即出现在视野的部位(location，L)，棒状条图的颜色(color，C)和棒状图的高度(height，H)，作为目标刺激的这 3 种特性，可分别单一出现，也可以二维特性或三维特性组合出现。对目标刺激注意引起的脑事件相关电位的反应，随目标刺激的属性不同而异。定位属性的鉴别最快，颜色反应居中，棒状条的高低是最后反应的特性。他们发现，定位属性引出外源性事件相关电位成分，分别是 P120，N170，N250 并简称 P1，N1，和 N2 三种外源性成分，在视野对侧的大脑半球枕叶出现，对颜色属性的注意在中央区、顶区和枕区引出广泛性的内源性负波成分(潜伏期 150～350 毫秒之间)和正波成分(潜伏期 350～500 毫秒之间)；棒状条图的大小和位置的属性，可在额叶引出 P2 波(潜伏期 150～350 毫秒之间)。

脑事件相关电位的这种研究表明，随物体属性的复杂和精细程度的不同，参与注意的脑机制的复杂程度也不同。与枕叶、颞叶和额叶的参与相随而行的脑事件相关电位，从外源性成分到内源性成分，从短潜伏期到长潜伏期的成分也在增多。

（二）基于空间的视觉注意

空间注意是对自然和生活环境的某一空间范围的总体及其包容物体布局进行视觉搜索和空间线索的变焦检测过程。认知心理学家们设计一些实验，比较注意范围内外物体或视觉线索的位置变换的反应时和正确率，以此研究空间注意的特性，包括变焦检测、焦距大小、变换速度、注意资源的分配等。在过去的 20 年中，空间线索实验范式和视觉搜索实验范式，是认知心理学研究空间注意的两大实验技术。

Luck 和范思陆等(1993)报道了视觉空间搜索中的局部性选择注意时脑事件相关电位的特点。搜索空间为荧光屏上的 16 个“T”形图组成的矩阵，其中 14 个“T”形是红色的，随机分布在屏幕的 11×11 度视角空间内，其余 2 个“T”形分别是蓝色的和绿色的，左、右分布。搜索矩阵每次呈现 700 毫秒，随后消失，屏幕空白间隔时间为 650～850 毫秒，此时只见屏幕上的注视点。探测刺激为 1.6×1.6 度的方框，对屏幕没有掩蔽效应，不影响对蓝或绿色“T”形的观察。搜索矩阵和探测刺激间相继 250～400 毫秒非同步呈现(SOA)，探测刺激仅持续 50 毫秒。判断蓝或绿 T 形处于正位还是倒位，分别用拇指或食指按电键。记录被试对蓝或绿目标刺激的注意，并对其特征结合进行识别时的脑事件相关电位分析。结果发现，搜索矩阵与探索刺激相隔 250 毫秒相继出现时，感觉诱发电位中，潜伏期为 75～200 毫秒的成分显著增加，包括前后的两个 N 波和中间的一个 P1 波。P1 波的潜伏期为 75～125 毫秒，在对侧枕叶和后颞叶明显增高；前

N1 波潜伏期为 95 毫秒，后 N1 波潜伏期为 135 毫秒，两者均在同侧半球各脑区内幅值明显增高。在讨论这一结果的意义时，作者指出，这一结果与他们以前的发现一致地表明，视觉搜索的早期阶段上，注意过程影响感觉信息加工，并且在不同的实验范式中证明了注意作用具有同一神经机制。

Graham 和 Hackloy(1991)总结了视觉注意的脑事件相关电位的科学事实，已有的研究表明，无论是简单的选择性注意还是复杂的视觉空间搜索，主要改变的是脑事件相关电位成分中潜伏期为 250 毫秒以前的成分，反映视皮层和纹外视皮层的功能变化。因此，这些脑事件相关电位的生理参数，有利于认知心理学关于注意选择理论的理解。

Wijers(1987)等对注意集中与注意分散条件下，注意颜色刺激空间分布属性时的脑事件相关电位生理参数的变化规律进行了深入研究。他们使用的刺激为呈现在屏幕上的 8 个彩色方块(红、蓝各 4 个)，以屏幕底线中间的注视点为中心，呈弧状分布(左、右视野各 4 个)，形成以注视点为中心的半圆，持续约 60 毫秒。刺激间隔期间屏幕上仅显示注视点，持续 500—700 毫秒。每次刺激呈现之前，有一个红或蓝色箭头作为注意线索，指示被试应注意的视野方向和刺激的颜色。呈现在屏幕指示视野上的刺激，如果只有一个方块与指示的颜色相同时，为注意集中；如果 4 个方块都为指示的颜色时，则为注意分散。根据屏幕上呈现的条件，要求被试给出相应反应。在这种认知条件下记录脑事件相关电位。结果表明，注意时诱发出潜伏期约 100～175 毫秒的 P1 波，随后出现 175～350 毫秒的负波(N2b 和正波(P3b)。Pl 波在注意分散时经常出现，且主要呈现在视野同侧的枕叶；N2b 和 P3b 波主要在注意集中时出现，最明显地出现在颅顶(Cz)记录部位上。这一结果使作者认为，注意集中和注意分散具有不同的脑机制，并不是一个空间注意过程的两个阶段，因为 P1 波加工与 Nzb 和 P3b 并不发生在同一部位，而且引出注意的条件不同。

第三节 当代认知神经科学对注意的研究

当代认知神经科学利用多种无创性脑成像技术和有创性动物细胞电生理学记录方法相结合，对注意的脑机制进行了多方面的研究。可以把这些研究概括为三方面问题。首先，把注意作为一种心理过程，它由非随意注意、选择性注意和注意保持三个环节组成为统一的注意过程。其次，注意过程由许多层次不同的脑结构参与，形成了多种脑功能网络作为结构基础。再次，在这些网络中进行着由底至顶、自上而下、循环和大范围交互的信息流，实现着注意对意识的导向作用，保持适度警觉和决策执行等功能。

一、注意的调节过程

著名学者 M. I. Posner 在 1995 年出版的《认知神经科学》一书中，根据人类无创性脑成像研究和灵长类动物细胞电生理研究所发现的科学事实,将注意的脑机制概括为三个功能网络:定向网络、执行网络和警觉网络。这三个网络构成脑内统一的注意系统,它们不同于那些只能被动接受传入冲动和信号的其他脑结构,它们以不同的作用参与注意过程。2000年作者又进一步补充和细化了三个注意网络的内涵。

(1) 定向网络。猴细胞电活动的证据以及损伤病人的研究表明,后顶叶皮层、上丘和丘脑枕核参与感觉刺激和空间位置的定向功能。不随意注意和选择注意过程伴随眼动和内隐朝向反应,这些脑结构的细胞发放活动增强。这些脑结构损伤,就会导致不随意注意和注意转移的障碍,当无效线索提示与靶子呈现不一致时,注意必须从原有的位置上解除,再转向新位置时,还需要颞-顶联络区皮层的参与。

(2) 执行网络。执行网络实现选择注意的执行,包括对目标和靶子搜索和觉察,对干扰项的忽视、错误检测处理,无效提示线索引起的冲突和反应抑制等进行调控。主要脑结构是中额叶皮层,包括前扣带回和辅助运动区,有时基底神经节也参与这一功能网络。

(3) 警觉网络。警觉网络实现注意保持和持久维持的调节功能。因此,相应的脑结构应该是能维持注意所需的高唤醒和警觉状态,中脑蓝斑的去甲肾上腺素能神经元的活动,可以保持较高的警觉状态和唤醒水平。大脑皮层右顶叶和右前额叶参与注意持久维持的调节功能。

尽管这三个注意网络的功能关系的许多细节,以及注意、知觉和记忆的相互关系问题还有待进一步研究。但注意的三个网络的概念,确实反映了当代认知神经科学对注意脑机制的认识水平。

二、注意过程的多重动态信息流

尽管15年前通过事件相关电位的时程分析,为注意的早选择理论提供了证据。但是注意晚选择理论也从未退出历史舞台。探照灯的注意比喻本身就蕴涵着选择发生在执行环节。视觉注意研究,从未放松对眼动调节中枢机制的研究。McDowell等(2008)研究发现,随意眼动引起许多脑区的激活,如图4-2所示,有额叶眼区、辅助眼区、下顶沟、楔前核、前扣带回、纹状体、丘脑、楔状核和中枕回等,其中额叶眼区是最高中枢。2008～2009年将猴细胞微电极记录技术和功能性磁共振成像技术相结合的研究报告,为注意过程中多重动态信息流的理论观点,提供了新的科学证据。具体地说,在眼动的多级中枢调节中,以较高层次的额叶眼区(FEF)为代表,以初级视皮层(V1)作为初级视中枢的代表,发现两者间不仅存在着由底至顶(bottom-up)的信息流、自上而下(top-down)的信息流,以及循环信息流(concurrent),还存在着FEF和V1区之间的大范围信息交流的机制。

Ekstrom等(2008)在两只猴脑中埋置了微电极,以弱电流刺激额叶眼区。在功能性磁共振实验室中,首先测定能引发猴眼动的额叶眼区刺激阈值,并测出眼动的范围

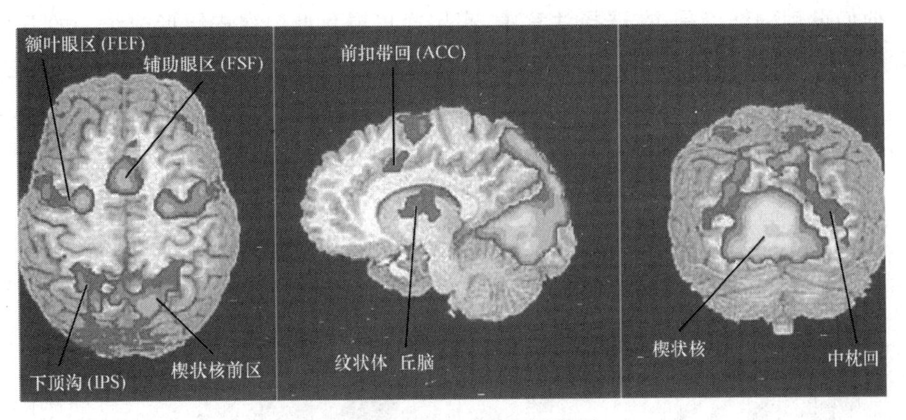

图 4-2　随意眼动激活的脑区

（摘自 McDowell et al，2008）

(Movement feild)。训练猴学会注视固定目标。在正式实验时，比较通过埋藏微电极对额叶眼区有刺激和无刺激时，全脑激活区分布的差异。随后再进行视觉刺激(注视不同光对比度下的目标)并同时给予微电极电刺激额叶眼区(用阈下刺激，不引发眼动的刺激强度)，比较全脑激活区的分布。结果发现，没有视觉刺激，仅有额叶眼区的电刺激，只在一些高级视觉区如 V4 等引起激活水平的增强，对 V1 区不发生影响。或相反，当同时给视觉刺激和微电极电刺激，V1 区出现抑制效应。额叶眼区的这种调节效应决定于视野中刺激的对比度和干扰刺激的存在。基于这一些发现，作者认为高层次视觉功能区(额叶眼区)对初级视皮层自上而下的调节作用，需要有自下而上的激活信息；反之，自上而下的调节作用强度，决定了选择注意的刺激突显程度，换言之，额叶高级调节信号，依赖于底—顶信息的门控因素。

Khayat 等(2009) 对两只成年猴利用细胞外微电极记录技术，在曲线轨迹追踪的眼动实验中，分析了猴额叶眼区和初级视皮层场电位发放间的时间关系。训练猴保持两眼注视点于视屏正中 1 度视角的方窗内，维持视角变化在窗内中心的 0.2 度视角范围之内。刺激由两条白色曲线组成，每条曲线末端有一个红色小圆圈。其中一条曲线的末端红圈搭在屏幕中央的注视点，作为靶刺激；另一条曲线末端的红圈与注视点不连接，作为干扰刺激。训练猴眼动跟踪靶曲线。通过微电极记录两只猴的额叶眼区(FEF)细胞的电活动，其中一只猴还单独记录初级视皮层 V1 区的场电位，记录电极的阻抗为 2 兆欧姆。记录电极插入额叶眼区，通过它导入 400 赫兹双相脉冲，串长 70 毫秒的电刺激。如果刺激电流在 100 微安以下(通常为 50 微安)就能引发眼动，就认为电极位于额叶眼区。主要结果如图 4-3 所示，无论是视觉刺激出现时相，还是对靶刺激的选择注意时相，初级视皮层(V1 区)和额叶眼区细胞电活动潜伏期相近，没有显著差异。所以，作者认为视觉信息从视网膜到 V1 区和 FEF 区是并行的且几乎同时的(41 与 50 毫秒)；选择注意时相，V1 区和 FEF 区反应潜伏期也没有显著差异(144 与 147 毫秒)。他们最后的结论是,在选择注意中,高层次皮层和低层次皮层形成统一的系统,彼此不断大范围地交流信息。在 Lamme(2000)的综述中,也引证了四五篇关于在视觉掩盖效应中,初级视皮层(V1)和额叶眼区(FEF)之间的细胞电活动潜伏期仅差 10 毫秒的研究报告,并给出了如图 4-4 所示的表达。V1 区潜伏期 40～80 毫秒,FEF 区潜伏期 50～90 毫秒,颞下回的潜伏期 80～150 毫秒。

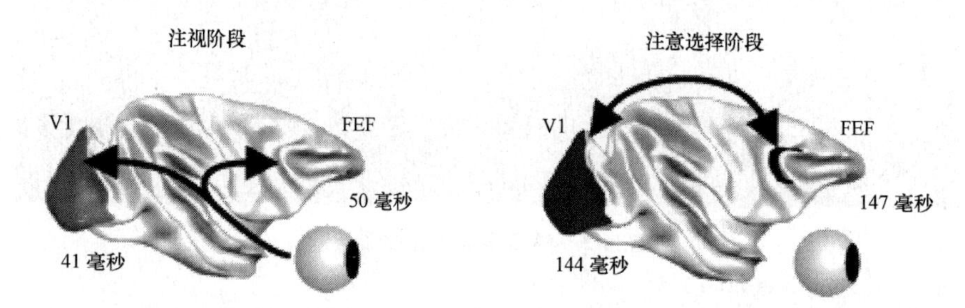

图 4-3 猴曲线追踪过程初级视皮层(V1)和额叶眼区(FEF)细胞电活动潜伏期的比较

(摘自 Khayat et al, 2009)

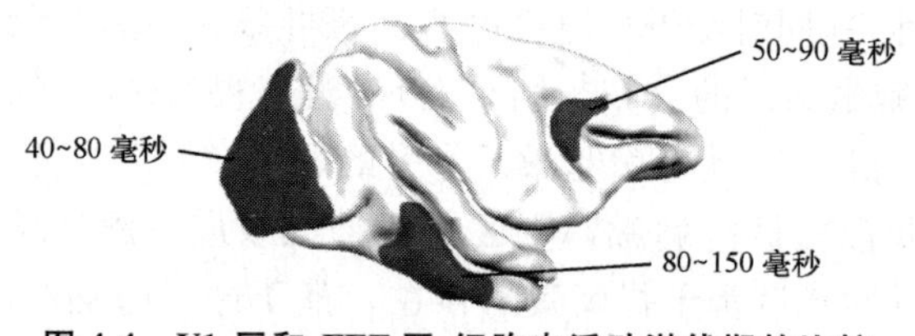

图 4-4 V1 区和 FEF 区 细胞电活动潜伏期的比较

(摘自 Lamme & Roelfsema, 2000)

5

学习和记忆的认知神经科学基础

第一节　学习记忆与大脑

学习记忆的研究在认知心理学和神经科学领域都有相当多鼓舞人心的发现，而认知神经科学的研究将这两方面的发现相结合，旨在探讨与记忆表征、记忆过程和记忆系统相联系的神经机制。例如，当我们走过商场橱窗，见到一件漂亮的衣服时，忽然回忆起几天前曾在某个地方也见过同样的衣服，或是感觉到这件衣服很熟悉。那么，哪些脑区参与了这一回想或感觉熟悉的过程，这些脑区之间的关系如何？是否有对于某一事件的分子生物学方面的变化？这些问题都是认知神经科学需要回答的。

在日常生活中，我们无时无刻不在运用储存在记忆中的知识来完成当前的任务，如拼写单词、列出购物清单、寻找汽车钥匙等。当我们想在计算机中查询某一文件的内容时，我们会先找到它所在的文件夹，再找到文件名，然后打开它。我们同时也在不断地学习新的知识，如新闻、新出现的词语等。在实验室环境中，我们通常会要求被试在一定的时间内学习一系列的刺激，如语词、图片或句子，在经过一定的时间间隔之后(如几分钟、几小时、几天或几年)，会采用不同的方法测试他们对这些刺激的记忆程度。由此，我们可以看出，学习是获得新知识的过程，而学习的效果得以在记忆(操作)成绩中表现出来，因而记忆是将信息保存起来，并在适当的条件下可以被提取出来的过程。

通常也将学习记忆过程分为编码、储存和提取等认知过程(Best, 1993)。编码发生在呈现学习材料时，刺激在认知系统中以一定的形式被表征和转换。编码的结果是一些信息储存在记忆系统内，中枢神经系统会因此而发生变化。第三个阶段是提取，它包括从记忆系统内恢复或提炼储存的信息，使记忆的内容得到运用。虽然记忆的编码、储存和提取之间有诸多不同，但是如果我们对信息不进行编码和储存，就不能提取相应的信息，因此记忆过程的三个阶段并不是完全可以分离的，它们之间相互影响，相互作用。

一、个案病人 H. M.

学习记忆对我们日常生活极其重要，可以想象到如果某人的学习记忆能力受损，那么其工作和生活会受到多大的影响。在这方面,一些个案研究非常值得我们去重温,并从中了解学习记忆所依赖的大脑机制。在这些个案病人中,认知神经科学家最为熟悉的,在学习记忆研究历史中占有重要地位的就是 H. M.(Corkin, 2002)。

H. M. 出生于 1926 年,高中毕业,他在 7 岁时被自行车撞倒,曾失去意识几分钟,在 16 岁时开始出现癫痫症状。在 27 岁时癫痫症状已非常严重,每天发作 10 多分钟,用药物已难以控制。当时人们认为海马有可能是癫痫症状的发源地,因此在 1953 年对 H. M. 实施双内侧颞叶切除术。术后他的癫痫症状得到了有效的控制,其每年的大发作不多于 2 次,但是不久人们意识到新的认知问题出现了。

(一) H. M. 所损伤的功能

H. M. 的个性乐观随和,当见到医生或陌生人时,他都会很热情地介绍自己,并与他们交谈,但如果医生或陌生人离开 5～10 分钟再回来时,H. M. 就已记不得曾见过他们,所以又一次热情地介绍自己,并与他们交谈。这种症状并没有随着时间的推移而有所改善,因此在其手术后 50 年(2003 年),H. M. 仍只能短暂地保留新的信息,他不知道自己的年龄或现在的日期(对于此类问题的回答仍只是 27 岁,1953 年),他不记得他父母已去世很多年了。每一天,甚至每一时刻对他来说都是新的,他可以无数次地阅读某一本杂志,每次都像是第一次阅读般地兴趣盎然。自 1980 年他搬到疗养院后,经过 4 年,他仍然不能说出他住在何处,由谁负责照料他。他每天都会看电视新闻,但他只能说出自 1953 年以来的少数事件片断。H. M. 也意识到自己的认知过程是有问题的,"在某一时刻,一切对我来说都清晰无比,但在这一时刻之前发生了什么?这使我很困惑,它对我来说像是一场梦,而我却记不得"(Miller, 1970)。

在 H. M. 手术 30 年之后进行的 MRI 结构扫描发现(图 5-1)(Purves, 2007),H. M. 所损伤的部位包括双侧杏仁核、海马及海马旁区的前部(内嗅区和围嗅区),而海马旁回的大部分仍保留。这些被手术切除的脑结构集中于内侧颞叶系统(medial temporal lobe, MTL),因而它在学习记忆中的重要作用引起了广泛的重视。

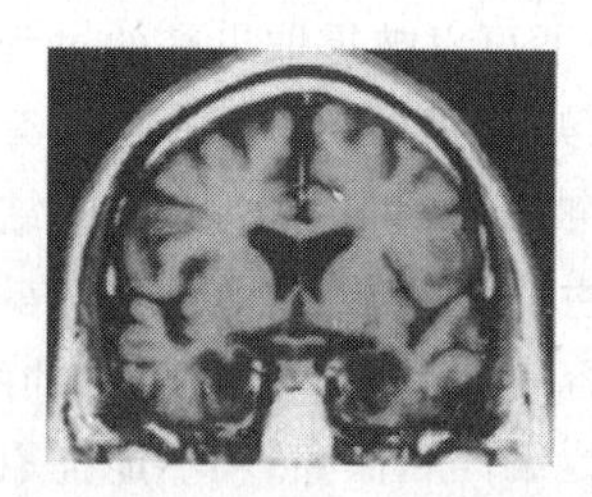
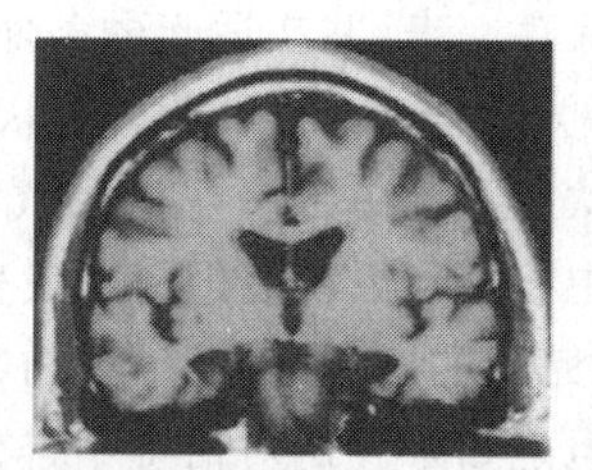
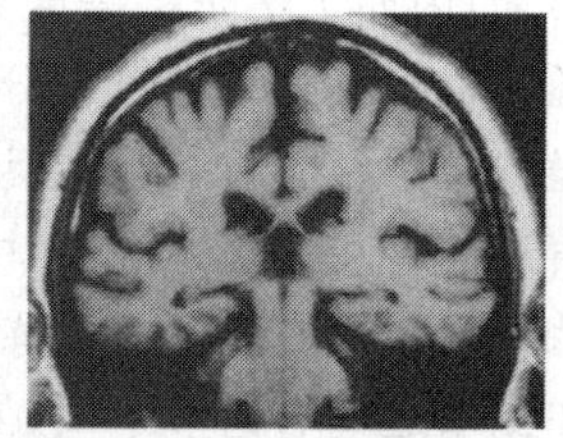

图 5-1 H. M. 的内侧颞叶受到严重损伤

(二) H. M. 所保留的功能

H. M. 在手术后 20 星期内的 IQ 值为 112,甚至比术前(IQ＝104)还提高了,他的语言能力及个性保持良好,推理能力和知觉功能也正常。因此,H. M. 的主要认知障碍发生在学习记忆的过程中。然而通过对 H. M. 多年细致的神经心理学的检测发现,他的学习记忆损伤主要是学习新知识能力的丧失，以及对损伤前一定时间内记忆的丧失(5年以内)。相对地，他的数字广度在正常值之内，短时记忆正常。因此，人们认识到，短时记忆与长时记忆所依赖的脑机制有所不同，MTL对于长时记忆是必要的。

进一步分析发现，在长时记忆领域中，H.M.的记忆能力也不是完全丧失，他形成新的情节记忆的能力严重受损，但对于远期的，以及儿时的记忆保持良好。新近的研究还发现，H.M.可以形成一些新的有关事实的(语义)记忆，以及无意识成分的记忆(O'Kane, et al, 2004)。例如，当他搬入新的住所后，他可以画出住所内房间的空间分布图，当然这需要相当长的时间之后(Corkin, 2002)。虽然他不记得大部分在1953年之后的著名人物的名字及面孔，但对于他所记住的有限的一些著名人物，他可以说出有关他们的一些特征，如对于"毕加索"，他的回答是"著名艺术家，生在西班牙"(O'Kane et al, 2004)。相对于正常人来说，H.M.的回答正确率较低，且对于著名人物特征的描述简短而不十分准确，但至少，他形成了有关一些著名人物的记忆。另一方面有趣的发现是，H.M.可以形成正常的、新的程序性记忆，例如，他在镜像书写中的表现与正常人没有差异。当呈现残缺的图片要求H.M.辨认时，他对于见过的图片补全的概率大于没有见过的图片，虽然他并不记得他见过这些图片。

二、遗忘症及其记忆系统的分类

H.M.是相当典型的遗忘症病人(amnesia)，即脑受损后(疾病、损伤、应激等)引起的记忆障碍。他的记忆功能障碍可以总结为：严重的对情节记忆的顺行性遗忘(anterograde amnesia)和一定时间内的逆行性遗忘(retrograde amnesia)，保有正常的短时记忆，正常的程序性记忆，保持较好的内隐记忆，以及保持较好的远期记忆。因此，我们可以看到，遗忘症病人的主要表现是学习新知识的能力明显下降，和(或)以前知识的丧失，即有顺行性遗忘和(或)逆行性遗忘，但其他认知功能均保持正常。

通过对H.M.及其他遗忘症病人的研究，人们逐渐认识到，记忆系统并不是单一的统一体，而是存在着结构和功能不同的多个记忆系统，它们分别中介于不同的记忆形式，即多重记忆系统(multiple memory system)，例如，人们回忆电影情节和学习骑自行车分别依赖于大脑的不同结构。Squire等人(1993)的记忆系统分类方法一直被广泛接受(见图5-2)。他们依据提取阶段是否需要意识参与，将长时记忆分为两大系统，即陈述性记忆和非陈述性记忆，对这一分类更为常用的名称是外显记忆和内隐记忆。从另一角度来讲，内隐记忆是近期的经验对行为的影响，但人们并不必意识到他们是在回忆这些经验。在这两大类记忆系统中，又可以分出很多较细的记忆系统，如陈述性记忆可分为对事件的记忆(情节记忆)和对事实的记忆(语义记忆)，非陈述性记忆可以分为启动效应、技能学习和条件反射等。陈述性记忆可以是正确的，也可以是错误的，例如，我们会错误地认为某一词是在学习时见过的。非陈述性记忆则没有正确和错误之说，它主要体现在由于学习使某一技能行为得到提高，或由于重复呈现，对某一刺激的辨认速度或正确率有所改变，即我们常提到的启动效应(priming effects)。也就是说，非陈述性记忆是通过操作行为体现出学习或训练的效果，但在这一过程中并不需要对先前的情节做有意识的回忆。

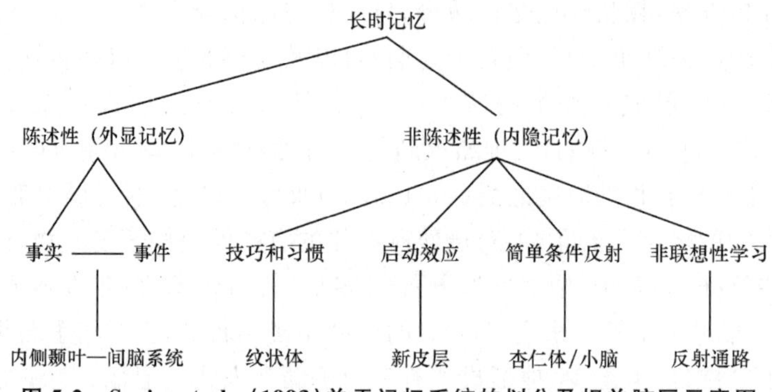

图 5-2 Squire et al. (1993)关于记忆系统的划分及相关脑区示意图

记忆系统的进化程度是不同的(Tulving, 1994)(见表 5.1)，较早期的记忆系统中的提取操作是内隐的，具有明显的生物学功用，而较晚期的为外显的，对于获取有关世界的知识等方面非常重要。在个体发展中，程序学习与记忆可能最早进化并在人类婴儿中最早发展，而情节记忆是最晚发展的。发生较晚的记忆依赖于发生较早的系统，而较早系统的操作基本上独立于较晚的记忆系统。

表 5.1 Tulving 有关人类记忆系统的分类

记忆系统	英文名称	其他名称	进化程度	提取方式
程序性记忆	procedural	非陈述性记忆	低	无意识
知觉表征系统		启动效应	↓	无意识
语义记忆	semantic			无意识
初级记忆	primary	工作记忆		有意识
情节记忆	episodic		高	有意识

不同的记忆形式依赖于不同的神经基础，例如，陈述性记忆依赖于内侧颞叶—间脑系统，而非陈述性记忆则与新皮层和其他脑结构有着密切的关系(Gazzaniga, Ivry & Mangun, 2002)。下面将分别对不同记忆系统，包括工作记忆、外显记忆和内隐记忆等的神经机制进行论述。

第二节　工 作 记 忆

一、工作记忆的概念

(一) 短时记忆与长时记忆的区分

人们很早就认识到,记忆过程按信息所保持时间的长短可以分为感觉(瞬时)记忆、短时记忆和长时记忆。其中感觉记忆持续数百毫秒到数秒,比如我们会复述出刚才某人对我们所说过的话。而短时记忆可持续数秒至数分钟,长时记忆刚持续数天到数年。短时记忆的另一特征是它的容量有限性,正常人的短时记忆容量是 7±2 个组块,而感觉记忆和长时记忆都有无限大的容量。较早期的很有影响的理论之一为模块理论(modal model),认为这三种记忆形式呈串行加工的方式:信息经由感觉登记会进入短时记忆,之后如果信息被不断复述,它们便进入了长时记忆(Atkinson & Shiffrin, 1968)。

这一模型多年来一直引起争论,其中的问题之一为是否信息在进入长时记忆之前,必须要经由短时记忆。以下几个方面的证据提示,短时记忆和长时记忆在认知和神经机制上是可以分离的。首先,一些个案病人,如 K. F. 和 E. E. ,表现出与 H. M. 等遗忘症病人不同的表现,他们的长时记忆正常,但是短时记忆却严重受损,如 K. F. 的数字记忆广度仅为 2。其次,已有实验证实,在人们回忆系列呈现的刺激时,其首因和近因效应的分离与不同的记忆过程有关,其中首因效应主要与长时记忆相关,而近因效应则主要与短时记忆有关。第三,从神经机制来看,与遗忘症病人不同,短时记忆损伤病人的受损部位通常位于舌回及顶下小叶等。这些都提示至少短时记忆不是长时记忆所必需的,它们可以依赖于不同的神经机制。

(二) 工作记忆的概念

近年来,短时记忆的概念渐渐被扩展,而由工作记忆所替代。这是由于人们认识到,除了某种形式的信息储存之外,对信息的操作(manipulation),如抑制、更新等,对于许多认知活动,如学习记忆、推理等,也是必需的。想象一下你要和家人一起出去吃饭,打 114 询问到了某一饭店的电话号码,放下电话后,这一电话号码只需储存在你的脑中,被不断复述直到你将它写下来就可以。但再设想一下,你在房间里寻找你丢失的物件,比如钥匙,你在很多可能的地方来寻找它,这期间就需要你的工作记忆不断地更新你已寻找过的地方,也就是对工作记忆的内容进行一定的操作。这些典型的工作记忆在日常生活中的体现告诉我们,工作记忆是一个容量有限的,位于知觉、记忆和计划交界面的重要系统,与短时记忆的概念相比,它不仅对信息进行暂时的存储,而且会对此信息进行一定的操作控制。它的内容可来自感觉输入,也可以从长时记忆中提取。重要的是,这些信息并不在眼前,但对它们的保持和操纵对于短时任务的完成是必要的。

二、工作记忆模型

(一) Baddeley 的工作记忆模型

工作记忆的第一个模型由 Baddeley 等(1991)提出,这一模型包括三个部分,即中央执行系统(central executive system)、语音回路(phonological loop)和视空板(visuo-spatial sketchpad)。近年来,Baddeley 对于原有的工作记忆模型进行了修正,补充了另一子系统,即情节缓冲器(episodic buffer)(Baddeley, 2000)(如图 5-3(a)所示)。

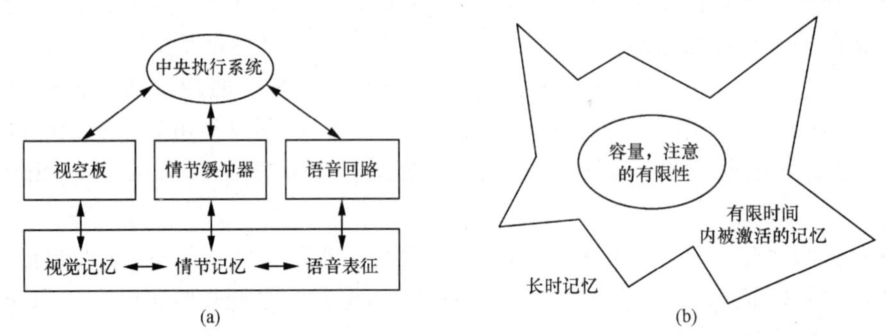

图 5-3 Baddeley (2000) 的工作记忆模型(a)和 Cowan (1998)的工作记忆模型(b)

中央执行系统是命令和控制中心,它是容量有限的、通道非特异性的,主要负责三个子系统及其相互作用,以及与长时记忆进行联系。

三个子系统之间具有密切的相互作用,并分别与不同信息的表征有关。其中语音回路负责对信息的语音表征和储存。研究表明,当要求被试短时回忆一些字符串时,同音错误较多,如 T 与 D 的混淆要多于 Q 和 G。语音回路是数字广度的基础,工作记忆受损的病人常常是语音回路受损,而中央执行系统和视空板的功能可以保持正常。视空板是基于视觉系统的短时记忆表征,与语音回路平行,以视觉或视觉空间的编码进行信息贮存。与上述两个子系统的功能不同,情节缓冲器负责将不同来源的信息结合在一起,从而与长时的情节记忆相联系。这样,新的工作记忆模型更着重于对不同的信息的整合。

(二) Cowan 的工作记忆模型

与 Baddeley 的工作记忆模型不同,Cowan(1998)的工作记忆模型认为工作记忆与长时记忆依赖于同样的记忆表征(见图 5-3(b))。在这一模型中,工作记忆是长时记忆表征中被激活的部分(time-limited active memory),时间有限而被激活的数量并没有限制。不同的工作记忆表征被同时储存于长时记忆中,而没有子系统之分。中央执行系统是其中注意集中的部分(capacity, limited focus of attention),负责注意的分配,其容量最大为 4。因此,工作记忆的容量有限性表现在注意的有限性,而不是被激活的长时记忆表征的有限性。

三、工作记忆的神经机制

(一) 工作记忆的保持与前额叶

尽管这两个模型在有关工作记忆表征与长时记忆表征是否相同的问题上有各自不同的阐述,但它们都强调了中央执行系统的控制作用,以及背外侧前额叶(dorsolateral prefrontal cortex, DLPFC)在其中的活动。

额叶是大脑发育中最高级的部分,它占大脑皮层的大约 1/3,在哺乳动物中都有额叶,但随着进化程度的不同,在不同动物中的额叶大小有明显的不同。前额叶占额叶的一半以上,与认知功能关系密切。前额叶又分为眶部、背部、内侧部和外侧部,其中眶部和内侧部、背部和外侧部的结构和功能较为接近。前额叶与大脑其他区域有密切关系,它和所有的感觉区都有往返的纤维联系,其眶后部和腹内侧部有投射到海马旁回和海马前下脚的纤维,组成了内侧颞叶—间脑系统的一部分;前额叶与皮质下结构,如纹状体、小脑、杏仁核等脑区也有往返纤维联系。因此,前额叶有协调中枢神经系统内广泛区域的活动的作用。

在实验室情境下,常用的工作记忆范式包括延迟匹配/不匹配任务(delayed matching/nonmatching-to-sample)、one-back 任务,two-back 任务和自我组织的记忆等。例如,在延迟匹配任务中,猴子看到食物被放置在某一侧,经过一定时间的延迟,它需要正确指出刚才食物所放的位置。在延迟阶段,猴子没有任何外在的线索可以依赖,因为左右两侧放置食物的概率是随机的,它们必须记住刚才放置食物的位置,以便在延迟之后正确完成任务。而在 two-back 任务中,刺激材料依次呈现,被试不仅需要记住刚才见过的前两个刺激,还需要不断更新这两个刺激,以判断当前呈现的刺激是否和之前的两个相同,此时信息不仅被储存,还被有效地操作。

前额叶在工作记忆中的作用可分为几个方面。首先,它在信息的保持中起着重要作用。细胞电活动记录的结果发现,前额叶在延迟阶段的神经活动明显增强,有的可以持续 1 分钟,这与脑成像中的结果是一致的(见图 5-4)。因此,当刺激不在眼前时,这些细胞能够保持刺激的表征。损毁布洛德曼 46 区和 9 区后,猴子在工作记忆任务中的成绩明显受损,虽然它们的再认成绩正常。与猴子实验的结果相似,一项听觉工作记忆的研究也表明,当要求被试立即判断两个音的音高是否相同时,可以激活右下及右上前额叶(BA 47、11 及 6 区)、扣带回,而在延迟后回答则会明显激活双侧 DLPFC。而且,在工作记忆中需要保持的信息越多(如 5 个面孔 vs 3 个面孔),前额叶的活动越强。当然这一结论还需排除任务难度、在保持阶段继续编码等因素的混淆。

其次,前额叶参与将不同来源的信息整合的过程。例如,在 Prabhakaran 等人(2000)的实验中有两个条件,被试或是被要求保持单个的空间或语词信息,或是被要求保持空间/语词信息的组合(如呈现在左上方的 L)(见图 5-5)。结果发现,在保持组合信息的条件下,右侧前额叶的激活要强于保持单个信息条件。Rao 等人(1997) 在猴

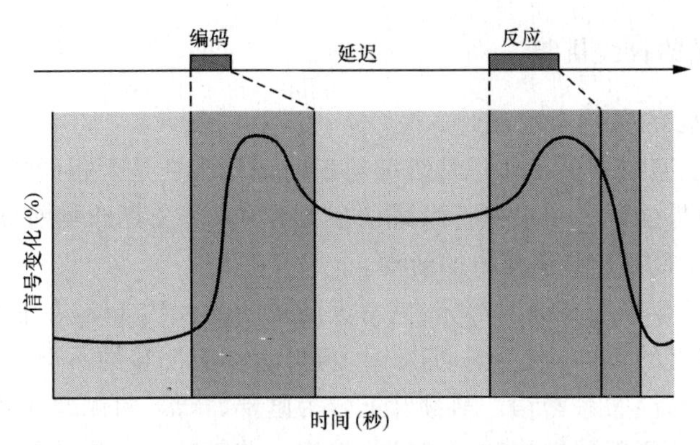

图 5-4　前额叶在刺激呈现的延迟阶段仍表现出较强的活动。

子完成延迟反应任务时记录了前额叶神经元的放电活动,结果也发现了在延迟阶段,除了单独对物体和空间特性反应的神经元外,大约 50%的神经元对于物体和空间位置特性均有反应,提示在前额叶,不同来源的信息,如物体及其空间信息已被结合,而且与对不同特性的神经元相互独立。

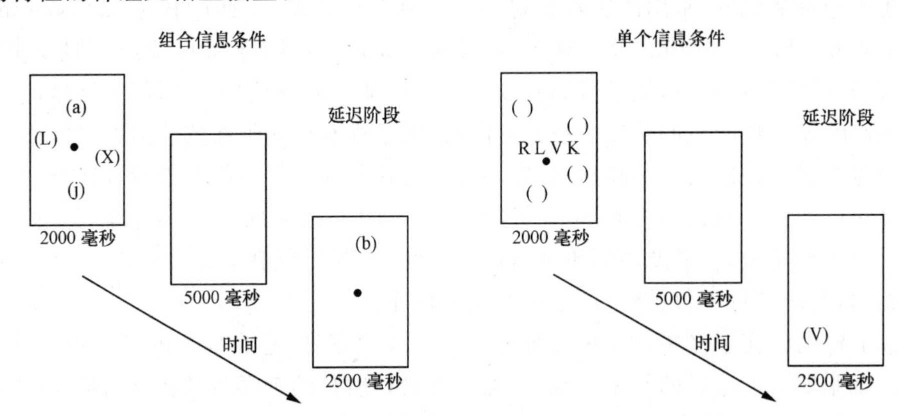

图 5-5　Prabhakaran 等人(2000)实验中的组合信息条件和单个信息条件

(二) 腹侧与背侧前额叶的功能分离

除参与工作记忆中信息的保持外,前额叶也参与信息的操作。例如,额叶损伤病人在延迟反应中同样受损,当双侧损伤时,他们在威斯康星卡片分类测验(WCST)中的坚持性反应数增多,这也是额叶损伤后的明显表现之一。WCST 与延迟匹配任务的不同之处在于,仅仅识别出刺激并不足以使被试进行正确反应(如按形状分类),被试必须可以抑制无关反应和优势反应(如按数目分类),以完成当前所要求的任务。当实验任务要求被试对所保持的信息进一步加工时(如在 two-back 任务中要求判断当前刺激是否与前 2 个刺激相同),DLPFC 的激活明显强于腹侧。因此近年来的研究认为,前额叶的腹外侧部(BA 45/47)和背外侧部(BA 9/46)分别与信息的保持和操纵过程有关(见图

5-6)。对脑损伤病人的研究表明,信息的短时存储与执行过程之间存在着双向分离现象(D'Esposito, et al., 1999)。当需要将5个字母进行排序时,DLPFC明显激活;相反,仅对信息进行存储的任务激活了左腹侧额叶的后部(Postle,et al, 1999)。

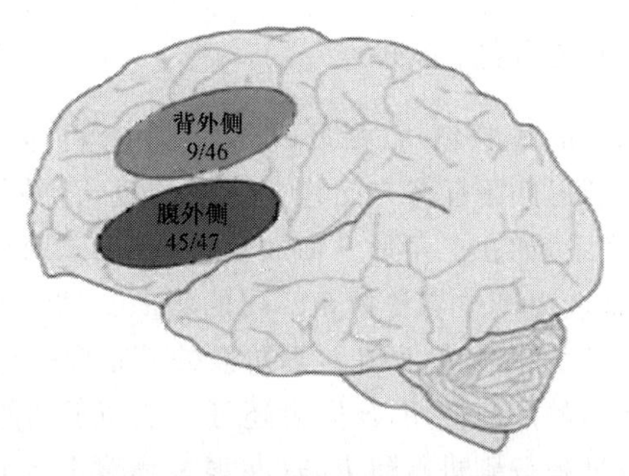

图 5-6　腹侧与背侧前额叶的功能分离

还有研究认为前额叶的腹外侧和背外侧的分离与通道特异性有关,它们分别与视觉物体和空间的物体特性有关(Baddeley, 2000)(图5-6)。从解剖来看,物体知觉加工的腹侧通路与腹侧前额叶有直接的纤维联系,而背侧通路则与背侧前额叶有纤维联系。这种观点得到了一些细胞电记录结果的支持,但是当前的研究还有很多的争论之处,例如,有的细胞电活动和脑成像研究发现,物体与空间信息的分离是发生在左右半球的维度,而不是腹背侧前额叶的维度。如损伤右侧半球,视空短时记忆受损症状更为严重,而损伤左侧半球后,物体的短时记忆受损严重。

(三) 其他脑区的活动

前额叶作为中央执行系统的神经基础,已为很多实验证实。而其他脑区,如顶下叶、前额叶下部等,则与不同工作记忆的子系统,即刺激在工作记忆中的不同表征有关。综合不同的研究结果,左侧缘上回(布洛德曼40区,即左下顶叶)损伤会影响语音回路,导致听觉词记忆广度下降。语音回路的复述过程还与左侧运动前区(BA44区)有关。这样,与听觉短时记忆相关的左半球环路包括外侧额叶和下顶叶,并与词的知觉和产生相分离。视空贮存子系统则与双侧顶枕区有关。另外,研究发现在物体信息与空间信息的工作记忆任务中出现了分离现象,其中空间工作记忆的复述和保持与额叶眼区(frontal eye fields)以及顶下沟关系密切,而物体空间工作记忆与枕颞叶区的活动相关。

第三节　陈述性记忆

陈述性记忆是长时记忆的一种,它是指需要有意识提取的一类记忆形式。陈述性记忆包括两类,其中情节记忆是指个体对事件所发生的时间、地点等信息的有意识的回忆,主要依赖于内侧颞叶—间脑系统,并与前额叶和顶叶等脑区有关;而语义记忆是指对事实和有关世界的知识的记忆,部分依赖于内侧颞叶—间脑系统,并与颞叶前部密切相关。

一、常用的陈述性记忆的实验范式

在动物实验中常采用的实验包括:延迟匹配任务(delayed matching-to-sample)和莫里斯迷宫等。这里的延迟匹配任务与工作记忆中的范式不同,因为在长时记忆范式中,食物与另一特性相联系,如在三角形下面放食物,在测试时同样呈现三角形和其他形状如正方形,要求被试选出其中与食物相匹配的刺激。这样所测定的记忆是猴子是否可以将食物与不同的形状相联系,而在延迟阶段的信息保持与否并不是最关键的。

由于脑功能成像技术的广泛应用,研究者还可以采用不同的实验范式,对正常人类被试记忆的编码和提取过程分别进行研究,这在很大程度上与脑损伤和动物实验的研究相互补充。例如,采用 Dm 实验范式(difference due to memory),即随后记忆范式(subsequent memory paradigm),研究者可以对编码的刺激依据记忆提取成绩来分类,如被记住—被遗忘的,判断为回想—判断为熟悉,等等,以此明确与某种记忆成绩相关的编码过程的脑活动变化。被试的情节记忆的提取可以以回忆或再认成绩作为指标(见图 5-7)(Henson, 2005)。在再认过程中,被试要求对所呈现的刺激进行新旧判断,其中被记住的项目(旧项目)可能是确实回想起来的(recollection-based, R),或是基于熟悉性而判断为“旧”(familiarity-based, K),这两种之间的脑活动差异(R/K 分离)也可以由脑成像的方法得出。另外,基于对刺激材料的不同部分的情节记忆,可以将记忆分为对事件本身的记忆(item memory,如语词信息)和对其线索的记忆(contextual memory,如语词呈现的顺序和颜色等)。

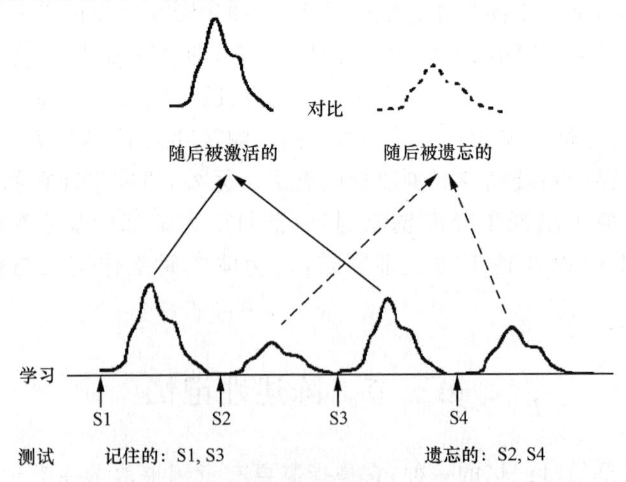

图 5-7 随后记忆范式用于检测记忆编码阶段的活动

与情节记忆的测量不同，语义记忆的测量包括物体命名、语词流畅性、物体或语词的概念分类（如大象是动物）、要求被试说出所呈现图片或语词的语义特征。在对遗忘症病人的远期记忆的测量中，还通常采用不同年代的著名人物命名或识别任务。若测量他们新形成的语义记忆，则会采用在他们脑受损后新出现的语词或著名人物，或是在实验控制下学习某一新的记忆任务，然后测量其记忆成绩。

二、内侧颞叶在陈述性记忆中的作用

内侧颞叶系统（medial temporal lobe system，MTL），包括海马及其周围的皮质，即海马（hippocampus）、齿状回（dentate gyrus，DG）、下脚区（subicular region）、内嗅皮质（entorhinal cortex，EC）、围嗅皮质（perirhinal cortex）和海马旁皮质（parahippocampal cortex），前三个区域合称为海马区，后三个区域合称为海马旁区（见图5-8）。

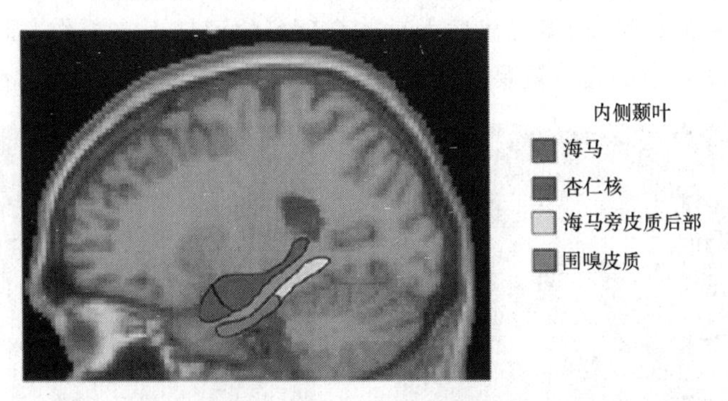

图5-8　内侧颞叶系统的组成

（引自Davachi，2006）

从对H. M. 等遗忘症病人的分析，我们可以看到，MTL在陈述性记忆中起着非常重要的作用，但对于更为精细的功能，目前尚不完全明了。由以下几种理论我们可以比较清晰地了解MTL在陈述性记忆的作用的研究现状。

（一）认知地图理论

认知地图理论（cognitive map theory）首先由O'Keefe和Nadel（1978）提出，这一观点强调海马在空间记忆中的作用。研究发现了在大鼠海马中的位置细胞（place cells），这些细胞在大鼠位于某一空间位置时发放活动明显增强。对于人类被试，也有研究表明英国出租车司机的海马要明显大于其对照组。莫里斯迷宫即是依据此理论而发展起来的。

（二）联想性记忆理论

MTL参与联想性记忆的理论由Eichenbaum等在20世纪90年代提出，他们认为海马不仅在空间记忆中起作用，而且参与有关事件间的关系的表征，如空间位置关系、事件及其线索的关系表征等。有研究还发现位置细胞的活动也受其他非空间因素的影响,如大鼠运动的速度,是否有其他刺激或奖赏等。相当多的实验结果支持 MTL 参与联想性记忆的观点。如在动物实验中,当训练大鼠形成对某一气味 A 的偏好(A>B,且 B>C),那么它们在面对 A 和 C 时,会选择 A 而不是 C,MTL 损伤后这一作业成绩明显下降,提示 MTL 对于刺激间关系的建立的重要性。

刺激间的联系可以表现为项目与项目之间的联系(如非相关词对),项目与特性间的联系(如词与颜色),或是项目与其线索间的联系(如词与学习方式)等,在文献中常被称为联想记忆、关系记忆和线索记忆等,但其本质都是联系的建立和提取。遗忘症病人在联想记忆任务中的障碍表现尤其明显,如词与词间的联系、面孔与名字间的联系。脑成像的研究也表明,在与联想记忆相关的任务中,MTL 被显著地激活。如 Davachi 等(2003)发现,当要求被试在两个词之间建立联系时,与对单个项目的记忆相比,海马及其海马旁回的激活显著地增强(图 5-9)。但也有研究者认为,MTL 的作用不仅仅局限于对项目间联系的记忆,如遗忘症病人对单个项目的记忆也有损伤,提示 MTL 在单个项目和项目间联系中都起着重要作用(Stark & Squire, 2001; Squire et al., 2004)。

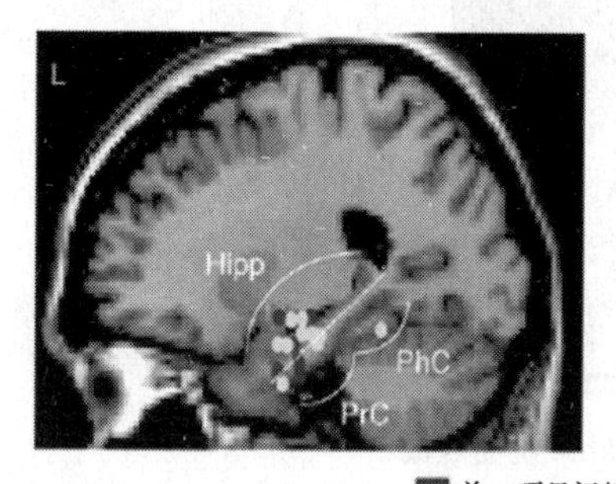

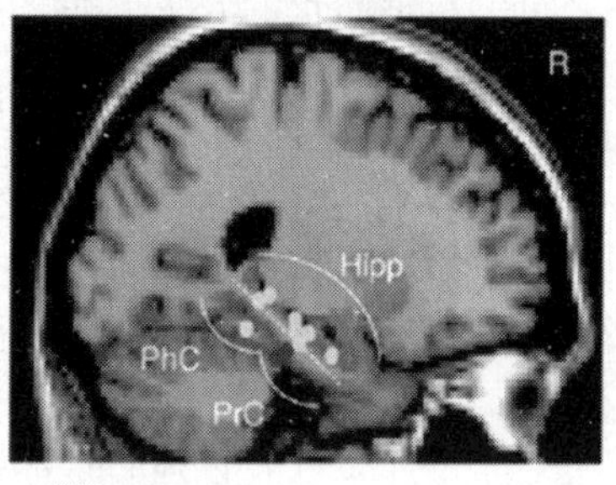

■ 单一项目记忆 □ 联想记忆

图 5-9 与对单个项目的记忆相比,联想记忆在 MTL 引起更强的激活中的作用
(引自 Davachi, 2006)

(三) 情节记忆理论

通过对人类被试的研究,Tulving 和 Moscovitch 等提出,MTL 在情节记忆中起着关键作用,但对于语义记忆来说并不是必要的。近年的研究表明,遗忘症病人可以形成有限的、新的语义记忆,虽然他们形成新的情节记忆的能力被永久破坏了。在儿童时期,由于各种原因引起双侧海马损伤后,被试的情节记忆明显受损,但他们的语义记忆保持了正常的水平(Vargha-Khadem et al, 1997)。在测定严重遗忘症病人 E. P. 和 G. P. 新形成的语义记忆时也发现,尽管他们对于其损伤后出现的新词汇、新的著名人物和新事件的再认率比正常对照组低,但对于他们可以正确再认的项目,仍旧保留一些陈述性记忆的成分(图 5-10)。如 E. P. 可以正确选择"老虎·伍兹"是著名人物,并且正确描述他为"著名的运动员"。当 E. P. 被要求解释他为什么选择克林顿的照片时,他回答说:"我 100%确信他是著名人物,他是美国的前总统,但我记不得他的名字"。当问及克林顿是何时成为总统的,他回答说:"大概 10 年之前。"(Bayley et al, 2008)

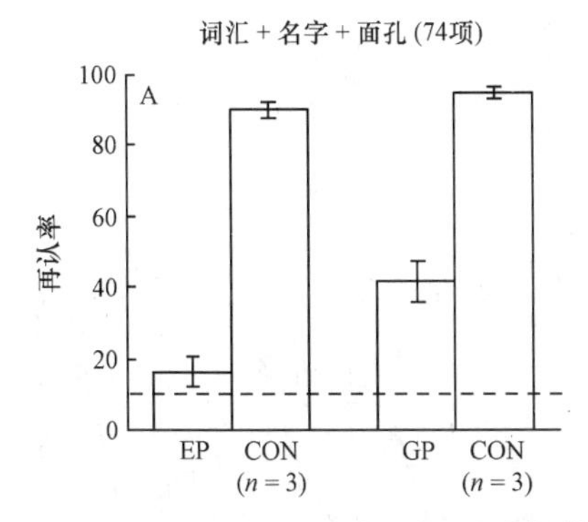

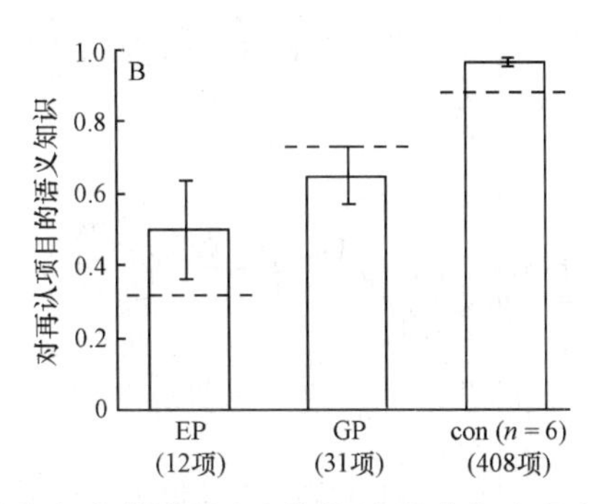

图 5-10　E.P 和 G.P. 对于新词汇、新的著名人物和新事件的再认率较低，但是他们表现出与期望值(图中虚线所示)相近的对所再认项目的语义知识

(引自:Bayley et al, 2008)

遗忘症病人可以形成有限的语义记忆至少有两种可能的机制，一是语义记忆可以不依赖于 MTL;二是遗忘症病人残存的 MTL 与形成新的语义记忆有关。逆行性遗忘的特点为第一种观点提供了强有力的证据。一些病人具有逆行性遗忘症，可长及许多年，甚至终生;但可以形成新的长时记忆，即单纯的逆行性遗忘症，尤其是损伤 MTL 前部和颞叶外侧部时。这提示这些部位与记忆的储存有关，但对于获得新知识并不是必要的。一例 MTL 前部损伤的病人可以记住某一特定的事件情节，但在理解一般词汇的意义上发生困难，而且丧失了对历史事件的知识。语义痴呆也有相似的表现，但情节记忆保留。

此外，研究发现，虽然遗忘症病人已形成的记忆有一定程度的损伤，但这种损伤是有时间性的，一般在脑损伤发生后 5 年以内的记忆损伤最为严重，而更远期的记忆保存较好(Bayley, Hopkin & Squire, 2006)。如图 5-11 所示，与正常对照组相比，单纯海马损伤的遗忘症病人在对损伤前 5 年的事件的回忆成绩明显降低，但对早于损伤前 5 年的事件的回忆仍保留较好。而 MTL 广泛损伤的被试 E. P. 和 G. P. 则表现为无时间特定性的逆行性遗忘，提示海马之外的 MTL 结构与远期记忆的储存有关。因此，虽然 MTL 在情节记忆中起着重要作用，但随着时间的推移，MTL 的激活程度呈减少趋势，记忆表征有可能逐渐储存于新皮质，而不再依赖 MTL(Squire et al., 2004)。

脑成像的结果也表明，MTL 参与情节记忆的编码和提取过程。而且，在回想过程中的激活程度要强于熟悉性判断。图 5-12 中左侧所示为海马旁回在记忆编码中的活动(Brewer et al., 1998)。编码时被试学习一系列图片，并判断图片属于室内还是室外。那些在其后再认中被记住的图片，在编码时引起双侧海马旁回的强激活。图 5-12 中右侧所示为海马在记忆提取中的活动(Eldridge et al., 2000)。被试在再认测验中首先判断是否见过所呈现的词，然后进行回想和熟悉性的判断(R/K)。结果发现，如果被试可以回想出所见过的词，双侧海马在提取时的激活要强于熟悉的词和忘记的词。

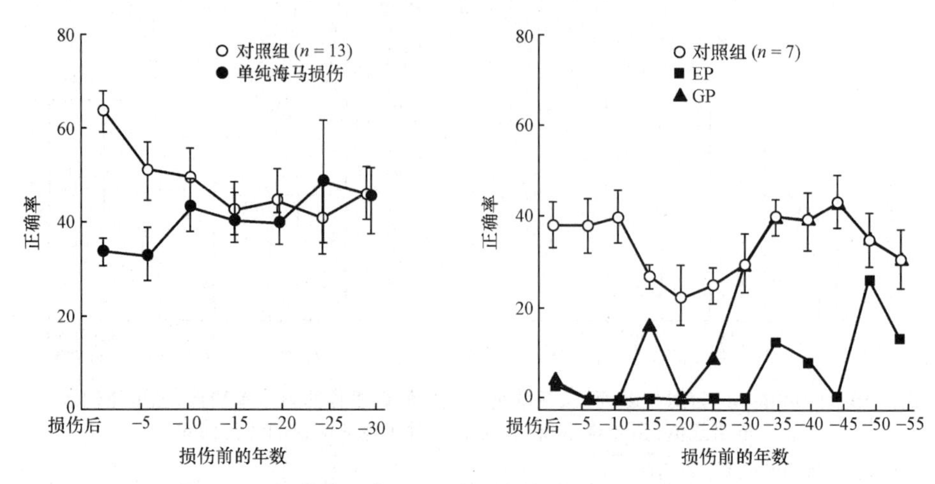

图 5-11 损伤海马或 MTL 广泛结构后,遗忘症病人对损伤前发生事件的回忆成绩

(引自:Bayley et al, 2006)

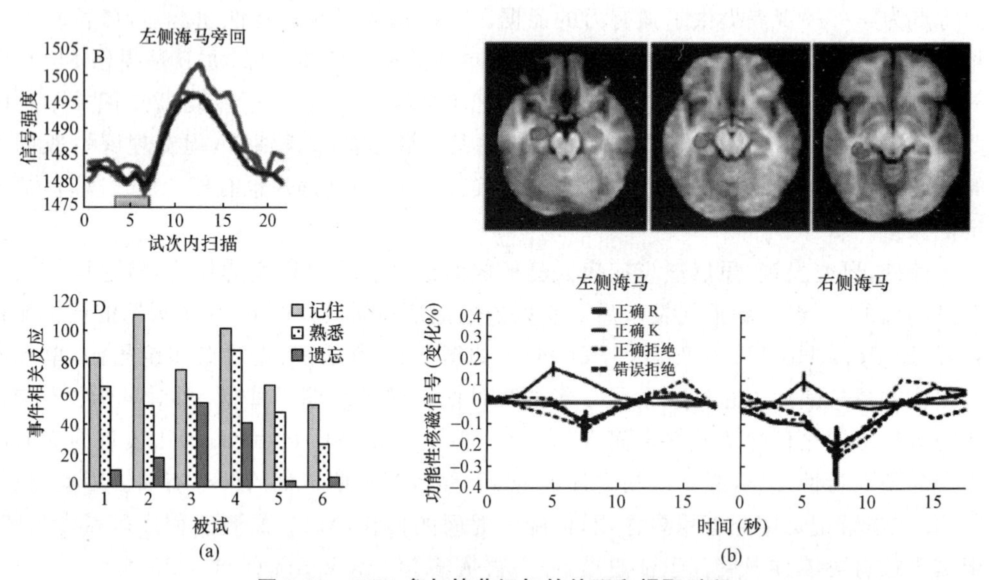

图 5-12 MTL 参与情节记忆的编码和提取过程

((a)引自:Brewer et al, 1998; (b)引自:Eldridge et al, 2000)

(四) 陈述性记忆理论

但也有研究者认为,MTL 对于情节记忆和语义记忆是同样重要的,支持这一观点的证据例如,Bayley 等 (2005) 的研究表明,与正常对照组相比,双侧 MTL 损伤病人 (E. P. 和 G. P.) 在回忆先前的著名人物等测验中的成绩明显下降。

近年来对 MTL 亚区在陈述性记忆中的作用的研究也在一定程度上支持 MTL 的

陈述性记忆理论。脑功能成像的研究发现内嗅区与海马/海马旁回的功能分离(Brown & Aggleton，2001；Eichenbaum et al.，2007)。它们的分离主要表现在以下几个方面，参与单个项目记忆与联想记忆过程的分离，或是参与熟悉性或回想性过程的分离(R/K)。例如 Ranganath 等人(2003)发现，内嗅区的激活与项目的熟悉性的编码过程明显相关，而当被试可以回忆出在学习时项目所完成的任务时(大小判断或有生命性判断)，海马/海马旁回被显著地激活(见图 5-13)。这些结果表明，内嗅区支持单个项目的信息表征，海马旁回可能进一步加工信息(如区分信息的熟悉性、建立一定的联系)，而海马区则在信息间建立丰富的联系，并使信息的表达更加灵活(Eichenbaum et al.，2007)。

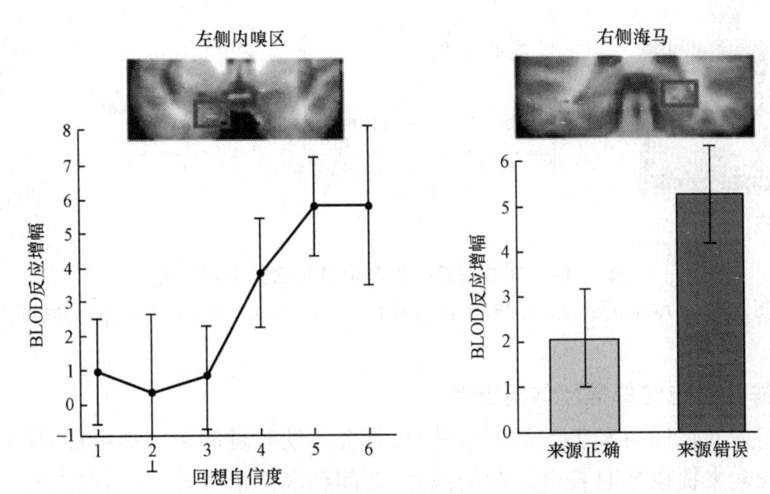

图 5-13　MTL 亚区分别参与陈述性记忆的回想和熟悉性提取过程

(引自：Eichenbaum et al，2007)

二、前额叶在陈述性记忆中的作用

与遗忘症病人不同，额叶损伤病人并不表现出明显的记忆障碍。一般来讲，额叶损伤对陈述性记忆的影响反映在记忆策略的变化上，但他们也会在一些特定的记忆任务中表现出成绩下降，如有源记忆障碍(source amnesia)，判断刺激呈现先后顺序时发生困难等。这些记忆任务的共同特点之一是要求回忆刺激的线索，因而更依赖于认知策略和控制过程。采用脑功能成像技术使我们更清楚地了解前额叶在陈述性记忆中的作用。

(一) 陈述性记忆的编码与前额叶

早期的脑成像研究发现，当被试进行语义编码时，如当被试判断所呈现的词是否有生命/无生命时，前额叶，尤其是左侧前额叶的激活，要明显强于他们判断词的字形时(如是否包含字母 O)。进一步地，采用 Dm 实验范式，研究者们发现，与被忘记的项目相比，前额叶以及 MTL(如海马旁回)在被记忆项目的记忆编码中有明显的激活增强

(图 5-14)。而且,当采用词为材料时,左侧前额叶被更多地激活(Wagner et al.,1998),而采用图片为材料时,右侧前额叶被更多地激活(Brewer et al.,1998)。这提示,左右前额叶的活动可能受到刺激材料的影响。这也与 Kelley 等(1998) 的研究结果相吻合。当然也有证据认为,左右前额叶的功能分离是发生在编码和提取过程中(Tulving et al.,1994, Habib et al.,2003),即左侧前额叶更多地参与情节记忆的编码过程,而右侧前额叶更多地参与情节记忆的提取过程。

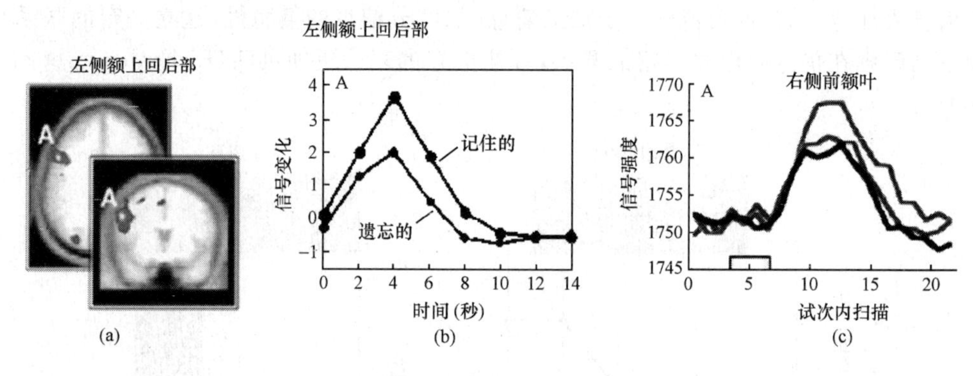

图 5-14 左右前额叶参与情节记忆的编码过程

((a)(b)引自:Wagner et al, 1998,以词为材料;(c)引自:Brewer et al, 1998,以图片为材料)

(二) 陈述性记忆的提取与前额叶

当我们在回忆以前发生的某些事件时,如上星期看过的某一场电影,那么你会首先依据某一线索来提取当时看电影时的地点、时间和电影情节等,抑制与之相似的电影情节,从而使储存的信息被重新激活。在提取过程中,持续的记忆提取过程被称为情节提取模式(episodic retrieval mode),它与项目是否被正确提取,项目是否新旧均无关。研究表明,当被试对刺激进行再认判断时,除与每个项目相关的激活外,还有位于右侧额极(frontopolar) 的持续的活动(Duzel et al.,1999; Velanova et al.,2003)。这种活动并没有出现在语义提取过程中,提示它是情节记忆提取特有的。

另一方面,前额叶也与提取成功(episodic retrieval success) 有关。当刺激及其线索被正确提取(与不正确提取相比),被称为提取成功(episodic retrieval success)。其中,左侧前额叶更多地参与回想过程,而右侧前额叶更多地参与熟悉性过程(Henson et al.,1999)。

第四节 非陈述性记忆

与陈述性记忆相比,非陈述性记忆是较为古老的记忆形式,它是指对先前的经验不需要经过有意识提取的一类记忆形式。内隐记忆包括多种形式,如启动效应、程序性记忆、内隐学习、习惯形成和条件反射等。经典的条件反射、操作性条件反射和非联想性学习等都属于非陈述性记忆范畴，它们也是研究得最为深入的记忆形式。联想性学习包括经典条件反射和操作性条件反射，是指两个事件之间的联系的建立，它在本质上是形成刺激或反应间的联系。Richard Thompson 及其同事研究了兔子的眨眼反射，发现其神经通路包括小脑和相关的脑干通路，记忆痕迹本身可以在小脑形成，并储存在小脑内。

非联想性学习是更为基本的学习方式。对海兔(aplysia)的研究非常深入，包括习惯化(habituation)、去习惯化(dishabituation)或敏感化(sensitization)。习惯化是指对某一失去意义的刺激的反应性减弱，如不断想起的噪声，而敏感化则是指针对潜在危险的刺激物的反应性增加。海兔的习惯化行为——缩鳃反射(gill-withdrawal reflex)伴随突触前神经元的递质释放减少，而敏感化伴随神经递质释放的增多。

如前所述，陈述性记忆依赖于 MTL 等关键结构，但大多数非陈述性记忆并不依赖于 MTL，而是与枕颞皮质和前额叶有密切的关系。我们在这里主要介绍启动效应的研究。

一、启动效应的神经机制

启动效应(priming effects)是内隐记忆的主要形式之一，即执行某一任务对后来执行同样或类似任务的促进作用。启动效应影响着我们生活的方方面面，尽管我们意识不到它的存在，如我们会觉得某些人很熟悉，我们会在仅提供某些片断信息时就识别出某些图形等。

研究启动效应的实验一般都包括两个阶段：首先给被试呈现一系列刺激，如词、图形或面孔等；然后在测验阶段呈现残词、模糊词、速视词或图等残缺的知觉或语义线索，要求被试命名或辨认，测量指标是被试的认知倾向、操作速度或准确性的改变，如反应时和正确率等。若被试对先前刺激的命名时间或辨认正确率大于未学习过的控制刺激，就认为先前呈现的刺激对后来的刺激产生了启动(Tulving & Schacter, 1990)。这与传统的记忆测量方法(又称直接测量)，如自由回忆、线索回忆和再认等有所不同，它不要求被试有意识地回忆学习过的信息，而是对可能因学习而改变的任务的操作结果进行测量(又称间接测量)。

可以有多种对启动效应的分类方法，一般依据它是否具有知觉特异性，及对语义加工的依赖程度，分为知觉启动和概念(语义)启动。知觉启动是指提取的线索与启动项目在知觉特性上有关，而与加工水平无关，常用的任务有词干补笔和知觉辨认等；语义启动是指提取的线索与启动项目在语义上相关，而没有知觉特异性，其任务包括类别范例产生、自由联想和偏好判断等。

(一) 启动效应与新皮层

许多研究表明 MTL 并不是启动效应的关键脑结构，尤其是知觉启动。遗忘症病人的外显记忆严重受损，但是他们在许多知觉启动任务中表现出正常的启动效应

(Tulving & Schacter, 1990)。而且遗忘症病人对非词、假词和不熟悉的物体等新异信息的启动效应也正常。因此,知觉启动可能发生在知觉加工过程的早期阶段,也就是说,在语义分析和海马结构参与记忆形成之前,其脑结构与支持外显记忆的内侧颞叶—间脑系统相分离(Squire, Knowlton, & Musen, 1993)。

另一方面,对脑损伤患者的研究提示了新皮层和知觉启动间的关系。采用个案分析的方法发现,在双侧枕叶受损病人 L. H. 和双 MTL 受损病人 H. M. 间出现了内隐记忆和外显记忆的双分离,其中 H. M. 外显记忆受损而知觉启动完好,L. H. 的知觉启动受损而外显记忆正常(Keane et al., 1995)。Fleischman 等(1997a, 1997b)也报道了一位右侧枕叶切除的病例 M. S.,他在 14 岁时因癫痫实施了右侧枕叶切除术,其损伤涉及 BA18 区和 BA19 区的大部分区域,并引起左侧视野缺损。记忆测验的结果表明,M. S. 的外显记忆及语义启动(如类别范例产生)均正常,但知觉辨认和词干补笔成绩均比对照组低。这些双分离的实验证据提示枕叶视皮质参与了视知觉启动,并和内侧颞叶—间脑系统、参与语义启动的联合皮质相分离。采用脑功能成像的研究结果与神经心理学的基本吻合,并有进一步的阐明。内隐记忆和外显记忆所引起的脑区变化是不同的,当被试无意识提取信息时,后皮质区和前额叶均表现为激活程度降低(Schacter et al., 2004)。如与新图片相比(如钥匙),重复的图片(如同一辆汽车)和同种类型的不同图片(如另一把雨伞)都在双侧梭状回引起血流量的减少,其中重复图片与同类型不同的图片相比,在右侧梭状回的血流量减少更明显(Koutstaal, Wagner, & Rotte, et al., 2001)(图 5-15)。这提示右侧梭状回与知觉特征的启动效应有关。Buckner 等(1998)

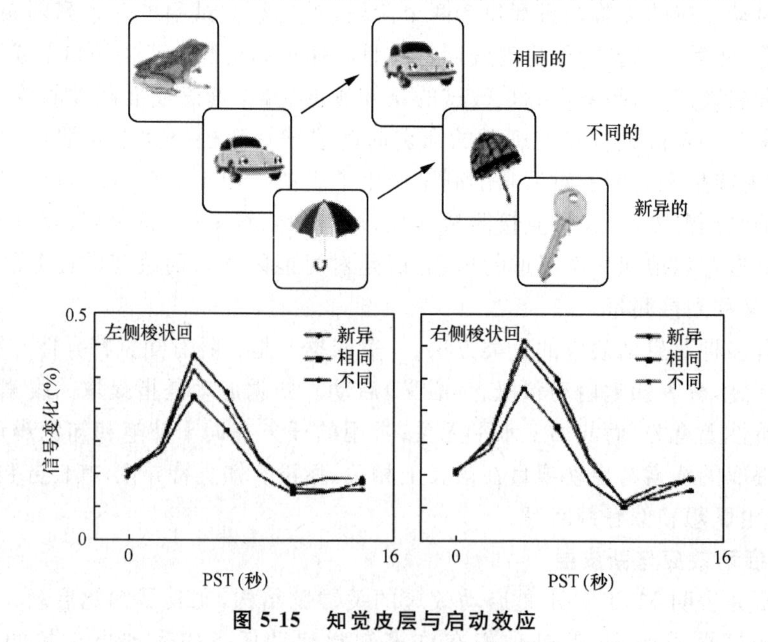

图 5-15 知觉皮层与启动效应

的研究还表明，高级视皮层在刺激重复呈现时的血流减少更为明显，而初级视皮层并没有明显变化，因而具有解剖特异性。

（二）启动效应与前额叶

除知觉皮层外，前额叶也是参与启动效应的重要脑结构。前额叶除了在情节记忆中起重要作用外，也参与了语义启动，即无意识提取经过语义加工的信息的过程。当对词进行重复语义加工时（抽象词/具体词判断），左侧前额叶的血流减少，提示它与语义启动有关。而且，语义启动没有情节记忆提取过程的半球不对称性，参与语义加工和语义启动中介的脑区均为左侧前额叶，同一脑区在语义加工时活动增加，而在语义启动时活动减少，其相关系数为 0.70（Schacter & Buckner，1998）。Wig 等人（2005）的研究为前额叶参与启动效应提供了直接的因果证据。在他们的实验中，重复呈现的图片引起前额叶的血流量减少，更重要的是，当被试的前额叶受到短暂的 TMS 刺激后，额叶功能短暂性地功能缺失，从而引起启动效应明显减弱（图 5-16）。其他研究也发现了前额叶与启动效应的相关关系（Maccotta & Buckner，2004）。

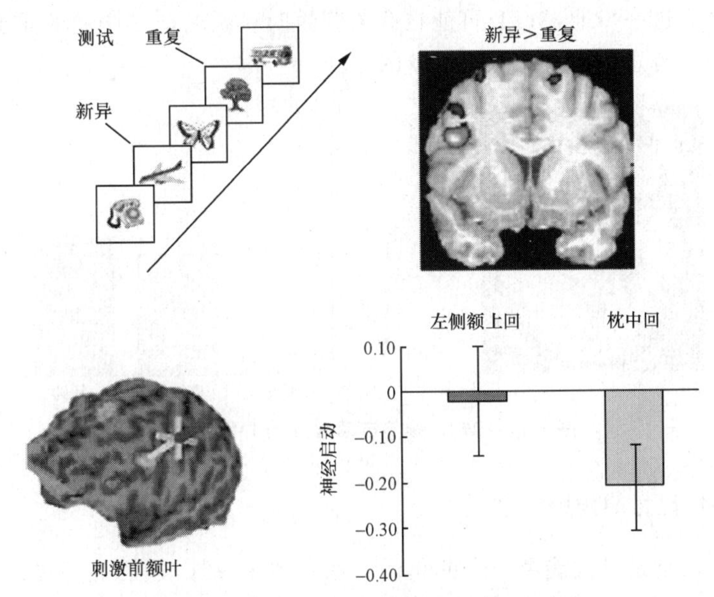

图 5-16 前额叶参与启动效应的 TMS 研究

（引自：Wig et al，2005）

（三）启动效应与 MTL

当 MTL 损伤后，虽然遗忘症病人的陈述性记忆明显受损，但他们的知觉启动效应表现正常，其习惯和技能也可以无意识形成（Bayley et al.，2002，2005），因而长期占统治的观点是 MTL 并不参与启动效应。但近年来的一些研究表明，至少有一些启动效应，如联想启动，与 MTL 有密切关系。联想启动的实验范式与项目启动有所不同，以词干补笔为例，一般地在学习时呈现一系列非相关词对(例如，window-reason，apple-kite，fish-nurse)后，要求被试对不同类型的词对进行补笔，如旧词对(window-rea__)、重组词对(apple-nur__)，若他们的旧词对补笔正确率高于重组词对，则认为形成了联想启动(Schacter et al.，2004)。

有关联想启动的遗忘症病人的结果并不一致，如同样采用知觉辨认任务，Gabrieli等(1997) 和 Yang 等(2003) 分别发现遗忘症病人正常与损伤的联想启动效应。在另一项研究中，Chun 和 Phelps(2001) 采用视觉搜索的实验范式要求被试检测某一字母(如 T)存在与否。当线索是学习过的图式时，正常被试检测出字母 T 的正确率要高于在新线索图式的条件。在遗忘症病人中，如果仅仅是海马损伤的被试，可以形成与对照组相似的线索启动，而如果海马旁区混合损伤，则启动效应明显受损(Manns & Squire，2001)。新近的 fMRI 研究也表明，MTL 的亚区，即海马旁区在联想启动任务中表现出与项目启动相似的重复抑制现象，即与重组词对相比，旧词对在海马旁区引起的血流量减少(图 5-17)(Yang et al.，2008)。这些研究提示了海马旁区与联想启动之间的密切关系。进一步地，MTL 可能在有关刺激间联系的记忆中起着重要的作用，无论这种联系是被有意识或是无意识提取的。

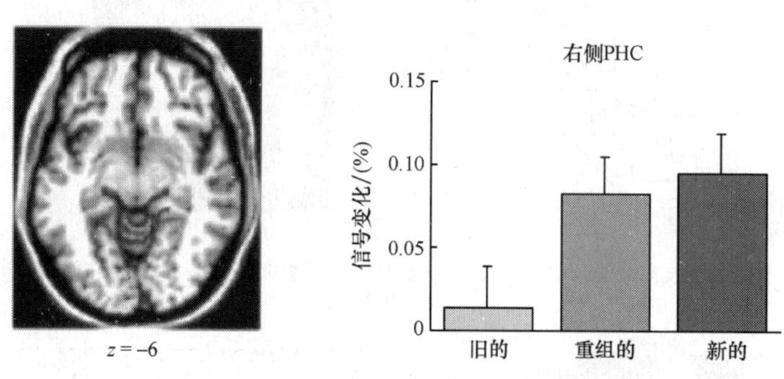

图 5-17　MTL 参与启动效应的 fMRI 研究

二、程序性记忆的神经机制

程序性记忆是指对技能和习惯的获得。除启动效应外，遗忘症还可以学习一些程序性知识，包括知觉的、运动的、认知技能、习惯和有关序列的内隐知识等，并与外显记忆分离。与序列学习相关的脑区主要与运动区和基底节等有关。被试对刺激序列进行反应，同时要数在声音序列中低频声音的数目，结果表明，双任务条件激活了运动前区、左侧 SMA 区和双侧壳核。无论意识到序列的存在与否，被试的右侧 dPFC、右侧运动前区、右侧壳核及双侧顶枕皮质均被激活。另外，意识到序列的存在会引起右侧颞叶、两侧顶叶、右侧运动前区和扣带回前部更强的激活。结果表明，运动区参与运动模式的程序性学习。在对亨廷顿氏(Huntington's)病人的研究中，发现了与遗忘症双分离的现象，他们的程序性学习受损，而补笔等内隐记忆正常(Gazzaniga，Ivry & Mangun，2002)。

第五节 学习记忆的分子生物学机制

除在系统层次上研究学习记忆的神经机制外，认知神经科学还关注学习记忆过程在微观层次上引起的变化。

研究表明，有三种基本的神经通路：单突触联系、多突触联系和细胞集群（cell assembly）。细胞集群是指由于同时被激活，或是在时间上的密切关系，大量细胞同时活动，它是与多种学习记忆关系密切的神经元的组织方式。神经元集群的编码也依赖于突触的可塑性。许多现代的假说都认为，神经元集群可以编码许多不同的记忆形式，每个神经元或多或少地参与了一种记忆，就像一个人可以参加不同的社团一样。因此，每一个单元的变化对整个集群的影响是很小的，但是如果很多神经元的变化，就会造成巨大的效应。

学习记忆会伴随神经元之间突触可塑性的变化，包括突触联结强度、突触数量的改变，甚至神经元形态的变化。研究学习记忆的分子生物学机制的困难之一在于神经系统的复杂性，因此研究者以神经通路相对简单的动物为研究对象，如 Kandel 对海兔（*Aplysia*）和 Benzer 对果蝇（*Drosophila*）的研究。这些动物的大脑结构具有以下一些特点：神经系统比较简单，神经元较大，神经通路易被识别，基因简单。例如，海兔的神经元只有 20000 左右，而果蝇的神经元为 300000，但它们已有很明显的学习能力，海兔的缩鳃反射就可以由几种不同形式的学习所调节——习惯化、去习惯化、敏感化、经典性条件反射和操作性条件反射等。这样就有可能对特定细胞及其纤维联系进行追踪，因而适于研究学习记忆的细胞和分子机制。长时程增加现象（long-term potentiation，LTP）被认为是与学习记忆相关的分子机制，与记忆的储存有关。虽然陈述性和非陈述性记忆具有不同的编码和提取过程的系统层次上的不同机制，但它们的分子生物学机制有很多相似之处。

一、突触可塑性的变化

（一）习惯化与敏感化

由于在非脊椎动物中研究学习记忆的神经机制中的卓越成就，Kandel 获得了 2000 年的诺贝尔生理学或医学奖。他对海兔中的非联想性学习和联想性学习的可塑性机制都进行了系统研究。尽管海兔具有简单的神经结构，但它仍表现出了对于外界刺激的学习效应。例如，海兔具有简单的反射机能，当它的鳃受到刺激时，会引起鳃的收缩。重复刺激会使这一收缩反应减弱（习惯化），而当这一刺激与其他刺激共同作用时（如刺激尾巴），收缩反应增强（敏感化）。研究发现，海兔的缩鳃反应习惯化伴有感觉—运动突触间神经递质释放，如 5-HT 的减少，而敏感化会首先引起中间神经元兴奋，进而使感觉—运动突触间神经递质释放增多。非陈述性记忆的细胞生物学研究揭示了一些与记忆相关的突触可塑性的原理。首先，这些研究证实了 Cajal 的两个具有预见性的假说：神经元之间的突触联结并不是固定的，而是可以通过学习改变的；这些调节和改变可以长久存在，与记忆的储存密切相关。其次，同一突触联结可以参与不同的学习过程，并且对行为产生不同的调节作用。例如，突触联结强度在敏感化和条件反射形成时可以增强，也可以在习惯化时减弱。

习惯化和敏感化都是非陈述性记忆的表现形式。由海兔的缩鳃反射等的研究表明，非陈述性记忆的储存并不依赖于特定的神经元，而是贮存于产生行为的神经通路中。而在陈述性记忆中，内侧颞叶系统是其储存地。这是陈述性记忆和非陈述性记忆之间的主要不同之处。另外，在海兔的缩鳃反射、缩尾反射中，习惯化和敏感化不仅表现在感觉神经元和运动神经元中，在中间神经元中也有突触联结强度的变化，因此，即使是简单的非陈述性记忆也是分布式贮存在神经通路中的。

（二）海马的突触联结变化——LTP 现象

在陈述性记忆中，内侧颞叶系统与其储存具有密切的关系。海马的突触联系包括三条通路：① perforant pathway，在海马旁回与齿状回的颗粒细胞间的兴奋性联系；② mossy fibers，从颗粒细胞到 CA3 区；③ Schaffer collaterals，从 CA3 的锥体细胞到 CA1 区。Bliss 和 Lomo(1973)在刺激兔子海马的 perforant pathway 时，发现 EPSP 幅度的长时间增强，也就是说，在这一通路中的突触强度增强，神经递质释放增多(NMDA 受体)，从而使其后的刺激在颗粒细胞引起更大的 EPSP。这一细胞受到连续刺激后，在刺激停止一段时间(20～30 分钟)后，仍然可以记录到近场电位幅值增加的现象，这被称为长时程增长现象(long-term pression，LTP)现象。后来在海马中又发现了长时程抑制现象(long-term depression，LTD)，它与 LTP 相比具有相反的特点：由于相对低频刺激引起传入神经元的活动，而其突触后神经元的发放减少(图 5-18)。

LTP 可以发生在海马的三条通路中，而且在其他脑区也有相似的现象发生。LTP 具有三个主要特性：① 协同性(cooperativity)，要同时有一个以上的刺激输入；② 联想性(associativity)，如果神经元的一条通路被弱激活，同时伴有此神经元的另一通路的强激活，那么这两条通路都会产生 LTP；③ 特定性(specificity)，只有在受到刺激的突触中才有 LTP 发生，而神经元的其他突触并不受影响。

LTP 可以在海马的三条通路中被很快地诱发，而且一旦产生，它可以持续 1 小时，甚至几天。这些特性使它可能是记忆储存的机制。研究表明，转基因动物中的 LTP 可以选择性受损，如阻断 PKA 会使 LTP 受损，长时记忆受损。而阻断 NMDA 受体或敲除 NMDA，使短时和长时记忆均受损。当然也有一些证据并不支持这一观点，如 LTP 并不是海马所特有的，而诱发 LTP 的高频刺激是人为的，并不清楚在学习时 Schaffer collaterals 是否也有这类刺激。但人们已基本形成一个共识，那就是 LTP 是一种突触可塑性的表现，可以用来研究学习记忆的机制。正如 Martinez 等(1998)在综述中所写："虽然 LTP 和 LTD 参与学习记忆还需要有确切的证据，LTP 和 LTD 仍是脊椎动物学习记忆的最合适的可能的细胞机制。”

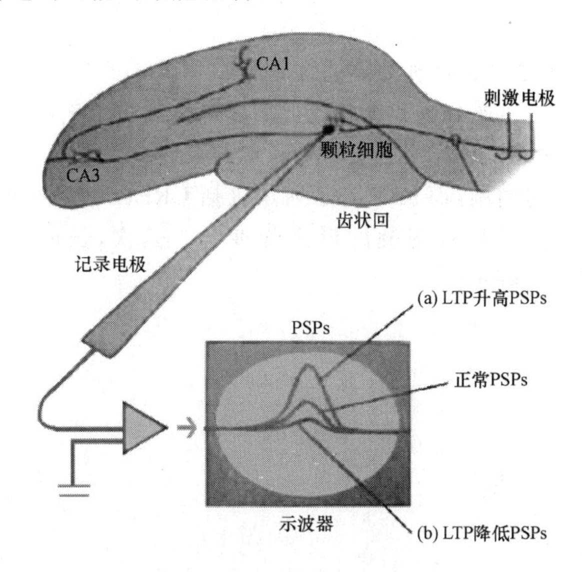

图 5-18 LTP 与 LTD 现象

二、长时记忆与蛋白质的合成

LTP 也有短时和长时阶段，短时 LTP 持续 1～3 小时，没有蛋白质合成，而长时 LTP 持续至少 24 小时，有与记忆相关的基因表达（如 CREB），以及蛋白质的合成。CREB 基因是短时向长时记忆转化的重要因素。长时的学习记忆还会引起明显的突触变化，包括突触变大和突触的数量增多等。这些变化进而有可能导致相应皮层的形态学变化。

澳大利亚心理学家 Gibbs 和 Ng（1977）以小鸡为研究对象，开始对记忆不同阶段的分子机制进行研究。实验采用小鸡的一次性被动回避反射，小鸡啄一个小的彩色球，球上有苦味。仅一次刺激之后，小鸡对于相似的球都会回避。Gibbs 和 Ng 将记忆分为短时（15 分钟）、中时（intermediate-term）和长时记忆（55 分钟以上），研究发现 NMDA 受体阻滞剂会破坏短时记忆，而蛋白质合成抑制剂会阻碍长时记忆的形成。其中作用于 CaM 酶（calcium-calmodulin kinase）的抑制剂影响中时记忆，而蛋白激酶抑制剂则影响长时记忆。

研究表明，训练增加了树突的分枝和突触接触的数量。而且，对大鼠皮层内的蛋白质的直接测量发现在丰富环境下的蛋白质明显增多。Rose 发现，训练小鸡并切除它的一部分脑组织之后，训练引起的蛋白质合成增加会占据切除的空间。

三、记忆的储存

在行为水平上,陈述性记忆和非陈述性记忆有很大的不同,但是在细胞水平上,与长时学习记忆相关的蛋白质合成和突触变化增多等机制对于陈述性和非陈述性记忆是相似的。首先,这两种记忆形式均有短时和长时记忆两个阶段,,短时记忆是对已存在的蛋白质和突触联结的调制,而长时记忆则是包括 CREB 中介的基因表达、蛋白质合成和突触联结的增强,并且有突触的形态学变化。其次,长时记忆均需要 cAMP、PKA、MAPK 和 CREB 等中介。

6

语言、思维和智力

人与动物的本质差异就在于人拥有语言、思维和高度发达的智力。尽管它们是高级心理过程,但高级心理过程必然以低级心理过程为基础。例如,语言作为一种心理过程它既包括先天遗传的人类种属的本能成分,也包括个体后天的习得成分。即使在后天习得成分中,习惯的语言表达方式也是通过内隐学习,无意识积累起来的。因此,无论是语言还是思维乃至智力,它们的脑功能基础都是多层次的,决非某一脑结构所能单独完成的。通常语言是思维的表达形式,但除了语言表达的思维之外,还有非语言表达的内隐思维活动。对于这类复杂的高级心理过程的研究,认知神经科学虽然取得了较大进展,但存在的问题远远多于已知的科学事实。

第一节　语言的认知神经科学基础

语言是语音或字形相结合的词汇和语法体系,言语是个体运用语言与其他社会成员,通过话语、书信等进行交往的过程。长期以来,对语言的脑功能基础的认识主要基于对脑外伤后的各类失语症的研究。只是近年才利用脑成像技术研究正常人语言过程的脑基础。心理语言学把语言过程分为语言理解、语言的产出和语言获得三方面问题,语言的获得留给心理发展中讨论,这里介绍语言的理解和产出。

一、语言理解

这里所说的语言理解是个体交往中,对别人话语或书信的感知与理解。因此,根据言语产物不同,分为书面语言理解与口头语言理解。

(一) 语言理解过程

从感知与理解的心理过程来说,语言理解过程可分为由简到繁的 4 个阶段:语音或字形的感知、字词知觉与理解、句子理解、话语或课文理解。对口头语言和书面语言的感知,由不同感觉通道完成并有不同的规律,但对其语法和语义理解,却有基本相同的规律。无论是对词汇、句子还是课文与话语的理解,都经过语音、语法和语义 3 个不同水平的加工过程。

1. 字词理解

无论是中文还是西文词汇都有形、音、义 3 种成分。人们自幼学习语言文字时，就受到形、音、义为一体的语言文字教育，致使人们的头脑总是在形、音、义间相互激活的过程中，回忆或再认某些字词。字词识别与理解中的一系列特殊效应，包括词长效应、词频效应、词汇效应、可读效应、启动效应、同音词效应和视觉优势效应。语言认知心理学家通过字词识别中的这些特殊效应，研究字词理解的规律。心理语言学和认知心理学通过实验，对字词识别与理解过程提出了一些著名理论模型，如单词产生器模型、字词通达搜索模型、群激活模型和并行分布加工模型，为语言理解的心理过程和机制提供了重要基础。

2. 句子理解

句子是表达意思的最基本单元，句子理解是言语理解的核心。正因如此，乔姆斯基的经典心理语言学理论以句法研究为核心。现代心理语言学认为，句子的理解是析句(parsing) 和语义解释(semantic interpretation)两者紧密结合的加工过程。

(1) 析句

析句又称句法分析，首先对句子成分进行切分，分出词汇、短语等不同的成分，然后对各成分间的关系进行加工或运算。如何切分、如何加工、加工原则和策略，都是句法分析不可缺少的。除按标准句法规则对句子切分和处理外，还可采用启发式策略，如与标准句类比、功能词检索、后决策等都是一些启发式句法分析的有效策略。

(2) 语义解释

句子理解过程在完成上述句法分析之后进入语义解释阶段，这时语用(pragmatics)、语境因素对语义解释发生一定的制约作用。语境因素是拟理解的句子与前后句子的上下文关联；语用、语境因素指恰当合理的句子很容易为分析者所理解。

3. 话语与课文理解

话语(discourse)又称语段，是几个句子构成的段落，它能够较为完整地表达一种命题(proposition)或描写环境中景物的图式(schema)。这里所说的课文是话语的书面语言表达。在句子理解的讨论中，曾指出同一瞬间只能解析 1～2 个句子。因此，对话语的理解是在一定时间内发生的动态过程。听者在理解别人所说的话时，在自己头脑中构建出话语蕴含的命题图式或命题推理，并搞清一段话中所含多个命题或图式间的连贯性，是正确理解话语的基础。语用条件对话语理解具有重要意义，话语产生的背景条件，听者头脑中的知识结构，是正确理解话语的前提。

(二) 语言理解的理论

人类言语与其他声学信号相比有许多特点。首先，任何一段口头语言中，都包含许多分离的音素，每个词都是由音素连续起来所构成的。所以，每个音素和词都对应一类声能的模式。其次，这种声能模式具有双重性，即节段性和恒常性。节段性表现为在音素之间有一段段的分离，这种分离在言语声频谱图上可以直观地看到。恒常性表现为不依说话人不同而异，同一词不论什么人发音，频谱特征都大体相似。当然，发音人不同，频谱可能相差较大，但对同一词发音，其频谱模式是相似的。这是由于同一音素是由相似发音器官的空间状态所制约的。这样，在言语知觉形成中，不但靠听觉分辨音素和词的声学特征，还由视觉对讲话人发音器官的空间状态进行了图像分析。因此，人类言语知觉实际是听觉和视觉协同工作的结果。不仅聋哑人的言语知觉是靠视觉分析完成的，对正常人的实验研究也发现了相似的规律。D. W. Massarno 和 M. M. Cohen (1983)以唇辅音“b”和齿龈辅音“d”为实验材料，由计算机合成音节“ba”和“da”以及“ba”和“da”的 7 个中间音节，让正常被试倾听等概率呈现的 9 个音，并判断呈现“ba”和“da”的次数。在 3 种条件下重复同样的音节识别测验。一种条件是只靠听觉判断；另两种条件是呈现音节时，总伴有发出“ba”音节或“da”音节的口唇运动的闭路电视。结果发现，从录像中得到的视觉信息显著提高了“ba”和“da”音节的正确判断率。这个实验有力地证明了言语知觉是视觉和听觉信息并行处理的结果。J. L. Miller(1990)总结出关于人类言语知觉机制的两种认知理论：运动理论和听觉理论。

1. 运动理论

Liberman 和 Mattingly(1985)提出的运动理论(motor theory of speech perception)，基本观点可以归纳为以下三方面：① 言语知觉系统和发音的言语运动系统之间是密切联结在一起的。因此，人在听音素和词(元音和辅音音节)时，本身的发音运动系统也在不自觉地、默默地进行发音运动。② 言语知觉是人类特有的，因为只有人类才具有出生以后经过长期学习所积累的语言知识。③ 言语知觉能力是人类先天所具备的，因为人类生来就具备言语发生和言语知觉相互联结在一起的机能系统。视觉信息参与言语知觉的实验事实，对言语知觉运动理论提供了有力的支持，因为视觉信息可以帮助人们掌握发音时的口、唇、舌等运动状态，便于人们默默地重复这些发音动作，提高言语知觉的正确率。

2. 听觉理论

言语知觉的听觉理论(the auditory theory of speech perception)在上述三个方面与运动理论完全不同。首先，这种理论认为知觉并不是言语运动的产物，而是听觉系统对各种声音信号进行自动解码，对说话人有意发出音素的规则序列发生知觉的过程。其次，言语知觉并不是人类特有的现象，许多动物的听觉系统与人类听觉系统十分相似，动物也可能具有相似的言语听觉机制。最后，言语知觉不是先天的，虽然婴儿听觉系统已经十分发达，但婴儿早期必须经过学习和作业之后，才能获得言语知觉能力。

在“b”，“p”等辅音音素研究中，将从辅音释放到声道出现振动之间的时差，称为嗓声发声时(VOT)，对于区别有声辅音与无声辅音具有重要价值。VOT 为 25 毫秒以下时，知觉为有声辅音，VOT 大于 25 毫秒时，知觉为无声辅音。“ba”音的 VOT 为 25 毫秒以下，表明“b”是有声辅音，“Pa”音的 VOT 为 80 毫秒，表明“P”是无声辅音。所以，VOT 25 毫秒为两类辅音的分类边界。在“ba”和“pa”两音素 VOT 研究中发现许多事实，对两种言语知觉理论从不同方面提供了不同的支持。首先，关于言语知觉是否是人类特有的问题，VOT 研究对言语知觉的听觉理论提供了有力的支持，而不利于运动理论。灰鼠的听觉系统的生理解剖特点与人类十分相似。Kurl 和 Miller(1978)对灰鼠进行躲避电击的学习行为训练，信号分别是 VOT 为 0 的"ba"和 VOT 为 80 毫秒的"pa"音。不给灰鼠饮水，使其产生口渴感，然后放入实验笼内，笼一端有水管可以饮水。在饮水过程中，每隔 10～15 秒随机发出一个音节"ba"或"pa"。对一部分鼠出现"ba"时必须停止饮水，跑向笼的另一端，否则遭到足底电击，出现"pa"时则可继续饮水；对另一部分鼠，"pa"和"ba"的意义相反。两群灰鼠分别对"pa"或"ba"建立了躲避学习行为模式。然后分别用 VOT 从 0～80 毫秒之间的不同音素，观察两组白鼠的鉴别反应与 VOT 的关系。结果发现，对"ba"建立躲避反应的鼠，对 VOT 为 30 毫秒以下的几个音素给出同样的躲避反应，这说明，灰鼠对"ba"和"pa"的鉴别反应与 VOT 的边界效应和人类完全一致。从而证明，音素鉴别的言语知觉并不是人类所特有的。在新生婴儿的研究中，利用异常声音引起婴儿吸吮奶嘴的动作增强的现象，对比了 VOT 为－20 和 0 毫秒的两个音素、VOT 为 60 和 80 毫秒的两个音素，以及 VOT 为 20 和 40 毫秒的两个音素出现时吸吮反应增强。这说明新生儿与成年人一样对音素鉴别的 VOT 边界效应发生在 20 和 40 毫秒，言语知觉能力是生来就有的。这又有利于言语知觉的运动理论。由此可见，VOT 的研究既有利于听觉理论，又有利于言语知觉的运动理论。

3. 听觉-运动综合理论

Scott 和 Johnsrude(2003)综述了言语知觉的神经解剖学和功能基础研究进展，并提出听、视觉并行加工的理论。言语知觉主要依靠基于声学—语音学的特征提取，但基于口唇和手势等视知觉信息的加工也是不可缺少的。因此，把长期争论的言语知觉的听觉说和运动说统一起来。听觉皮层将得到的言语听觉信息传递到脑的颞叶前部的前带和旁带以及颞上沟多模式感知神经元，还有额叶皮层的腹外侧和背外侧区。从听觉皮层向后传送到后听带、旁带、颞上沟后部的多模式感知神经元以及顶叶皮层和额叶的腹外侧与背外侧区。向前传的信息加工流与言语的声学和语音学特征提取以及词汇表征都有关；后向传的信息流与言语视觉和运动信息加工有关，对讲话人口唇运动和手势的信息进行言语动作的表征。前后信息加工流彼此互动。说话人口唇运动信息较快到达脑内，启动了随后到达的听觉言语信息加工，从而产生词汇知觉。经典的言语运动区(Broca 区)扩展到前额叶和运动前区皮层，对言语信息加工主要是外显的言语声音信息节段性加工，经典言语感知区(Wernicke's 区)扩展到顶—颞区精细结构不同的一些脑区，既有言语识别的知觉功能也含有言语产出的表达信息。所以，言语知觉和理解既包含声音的加工，也是言语动作的加工。

Hickok 和 Poeppel(2004)总结了文献资料，提出一种理解语言机能解剖学的框架，如图 6-1 所示，把语言信息加工分为背侧信息流和腹侧信息流，两侧颞上回的听觉皮层是言语听觉知觉中枢，从这里分出背、腹两个信息流，腹侧信息流从颞上回听皮层到颞中回后区，最后广泛分布到概念表征的脑区。腹侧信息流是将语音表达转换到语义表达的信息加工过程。背侧信息流从听觉皮层向背后方向投射到外侧裂后部的顶、颞、额联络区，其功能是维持言语的听觉表达和运动表达之间的协调。

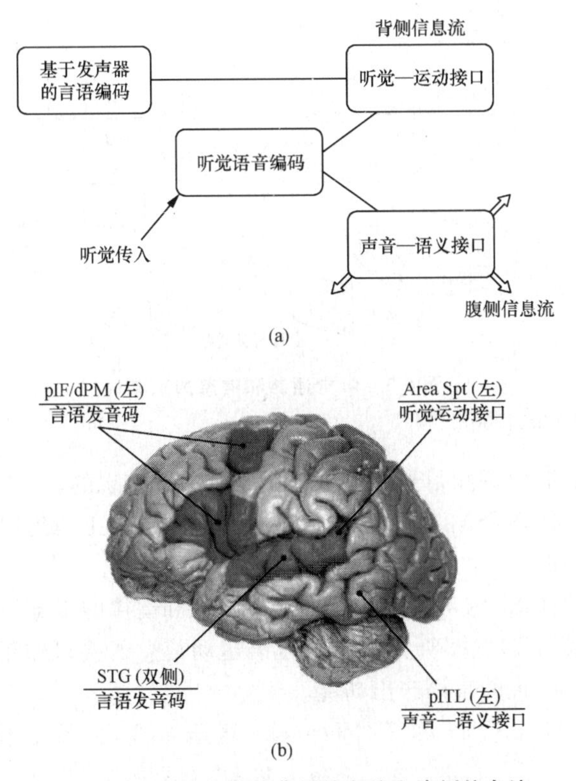

图 6-1　言语理解中的背侧信息流和腹侧信息流

（摘自：Hickok & Poeppel，2004）

Scott 和 Wise (2004)在总结语言知觉研究文献的基础上，提出了语言知觉中的听觉通路和信息加工流的概念，并认为它是言语知觉的前词汇加工的基础。如图 6-2 所示，这个信息加工流由下列九个部分组成：

(1) 左、右耳，在外耳和中耳水平对言语信号滤波并引入一个声音的强带通滤波作用，使声音的机械能转变为耳蜗听神经活动。

(2) 上行听觉通路，听神经投射到上橄榄核、下丘和内侧膝状体，声音的空间特性在下丘表达，保持两耳时差和强度差的整合分析。对慢声波(ISI 100 毫秒和 500 毫秒)在初级听皮层引出不同的波峰，而对高频声以相位差反应。

(3) 在左、右初级听觉皮层(PAC)的带状区，接受从内侧膝状体来的投射，在其核心区实现频率特性的等高分布的功能。

(4) 同侧颞上回(ISTG)，依前—后维度分别加工前—后信息流。对语音线索和特

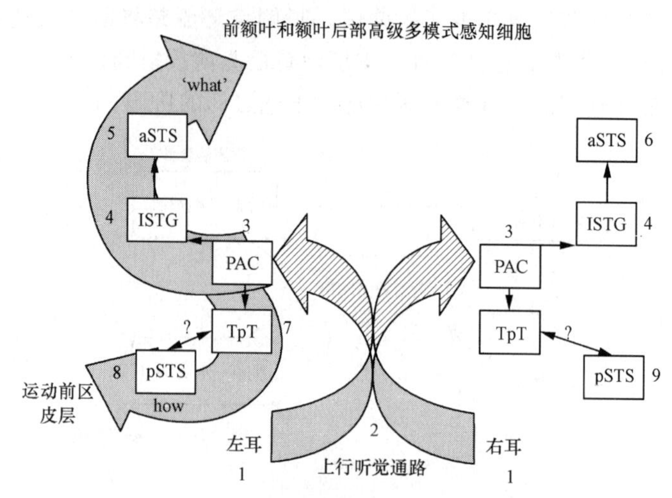

图 6-2 听觉通路和信息加工流

(摘自:Scott & Wise,2004)

征的反应是两侧性的,对调频信号和频谱分析是在前部实现的。

(5) 左前颞上沟(aSTS),实现复杂言语语音信号的加工,经外侧向前达前额叶和内侧颞叶完成语义加工。

(6) 右前颞上沟(aSTS)对语音或乐音实现意义和韵律的知觉加工。

(7) 颞极皮层(TpT)发挥听觉信息和言语运动信息的接口作用,再从这里通向前运动皮层,实现"如何"说的言语产出功能。

(8) 左后颞上沟(pSTS),保存 Wernicke 区语音线索、特征和自我生成的言语信息。

(9) 右后颞上沟(pSTS)和颞极(TpT)皮层在正常条件功能不详;但在左侧 STS 和 TpT 损伤后,右侧发生代偿功能。

二、语言的产出

(一) 语言产出的层次理论

Garrell(1982)在总结前人研究的大量实验事实的基础上,将言语的产出过程分为信息层次(message level)、句子层次(sentence level)和发音层次(articulator level)。这三个层次的关系如图 6-3 所示,在这三个层次上的言语产出机制中,发音层次的信息加工,较多涉及心理声学和生理学问题。

1. 信息层次的内部结构

Garrell(1982)指出信息层次的加工有四个特性:① 它是一个实时的概念构建过程;② 它是简单概念通过概念句法(conceptual syntax)而实现的组成成分构建;③ 它利用语用和语义的知识;④ 组成它的基础词汇的那些原始成分,是字词的大小单元

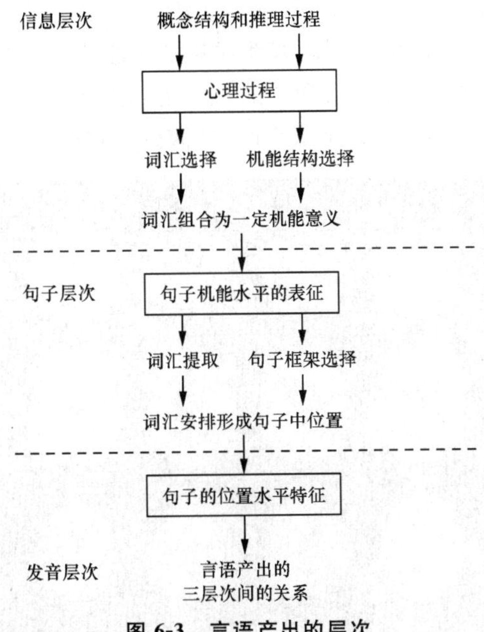

图 6-3　言语产出的层次

(word-sized units),而不是语义特征。

由此可见,信息水平的言语产出加工,实际上是言语产出的思维与推理的过程。从认知心理学有关思维问题的讨论中,我们已经知道逻辑思维是命题表征与其操作过程;形象思维是心理表象及其操作过程。因此,言语产出的信息加工过程,实际上是怎样从思维转化并生成语言的过程。应该承认,我们对这一过程了解得甚少,除了已知少数外显的心理语言学过程外,还有大量的内隐过程有待于今后探讨。根据目前的科学认识水平,我们得到的基本概念可以概括地说,言语产出源于心理模式或状态,它可直接通过词汇通达产生命题表征,也可以通过心理表象再转变为命题,命题间的推理过程导致一些句子的产出。词汇选择和提取是沟通信息层次和句子层次间的关系要素。

2. 句子层次的内部结构

Garrell 将句子层次又划分为两个水平的结构:机能水平和位置水平。机能水平由句子框架的选择和词汇提取两个环节实现,然后将提取出来的词汇按句子框架配置起来,转化为句子中词汇位置的表征,由发音器官或书写功能系统按位置表征依次发音或依次书写出来。在这个层次中,词的贮存是以两种方式实现的。一是词干库,另一种是词的前后缀贮存库。词汇提取从两个库中同时进行,在词汇提取的同时还进行着句子框架的选择。按句子框架把词汇排列起来,则形成位置水平的加工。所以句子产出的句法成分,既含有机能水平的句子结构框架选择,又包括词汇在句子框架中的位置分布。

3. 发音层次

对发音层次，Soros (2006)利用功能性磁共振成像技术通过 9 名被试的言语产出实验，发现当被试发单个音节，主要激活的脑区是辅助运动区和中脑红核等少数具有运动功能的脑结构；但发出 3 个以上音节时，则激活的脑结构如图 6-4 所示。

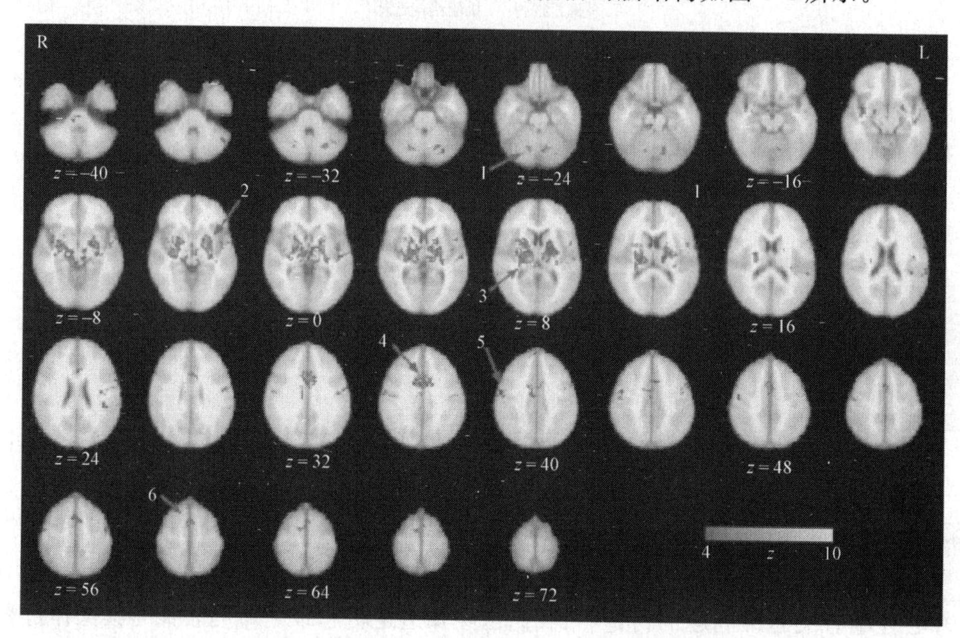

图 6-4 发 3 个以上音节时，脑结构激活图

主要激活区包括：1：两侧小脑半球，2：基底神经节，3：丘脑，4：扣带回运动区，5：初级运动皮层，6：辅助运动区。（引自：Soros et al, 2006）

三个层次加工的语言产出理论，最初强调三层间的串行加工过程。只有高层次加工完成之后，才能进行低层次的信息加工过程。但 1986 年以来，并行分布的联结理论盛行之后，用并行分布式加工原则修饰了 3 层次理论。这一趋势的主要表现是注重词汇加工在语言产出各层次上的作用。因此，在每个层次上都有词汇与句法相互联系的问题。Garman(1990)引用的一些研究报告说明，在言语产出中既有大量并行加工过程在 0.25～0.5 秒之内同时进行着，又有 0.5 秒以上的言语成分间的串行加工过程。

Soros 等人(2006)将这些激活的脑结构间的功能关系用图 6-5 语言产出的神经回路表示。图中标记数字的椭圆形区均是讲话时激活的脑区，各区之间的连线和箭头表示神经信息传递的方向和路径。在皮层中包含辅助运动区与扣带回运动区以及初级运动皮层之间的联系，此外初级运动皮层的激活，还激活了颞上回皮层。皮层和皮层下之间的联系也有多条通路，包括丘脑和基底神经节以及红核、小脑蚓部和旁蚓部。脑干运动神经核，如舌下神经核的激活，与发声器的肌肉运动有关系。

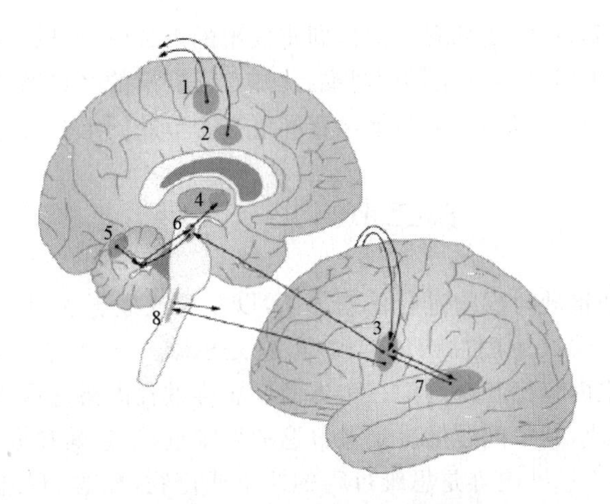

图 6-5　言语产出的神经回路图

1：辅助运动区，2：扣带回运动区，3：初级运动皮层口唇代表区，4：丘脑，5：小脑蚓部和旁蚓部，6：红核，7：颞上回，8：基底神经节

（引自：Soros et al，2006）

与图 6-5 不同，Holstege 等（2004）附加了与情绪和情感变化有关的声音发出机制（图 6-6 左侧所表达的神经通路）。从前额皮层发出社会言语的信息，通过边缘系统到

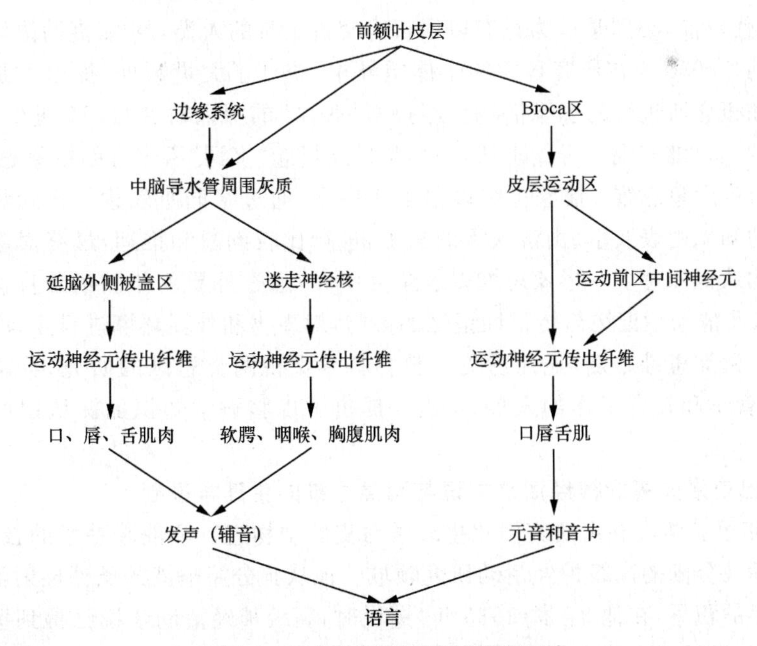

图 6-6　社会性语言产出的神经回路

（引自：Holstege et al，2004）

中脑导水管周围灰质，将情绪色彩附加到即将发出的声音中，所以才将这一侧的神经通路称情绪语言产出子回路，它与图中右侧的认知言语产出的经典通路结合到一起，并接受基底神经节和小脑来的信息，使情绪声音和语言音节共同组合社会语言的产出。

第二节 思 维

经理解、判断和推理对事物进行信息加工，以表象或概念加以表征，再对表象或概念进行操作，完成高层次的理性认识的过程，就是思维。人类的思维活动包括思维过程、思维形式和思维内容相互制约的三个方面。思维过程由概念形成、判断推理和问题解决等几个阶段构成，其中问题解决是最普遍的思维过程，它是在概念形成和判断推理过程基础上进行的。思维内容是思维过程的结果或产物，概念、观念、思想都是具体的思维内容，这些内容用书面或口头语言表达出来，就是思维形式。正常人的思维活动是思维过程、思维内容和思维形式三者的统一体。本节先从形象和抽象思维谈起，再讨论内隐和外显思维。

一、形象思维和抽象思维的脑科学观

思维是人脑的高级认知活动，它是揭示事物间关系及其变化规律的认知过程。20世纪50年代以前，心理学认为只有以语言为交流工具的人类，才能借助语词和概念进行思维活动。1958年在研究智力的个体差异中，统计了大量数据，提出了是否存在不借助语言和概念所进行的思维活动。经过对“表象”的深入研究后，20世纪70年代在心理学中两类思维的观点得到确认，一种是借助概念“字词”所进行的抽象思维；另一种是运作表象的形象思维。抽象思维以语言为中介，通过字词所表达的概念和语义记忆中所存储的知识由表及里、由浅入深的加工，进行比较判断和推理，最终对事物得到较全面深入的认识和理解。形象思维以表象为中介，通过外界物体和场景直接在头脑内的映射，以及情景性记忆与传记性记忆的参与，对事物和外界环境进行生动、活泼的比较和判断。两类思维之别，显而易见。教育科学重视两类思维的研究，希望以此为基础，推进教育学和教育工作的发展，为此，提出了以脑科学知识加深认识两类思维的问题。

（一）巴甫洛夫高级神经活动学说与两类思维的生理学基础

1901年巴甫洛夫利用研究消化生理学对实验动物进行唾液腺手术的技术，又开创了心理性唾液分泌的高级神经活动研究领域。他从狗分泌唾液的条件反射活动实验做起，经35年的积累，在他87岁(1936年)逝世时，高级神经活动学说已得到世界各国科学家的认同，巴甫洛夫建立的条件反射实验模型已获广泛的承认，而且经典条件反射这一专用科学名词永存于脑科学之中。以狗为主要实验对象的大量研究中，巴甫洛夫总结出高级神经活动类型学说。根据两类基本神经过程(兴奋与抑制)的强度、均衡性和

灵活性，他把狗分为四种类型：兴奋型、活泼型、安静型和抑制型。在人类实验中，他认为除与动物具有相似的两类基本神经过程之外，人类还独具第二信号系统——语言，因此人类高级神经活动类型既有类似动物的四种类型之分，又按第二信号系统的强弱分为思想型、艺术型和中间型三大类，每类都可再分为上述四种类型。巴甫洛夫关于思想型和艺术型的人类高级神经活动类型学说，实际上是关于以抽象思维（思想型）和形象思维（艺术型）为优势的神经类型。因此，我们这里对两种信号系统的理论稍加说明。

两种信号系统指第一信号系统和第二信号系统。第一信号系统是现实事物自然属性的集合，例如苹果的气味或外形。电铃的外形及其工作时所发出的铃声。在自然环境中，电铃和苹果之间没有必然联系，对于人或高等动物第一次听到电铃的声音，只是个新异刺激，必然引起注意，随着铃声的几次重复出现，并未发生任何其他事情，铃声就变成无关刺激。建立条件反射时，首先要重复几次铃声，消除其新异性。当铃声变成中性的无关刺激后，随着铃声就出现苹果。这样将铃声与苹果几次结合后，单独出现铃声，也会引起苹果带来的食欲或唾液分泌反应。像这种单独由铃声引出的苹果或其他食物反应，就是一种条件反射。铃声这类现实事物的属性，就成为实现条件反射的第一信号系统。人和高等动物可以共享第一信号系统；但人类还独具语言形成的第二信号系统。

对人类被试建立苹果食物条件反射时，既可用真实的铃声作为条件刺激，也可用“铃声”一词作为条件刺激。在这个例子中，铃声一词代替现实中真的铃声，所以第二信号系统是第一信号系统的信号，是现实物体或事物属性的信号。第一信号系统占优势的人偏重于使用物体直观形象或具体物体属性进行形象思维，而第二信号系统占优势的人擅长运用语言进行抽象思维。巴甫洛夫于20世纪30年代建立两种信号系统学说时，脑科学尚未形成，脑的解剖和生理学或识很有限，他未能更多涉足于脑功能解剖学基础。这一问题50年后由美国教授Sperry给出了答案。

（二）裂脑人的大脑两半球功能不对称性

1981年诺贝尔生理学或医学奖获得者，美国教授Sperry，利用脑手术后大脑两半球间神经纤维割断的病人进行认知实验。采用速视器单视野呈现的视觉刺激，或双耳分听的听觉刺激，让病人作出准确的知觉反应，或让病人口头描绘所见的图片和字词。结果发现，右侧视野投射到左半球的字词反应正确率高于左侧视野投射到右半球的反应。相反，图片刺激呈现在左侧视野投射到右半球时，病人正确反应率较高。由此证明，左半球的语言功能为优势；视觉形象知觉右半球为优势。类似实验进一步采用稍复杂的视觉刺激，比如有几个物体和一个人同时出现在一个画面上，请病人按他所理解的解释画面。例如，画面上的人在做什么，或该人的身份等。结果也证明右半球以形象思维（判断、推理）为优势；左半球借助语言和概念进行抽象思维占优势。这一理论与经典的脑功能定位理论较为一致，因为150年前Broca（布洛卡）医生发现语言运动障碍的病人左额中回受损，说明左半球存在着语言运动中枢，右利手的人左半球语言功能占优势。这一发现进一步验证和丰富了经典脑功能定位理论,又是首创性的在现实生活着的人中,进行脑功能定位的实验研究,使得这项研究获得诺贝尔生理学或医学奖;然而并不等于这项研究发现是脑科学的绝对真理。首先,实验利用脑手术后的病人进行的,由此得到的结果未必表示正常人脑的实际存在的规律;其次,后人的大量研究报告并不能全部重复出这一结果,正常人脑进行思维活动时两半球协同工作;再次,左右对称性两半球分工协作是脑发育发展中的古老维度,从低等动物形成脑之前,头节已经出现左右对称结构。这种古老的维度可以使动物在环境中捕获食物或逃避天敌时进行准确的空间定位。左、右侧视听信号,左、右方向捕捉或逃跑,对动物生存都十分重要。由高级神经中枢活动水平在左右维度间的精细差值确定空间防卫,这就是通常所说两眼视差,双耳声波相位差等。人类大脑除左、右维度,还有深部(髓质)与浅层(皮质)的维度,也是非常古老的维度,与生命活动和本能行为相关的脑中枢都位于脑深部;高级功能中枢位于大脑皮层。此外,从高等动物到人类的大脑进化中还有后头—前头维度,即简单视、听觉在后头部,高级复杂智能更多与前头部有关,即高级功能的额侧化进化,与猴、猿相比,人类的额叶皮层异常发达。近年脑科学揭示,大脑内侧面和外侧面也有较明确的功能差异,即内—外维度。此外,还有背—腹侧功能系统的维度。简言之,两半球间左、右维度是古老维度,不可能成为形象与抽象思维这样高级功能的唯一脑结构基础。

(三)当代认知神经科学的新发现

Fugelsang(2005)应用 fMRI 技术研究了人类被试知觉的因果关系,让被试看一些有因果关系的事件图片和没有因果关系的事件图片,发现与没有因果关系的事件相比,有因果关系的事件图片引起右侧额中回皮层和右侧下顶叶皮层的明显激活,并且这种因果关系的信息是通过图片中空间和时间信息的综合加工而实现的。证明形象思维以右额顶和颞皮层的激活而实现的。然而 Ray 等(2008)对 33 位被试的功能性磁共振成像的研究发现,空间信息工作记忆任务中两半球的脑激活区没有显著区别;但在语言信息的工作记忆任务中,左半球的激活区显著大于右半球。所以,他们认为空间记忆任务是进化中从祖先(猿)继承下来的,没有左右一侧化现象;语言记忆具有后天习得性,增加了左半球的优势。

二、内隐思维与外显思维

内隐思维和外显思维在问题解决或创造性思维过程中的作用,不仅是心理学的研究课题,也是教育学所关注的问题。心理学特别是认知心理学在过去 20 多年中,揭示了内隐思维和外显思维的两种思维过程及其在问题解决中的作用,对认知神经科学的发展提供了很重要的前提。

内隐思维(implicit thinking)是不受意识控制的自发的思维过程,它以反身推理为主,往往难以用语言和逻辑关系加以表达。内隐思维以内隐学习记忆和内隐知觉为基础,常常使人对问题的理解或问题解决豁然开朗,达到“顿悟”的境界。内隐知觉、内隐

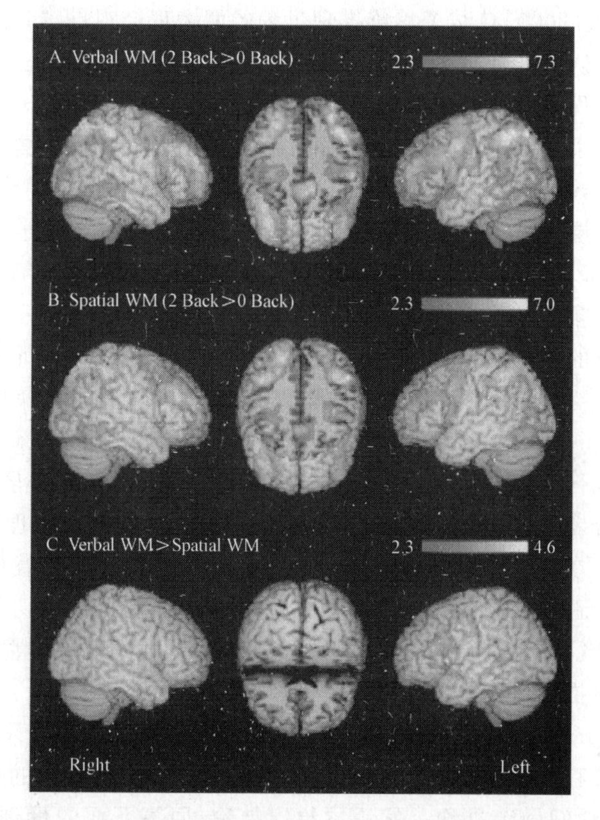

图 6-7 语言工作记忆和空间工作记忆的脑激活区的比较

图中第一行为语言工作记忆的脑激活区(A);第二行是空间工作记忆的脑激活区(B);第三行是两种工作记忆的脑激活区相减(A—B)之后,可见到有左半球的激活区(摘自:Ray et al,2008)

学习、内隐记忆和内隐思维等内隐认知(implicit cognition)所积累的知识称内隐知识。外显思维(explicit thinking)利用和操作外显知识(explicit knowledge)进行判断、推理和解决问题。两类思维的比较可以发现,内隐认知系统比外显认知系统具更强的"鲁棒性"(robust):不易受脑损伤、疾病或其他障碍所影响;内隐认知系统没有外显认知系统的年龄差异,与智力水平 IQ 无关,内隐认知系统在人种之间和个体之间的差异较小;内隐认知是人类与其他高等动物共存的认知过程。对内隐认知的这些特点,Reber(1992)进行了详细论述,并引用了一批实验证据。内隐思维与外显思维在人类与环境的关系上各有不同的功能。外显思维帮助我们去改造和改变外部环境,使环境适应我们;内隐思维使我们适应外环境的微小变化。在创造性思维过程中,外显思维和内隐思维均不可缺少。外显思维往往会使我们豁然开朗,创造性灵感由然而生。关于内隐思维的研究为时尚短,许多问题有待于认知心理学通过精细的实验分析与验证,这是当代心理学的前沿研究课题。

Reverberi 等人(2009)总结了思维推理过程的两大理论观点,即心理逻辑理论和心理模式理论。前者认为推理过程借助心理逻辑规则,例如,经典的三段论法则,从前提条件得到结论的过程。因此推理的思维过程借助语言的外显过程。心理模式理论认为推理过程是对现实事物的镜像模拟构建,并不一定需要逻辑规则的操作,两个人之间谈话内容的彼此理解,故事情节的理解,首先是一种自动和自发的模仿映射过程,随后才通过努力推论其深层含义。他们在脑损伤病人中进行了神经心理学研究,通过实验证明,日常生活中的基本的初级演绎推理,既含有外显思维活动,也含有内隐思维活动,还必然有工作记忆的参与。他们将日常生活中演绎推理能力分解成三种认知成分:运用推理规则构建证据的成分,证据构建的监控成分和执行证据构建所必须的中间表征。他们的实验数据证明,内侧前额叶和工作记忆机制是实现基本演绎推理的重要环节。Pallmann 和 Manginelli(2009) 总结了有关前额叶皮层参与高级认知过程的研究报告,指出它不仅参与执行过程的监控,还支持内部思维过程, 以及外部驱动因素和内部心理过程之间的整合,特别是直接参与视空间特征三段论法的形象推理任务,使奇异的目标瞬时突现出来。在这一认识的基础上, 设计了对视觉目标和干扰刺激的实验控制,并采用 fMRI 技术证明前额叶皮层前端不仅具有执行功能和监控功能,还对刺激呈现过程中某些精细特征变化进行内隐的检测。所以,内侧前额叶在内隐认知中的功能也是其参与基本演绎推理过程的重要基础。

Rodriguez-Morena 与 Hirsch(2009)利用功能性磁共振成像技术研究了正常被试外显的演绎推理过程及其脑机制。将逻辑学上经典的三段论法中的两个前提,先后依序呈现给被试,请他们做出推论。然后再给出结论,回答下面的推理的结论是对还是错。作为线索提示句子呈现 4 秒,随后屏幕上出现 4 秒钟的黑十字,下面两个前提句各重现 4 秒。前提句 1:"每个警察都收集马路上的玻璃瓶",紧跟着出现第二个前提句:"收集玻璃瓶的人都爱护野生小动物",再有一个黑十字 4 秒后出现结论句子:"每个警察都爱护野生小动物"。这个句子之后出现一个黑十字 2 秒钟接着是单词"下雨"呈现 2 秒,又是一个黑十字(2 秒),被试选择按键反应,结论是对或错。这个例子应该选择"对"键。下面例子应选择"错"键,线索提示:请判断下面的推理结论是对还是错。前提句 1:"一些成年人做雪人";前提句子 2:"做雪人的人喜欢滑雪";推理结论句:"成年人不喜欢滑雪",后插入词:"世界"。对照任务如下:指示语(4 秒):请对单词是否出现做选择按键反应,单词出现按"是"键;单词不出现按"不"键。前提句子 1:"各国的语言都有一个共同的起源";前提句子 2:"这个班的孩子做集邮";句子 3:"所有的警察都受训 2 年",单词:"孩子们"。指示语:请注意单词是否出现,单词不出现做"不"按键反应。句子 1:"母亲喜欢打扫房间";句子 2:"一些建筑需要爱心维护";句子 3:"调味器影响孩子的健康";单词:"诗人"。但对照任务均由三个彼此无关的句子组成,因此不存在被试按指示语做推理过程,只注意最后是否出现单词。对每个被试的 fMRI 采样数据进行推理(对照任务间五段对比)分析:① 线索句子(指示语呈现期),② 前提句子 1,

③ 前提句子2，④ 结论句子，⑤ 反应以最小聚类体元为40的SPM99，平均值差异显著性水平P小于或等于0.005，进行统计处理。以视觉和听觉两种方式呈现句子，比较之间的效果。虽然在被试对句子的反应正确率中，视觉呈现优于听觉呈现，但两种呈现方式之间没有显著差异。fMRI的结果分为两类：支持脑区和核心区。作者将推理阶段直接激活的相关脑区称核心区；支持区是在推理任务和对照任务时均激活的脑结构，推理和对照任务之间的仅有激活程度上的差异，对前提句子和推理结论句子之间没有显著差异。这些支持区是左半球额上回、额中回(BA6/9/10区)。相关推理的核心区是额下回(BA47区)，左额上回(BA6/8区)，右半球内侧额叶(BA8区)，两侧顶叶(BA39/40/7区)。推理相关的核心激活区特点是仅在前提句子2呈现之后或推理结论句呈现期才激活的脑区，如图6-8所示。作者参照数据表得到的结论是，当推理前提句子2呈现时，主要激活的脑区是额中回(BA8/6区)；左额上回皮层(BA6，8区)和左顶区(BA40，39，7区)表现为从前提句子2到结论句子呈现之间的持续性激活；仅在结论句子呈现时才激活的脑区有左额中回(BA9，10区)和两半球内额和下额回(BA9，10，47区)以及两侧尾状核。前提句子1的脑激活水平与对照任务没有差异。基于实验结果，作者提出了高级网络模型理论。这一理论认为人们面对演绎推理的任务时，忽略了视觉还是听觉的传入差异，很快组建了动态推理网络，不同阶段动员的脑结构不同。但是由于fMRI的时间分辨率所限，还不能揭示推理的两个前提句子结合的过程与推理结论出现之间的变化细节。从行为反应数据中发现对第2个前提句子的反应时长于第一个句子的反应时以及对第二个前提句子编码比对照任务引发较强的BOLD信号的事实，可以说两个前提句整合为一个统一的高级推理网络。

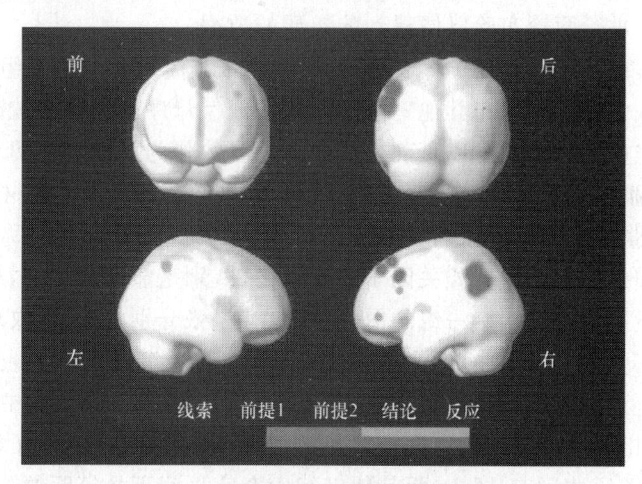

图6-8 高级推理网络模型的激活脑区

(摘自：Rodriguez-Moreno & Hirsch, 2009)

三、问题解决和智力的脑机制研究

问题解决是思维心理学研究的一个重要领域，也是人工智能研究的重要课题。人类面对眼前要解决的问题，首先要对问题加以理解，分析它的已知条件和问题所在，搞清拟解决的属于哪类性质问题，这些都可以用问题表征加以概括。随后要选择解决问题的策略或算法，如采用一些前提和结果的推论，称为产生式问题解决的策略；也可以采用逻辑网络的推理关系，称为逻辑推理的策略。决定解决问题的策略之后还要进行验证，可通过算法的应用或科学实验，还可能是试制样品等。最后，就是对结果进行评价。

Unterrainer 和 Owen(2006)总结了神经心理学和脑成像研究中的问题解决和策划功能的脑机制，以河内塔问题解决为模型，发现在策划解决河内塔任务时，背外侧中额区激活，没有发现半球优势效应。此外，还发现背外侧中额区与辅助运动区、运动前区之前的前额区、后顶叶皮层以及与许多皮层下结构，包括尾状核和小脑等，有着复杂的功能联系。这说明在解决河内塔一类问题中，背外侧额叶发挥主导作用，计划这一问题的解决，并与一系列皮层与皮层下脑结构形成功能回路。

Duncan 等人(2000)利用正电子发射断层扫描技术(PET)研究了正常被试完成三类认知任务中脑的激活规律。这三项认知作业分别是与空间、文字和知觉运动等有关的问题解决任务，如图 6-9 所示。除了三类需要高 g 相关因子的问题解决任务，他们还设计出与之相对应的低 g 相关因子任务，作为对照实验。高 g 与低 g 相关因子作业，使用同样的材料，由同一批被试完成，在预先四轮实验得到完善对比的行为实验数据之后，再通过 PET 进行两轮实验以便得到脑激活的数据。

三类问题解决任务如图 6-9 所示，同时提供四张小图或 4 个字母组成的刺激材料，要求被试尽快从中找出一张与其他三张不同的图或字母序列。要求被试在固定的时间内尽可能多地完成图片作业。以正确完成的图片套数作为问题解决的总作业成绩。图中(a)是空间作业能力测验，取自卡特尔文化公司标准智力测验用的材料，其中高 g 相关因子图片，四张小图中第三张与其他三张不同，除第三张外均是对称性加黑图形，第三张是偏右侧加黑图形。低 g 相关因子图片组中，差别是显而易见的，第一张小图是黑圆与其他小图不同。这类四个一组的图片中，总有一张分别在形状、纹理、大小、方向及其组合与其他三张不同。图中(b)为语言文字作业，四个字母为一组，在四组中总有一组的四个字母排列规则与其他三组不同，例如，在高 g 相关因子作业中，第三组四个字母间是等距的，相邻字母之间均有两个字母的间距，在 T 和 Q 之间有 S、R；在 Q、N 之间，有 P、O；在 N、K 之间有 M、L；而其他三组四个字母间不是等距的，第一组四个字母间距是 3、2、1；第 2 组 4 字母间距是 1、2、3；第 4 组 4 字母间距也是 1、2、3。在低 g 相关因子测验材料中，第一组四个字母在字母顺序表上是不连续的；其他三组四个字母均是连续的。在图(c)圆的四张小图作业中，第三张小图与其他三张不同，它的小圆的圆心

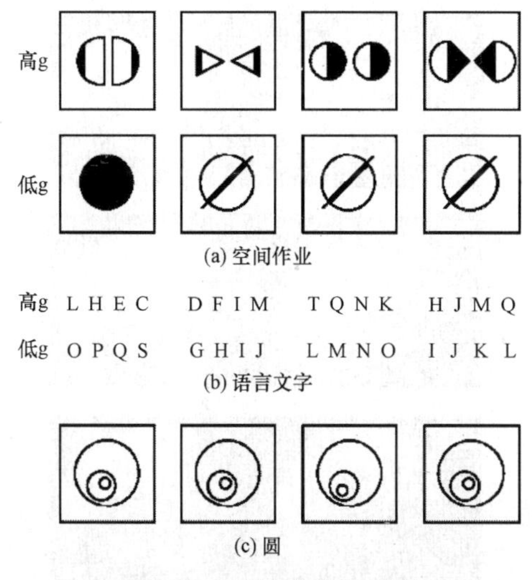

图 6-9　三项认知作业材料

（摘自：Duncan et al，2000）

是偏向大圆周边；其他三张小图中小圆圆心偏向大圆的圆心。刺激图在计算机显示屏上呈现，被试观察空间作业时视角 12 度，文字作业时 19 度视角。用两手的食指和中指按键，按选择性按键作为作业的答案（特别的小图或字母序列是第几位的）。每次按键给出答案之后间隔 0.5 秒，又会呈现下一次测试刺激。要求被试尽可能经过仔细分析，给出准确答案，不要凭猜测给出答案。另请 60 名被试平均 42 岁（29～51 岁）每人进行三次实验，正确完成的作业数，分别是空间问题解决 34～46 项；文字问题解决 43～65 项。又在另外 46 名被试中进行，4 分钟之内完成高 g 相关因子问题平均 12 项，低 g 空间问题 198 项；高 g 相关因子文字问题解决 7 项，低 g 相关因子文字问题解决 42 项。

随后对 13 名右利手的被试进行 PET 的局域性脑血流（rCBF）测定，其结果如图 6-10(a)所示，高 g 相关因子空间问题解决的局域性脑血流减掉低 g 相关因子空间问题解决的局域性脑血流变化之后，显示右半球（右图）的激活区大于左半球，主要差别是右半球的顶叶也有所激活。两半球共存的激活区是枕叶和背外侧前额叶。如图 6-10(b)所示，文字问题解决作业中高与低 g 相关因子任务的局域性脑血流之差是右半球没有的显激活区，仅右背外侧前额叶激活（左小圆）。如图 6-10(c)所示，圆问题解决的脑局域性血流减掉低 g 相关因子空间任务解决的脑血流之后，发现除两半球枕部激活区，在右背外侧前额叶也有激活区，根据这一结果，作者认为对心理学中争论很久的一般智力 g 相关因子是脑某一区的功能特性还是分散在大量脑区普遍特性之中，该研究结果证明解决问题的一般智力相关因子 g 主要反映了脑背外侧前额叶和内侧前额叶的功能特性。

就在这篇研究报告发表的同一期《科学》杂志上，美国著名的智力研究专家 Stern-

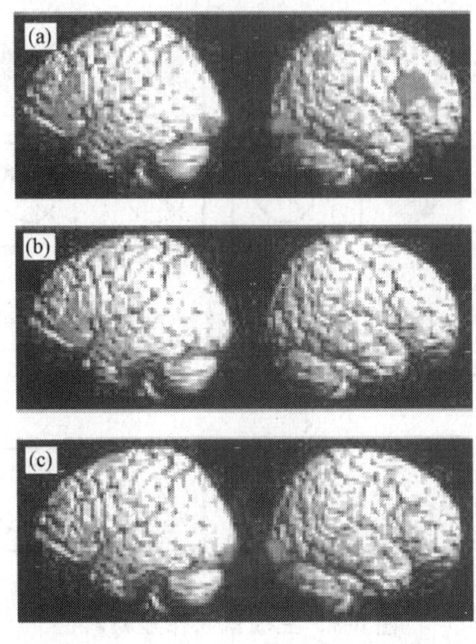

图 6-10　PET 脑局域性脑血流激活区图

（摘自：Duncan et al，2000）

berg 发表了一篇评论文，对此研究结果以否定态度加以评论。他认为智力是复杂的，这些简单的图和文字测试不能全面反映人们的智力，他使用美国总统三名竞选人，在大学读书时的智力测验 IQ 值，并不比别人高，但三人的政治生涯却十分出色的事实作为例子。所以，他认为分析智力、创造性智力和实践智力三者不同。他的第二点批评更是尖锐，认为这一研究的思路是颅相学说的当代翻版，怎么能指望复杂的智力仅仅是由背外侧前额叶的功能特点所决定的呢？

Choi 等人（2009）以更加尖锐的观点和实验事实反对了 Duancan 等人（2004）的观点。他们对 225 名健康年轻人进行结构和功能性磁共振成像研究，分析了一般智力 g 和脑结构与功能的相关。结果发现，晶态智力与皮层厚度相关，液态智力与 BOLD 信号强度更密切相关。据此作者归纳出 IQ 预测模型可以解积 50%以上的变异数，所以，作者认为智力 IQ 是多相分布的脑机制而不是存在脑的局部定位性。

事实上，问题解决是一种高级思维过程，必然涵盖许多层次的心理过程，所以参与问题解决的心理过程很多，包括知觉、注意、工作记忆、长时记忆、比较、判断和推理等。从心理测验的角度，解决问题的能力也是一种智力。1904 年，为了解决对智力发育迟滞儿童进行特殊教育的实际问题，法国教育管理部门支持了智力测验的研究，形成了世界上第一个智力量表西蒙比内儿童智力测验量表。在 1918 年，美国修订西蒙比内智力量表时，提出了智商的概念（intelligence quotient，IQ）。在过去的一个世纪中，有数十种智力量表问世，对智力的定义和分类也是多种多样。20 世纪 80 年代，心理学家认识到还有比智商更为重要的心理素质，即情绪情感控制调节的潜能以及基于这种潜能之上的人际关系和人际交往能力，这类素质对于人在高速发展的经济社会中的生存和发展更为重要。于是，仿造智商的概念，提出了情商(emotional quotient，EQ)概念。Bar-on(1997)制定了情商的心理测验方法，2003年他们又报告了情感和社会智商的脑功能基础，主要是内侧额叶、前扣带回、杏仁核和岛叶等。这些脑结构病变的人，情商低下。他们认为情商与人们的社会生活能力和处理社会问题中的决策能力更紧密相关，其脑功能基础就是情绪、情感的脑机制，应该与认知的脑功能系统并列。

Lewis和Todd(2007)提出了情感与认知过程相互作用，进行自我调节的发展，并总结出这一过程的脑功能基础。他们认为应该打破认知和情感过程的分界，智力是情感和认知功能的统一体，是相互作用自我调节的发展过程。首先是皮层与皮层下之间实现着垂直的上下信息流之间的相互调节。大脑皮层自上而下地发出信息流启动杏仁核对自下而来的知觉信息和所期望的结果做出适度反应；而杏仁核使大脑皮层的活动按着刺激的情感意义装配。传统神经生理学强调，高级脑中枢对下级脑结构进行抑制性调节；却忽略了设有下一级脑结构的激活和所提供的能动作用，例如，脑干释放神经递质沿上行通路传输到皮层发挥作用。事实上，因为皮层—皮层下的联系总是双向的，神经信息的传递是双向性的。他们用图6-11表述了大脑皮层、边缘系统、间脑和脑干之间的联系都是双向性的。

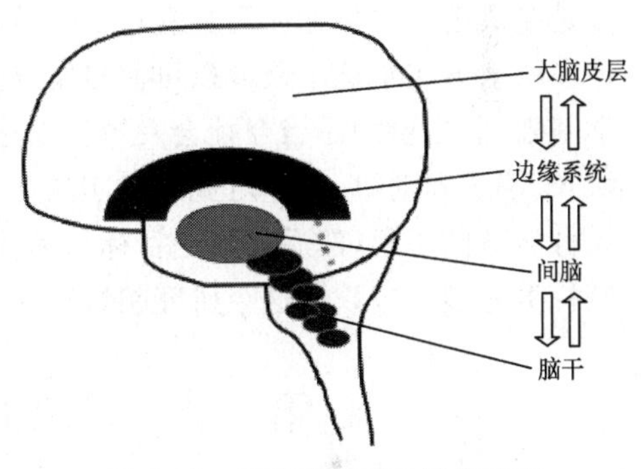

图6-11 脑的垂直双向整合联系

在脑干和大脑皮层之间实现着多级双向联系中，自上而下的信息流通过意识和执行控制过程，控制情绪反应系统；自下而上的信息流通过下级脑结构活动形成的动机、注意、知觉对皮层过程进行调节。这种垂直整合调节是快速整体性的；与此并列的皮层或皮层下分别形成自我调节中心，前扣带回的背侧区和腹侧区可能成为皮层自我调节中心；杏仁核、下丘脑和脑干形成皮层下自我调节中心。因为前扣带回处于新皮层和边缘系统之间，在系统发生上曾是高级整合中枢，是海马的外延，并联系下丘脑和脑干，所以它成为新皮层对这些边缘结构发挥调节作用的中介和中心。前扣带回背侧区与背外侧前额叶紧密联系，在工作记忆参与问题解决、决策、规划等功能的暂时激活中起着重要作用，促进工作记忆提取和利用情景记忆信息；另一方面，它与辅助运动区的联系，促进决策动作的形成、执行并对其实施监控。所以，前扣带回在智力的脑功能机制中发挥着关键的作用。

7

社会情感认知神经科学

如第1章第四节所述，社会情感认知神经科学研究领域，虽然有着漫长的历史，但只是在最近十多年才成为具有相当影响的国际前沿学术领域。这不仅是由于脑科学的许多科学事实给这个领域以可靠科学支撑点，例如镜像脑细胞，心灵理论和共情的脑科学基础，更主要的是当今社会发展比以往任何时候都需要人类了解和把握自身的社会认知、情感和动机，希望对此有坚实的认知神经科学基础。这一部分先从情绪的认知神经科学基础谈起，然后再讨论目标行为和执行过程，最后讨论人际交往及相互理解的神经科学基础。应该说这个研究领域正在飞速发展中，许多问题还有待进一步研究。

第一节　情绪的认知神经科学基础

与对认知过程的脑功能基础的认识相比，我们对情绪和情感脑机制的认识相差甚远。十多年前，几乎还停留在20世纪五六十年代的认识水平上，即情绪和情感的脑高级调节中枢是边缘系统和下丘脑。单胺类神经通路在奖励和惩罚所强化的情绪行为中的作用，也是20世纪70～80年代的主要科学成果。直到十多年前Panksepp(1998)所出版的专著《情感神经科学》，才较系统地总结了以往40多年的科学资料，提出了基本情绪系统的现代假说，打破了情感的边缘系统理论框架。Panksepp(2006)以《精神病学中的情绪内表型》为标题的理论文章，总结了神经生物学在情绪领域中的新贡献，用当代科学的新发现丰富了情绪进化理论的科学内涵。与这种源于生物学的情绪理论相并列，还有源于传统心理学的情感维度理论(Russell, 2003)和源于认知科学的组成评价模型(Grandjean et al.,2008)。由于本书偏于脑科学基础，先介绍基本情绪系统理论。

一、基本情绪系统理论

Panksepp(2006)把脑的基本情绪系统划分为7个子系统；① 追求、期望，② 贪心、色欲，③ 爱抚、养育，④ 安逸、欢快，⑤ 激怒、气愤，⑥ 恐惧、焦虑 ，⑦ 惊慌、孤独和抑郁。应该说，这些情绪子系统及其对应的脑结构主要来自对哺乳动物的实验研究。由于伦理学的限制，不可能触及人类的脑结构，观察其情绪效应。不过，有限的研究报告表明，人类被试自生的内在多种情感体验所伴随脑激活，大体与Panksepp的理论设想相符，包括前额叶皮层、脑岛叶、前扣带回、后扣带回、次级感觉运动皮层、前脑基底部、海马、下丘脑和中脑。由此可见，无论是动物实验的发现还是无创性脑成像所提供的资料，都证明参与人类自发情感体验的脑结构，大大超越了边缘脑的范围，许多新皮层都参与情绪和情感的调节功能。这是当代情绪脑理论的突破。

现在还是回到Panksepp的基本情绪系统。如表7-1所示：

表7-1　哺乳动物脑构建基本情绪的解剖和神经生化因素

基本情绪系统	关键脑区	关键的神经调质
追求、期望和生物学阳性动机	伏隔核—腹侧被盖区，中脑边缘和中脑皮层传出系统，外侧下丘脑—中脑导水管周围灰质	多巴胺(＋)，谷氨酸(＋)，阿片肽类(＋)，神经紧张素(＋)，多种其他神经肽
激怒、气愤	内侧杏仁核—终纹床核，内侧围穹隆下丘脑区—中脑导水管周围灰质	P物质(＋)，乙酰胆碱(＋)，谷氨酸(＋)
恐惧、焦虑	杏仁中央核和杏仁外侧核—内侧下丘脑，背侧中脑导水管周围灰质	谷氨酸(＋)，二氮杂草结合抑制剂，促肾上腺皮质激素释放激素，胆囊收缩素，α-促黑激素，神经肽
色欲、贪心	皮质-内侧杏仁核，终纹床核，下丘脑视前区，腹内侧下丘脑，中脑导水管周围灰质	类固醇(＋)，血管素加压素，催产素，黄体激素释放激素，胆囊收缩素
爱抚、养育	前扣带回，终纹床核视前区，腹侧被盖区中脑导水管周围灰质	催产素(＋)，促乳素(＋)，多巴胺(＋)，阿片肽类(＋/－)
惊慌、孤独和抑郁	前扣带回，终纹床核和视前区，背内侧丘脑，中脑导水管周围灰质	阿片肽类(－)，催产素(－)，促乳素(－)，促肾上腺皮质激素释放因子，谷氨酸(＋)
安逸、快乐	背内侧间脑，旁束区，中脑导水管周围灰质	阿片肽类(＋/－)，谷氨酸(＋)，乙酰胆碱(＋)，甲状腺释放激素

(译自：Panksepp，2006)

(一) 生物学阳性情绪

在Panksepp的7类情绪子系统中，有4类是属于生物学阳性情绪，也就是对个体生存和种族延续所必需的食物、水和安居之地以及性爱等所驱动的情绪。因此，调解这些需求的情绪包括追求与期望、贪心与色欲、爱抚与养育和安逸快乐等。我们先从追求与期望谈起。调节本能需要的脑结构位于下丘脑，通过多重体液和激素的调节环节驱动行为，出现满足感的同时伴有快乐安逸和舒适的生物学阳性情绪。对这种生物学阳性情绪行为的脑机制研究中，历史上曾有著名的自我刺激的实验模型，起到过重要作用。

1954年博士研究生Olds和Milner在实验室中意外地发现了大白鼠的下丘脑、隔区等结构受到微电极导入的弱电刺激，就会不停地按压杠杠，以便连续多次得到电刺激，频率甚至可高达一小时2000多次。许多实验室重复了这一现象，并控制动物的饥渴程度和血液中的性激素水平，观察自我刺激现象。经过20多年的研究，在20世纪70～80年代，总结出这些能产生自我刺激现象的脑结构，形成两条多巴胺能通路。它们都发源于脑干被盖腹侧区，一条通路终止于前脑的伏隔核，它位于杏仁核的前面；另一条终止于眶额皮层。将这些脑结构和它们之间的通路称作奖励或强化系统，强化生物学阳性情绪为基础的学习行为。动物追求和期望的程度与这些脑结构中多巴胺神经元兴奋性水平相关，也就是说可以把多巴胺神经元的兴奋性水平看成是追求与期望情绪的预测指标。然而，最近十多年的研究进一步发现，当环境因素微妙变化，动物得不到预期的奖励时，这些多巴胺神经元的兴奋性立即受到抑制。所以，近几年以奖励预测误差理论取代了多巴胺强化理论。本书后面章节将进一步讨论这个问题。

1. 追求和期望

追求和期望包括本能和动机目标，如食物、水、栖息地和性对象是生物本能行为的基础。其涉及脑干和皮层下奖励系统，始于中脑腹侧被盖区(VTA)，终止于前脑伏隔核，同时中脑—皮层多巴胺通路投射到眶额皮层，也与学习行为的奖励和强化作用有关。正如表7-1所示，除多巴胺类神经递质的功能水平直接影响追求和期望情绪，其他神经调质也参与调节作用。例如，中脑导水管周围灰质的多种神经肽、类固醇和阿片肽类物质等都有重要作用。

饥饿与饱食中枢，饮水和渴中枢都位于下丘脑，并由许多体液和激素的因素参与调节，一旦机体满足个体生存的需要就会同时伴有快感和满足感。对于人类而言，追求和期望并不限于本能的需要，更重要的是社会需求，精神满足感能产生更强的动机。因此，情绪、情感、认知和思维以及评价系统等密不可分，都离不开大脑皮层的参与。

2. 色欲和贪求

如果说追求、期望是由于对个体生存息息相关的食物、水和栖息地的追求，那么对种族延续来说，追求性对象则是重要前提。贪求色欲的情绪中枢是杏仁皮质核和杏仁内侧核，还有下丘脑视前区和腹内侧区以及中脑导水管周围灰质。除了神经中枢的调节作用外，还有许多体液因素参与性相关的情绪调节，包括脑内的催产素、黄体激素释放激素，还有外周的肾上腺皮质激素以及性腺分泌的性激素等。此外，胆囊收缩素和血管加压素在中枢和外周都可能产生，它们对性行为相关的阳性情绪也发挥重要调节作用。

3. 爱抚和养育

对种族延续来说，除了以性行为作为起点孕育下一代，还必须包括养育和爱抚下一代的生物学阳性行为。伴随这种养育行为，自然会有爱抚的情绪体验。由于这种情绪是一类持久的稳定情绪，它的关键脑结构位于扣带回、终纹床核、视前区和中脑的腹侧被盖区与中脑导水管周围灰质。在下丘脑的视前区由催产素、促乳素发挥体液调节作用，在中脑被盖区生成多巴胺类神经递质，在中脑导水管周围灰质生成阿片肽类物质都对养育抚爱子女之情发挥调节作用。

4. 安逸与快乐

最后一项生物学阳性情绪，是安逸与快乐。在安逸饱食之余，生物个体之间的和谐共处通过嬉戏行为产生快乐。可见，生物个体得到安居乐业的资源，就必然伴随安逸和快乐情绪，它的脑中枢位于间脑的背内侧区和旁束区。通过下丘脑生成甲状腺释放激素调节这类情绪。中脑导水管生成阿片类物质，还有乙酰胆碱和谷氨酸作为神经递质，都参与这类情绪的调节。

上面所列举的四类生物学阳性情绪，是生物种系得以繁衍的前提，只有个体得到生存的资源才会出现繁殖后代和养育后代的性行为，并伴随着不同个体间普遍享有的安逸与快乐情感。在动物世界的进化中，已把这些情绪的调节功能赋予皮层下结构，如中脑、间脑和基底神经节；扣带回是情绪的高级调节中枢。人脑不但传承了这些情绪调节机制，更有许多与思维和智能相关的大脑皮层也参与情绪更精细的调节，使人类社会的情绪更丰富更细腻，并在此基础上生成了高级情感，例如改造自然和征服宇宙的积极情感。

（二）生物学阴性情绪

在 Panksepp 的 7 种情绪中，恐惧与焦虑、激怒与气愤和惊慌与孤独等三项，属于生物学阴性情绪，它们驱使动物个体摆脱或远离危及生存的环境条件，也可能促使个体发出攻击行为。

1. 恐惧与焦虑

恐惧与焦虑是动物机体逃避疼痛和损伤刺激所伴随的情绪。所谓敏感的刺激性质及其对机体产生的效应和表现出的外在行为，都是动物种属进化所形成的，都是不良刺激通过感官经下丘脑内侧与中脑导水管灰质背部，到杏仁中央核和外侧核所实现的生理反应。所以，这一情绪系统的核心结构是杏仁核。杏仁核是一组神经核群，具有相当复杂的内外部神经联系，参与不同的情绪过程。大体而言，杏仁外侧核是传入性的，将外部神经信息传向杏仁核诸多核团中，杏仁中央内侧核是传出性的，其中有重要意义的是传向内嗅区皮层、颞下回皮层和梭状回皮层的通路，可能是自上而下调节对他人面孔表情的感受功能，特别是威胁恐吓的表情。LaBar 等人(1998)通过功能性磁共振方法，发现人类被试形成恐惧性条件反射时，杏仁核激活。现在已知杏仁核与视觉皮层的神经回路之间存在着空间分辨率和传导速度不同的两条联系。一条是快速的低空间分辨率通路，对外部危险信号的视觉刺激特性进行初步加工，快速传递到杏仁核，以便产生自动化下意识的防卫反应；另一条是较长的丘脑—皮层—杏仁核通路，与复杂的社会行为及其知觉决策过程有关，也是人类面对面交谈和感情交流的脑基础之一。Phelps 和 LeDoux(2005)综述了大量文献，总结出杏仁核参与下列 5 类情绪和认知过程的调节：① 内隐的情绪学习和记忆，② 记忆的情绪调节，③ 情绪对知觉和注意的影响，④ 情绪和社会行为的调节，⑤ 情绪的抑制和调节。

2. 激怒与气愤

当动物得不到想要的资源，特别由于同类竞争的原因所造成资源需求的障碍，就更容易出现激怒和气愤的情绪。内侧围穹隆区、下丘脑向下的中脑导水管周围灰质以及向上传导至内侧杏仁核—终纹床核，在这些脑结构中，P物质、乙酰胆碱和谷氨酸，都参与这种情绪的调节。激怒和气愤情绪是暴力行为产生的原因。所以，20世纪60～70年代，美国社会暴力行为成为社会重大问题，美国政府曾增加一大批对激怒和暴力行为进行研究的项目。

3. 惊慌与孤独

孤独无助情绪是较前两项生物学阴性情绪强度稍差的情绪，当动物离群或幼小动物没有母亲的照料就会出现惊慌、孤立无助的情绪。终纹床核、视前区、背内侧丘脑、中脑导水管周围灰质通过催产素、促乳素、促肾上腺皮质激素释放因子等神经内分泌机制以及谷氨酸和阿片类神经递质，调节这类情绪的强度。前扣带回皮层是这一情绪的高级调节中枢。

二、情绪的维度理论

情绪和情感的维度理论源于传统心理学，特别注重人类日常生活中的情感体验及其言语表达。Russell(2003)在《心理学评论》上发表题为《核心情感和情绪的心理学构建》的文章，系统地论述了情感维度理论。他说情感心理学问题是心理学发展中最薄弱的且充满矛盾的领域。James(1884) 认为情绪是自动过程的自我知觉。冯特(1897)认为情绪是独立于认知过程的要素，快乐-不快乐，紧张-放松，激动-安静是人类情绪和情感的维度基础。Russell 所说的核心情感和情绪有两个维度：价值维度(valence，决定于情绪的性质，以愉快和不愉快为基本属性)和唤醒维度(arousal，决定于情绪的强度，以激活和不激活为基本属性)。

Olofsson 等人(2008)综述了情绪性图片刺激引发的脑功能变化，以视觉事件相关电位作为生理指标，称为情感事件相关电位研究。绝大多数研究文献一致报道，具有消极、恐惧性刺激的图片比愉快性图片能引出较强的100～200毫秒短潜伏期诱发电位，而且诱发反应幅值与图片的情绪性质有一定关系。能引出强烈唤醒水平的凶杀和色情图片，除了引发短潜伏期诱发成分，还在中央区引发潜伏期为200～300毫秒的早后负波(EPN)；但却不像短潜伏期成分那样，具有情绪性质和诱发反应幅值之间的关系。一种解释是图片的情绪性质与短潜伏期反应的关系是杏仁核的功能特点。他认为生物进化中，对外间世界一出现危及生命的因素，就会立即通过丘脑和杏仁核快速引发情感反应，短潜伏期的事件相关电位是快速情绪反应的生理指标，随后的早后负波与N2波有一定重叠，是对有害刺激进行选择性注意，以便精细探究刺激的特性。再稍后的P300波和晚顶正波与自上而下的情绪信息加工有关。Codispoti 等人(2006)利用中性面部表情的照片作对照，愉快和不愉快的照片重复呈现，重复10次为一组试验，连续6组，叠加后发现，诱发出的高幅晚正成分（800～5000毫秒）不受重复次数的显著影响，而N1波和P1波有习惯化效应，同时记录的皮肤电和心率则比N1波和P1波有更快的习惯化效应。所以，他们认为对情绪的识别任务，脑事件相关电位晚正成分是主要的生理指标；皮肤电和心率仅是朝向反应的生理指标 。

Ochsner（2008）认为人类社会情感信息加工流中，有五个关键性脑结构，杏仁核主要与情绪产出功能相关，特别是恐惧情绪的产出。它在情绪性学习行为中对有害的外部因素十分敏感，可以很快识别出这些因素，以便尽快躲避这些不利因素。前扣带回负责情绪过程的注意，意识以及情绪的主观知觉和动机行为的启动作用。前额叶皮层是人类情绪行为的高级调节中枢，对情绪行为的后果给出预测性控制，确定特殊行为目标以及调控持久的与延缓性的情绪反应。腹侧纹状体，包括伏隔核等与杏仁核相反，对生物学阳性情绪具有重要调节作用，特别是调节那些与主观体验有关的因素。例如药瘾者渴求毒品之时，眼前会出现他所想要的毒品，这时相关脑结构立即活跃起来。最后是眶额叶皮层对情绪过程的外周自主神经系统的功能变化，如心率、呼吸、消化道功能变化和特殊味道引起的主观体验有关。

Kober等人（2008）对1993—2007年间162篇关于人类情绪的脑功能成像研究报告进行了多层次的元分析，包括脑成像的容积单元、激活区和共激活的功能组，并使用了一致性分析、结构分析和路径分析等技术。他们发现，人类的情绪变化激活的大脑皮层较广，包括背内侧前额叶（dmPFC），前扣带回（ACC）、眶额皮层（OFC）、额下回皮层（IFG）、脑岛叶（InS）和枕叶皮层（Occ）。这些大脑皮层的激活常伴随更多皮层下脑结构的共激活，包括丘脑（Thal）、纹状体腹侧区（vStr），杏仁核（Amy）、中脑导水管周围灰质（PGA）和下丘脑（Hy）等。他们对这些激活数据的进一步分析，得到如下几个功能回路：① 额叶认知和运动回路由脑岛叶、纹状体和眶额皮层区所组成，这个功能回路与皮层下结构，如杏仁核、丘脑、纹状体腹侧区、中脑导水管周围灰质和下丘脑等，发生复杂的功能联系。② 内侧前额叶回路与前述皮层下结构有紧密的功能联系，此外还与后头部两个视觉回路有密切关系，包括初级视皮层、枕颞顶联络区、颞上沟、后扣带回和小脑。可能这个回路与情绪调节、知觉、注意等多种认知功能有关，这还需要今后进一步研究。③ 值得注意的是这项研究通过路径分析，发现了背内侧前额叶（dmPFC）与中脑导水管周围灰质（PGA）、丘脑（Thal）和下丘脑（Hy）之间进行着双重调节；但是dmPFC通过PGA对下丘脑的调控路径是主要的，这说明，人们在情绪激烈变化时，关于外界环境因素对自己和他人的利害关系评价中，这个回路发挥重要作用。人们在知觉和情绪体验过程中，这个功能回路也具有十分重要意义。④ 另外三个前额叶区：右侧额盖区、前扣带回背区和前下区都与杏仁核有密切的共激活关系。

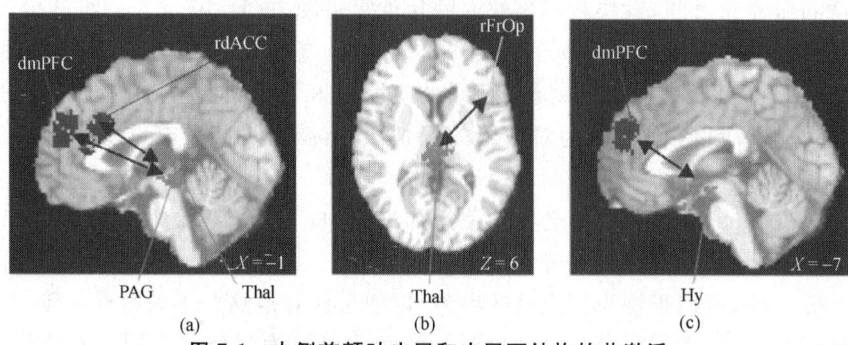

图 7-1　内侧前额叶皮层和皮层下结构的共激活

(a) 背内侧前额叶皮层(dmPFC)和中脑导水管周围灰质(PAG)以及丘脑(Thal)之间的共激活,内侧前额叶(mPFC) 包括背内侧前额叶皮层(dmPFC)和前扣带回(rdACC);(b) rFrOP 前额弓(认知/运动回路);(c) 背内侧前额叶皮层(dmPFC)与下丘脑(Hy)的共激活(摘自:Kober et al, 2008)

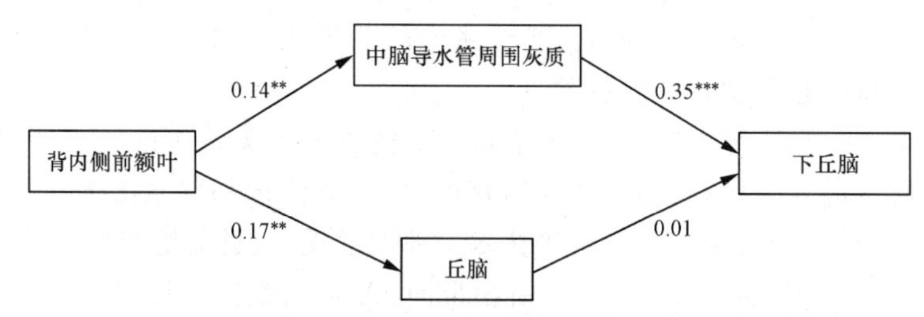

图 7-2　背内侧前额叶皮层和皮层下结构的共激活的路径

,*:达到统计学显著意义的路径系数,中脑导水管周围灰质是背内侧前额叶皮层和下丘脑之间的共激活的中介。

三、人类情感的组成评价模型

前面介绍的情绪进化理论侧重哺乳动物实验研究的发现,基于这些事实所提出的基本情绪系统及其脑结构基础,主要适用于动物和人类简单无意识的情绪,较难适用于理解人类高级复杂的情感过程。特别是带有意识形态层次的情感,应该从更高层次的理论角度加以认识,现在介绍关于情绪和情感的组成评价模型(componential appraisal models),有助于认识人类复杂意识情感的规律。

这一情感模型由五个子系统或组成成分所组成(图 7-3)。情感被定义为复杂的 5 个组成成分经过四个动态评价过程而产生的主观体验,所以这种情感理论又称组成过程模型。该理论由心理学家 Scheer 等人最早于 1984 年提出,2008 年进一步引入认知神经科学的新科学事实,作为该理论的基础。这五个组成成分分别是认知、动机、自主神经生理反应、动作表达和情感体验。四个评价过程有明确的时间顺序性,事件与主体的关系,相关事件的性质和程度,可应对性和常规意义的评价。在组成成分中的"认知"

一项,包含注意、记忆、推理、自我参照等环节。

四个评价过程分别回答下列四方面问题:

(1) 当前的事件与我或与我关系网上的人有何关系?

(2) 当前事件对我的生活有什么样的近期和远期影响后果?

(3) 我应如何应对这个事件,控制它的后果?

(4) 当前事件对我的意义,特别是它在社会道德和社会价值方面对我的意义。

四项评价过程的结果有双重功能,一种功能是修正认知和动机机制去反馈影响评价过程;另一种功能是传出效应影响外周,主要是神经内分泌系统,自主神经系统和体干感觉运动神经。每个评价过程都存在刺激评价框架,每一评价过程不仅影响本过程的评价框架和标准,也会影响其他评价过程和标准,最终生成的意识情感决定于全部连续四个评价过程的累积效果。所以,情感是五个组成成分通过四个评价过程的综合效应所建构出的整合的意识表达。如图7-4所示,组成过程的三个中枢表达方式,A是无意识反射和调节表征,B是意识表征和调节,C是主观情感体验的言语表达和交流。A、B、C三个图的重叠部分是可以有效自我报告的测试部分。

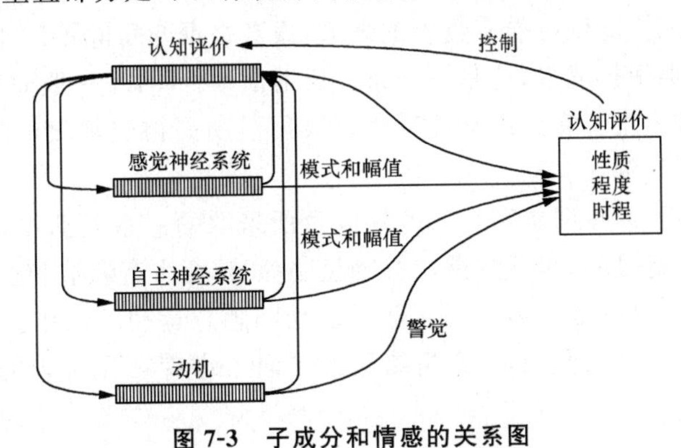

图7-3 子成分和情感的关系图

(摘自:Grandjean et al., 2008)

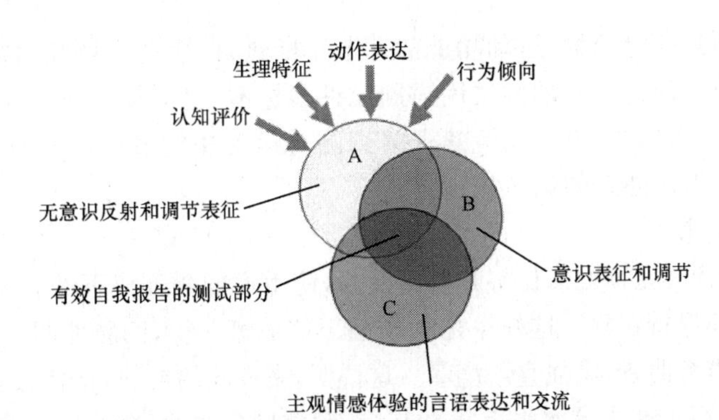

图7-4 组成过程的三种中枢表征类型

Scheer 等人(2008)认为人类的情感过程相当复杂,包括 5 个子过程和一些组成成分,通过多层评价驱动的反应同步化而实现的,这种组成过程模型(componential process model, CPM),克服了基本情绪类型的生物进化论和情绪维度理论的某些不足。它能较好地说明复杂情感的形成过程正是由于低层次情绪加工不足以应对事件,进而通过意识过程,面对这些难题。

第二节　目标行为及其监控

目标行为包含不同层次的内涵,动物在饮食、性动机驱动下,寻求食物、水和性对象的行为是本能的目标;人类创造活动中收集科学资料的行为则是由高层次的社会需求所产生的目标行为。因此,目标行为可能是一种反射活动,也可能是原动或主动活动(proactive activity),后者是在高级意识指引下实现的,前者是在体内外感觉刺激作用下出现的反射活动。如果肠胃蠕动产生饥饿,眼前又有食物,这种摄食行为是本能的行为,是先天的非条件反射活动。虽然有了饥饿感,目前没有食物可吃,一个动物必须靠自己的个体生活经验,跑到可能有食物的地方,或者根据外间世界各种线索判断出哪里会有食物,就奔向那里去捕食,这是一种条件反射活动。所以,一般而言,目标行为主要指条件反射活动和人类特有的原动性行为。反射活动是物质刺激导向的行为,原动活动则是意识导向的行为。

执行控制是协调内在需求和外部条件以及所采取的一系列动作,以便保证需求得到实现的过程。执行过程,包括多层次的脑机制参与,至少有调节和控制运动功能的锥体系和锥体外系统,以保证机体实现非随意运动和随意运动的动作。在此基础上实现对目标行为的筹划、实施、监控,并在情绪和工作记忆的参考下,才能完成对目标行为的准确实现。

一、运动的中枢调节

从低等动物到高等动物,运动功能的调节不断进化,表现为高等动物神经系统对运动的节段性控制。通过手术的方法用猫制成许多标本,包括脊髓动物标本、脑干动物标本、去大脑皮层动物标本,就可以清楚观察到脑对运动功能节段性调节机制,与此并存的还有锥体系和锥体外系的调节机制。

(一) 节段调节

(1) 脊髓动物。在颈椎部位将其脊髓横断,使手术的颈部以下的脊髓与脑的神经联系切断、血液循环保持正常。这好像是人颈髓部位截瘫一样,四肢伸屈肌都同时收缩,肢体发硬,四肢很难弯曲,形成强直性痉挛。这说明,脱离脑的控制,脊髓的运动功能亢进。

(2) 脑干动物。在中脑水平上横断其脑,动物则失去大脑的控制,称脑干动物或去大脑动物,这时动物出现去大脑强直,颈紧张反射和迷路反射,这是脑干网状结构、红核、前庭核等运动中枢脱离大脑控制所表现出的功能亢进现象。

(3) 去大脑皮层动物。在两侧内囊切断大脑皮层与间脑和基底神经节间的联系，动物会出现两上肢屈曲、下肢强直的状态，称为去大脑皮层性强直。这是由于基底神经节、间脑和中脑脱离皮层控制的结果。

从这三个层次上的横断标本所发生的现象可以看出，神经系统对运动的调节是一层层的抑制作用。换句话说，抑制性调节使下一级中枢的运动功能更适度。除了这种节段层次性调节，还有两个系统的平衡调节。

(二) 锥体系和锥体外系

大脑对运动功能的控制，是由锥体外系和锥体系完成的，前者是自动性的非随意的，后者是随意性控制。

1. 锥体外系运动功能调节

除大脑皮层运动区以外的广泛皮层区以及皮层下的基底神经节，发出下行性运动神经纤维与间脑、中脑、脑干、小脑和脊髓中的运动神经核的联系，形成了锥体外系，负责全身适度的肌肉张力，具有维持运动协调性、平衡性和适度性的调控功能。这个系统发生障碍就会出现静止型震颤或小脑障碍的意向性震颤。

2. 锥体系运动功能调节

由大脑皮层运动区(4区)的大锥体细胞发出的轴突，直接止于脑干运动神经核或脊髓前角的运动神经元，形成上运动神经元(4区细胞)对下运动神经元(脊髓或脑干运动神经核的细胞)两级关系的运动调节机制，也是大脑发出随意运动指令的快速神经通路。如果皮层4区的上运动神经元受损伤，就会出现上运动神经元障碍，表现为四肢僵硬的硬瘫；如果脊髓的下动运神经元受损就会出现软瘫，肌肉松软无力。

二、动作或目标行为的执行

动作是有目的和指向性的随意运动链，人们通过或多或少的动作，就可以实现目标行为，这个过程称为目标行为的执行。目标由情绪动机所支持。目标行为执行中，工作记忆参与了对目标意图、时时变化的动作状态以及全部动作的监控。此外，目标行为执行中还包含了对冲突和错误的报告过程。只是最近十多年，认知神经科学的多方面研究，才能对这些问题有了一些答案。首先是灵长动物实验研究发现，还有对前额叶和内侧额叶损伤病人的观察，所有积累的科学资料证明，前额叶皮层在情绪调节、工作记忆、执行功能、冲突监控和执行监控中均具有十分显著的作用。

在动物进化中，前额叶皮层迅速增大，猫脑的前额叶只占全脑皮层的3.5%，狗占7%，恒河猴占8.5%，大猩猩占11.5%，类人猿占17%，人类占29%。从这个增长的数据中可以看出，人类的前额叶皮层得到了前所未有的发达。Amodio和Frith(2006)在英国《自然》杂志"神经科学评论"中的长篇综述"心灵的会聚：内侧额叶和社会认知"一文中指出，人类社会认知和人类的复杂行为都与内侧额叶(MFC)，颞—顶联络区，颞上沟和颞极关系十分密切,其中社会认知功能主要与内侧额叶关系最密切。至少三类社会认知功能是以内侧额叶为关键脑结构所形成的功能回路而实现的。首先,动作的控制与监测与背侧前扣带回以及辅助运动前区关系最紧密;第二,动作的结果是得到奖励,还是惩罚的监测,由眶额皮层参与的回路完成;最后,也是社会认识的核心环节,即对自身和他人心态的知觉和领悟,由位于上述两区之间的旁扣带回,也就是从前扣带回到前额极之间的内侧额叶结构所完成的功能。所以内侧前额叶在社会认知行为中比任何其他脑结构都重要。

如图 7-5 所示,内侧前额叶(MFC)由同侧额叶的布洛德曼 9、10 区和内侧前额 24、25、32、11 和 14 区组成,根据结构与功能关系,可将 MFC 分为三个区:前区、后区和眶区,现在分别介绍这三区的功能。

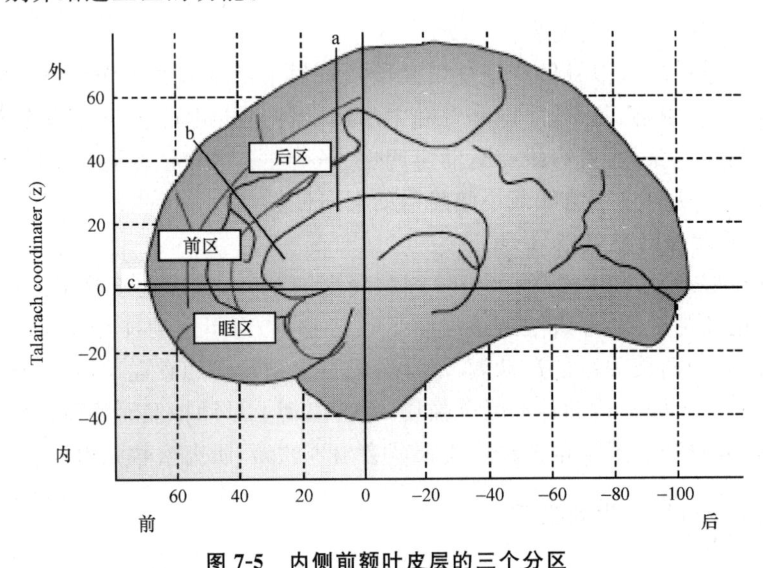

图 7-5 内侧前额叶皮层的三个分区

(引自:Nature Neuroscience Review, 2006,7:27)

1. 内侧前额叶后区

内侧前额叶后区(posterior of rostral MFC, prMFC)对动作进行连续监控,特别是自身意向、执行过程中客观形势变化、反应有冲突,有错误,需要反应抑制或完成类似 Stroop 颜色命名任务中的反应冲突任务,易出现错误反应的 Flanker 任务,伴有错误相关负波(ERN)的任务都会引起前扣带回后区的激活。该区的激活还与实验过程中连续刺激的选择性反应及其后果好坏有关,每次反应的得失变化大,prMFC 的激活水平增高。总之,prMFC 的激活与动作监控,特别是存在连续变换的动作后果要求不断调节行为的情况下,更易激活。

2. 内侧前额叶眶区

内侧前额叶眶区(orbital region of the MFC, oMFC),该区与动作后果的预测及后果的奖惩或得失有关，具有得到高效益的行为预测，就更易引起此区的激活。所以，在赌博的实验情景中，此区的激活较明显。这种功能与 prMFC 是相辅相成的。oMFC 与感觉信息的整合相关，prMFC 与运动信息整合相关。所以，两者均对动作及其后果监控，一个是基于感觉信息，另一个是基于运动信息。所以，前者对奖惩的预测监控有关，后者与实际后果的评价有关。如图 7-6 所示，前扣带回（ACC）和眶额皮层（OFC）之间存在着复杂的功能关系。ACC 与 OFC 的功能差异在于前者负责感觉强化的表征，后者负责动作强化的表征；前者负责奖励期待的表征，后者负责动作价值的表征；前者负责偏好的表征，后者负责动作产生和动作价值的探究；前者负责基于延迟的决策，后者负责基于努力的决策；前者负责情绪反应，后者负责社会行为。强化引导的决策不仅依赖 OFC，也依赖 ACC 的激活。但两者的作用不同，当强化与刺激相关且与刺激偏好的选择有关时，则 OFC 发生主要作用；相反，当奖励主要与动作或任务相关时，ACC 发挥主要作用。也就是说，ACC 对下个动作加以选择的激活是中介于以前动作和强化关系的经验基础之上。

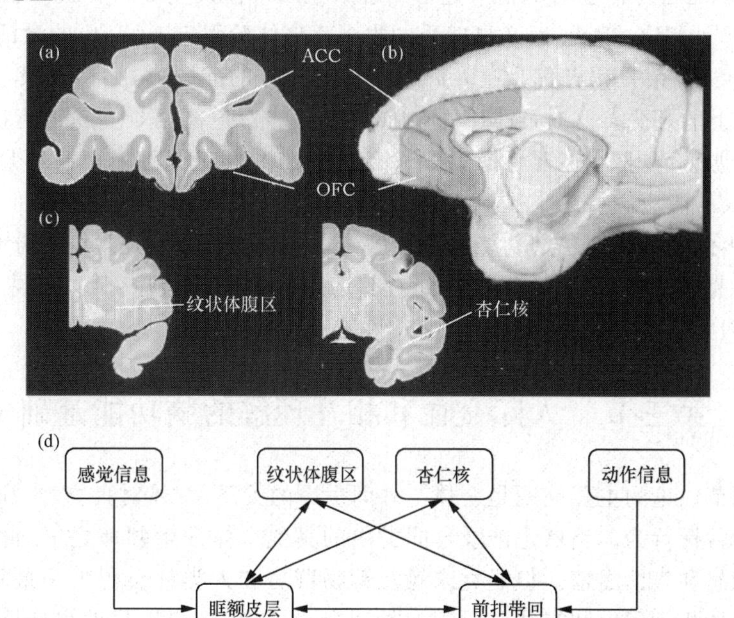

图 7-6　前扣带回（ACC）和眶额皮层（OFC）在社会行为和决策作用中的神经联系

图中可见它们共享杏仁核和纹状体腹区的神经联系；但 OFC 侧重接受感觉信息；ACC 侧重接受运动或动作的反馈信息。(a) 冠状切面图示 ACC、OFC，(b) 中线矢状切面图示 ACC、OFC，(c) 冠状切面图示与奖励和强化相关的两个重要结构（摘自：Rushworth et al, 2007）

3. 内侧前额叶前区

内侧前额叶前区（anterior region of the rostral MFC，arMFC）位于上述两个区（prMFC 和 oMFC）之间的内侧前额叶，从以下 4 个不同侧面出发，负责动作及其后果的监控。

(1) 自我的觉知,包括对自我的个性特点和自我的第一瞬间情绪状态(心境)的觉知。利用描述不同个性特征的词,请被试回答是否适用于描述自己的人格特质,这时会诱发 arMFC 的激活。当要求被试比较某位熟悉的朋友或亲属的个性特征与自己是否相同时,相同的项目更易引起此区的激活;当被试对呈现的面孔照片,判断他们的面孔表情与自己的心境或情绪是否相同时,也会引起此区的激活。因此,此区与社会认知行为中的情绪因素关系密切。也有实验报告此区的上部和下部功能不完全相同,自我与熟悉人比较时,下部激活;自我与陌生人比较时,上部激活。

(2) 理解他人(mentalazing)的能力,这是社会交往能够成功的重要因素,对于交往的人应能理解对方的心态和对方的需求,并能预测对方即将出现的行为。大量实验研究,包括阅读人们交际的故事情节,观看卡通画片等,发现在所研究的脑结构中,arMFC 激活程度最高。

(3) 痛苦的自身体验与对他人痛苦的理解。观察他人受疼痛刺激的物理属性和客观特性,引起 prMFC 激活,而亲自感受的主观疼痛体验引起 arMFC 的激活。

(4) 道德观、荣誉和自我。在人们遇到道德两难的问题时,如何决策,多半是取决于自己感情上的好恶。这时,arMFC 激活,特别是当对道德两难问题进行抉择时,不仅从自己的好恶感情出发,还要考虑别人怎么看自己时,也就是涉及自己的荣誉时,arMFC 受到更大的激活。

总之,内侧前额叶皮层的功能是复杂的,多种多样的,并且是规则地分布,从后向前对动作和行为的监控,是从动作本身到对其后果的预测性监控,从认知成分到感情成分,从局部人际关系到社会道德以及个人荣誉相关问题的监控。

第三节 人际交往和相互理解的脑功能基础

前面两节讨论的主要问题是个体与外间世界的关系,个体对食物、水和栖息地的需求及相应的目标行为。当然也涉及与同类中的其他个体发生领地之争、食物资源之争所伴发的激怒和气愤之情。但是并未触及动物群居和人类社会行为中最重要的方面,即个体之间的相互理解和交往。对于人类社会,人际交往和相互理解是社会行为最本质的特征。社会认知神经科学对这一问题的研究具有悠久的历史并出现了许多理论和研究方法,但关于人际交往和个体间相互理解的脑科学基础,则首先是在灵长动物研究中发现的,再经过这十几年间利用无创性脑成像技术对正常人的实验研究,才形成了本节所介绍的内容。正如第 1 章第四节的介绍,主要有三个基本发现:心灵理论的脑基础、镜像神经细胞和共情的脑基础。这些发现为认识人类社会认知活动的脑机制,提供了坚实的科学基础。

一、心灵理论和镜像细胞系统

通过观察外界环境、情境和他人的动作，可以猜测出他人的心态、意向并预测出他人的下一步行为。这种通过观察和推理相结合，才能表现出来的能力，称为心灵理论(theory of mind)。Simon 和 Baron-Cohen 总结了 1978～1995 年间的研究成果，于 1995 年提出心灵理论能力发展的假设，他们认为心灵理论能力包括四项技能：他人意向的检测、他人眼神的检测、共享注意和心灵理论模块。最后一项技能“心灵理论模块”是指关于他人的内隐知识储存库。前三种技能是人与灵长动物共有的，第四种技能是人类所独有的。

(一) 他人意向的检测技能

通过观察周围环境的细节以及某人的动作，推测出该人的动作意向，称为他人意向的检测。这种技能的脑功能基础是镜像神经元(mirror neuron)。

1. 恒河猴脑中的镜像神经元

最初意大利学者 Rizzolatti 利用微电极技术在恒河猴脑额叶 5 区(F5)发现了镜像神经元(图 7-7)。在猴子眼前的木板上放置一些花生，并不引起猴 F5 细胞的发放。只有当实验人员用手掰开一只花生，猴子也抓一只花生时，它脑内 F5 细胞才发放神经冲动，兴奋起来。此外，当猴子看到的不是实验者，而是另一只猴去抓花生，也会引起 F5 细胞发放神经冲动。这说明引起 F5 神经元发生反应的因素既不是花生，也不是用工具夹花生。猴子理解实验者或另一只猴子掰花生要吃的意向，才是引起 F5 神经元发放神经冲动的主要原因。

2. 人类脑中的镜像神经元

在人类实验中，不可能利用微电极记录脑细胞的发放，但却可以通过功能性磁共振成像技术，重复类似猴的实验。让被试观看图片，上面有装满咖啡的水杯、咖啡壶和点心，作为情境刺激物；第二张图片，只含有一个杯子和一只手接触杯子的画面，作为拿杯子动作的刺激物；第三张图片是在第一张图片背景下，增加一只手拿杯子的动作，作为拿杯子喝咖啡意向的刺激物。Iacoboni 等人(2005)在这一实验中发现，单独动作图片或单独情境图片，都不引起明显反应，只有第三张喝咖啡意向的图片，才引起额下回后部的运动前区皮层激活，磁共振信号显著增多。说明在人类运动前区皮层中也存在镜像神经元，只有理解他人的动作意向或动作目标时，该镜像神经元才激活。他们进一步控制实验条件，一半被试在观察有关咖啡的这些图片之前，通过指示语告诉他们，一只手接触杯子的画面表示有人想喝咖啡；另一半被试什么指示语都没有。结果发现两组被试脑内的镜像神经元激活水平没有显著差异。这一事实说明，镜像神经元检测他人的动作意向是内隐的自动加工过程，不受外显的耗费心神的意识过程所影响。

3. 镜像神经元系统

2005—2007 年又有一批研究报告，发现无论恒河猴还是人脑中，除了运动前区的

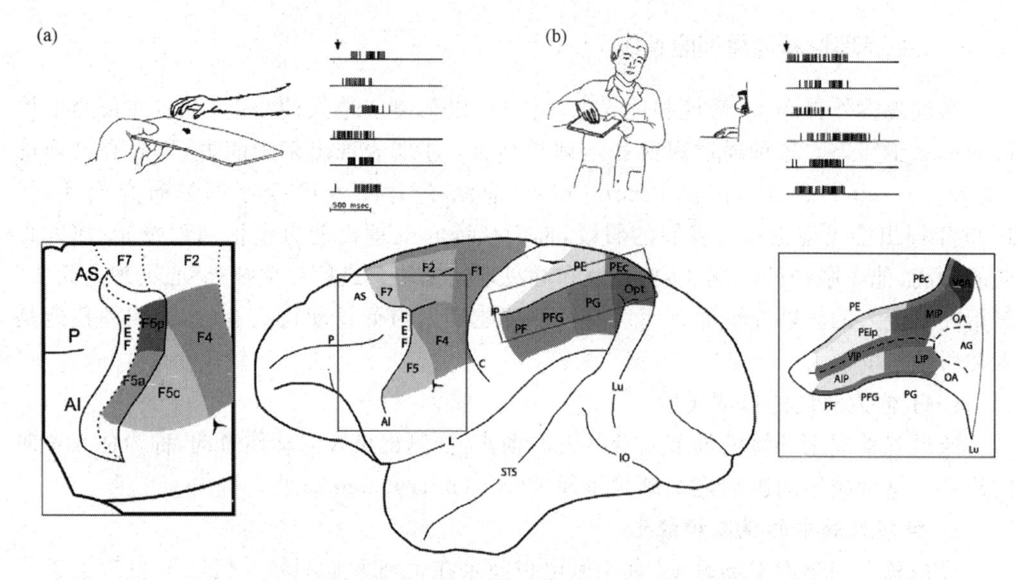

图 7-7 猴额叶和顶叶皮层的解剖分区和镜像神经元分布图

(a)示当恒河猴抓取花生时 F5 区的镜像神经元。(b)示实验人员用手抓花生让猴观察时,该区的镜像神经元也发放。图的下部中间示正方形框内的无颗粒额区(F1-7)和长方形小框内顶叶区(PF、PEG 和 PG)也分别发现镜像神经元。两侧的图显示放大后所见。(摘自:Rizzolatti & Fabbri-Destro,2008)

额叶之外,在顶叶,特别是顶下叶皮层中也存在镜像神经元。特别是在人类的实验中还进一步发现,左半球和右半球顶下叶的镜像神经元功能略有不同,当被试看到别人摹仿自己的动作时,右半球顶下叶激活;被试观察别人的动作意向并摹仿别人动作时,左半球顶下叶激活。除了额叶和顶叶皮层,还在颞上沟附近发现了镜像神经元。目前把额、顶和颞上回三个脑区的镜像神经元,统称为镜像神经元系统,它们的功能是观察、摹仿他人的社会行为。其中,颞上沟(STS)通过观察他人的动作,产生一个高级视觉表达,然后将视觉表达的神经信息向前传到额叶和顶叶,分别对他人的动作目标和动作特性进行编码。随后再将编码的动作表达传回 STS,与他人随后的动作加以匹配,检查编码后的动作是否准确预测了下一步动作的意向。如果匹配无误,镜像神经元系统就会发动其他相关脑结构参与这一社会行为的摹仿学习。如图 7-8 所示,颞上沟与额叶 44 区、6 区以及顶下叶 40 区,共同组成镜像神经元系统,它们募集背外侧前额叶(46 区),背侧前运动区(6 区)共同完成社会行为的摹仿学习。前扣带回和岛叶皮层的神经元也具有镜像神经元特性,但不是简单动作的镜像反应,而是他人情绪的镜像反应。所以,也有人把脑内具有镜像功能的神经元,统称为社会镜像神经元系统。

(二) 视线和注视的检测

视线检测(eye detection)包括对与自己交往者的视线和注视(gage)的觉知,包括相互对视、转移视线、注视点跟踪、共同注视和共同注意等多种眼神变化的规律。这些眼

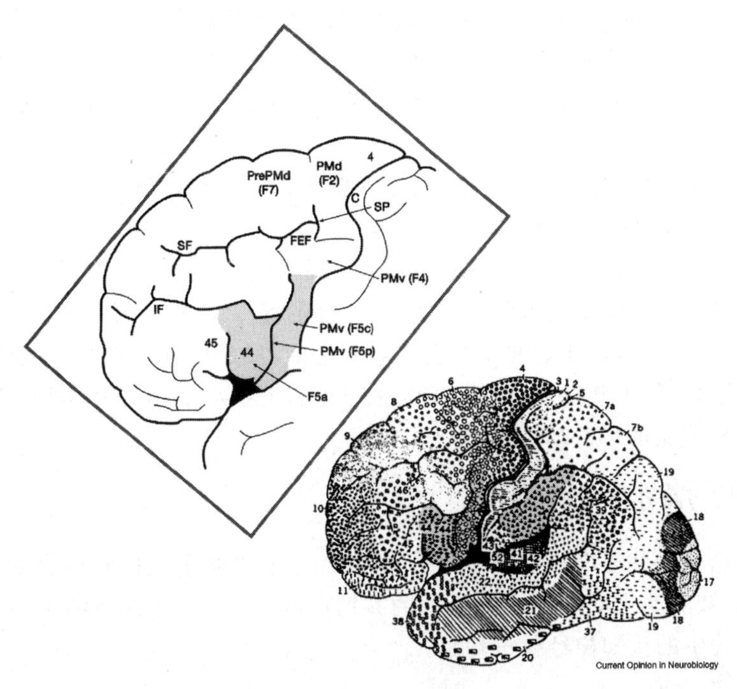

图 7-8　人类大脑皮层分布镜神经元的 44 区和 40 区

与猴镜像神经元的分布十分相似。C 中央沟，IF 额，SF 沟，FEF 额叶眼区，PMd 运动前区皮层背部，PMv 运动前区腹部，PrePMd 运动前区皮层背前部，SP 上中央前沟的上部（摘自：Rizzolatti & Fabbri-Destro，2008）

神的变化由颞上沟（STS）调节，并且颞上沟与内侧顶叶（IPG）之间的联系以及它们与杏仁核的联系，是人际交往中双方检测对方所关注的问题和对方情绪状态等信息的重要组成部分。

（三）共享注意

只有大猩猩和人类具有共享注意（shared attention）这种社会交往技能，交流的双方共同关注某一客体，且彼此还意识到对方与自己一直在注视同一目标，所以又称为三向表征活动（triadic representation）。如果我想看到你所看见的事情，就应跟随你的视线望过去，这就是共享注意的技能。

这种技能不是生下来就具有的，儿童发展研究发现，9 个月的婴儿可以跟随成人转头的方向，但却分辨不出成人视线转移与转头的差异。也就是说，不管成人的眼是闭着还是张开的，婴儿都会跟着转移视线。12 个月龄的婴儿，已经能分辨出转头与视线转移的区别，发展出与成年人共享注意目标的技能。这可能是由于共享注意不仅由颞上沟调节，还必须有前额叶皮层的参与，包括腹内侧前额叶、左额上回（10 区），扣带回和尾状核。

（四）心灵理论模块

心灵理论模块（The theory of mind module，ToMM）又称高级心灵理论，是指头脑中累积了许多社会认知的知识库，利用这些知识才能理解他人和复杂社会情景中发生的事情。这些社会认知规则或知识的运用才能使人完成社会认知任务，例如下列规则：

(1) 外表和实质并不总是统一的，椭圆形石头并不是鸡蛋。我可以假装狗，但并不是狗。

(2) 一个人安静坐在椅子上，他的内心未必是安静的，他可能在思考、想象、回忆等。

(3) 别人能知道我所不知之事。

类似规则在4周岁以前的儿童是无法理解的，它和智力并不完全相等，智障的人IQ值很低，但心灵理论技能却很好。相反，自闭症病人IQ很好，但心灵理论技能很差。想象中的他人意向，是指我们并没有看到对方是谁，只是根据情境和想象的情节，设身处地为他人着想，做出某项决策的技能，这时我们大脑中的前旁扣带回(普洛德曼32区)激活，这种技能也是高级心灵理论技能。

二、共情与面孔情绪识别

前面讨论的心灵理论和镜像细胞系统，从理论上说明了人们在社会交往和相互理解过程中，认知活动的基础。这里所说的共情(empathy)则侧重情绪和情感的沟通与相互感染过程中的认知神经科学基础。

(一) 恻隐之心

看到别人受苦，例如肢体受伤，就会在内心体验到自己肢体的疼痛，这种现象就是共情，这时脑内的内侧前额叶受到激活。这说明，内侧前额叶皮层特别是扣带回(普洛德曼24区)和旁扣带回(32区)与自己和他人疼痛的内在体验有关。近年社会情感认知神经科学研究领域已取得了共识，共情和心灵理论技能分别从情感交流和认知交流两个不同侧面，提供了社会行为的基础。正如在心灵理论技能一样，视觉在共情中也有重要作用，所以这里也把情绪的面孔识别列在共情的组成环节。

1. 认知与情绪成分的差异

Shamay-Tsoory等人(2005)利用三类社会推理问题作为实验材料，分别对腹内侧前额叶损伤的病人、后头部损伤的病人和正常人进行测验。三类社会推理的小故事分别是次级假设，讽刺和社会失礼行为的识别。

他们使用的次级假设小故事：汉娜和贝妮坐在办公室聊天，谈论他们与老板的会面情形。贝妮边说着随手打开墨水瓶把它放在办公桌上，这时溅出几滴墨汁。所以，她离开办公室找块抹布想把办公桌擦净。当贝妮离开办公室时，汉娜把墨水瓶从办公桌上拿到橱柜中。当贝妮在办公室外边找抹布时，通过办公室门上的锁孔看见了汉娜把墨水瓶拿开的情形，然后，她回到办公室。讲完这个小故事，提出四个问题请被试回答：

(1) 推测问题：汉娜心里想贝妮认为墨水瓶在哪儿？

(2) 现实问题：墨水瓶实际在哪儿？

(3) 记忆问题：贝妮把墨水瓶放在哪儿？

(4) 推论问题:墨汁溅在哪儿了?

使用的讽刺故事与自然故事如下:

讽刺故事:杰奥上班以后没有开始工作,而是坐下来休息,他的老板注意到他的行为,并且对他说:杰奥,别工作得太辛苦了!

自然故事:杰奥一到班上就立即开始工作,他的老板注意到他的行为并对他说:杰奥,别工作得太累了!

对每个故事问两个问题:

(1) 杰奥工作很努力吗?

(2) 老板认为杰奥工作很努力吗?

使用的失礼行为故事如下:

麦克是位9岁的小男孩,刚转入一所新学校。他去卫生间蹲在小蹲位间,随后麦克同班的另外两个同学走进卫生间站在小便池旁。其中一人对另一人说:"你认识那个新来的家伙吗?他叫麦克,看上去很古怪,而且个子那么矮!"。这时麦克从蹲位间里走出来,被两个人看见了。于是站在小便池旁的另一个男孩对麦克说:"你好,麦克!你现在是去玩足球吗?"讲完这个故事后问被试下列问题:

(1) 有什么人说了什么失礼的话么?

(2) 谁说了他不应该说的话?

(3) 为什么他们不应该说那些话?

(4) 为什么他们说了那样的话?

(5) 在这个故事中,当两个男孩谈话时,麦克在哪里?

研究发现,腹内侧前额叶损伤的病人回答次级假设问题时,与健康人没什么差别;后脑部损伤的病人对次级假设问题不能正确回答。腹内侧前额叶损伤的病人对讽刺故事问题和社会失礼问题的回答十分差。从这一结果得到的结论是腹内侧前额叶损伤只影响情感的共情功能,而不影响认知共情技能。腹内侧前额叶的功能在于对情绪、情感及其社会意义的调节技能。关于外部世界的感觉表达和知识信条等理解和应用的技能,与背外侧皮层的功能有关。

2. 面孔表情的识别

负责面孔识别的脑结构是颞下回后部的梭状回(FFA),它包含两种特征的提取,一是人的身份特征,属于每个人的面孔中不变的特征;另一种是可变的面部表情或面部运动功能。前者由外侧FFA与枕下回皮层以及颞叶共同完成。面部表情信息又分为眼神信息和表情信息。眼神信号由FFA和内顶沟共同完成;而表情识别由FFA与颞上沟、杏仁核以及听觉皮层共同完成,听觉皮层负责识别口唇的位置在表情中的作用。

8

成瘾行为的脑科学基础

一些药物在体内代谢，就会引起人类情感的变化。这种情感变化是大家都能体验的正常人的情感，如紧张、焦虑、抑郁、兴奋等。烟、酒在一般情况下可以助兴、解除疲劳、消除烦恼，久而久之，能引起轻度的心理依赖，不会造成严重的生理依赖，故称为引起嗜好的物质。还有一大类化学物质则不同，在接触或服用以后，就会产生一种奇妙的特殊感受和体验，以致对它产生依赖。鸦片、吗啡、海洛因、可卡因、致幻剂、精神运动兴奋剂等，由于它们能造成严重的生理依赖和心理依赖，致使人们丧失社会和家庭义务感，失去人的尊严，因此被称为毒品。在过去的十多年间，在化学物质成瘾的脑科学研究基础上，加深了人们对某些人类异常行为，包括网瘾等的认识，将之称为行为瘾。本章将分别讨论这些成瘾问题的认知情感神经科学基础。

第一节　化学物质的成瘾

一、易成瘾的化学物质

很早以前人们就认识到，毒品是一类能引起人们产生心理依赖、生理依赖或戒断症状的化学物质。人们为渴求毒品，丧失其应有的社会角色和社会职能，甚至丧失人格与人性。对我国危害最大的毒品是鸦片类制剂海洛因等和化学合成的生物胺，如摇头丸等，此外，可卡因、致幻剂和大麻等毒品也常有之。

（一）鸦片、吗啡、海洛因

每个中国人都不会忘记：1840 年的鸦片战争，是我国沦为半殖民地、半封建国家的起点。鸦片作为帝国主义侵略和掠夺中国的毒剂，曾毒害过我们的国家和人民。那么，鸦片是怎样毒害人的呢？鸦片是罂粟科植物上未成熟的球形果内的乳白汁液，经空气氧化后产生的红褐色胶状物。鸦片内含有 20 多种生物碱，其中以吗啡的含量最高，其次为可待因和罂粟碱等。大约在公元前 4000 年，人们就知道鸦片能使哭闹不止的小孩很快入睡，并能解除难以忍受的疼痛。公元前 1500—公元前 1000 年，古巴比伦就已将鸦片作为镇痛药。7 世纪鸦片从波斯传入中国。《本草纲目》中记载，鸦片可用于治疗腹泻、痢疾、脱肛等病。1806年，德国化学家从鸦片中提取出有效成分吗啡，提纯后的吗啡作用比鸦片强10倍以上。1832年，又有人从鸦片中提取出另一种生物碱——可待因，这两种提纯的鸦片类制剂可以直接用于皮下注射，发生作用的速度更快，毒性更大。1898年，美国人将吗啡分子上的两个羟基替换成乙酰基，制成了海洛因，比吗啡作用更强。从吸食鸦片到注射吗啡或吃海洛因，是吸毒的阶梯。使用鸦片制剂的初期，使人产生一种舒适、安逸和飘忽之感，继而产生满足的心理体验，随后还可能产生多种神秘的幻觉，精神兴奋，言语增多，这种状态可持续8～10小时。长期服用成瘾后，智力明显下降，呈现一种没有思想、没有焦虑的无名欣快状态，有时还会出现多种白日梦，似乎身临其境那样真实、生动、新奇，这种安逸舒适体验消失后，取而代之的是空虚、焦虑、恐怖，白日梦也变得十分可怕，还常产生感知觉综合障碍，楼房和各种建筑突然变得非常庞大，走在街上犹如身陷万丈深渊，无限恐怖。因此，成瘾的人对鸦片类毒品的心理依赖不是渴求舒适之感，而是为了逃避这种度日如年的可怕境地，至于生理上的依赖现象更是痛苦不堪。吸毒者的可悲下场，应唤起每个人的注意。

为什么吗啡对人和动物都有这么大的吸引力？过去专家们一直是从社会、心理和生理等方面加以认识和解释。直到1975年才得到惊人的发现，大脑能自己产生一类结构与吗啡非常相似的物质。因为这类物质在结构上是一种多肽，又是脑内生成的类似吗啡物质，所以取名为脑啡肽。脑啡肽是在脑细胞的轴突末梢生成，由91个氨基酸组成的多肽（β-脂肪酸释放激素），经酶作用断裂而成6个氨基酸构成的肽分子。这种脑内生成的脑啡肽在神经信息传递中，具有神经递质的作用，也是神经信息传递的重要物质之一。利用脑啡肽传递神经信息的脑细胞大多分布在中脑导水管周围灰质。这些脑组织与痛觉、情绪等生理反应有关。20世纪80年代，在脑内又发现比脑啡肽作用更强的两类吗啡样物质，分别称内啡肽和强啡肽，分布在丘脑、脑边缘系统以及大脑皮层的一些细胞内。脑内自己生成的吗啡样物质——脑啡肽、内啡肽和强啡肽，从神经细胞的突触末梢中释放出来，到突触后细胞膜上与特殊受体蛋白分子（阿片受体）结合，从而调节人类的情绪、情感、感觉和内脏功能。跟吗啡一样，这些脑内生成的吗啡样物质分别具有镇痛作用、欣快感效应、多种感觉和感受的整合功能。正因为脑内生成的吗啡样物质在结构和功能上都和吗啡相似，所以两者就存在着竞争现象。吸毒的人最初从体外吸入的吗啡，进入脑内立即和脑中阿片受体结合，产生镇痛、安逸、舒适之感，但大量吸入的吗啡把脑内自产吗啡样物质的功能冲垮了，脑子对外来的吗啡产生了依赖性。如果得不到外来的吗啡，脑内的阿片受体空在那里得不到结合，就会产生各种成瘾反应。脑内存在着吗啡样物质和阿片受体相结合的生物学机制正是鸦片、吗啡和海洛因等毒品能够成瘾的生物学基础。

(二) 可卡因

著名的精神分析医生弗洛伊德1884年给他未婚妻的信中写到："我正在试用一种富有魔力的药物，它的魔力与吗啡并驾齐驱，甚至会大大超越吗啡。"他指的这种魔力药物就是可卡因。可卡因是从南美一种植物可卡叶子中提取出来的生物碱。很久以前南美的土著人就把这种叶子当成宗教仪式中最神圣的物质，放在口中咀嚼成球状含着，不久就会感到全身充满力量，带着轻快超脱的心情，抑制不住的内心喜悦翩翩起舞。1874年，人们已从可卡叶中提取出白色粉末状的可卡因，成功地用于眼科手术的局部麻醉。1884年，弗洛伊德又将它用于治疗抑郁症和顽固性神经痛的病人。口服20毫克可卡因之后，病人的抑郁或疼痛消失，代之以喜悦、兴奋的心情，并对一切事务都充满了信心，感到自己有足够的力量和能力去完成平时无法胜任的工作，可使懦弱者变得勇敢，沉静者变得口齿伶俐，所以，把它称为魔力物质。可卡因的这种作用出现得很快，静脉注射10～25毫克，2分钟内便产生药效，5分钟药效达高峰并可持续一小时。将少许可卡因放入鼻内，15～60分钟内就被鼻黏膜和毛细血管吸收而产生药效，这种作用可持续4～6小时。然而，随着服用可卡因次数增多，病人所需的剂量也就与日俱增，最后导致可卡因性精神病状态，比吗啡戒断症状更可怕。病人陷入一种抑郁绝望的境地，还体验到一种可怕的痛苦幻觉，似乎蛇在身体表面爬行，蚂蚁或臭虫在皮肤上钻进钻出，痛苦难忍，无法入睡，甚至自己要用刀子切开皮肤，抓出幻觉中的虫子。有些人除幻觉外，还出现妄想和刻板性强迫动作。这些可怕的毒性作用造成的痛苦使人难以忍受。20世纪初，各国已将可卡因列为毒药加以禁止。但是，可卡因的贩卖和滥用一直未能杜绝。1991年3月，美国《科学》杂志刊登了一篇关于可卡因成瘾的文章。文中有这样一段话："1980年，可卡因再次被看成是安全而不致成瘾，且可使人产生欣快感的物质……"，"几乎半数25～30岁的美国人都尝试过可卡因。"这篇文章详细地总结了可卡因成瘾和戒断研究的现代成果，仍不可否认，可卡因具有成瘾性与毒性。所谓不致成瘾，大多由于价格昂贵而中断服用或产生的痛苦体验使人们停止使用。可卡因引出欣快、兴奋之后1～4小时会出现疲倦、无力、嗜睡的不适之感，使一些人再也不想使用可卡因。但不能否认仍有大批人可卡因成瘾并出现痛苦的戒断症状。可卡因的心理效应与精神运动兴奋剂十分相似。

（三）精神运动兴奋剂——苯丙胺

1887年，化学家合成了苯丙胺——类似于人类交感神经产生的交感胺。直到1927年，才肯定它有升高血压、扩张支气管和使中枢神经系统兴奋的作用，1935年被用于治疗发作性睡病，1987年用于治疗儿童多动症，1939年用于治疗肥胖症。1970年，在美国举行的世界举重比赛中，查出8名举重优胜者服用了苯丙胺，因而，取消其比赛成绩和比赛资格。从上述叙述中，不难看出苯丙胺是一种具有多种用途的精神运动兴奋剂。除苯丙胺外，目前已有多种精神运动兴奋剂，如甲基苯丙胺（摇头丸）、哌醋甲酯（利他林），哌苯甲醇（曼拉醇）等。

服用苯丙胺，可使人产生兴奋、愉快的心情，倍感有力。本书作者多年以前在北京大学的实验室将苯丙胺注射到大鼠体内，发现其在箱内跳高的高度和次数比注射盐水的大鼠多出许多倍。从大鼠落地时发出的强有力声音，便可知道是一只注射苯丙胺的大鼠，可见大鼠每次跳动的力气之大。尽管苯丙胺对精神和运动有如此强烈的兴奋作用，但事后会使人感到精疲力竭，数日难以恢复。如果使用苯丙胺次数太多或剂量过大，就会出现类似精神分裂症的精神错乱状态，幻觉妄想、行为紊乱、无法控制。因此，滥用苯丙胺带来的危害应引起人们特别是体育界的警惕。然而，由于苯丙胺可以通过化学合成，价格便宜，是西方社会中滥用最广泛的一种毒品，20 世纪 50～60 年代尤为盛行。它引起的心理效应不仅与可卡因十分相似，而且它在脑内的作用机制也与可卡因相似。

可卡因这种富有魔力的物质，引起精神药理学家、心理学家和生物化学家们的极大兴趣。20 世纪 70 年代就已经发现，它对脑内单胺类神经递质释放后的重摄取过程产生抑制作用。也就是说，它能使脑内那些小分子的化学信号一经释放出来，在突触中一直发生兴奋作用。20 世纪 80 年代，又发现可卡因能有效地提高多种单胺类递质的受体敏感性，发生超敏性效应。多巴胺的四种受体，去甲肾上腺素的两种受体和 5-羟色胺受体，都会在可卡因作用下发生超敏性效应。许多研究均报道，可卡因还能引起其他一些神经递质及其受体功能的增强，包括对脑啡肽和阿片受体，对乙酰胆碱和两类胆碱能受体等。由此可见，可卡因的魔力在于它对脑内的突触前和突触后的传递物质均发生促进作用，上下驰骋，导致神经信息传递和加工过程变得通顺流畅，难怪它会使人精神振奋，充满活力！

与可卡因相比，苯丙胺的作用稍单纯些，因为它的结构类似交感胺，所以它主要作用于单胺能神经系统，使神经末梢的单胺神经递质，主要是多巴胺和去甲肾上腺素大量释放，迅速参与神经信息的传递。因此，就其促进神经递质的释放作用来说，苯丙胺与可卡因异曲同工。一个促进释放，另一个抑制其再摄取，虽然作用方式和环节不同，结果却是一致的，都使突触间隙的神经递质含量增高，可更有效地传递神经信息。那么，为什么苯丙胺会使人具有异常的精力与体力呢？为了研究这一问题，我们实验室在完成前面所说的苯丙胺增强大白鼠跳跃行为的时候，还对动物脑内的能量代谢进行了生化测定。我们发现，苯丙胺与咖啡因都能使大脑某些结构中的还原型辅酶Ⅰ(NADH)含量增高。苯丙胺的作用比咖啡因强而且持续时间更长。由此可以说，苯丙胺和可卡因这类富有魔力的化学物质既增强脑信息的传递，又可增强脑能量代谢。

(四) 致幻剂

南美仙人掌毒碱、墨西哥蕈素和二乙基麦角酰胺(LSD-25)是三种最常见的致幻剂。在南美洲的印第安部落，每当宗教节日，他们就把晒干的南美仙人掌顶部的小球放在口中咀嚼，几小时后就出现了销魂状态，视幻觉异常丰富，周围物体的形状，颜色都格外离奇，时间好像停止不动，对自身的感觉是似我非我，又似乎是身临仙境的神仙。化学家从南美仙人掌中提取出有效的致幻物质麦司卡林，其结构类似交感胺，比苯丙胺的结构略复杂些。

LSD-25 是一种合成有机物，它的致幻作用完全是偶然发现的。1943 年 4 月 16

日，德国化学家柯夫曼在实验室研究麦角衍生物时，忽然间感到头晕，精神恍惚，周围的事物变了样，并出现了大量幻觉。两小时后恢复正常，他立即测定了试管里的化学物质，才知道LSD-25具有致幻作用。经许多人试验，一致肯定了这一结果。LSD-25的致幻作用比麦司卡林高一万多倍，口服1/20 000克就能产生麦司卡林相似的幻觉。此外，LSD-25还引起联想障碍、情感障碍，使人处于紧张状态，产生对周围世界的不真实感。这些都是精神分裂症的症状。所以，精神分裂症的研究者把LSD-25和其他致幻剂引起的这种状态称“模式精神病”。柯夫曼继对LSD-25的研究之后，1958年又成功地分析出了墨西哥毒蕈的有效化学成分。

墨西哥的土著人在大量蘑菇中发现一种可以引起视幻觉的毒蘑。据说吃了少量毒蘑后可以看到上帝在眼前闪现。直到1958年，才从这种毒蘑中提取出发生致幻作用的化学物质，称为墨西哥毒蕈素，实际是一种天然吲哚胺，与神经信息传递中的单胺类物质结构相似。墨西哥毒蕈素的作用与麦司卡林和LSD-25十分相似。

服用致幻剂后会出现大量幻觉、妄想、思维散漫、荒谬离奇、情感与现实不协调等现象。尽管有这样多的异常，不过其智能正常、记忆力佳，事后能回忆起当时的体验，说明致幻剂引起的症状酷似精神分裂症。

(五) 大麻

大麻是一类天然植物，由其雌株花枝及果穗经干燥而制得的毒品，称马里瓦那(Marijuana)，另一种毒品Hashish是植物大麻分泌的树脂状物经干燥制成。Hashish的药效较马里瓦那强5～8倍。这两种毒品均可放在香烟中吸入体内，使用方便，作用快速，所以在西方广为流行。大约公元前3000年，我国最早的医书《神农本草经》对大麻已有记载：“多服令人见鬼狂走”。汉朝的名医华佗曾用大麻汤作麻醉药进行外科手术。印度于9世纪已将大麻作为药用，而欧洲17世纪才用大麻止痛或麻醉。19世纪中叶，美国与欧洲才将大麻当作毒品使用。对大麻的有效成分经过数十年的研究，直到1964年，才分离出四氢大麻酚，随后又分离出二氢大麻酚。大麻在人体内的作用和代谢过程，直到20世纪80年代初才被基本弄清。低剂量大麻(5～7毫克四氢大麻酚)主要产生镇静作用，使人感到舒适、安逸、嗜睡。这时它在脑内主要作用于胆碱类神经递质，使其释放量降低，同时却增加抑制性神经递质γ-氨基丁酸的释放；在大脑内的作用部位以隔区、海马及其两者之间的联系为主。高剂量大麻(多于15毫克四氢大麻酚)则以兴奋作用为主，使人感到无名的欣快。此时，脑内出现单胺类神经递质重摄取过程的抑制，单胺能神经系统作用增强，类似可卡因的作用。毒品大麻之所以对人们具有吸引力，正是在于它具有双重作用，既可以使人安静下来，也可以使人振奋起来。其实，烟内的尼古丁也有相似的双重作用。

二、成瘾与复发的脑机制

(一) 从脑奖励——强化学习系统到成瘾的神经通路

1. 毒品的自我刺激实验

心理学家和行为药理学家们为研究鸦片类药物，设计了一项猴子的自我刺激实验。在猴子的颈静脉安装一个小导管，导管再与一个微量推进泵连接起来，微量泵的电开关放在猴笼内。猴玩弄开关，偶然间打开了微量泵，一滴吗啡溶液就注入血管内，泵随后又自动关闭，结果猴子会连续不断按动开关，以渴求吗啡的注入。如果不是每次按开关都能得到吗啡，而是按许多次才能得到一次吗啡注入，则猴的反应速度很快增高，甚至可达每小时数千次的反应，说明猴子对毒品的渴求十分强烈。

不仅猴，大鼠、猫、鸽等许多实验动物，都存在渴求毒品的自我刺激行为。通过这类动物行为模型，20 世纪 70～80 年代，首先发现了多巴胺奖励—强化学习系统，如图 8-1 所示，中脑腹侧被盖的大量多巴胺类神经元合成的多巴胺类神经递质沿轴突传输到额叶皮层、伏隔核等，通过那里的神经末梢释放。这个通路是药物成瘾的神经基础。毒品引起的这些变化和学习记忆过程以及长时程增强的机制基本相同，通过 G-蛋白受体家族，诱发的细胞内信号转导系统，再通过蛋白激酶催化亚基进入细胞核，使那里的基因调节蛋白激活，引起基因表达，合成更多的受体蛋白。不同之处在于脑回路分布的差异，药物成瘾回路主要在中脑腹侧被盖——前脑伏隔核通路，而一般学习记忆在海马、杏仁核和相应大脑皮层之间形成的回路中实现。可卡因和摇头丸等生物胺类毒品最初的靶神经元，就是脑干内的单胺类神经元，特别是多巴胺神经元。当多次吸毒成瘾后，前脑基底部的伏隔核细胞树突上的棘突增多，从而导致脑强化系统的异常增强。

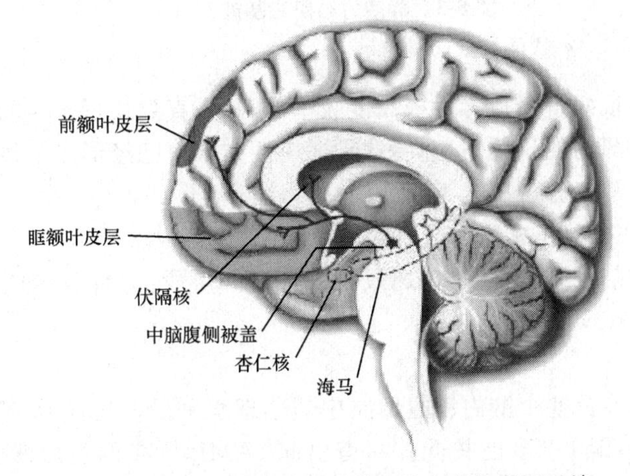

图 8-1　脑内的多巴胺奖励—强化学习系统

海洛因、吗啡等鸦片制剂主要通过分布在中脑导水管周围灰质的阿片受体发挥其药效。这些毒品能刺激相应脑结构神经元的突触后膜，产生异常多的受体及增高其活性，这种效应很快造成这些神经元树突形态的改变。由于树突上受体蛋白大分子迅速增多，导致树突上棘突密度增大。

大约在20世纪80年代，发现各种毒品成瘾的基本生物学机制是相同的，不同之处仅在于药物进入脑内最初的靶神经细胞在脑内的部位不同。如图8-2所示，海洛因等鸦片类物质首先击中中脑导水管周围灰质内，那些树突上分布着阿片受体的神经元；可卡因和苯丙胺等生物胺类毒品最初的靶神经元，就是脑干内的单胺类神经元。不论哪种毒品引起的分子生物学和细胞学变化（树突上棘突增多）都不停留在最初的靶部位，而是扩展到隔区的伏隔核。因此伏隔核就成为毒品成瘾的关键脑结构。

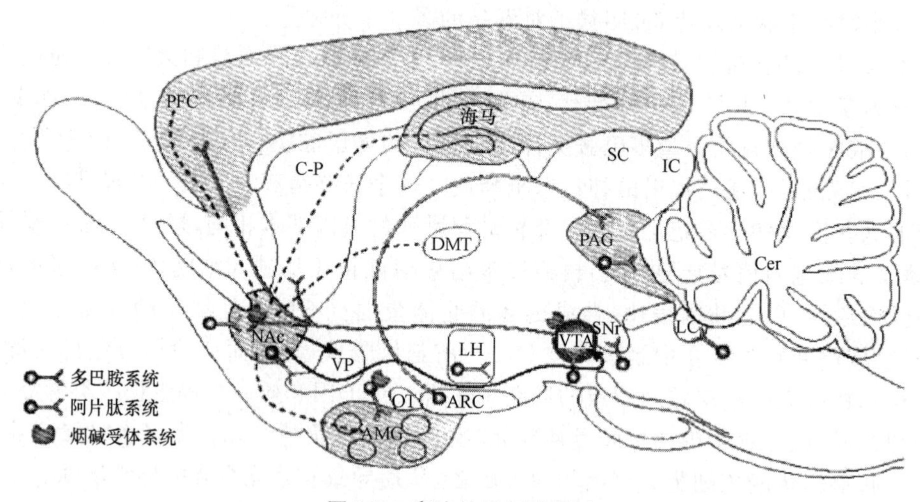

图8-2 毒瘾的脑回路基础

VTA：腹侧被盖区，NAc：伏隔核，LC：蓝斑

这些认识还不能很好解释戒毒后极高复吸率的问题，直到最近十年的研究发现，药物成瘾的脑机制是对药物的生物适应性，这种适应性在脑内已经形成了最后共同通路，它对药物线索和应激都十分敏感。下面介绍这一最新理论。

（二）神经适应性机制和成瘾的最后共同通路

根据药物成瘾的脑机制，把药物成瘾过程分为三个阶段：急性效应期、过渡期和成瘾期（Kalivas & Votkow，2007）。

1. 急性效应期

药物的奖励效应涉及整个脑内动机回路中超生理水平的多巴胺释放，导致细胞内信号转导功能的改变，即D1多巴胺受体兴奋引起cAMP依存的蛋白激酶PKA的激活；继而使细胞核内的转录调节因子CREB的磷酸化；随后出现即刻早基因表达，并产出cFOS；它们又促使发生几小时到几天的神经可塑性变化。这一系列细胞生物学变化广泛分布在动机调节的脑回路中，并启动导致成瘾的细胞事件，但却不能直接引出成瘾的长期后果。

2. 过渡期

从药物娱乐性应用到成瘾的过渡期,与重复用药所积累的神经元功能变化有关,并且是在停止或减少用药之后的数日或数周之后,才会出现药瘾。它的基础就是分子生物学的适应性反应,也就是多巴胺D1受体中介的长半衰期的蛋白质激活,例如△FosB,它是细胞核内的一种转录调节因子,调节AMPA谷氨酸受体亚单元和细胞信号酶的生物合成。由△FosB长时程诱导而形成的基因表达模式,不仅是吗啡类药物作用的后果,可卡因的慢性应用在伏隔核内,也引起同样模式的基因表达。除了△FosB的这种作用外,在腹侧被盖区内的谷氨酸受体(GluR1)亚单元的增多,也会在可卡因停止用药的一些天以后,导致药瘾的发作。此外还有些蛋白质,如酪氨酸羟化酶、多巴胺转运子、RGS9-2和D2自感受体等,都涉及在停止用药后一些天导致药瘾的发作,可能这些蛋白质引发神经信息的多巴胺传递变化,仅仅是一种代偿反应,而不是直接导致成瘾的过渡。

3. 成瘾期

对复发的易感性可持续数年并伴有与之相应的长期细胞学改变是成瘾期的特点。有趣的是人类渴求药物的行为和大白鼠毒瘾模型中十分敏感的步行动作一样,这种蛋白质及其功能的变化,通常是随戒断药物时间增加而变得更大,并最终变成永久性的成瘾特点。

对药物的渴求行为与从前额叶皮层到伏隔核的谷氨酸能投射通路的细胞适应性变化有关。因为这一投射是渴求药物行为的最后共同通路。这是药瘾的最基本特征,可能是改善和治疗的突破点。前额叶皮层内药物诱导的长时程形态学可塑性,改变了谷氨酸能化学传递功能,受体耦合的G蛋白亚型Gi中介的G蛋白结合蛋白AGS3含量增高,导致向伏隔核投射的谷氨酸能投射活性增强。前额叶皮层锥体细胞兴奋性增高可能是AGS3控制D2受体信号转导,从而使D1信号转导功能相对增强。因此,前额叶D1受体阻断可以缓解对药物的渴求行为。伏隔核的突触前适应表现为伏隔核内突触前释放谷氨酸递质增多,是其对药物适应性反应的一种形式,这种增强的谷氨酸释放诱导了药物的渴求,这是因为这类适应性反应通过促代谢性谷氨酸抑制性自感受体(mGluR2/3)的变化,降低了突触前抑制性调节。伏隔核的突触后适应性表现为突触后受体蛋白密度增加,改变了谷氨酸受体细胞内的信号转导。

药物成瘾的核心行为特征是药物戒断多年以后复发,仍有连续不断的复发易感性,表现为渴求药物的行为和不可抑制的欲望。所以,最终成瘾阶段的特点是渴求药物的动机具有超强的重要性。从前额叶皮层到伏隔核的谷氨酸能投射,是引发药物渴求的最后通路(图8-3)。在这个通路的药瘾病理学基础中,有如下关键环节:

(1) 前额叶神经元内的G蛋白信号系统的改变,增强了向伏隔核投射神经元的兴奋性。

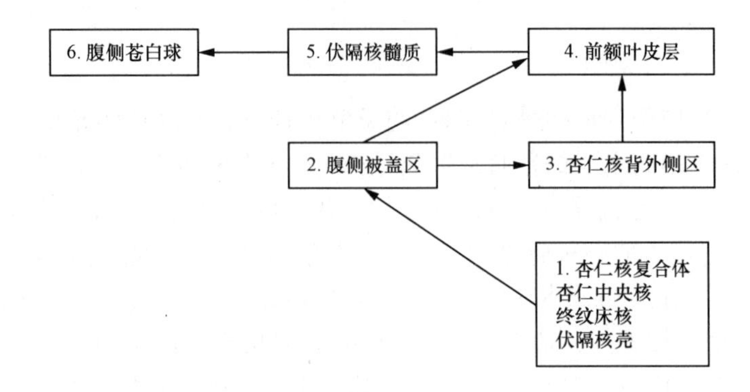

图 8-3 成瘾行为的最后共同通路和复吸诱因作用回路

4-5-6 最后共同通路,1-2-4 线索,2-3-应激

(摘自:Kalivas & Volkow,2007)

(2) 在伏隔核内由于降低了突触前的抑制性调节,从而增强了突触囊泡的可释放性,导致了突触前谷氨酸递质释放的增强。

(3) 伏隔核突触后蛋白的改变导致树突形态的固化和信号转导特性的巩固。因此,使前额叶对行为的调节能力下降,包括决策能力和非药物动机刺激的显著性降低。在此背景上,当可预见药物能利用的刺激出现时,就会使前额得到深度激活,并立即驱动伏隔核的谷氨酸投射通路,再度激活了药物欲望。

(三) 药瘾复发的机制

1. 动机功能回路的失调和重组

药物的重复应用,导致如图 8-3 的动机功能回路的重组,其中特别关键的是药物渴求和渴望的最后共同通路的功能适应性。与从前得到药物有关的线索、轻度应激状态和又得一次微量药物三个因素之一,都可能在成功戒毒若干年后,一下子导致毒瘾再次发作。当代无创性脑功能成像的研究证明,只要上述三个因素之一就会诱发渴求药物和渴望药物的最后共同通路激活。药物成瘾的第一个重要原理:从前额叶皮层向伏隔核的谷氨酸能投射的激活。AMPA 谷氨酸受体拮抗剂能有效防止毒品或得到毒品的线索引起药瘾复发的效果。药瘾复发之后,伏隔核立即增加谷氨酸末梢释放功能,只要能有办法避免谷氨释放的增加,就能防止渴求药物的药瘾复发。伏隔核内与药物渴求和渴望关系最大的是髓核(或芯核),正常人中这个区也就是控制习得行为的结构。这个结构与前额叶皮层有密切联系,包括前扣带回和眶额皮层。成瘾者渴望药物时前额叶皮层激活,这时出现平时无药物时能引起其激活的生物学阳性奖励刺激,例如,美好的性唤醒物就失去了作用,其他的决策也受到抑制。所以,前扣带回和眶额皮层的功能失调,使追求药物的可利用性成为压倒一切的先占性动机,大大超越了对正常生物学动机以及对认知功能的调控能力。换言之,前扣带回和眶额皮层的过度活动类似于强迫—冲动性障碍的病人,促成对药瘾者吸入药物的冲动性行为。

2. 刺激模式相依的子回路

作为药物成瘾的第二个原理，就是药物渴求回路可由不同刺激模式激活，也就是说，有不同模式的子回路。由最初得到药物的线索所激活的子回路，是由基外侧杏仁核组成；轻度应激和单剂量药物启动的药物渴求，却不伴有基外侧杏仁核的兴奋，而是杏仁核以外的结构兴奋。所以，无创性脑成像研究并不一定总能发现杏仁核的激活与药物渴望强度相一致。

3. 需要多巴胺神经递质的传递

既然药物渴求可由不同模式的刺激所诱发，它们必须要通过中脑-皮层-边缘多巴胺投射的参与，才能导致药瘾复发。但是药物早期急性应用所伴随的奖励效应，是与其引起伏隔核内多巴胺的释放增加有关；而药瘾复发并不伴有伏隔核内多巴胺释放增多，却引起前额叶和杏仁核的多巴胺释放增加。前额叶多巴胺末梢释放增加，使其激活并增加向伏隔核释放谷氨酸前体。伏隔核内多巴胺传递功能的降低可能与成瘾者对自然奖励刺激失去敏感性有关。

三、药瘾和药物滥用的治疗和预防

对药瘾和药物滥用的治疗和预防研究进展，包括替代疗法、厌恶疗法和心理疗法，还包括发展一些调节药物，用以改变与药物滥用者脑内奖励系统的神经信息传递功能(Pechnick et al.，2007)。

1. 实验动物自我用药方法的效度

动物自我用药的规律对人类药物滥用和药瘾治疗可以提供重要启发，但这类研究方法的效度是必须强调的，它分为三类：效标效度、预测效度和结构效度。

(1) 效标效度(face validity)：反映动物的行为模式与人类药瘾症状之间的相似性，至少应该对动物自我用药的频率和剂量能够准确测量，并与人类吸入药物之间有一定关系。

(2) 预测效度：实验模型应能反映出动物对药物的反应程度与人类对药物反应之间的可比性。人类对某些药物的易感性应该从动物自我用药实验模型中得到较高的预测启示。同样，实验室中发现的降低动物自我用药的方法或药物，也应在人类治疗中有相关效果。

(3) 结构效度：模型的原理应该与人类药瘾发生的病理生理过程有一定的可比性。目前由于对人类滥用药物和治疗的理论还不完善，所以动物实验的理想结构效度也无从判断。对药物自我应用的实验方法，主要在大白鼠和猴中建立起来，也有些药物成瘾问题，使用转基因的小鼠，或用基因敲出的小鼠，进行自我用药实验，都采用静脉灌注的给药方法。海洛因成瘾与治疗方法是较为常用的自我用药的动物实验方案。烟瘾的问题也常用尼古丁动物自我用药的动物实验方法进行研究。对酒精滥用治疗问题也采用动物自我用药模型，可以发现化学物质成瘾的易感性和对其治疗的方法，也可以用于研究药瘾复发的规律。所以,对药物成瘾的各种问题,均可采用动物自我给药的方式加以研究,包括药物成瘾形成过程,维持消退和复发,观察是否存在特殊规律,例如,给予强化的方式、次数以及剂量的不同效应等。

2. 替代治疗

利用美沙酮作为海洛因的替代物进行戒断症状的治疗,因为美沙酮是 μ-阿片受体的完全激动剂。美沙酮和海洛因的药物代谢动力学相同,都可以引起 μ-阿片受体的兴奋;但两者也有不同之处,虽然美沙酮的受体激动作用的强度不如海洛因;但它的作用时间长,也就是说具有高亲和性。海洛因与受体结合的效应仅维持 1 小时,美沙酮的作用则是 36 小时,所以美沙酮的替代治疗作用十分理想,不但维持药效时间长,而且较为安全,药物强度比海洛因小很多倍。所以,一些人主张用美沙酮长期替代海洛因,价格低 10 倍,只用口服,不需像海洛因那样静脉注射,从而降低了 HIV 病毒感染的概率、不稳定的性关系以及犯罪发生率。

除了像美沙酮和尼古丁等激动剂可以作为替代治疗以外,还有一类部分激动剂,也可用于替代治疗,这类部分激动剂既能兴奋受体也能阻断受体,具有双重作用(表 8-1)。

表 8-1 药瘾治疗剂及其作用机制

<table>
<tr><th></th><th>阿片类</th><th>精神运动兴奋剂</th></tr>
<tr><td>部分激动剂</td><td>Buprenorphine</td><td></td></tr>
<tr><td>全部激动剂</td><td>美沙酮</td><td></td></tr>
<tr><td rowspan="2">受体调节剂</td><td>纳络酮</td><td>Modafinil
Topiramate</td></tr>
<tr><td></td><td>Disulfiram</td></tr>
</table>

巴普曲肾上肾素(Buprenorphine)是美国药监局 2000 年批准使用的第一个部分激动剂,是用于治疗鸦片类药物成瘾的处方药。它只能部分地刺激成瘾者 M 型阿片受体,所以不能真正治疗对药物的渴求,却能因部分刺激了 μ-阿片受体,使其得到饱和,出现"天花板效应"。与美沙酮或海洛因相比,缺少了因足量激动 μ-阿片受体而发生的安神效应。但是这种替代药物必须在医生处方下使用。特别是戒断症状明显而且刚戒毒时, 血液中还有较高的毒品含量,这时使用巴普曲肾上肾素,由于高亲和性会导致戒断症状突然一下停止。

Varenicline 是 2006 年 8 月份美国药监局批准使用的药物, 用于治疗尼古丁成瘾。这是一种 $\alpha4\beta2$ 尼古丁乙酰胆碱受体,其作用与尼古丁相同,比尼古丁依赖的治疗作用更安全,没有 Buprenorphine 一样的"天花板效应"和不安全疗效。尼古丁的成瘾者可在继续吸烟的同时用 varenicline 戒烟,服药 1 周后(1 毫克/次,每日 2 次),就会发现对烟的依赖和戒断症状都明显减轻。

3. 精神运动兴奋剂依赖者的替代治疗

美国药监局批准用于治疗精神分裂症、双相情感障碍的药物 Aripiprazole,是 D2 受体部分激动剂,可用于治疗可卡因、甲丙胺等依赖,目前刚刚着手研究它的作用。

受体调节剂是一大类成瘾精神药理学药物,由美国药监局批准使用的第一个受体调节剂是 Bupropion,具有抗抑郁效应,其作用在于抑制去甲肾上腺素和多巴胺的再摄取。

四、行为瘾

这里指的是某些强迫性重复行为,包括上网行为、赌博行为、过食行为、购物行为和某些性变态行为等。近年随着对药瘾脑机制的认知,为理解这类行为瘾提供了科学基础。

毒品成瘾的中脑腹侧被盖-前脑伏隔核回路与第二节所描述的自我刺激行为的脑强化系统完全吻合,说明一些重复行为一旦使多巴胺强化系统兴奋性增高,就会巩固这种行为模式所对应的神经回路,导致感觉神经元和运动神经元之间联系的强化。据推测,这一强化系统所发生的分子神经生物学和细胞学变化与药瘾相似,还与长时程增强和长时记忆形成的机制相似。

无论是药瘾还是行为瘾,除与环境条件因素有关,还与遗传因素有关,据西方流行病学调查的结果表明,近半数毒品成瘾的人都有家族史。然而,至今尚未找到与毒品成瘾有关的基因组。在禁毒工作中,能找到预测成瘾的易感性素质或生理心理学参数,是一项极有意义的工作。

Cilia 等人(2008)发现帕金森氏病人在左旋多巴治疗过程中,出现赌博行为瘾。对 11 名病人,40 名无行为瘾的帕金森氏病人和 29 名正常被试,进行 TC99m 乙环胱氨酸灌注的单光子成像研究。他们发现具有行为瘾的帕金森氏病人右半球的功能回路处于过度活动状态,这个回路的脑结构包括眶额皮层、海马、杏仁核、脑岛和腹侧苍白球。由此认为,采用左旋多巴治疗的帕金森氏病人出现的赌博行为瘾是病理性的,可能由于药物治疗导致中脑边缘奖励相关的功能回路过度兴奋所引起。Recupero(2008)报道了对互联网网瘾问题所采用的法庭评估范围和标准。互联网网瘾涉及多种社会法律问题,包括网络游戏和赌博的过度迷恋、色情和非法暴力毒害等,常导致多种刑事犯罪活动。法庭要求精神病理学专家对当事人检查并出庭作证。对此,专家们常从行为成瘾、强迫状态、冲动控制问题和情感障碍等角度进行精神病理学的说明。

第二节　烟、酒、茶的嗜好

一、烟草

几十年来，关于吸烟的害处已是众所周知；然而，仍有数以亿计的人在吸烟。甚至有些人虽吸烟咳喘不止，但仍不想戒烟。香烟为什么这样迷人？其妙在何处？

（一）吸烟的双重作用

烟草里面的重要成分是尼古丁，它是一种烟碱，在神经系统中的作用类似于乙酰胆碱，影响神经递质的冲动传导。脑内许多细胞传导神经冲动的功能正是借助乙酰胆碱实现的。在一些神经细胞相联系的突触后膜上，有许多胆碱能的烟碱样受体，专门与乙酰胆碱结合，引起下一个神经细胞的兴奋。尼古丁进入脑内，首先作用于胆碱能的烟碱样受体，提高它们的活性，从而增强了神经冲动的传递功能。相反，进入脑内的尼古丁增多以后，使能与乙酰胆碱结合的受体大量减少，抑制了神经冲动的传递。

尼古丁除了直接作用于胆碱能的烟碱样受体外，还间接地作用于多种神经递质功能系统，包括去甲肾上腺能系统、5-羟色胺能系统、多巴胺系统和多肽类系统。尼古丁可以促使这些系统的突触前神经末梢释放相应的神经递质。尼古丁在脑内的作用与乙酰胆碱一样，具有两重性，表现为剂量相关性和时间相关性。小剂量短时作用，引起兴奋效应；大剂量和持久性作用，引起抑制效应。尼古丁作用的这种时间相关性和剂量相关性，并没有一个绝对标准，受机体的许多因素和吸烟过程的许多因素所制约。一般而论，当吸烟者处于疲倦状态时，吸烟常产生兴奋作用；相反，当吸烟者处于紧张、兴奋状态时，吸烟能产生镇静和抑制作用。吸烟时吸得深，烟停留在鼻腔和口腔的时间稍长时，可以产生镇静或抑制作用；吸得慢而浅，且很快地吐出时，可产生兴奋作用，刚吸几口，会出现短暂兴奋，促使吸烟者大口快吸，累积了一些尼古丁，从而又转为产生抑制作用。正因为尼古丁在脑内作用的这种两重性，才使它在调节人们的精神状态中，有其发挥效力的广阔天地，是人们嗜好吸烟的重要原因，这也正是烟的魔力之所在。

（三）戒烟

利用尼古丁对烟瘾进行替代治疗也很成功。利用尼古丁替代吸烟，能取到同样的效果，使超常的 N 型烟碱受体得到尼古丁的结合，并且提纯的尼古丁不像卷烟中带有致癌物质和其他芳香族碳氢化合物，引起心肺疾病。所以，尼古丁替代治疗发展很快，有多种奏效快的给药方法：尼古丁假牙床，尼古丁口香糖，鼻腔喷剂或吸入剂等。

二、酒精

人们饮酒有社会、心理、生物等多方因素，就某个人来讲，其中某一因素是主要的。有的研究表明，一些职业，例如矿工、水田作业的农民、推销员、采购员等，可促成饮酒爱好。就心理因素而言,饮酒能助兴或排忧解愁。每逢佳节,亲朋相聚,总要备以美酒增加气氛。随着社会经济发展,人民生活水平的提高,饮酒也越发普遍。为什么酒有这么大的魅力,得到人们普遍的偏爱呢?如果说饮酒对肝脏是百害而无一益的话,那么对脑功能的影响却十分微妙。

(一)酒的生理心理效应

酒的主要成分是乙醇,人脑内分解乙醇的脱氢酶活性仅是肝脏的1/5000,所以饮入的酒主要在肝脏氧化脱氢和分解。少量饮酒可造成脑血管舒张,脑血流增加,脑代谢加快,有助于消除疲劳。随脑代谢加快,脑信息加工进行得十分顺利,神经递质和受体等各种角色都活跃起来。所以适当饮酒的人头脑清晰、思路敏捷、言谈爽快。如饮酒量过大或饮酒时间太长,酒后会出现相反的生理效应,抑制脑葡萄糖的吸收和利用,能量代谢全面降低,脑信息加工变慢,使脑处于抑制状态。所以,少量饮酒可以助兴,大量饮酒可以消愁,这就是酒的魅力。假如长期大量饮酒,脑能量代谢持续性降低,脑信息舞台内外各种角色均不活跃,不但脑功能变差,还会出现脑结构萎缩。有些研究报道,酗酒造成的中毒肝硬化发生率为19%,脑萎缩发生率49%,可见,长期大量饮酒对脑的危害有多么严重!

(二)酒精依赖的治疗

1948年美国药监局批准的戒酒药Disulfiram是一种乙醛脱羟酶抑制剂,使饮入的酒代谢中断,停留在乙醛阶段上,导致恶心、呕吐、头痛、眩晕等,所以它使饮酒变为一种惩罚,因而起到戒酒的疗效;但是它对肝有很强的毒性,此外,低剂量使用也会对心血管产生不良副作用。

大约50年之后,1994年12月美国药监局批准了第二个戒酒药物,口服的naltrexone,2006年又有长效注射剂型的问世,肌肉注射380毫克/次可奏效一个月。它是M型阿片受体拮抗剂,它的戒酒作用是由于阻断了对酒的渴求,并减少饮酒的快感。对酒瘾者它可以延长酒瘾发作的时间,减少发作时所需饮入的酒量和频率。

2004年第三个戒酒药得到公认,Acamprosate是NMDA型谷氨酸受体部分激动剂,虽然在欧洲已用于戒酒10年之久,但对比实验未能证明效果的显著性。目前还有几种受体调节剂正在研究之中,尚未进行临床试验,如Topiramate和Ondansetron。

(四)烟、酒戒断的药物

由于多巴胺在维持成瘾行为中的重要性,抑制多巴胺的再摄取可能也是抗尼古丁渴求作用的途径。它具有α4β2尼古丁乙酰胆碱受体拮抗剂的特性,这就是其抗药物渴求特性的基础,其剂量与其抗抑郁作用剂量相同(表8-2)。

表 8-2 烟、酒戒断的药物及其分类表

部分激动剂	烟	酒
全部激动剂	Varenicline	
受体调节剂	Nicotine 替代	
	Bupropion Nortriptyline	纳洛酮 Acamprosate
		Topiramate
厌恶剂		Ondansetron
		Disulfiram

三、茶、咖啡与可可

人类喝茶历史悠久，中国第一部医书《神农本草经》中记载，神农尝百草中毒后倒在茶树下，树叶上的水流入他的口中而使他得救，因而称茶树叶可解百毒。在周朝时，茶叶被奉为祭品并在操办丧事时使用。在秦汉时期茶已成为宫廷礼仪中的饮料，唐朝时，饮茶已普及为文人咏诗作赋的文雅之举，那时的京城已盛行茶馆，集聚文人志士谈古论文。饮茶的习惯最早在秦汉时期被带到日本，1780 年东印度公司的商船把饮茶习惯带到英国。

喝咖啡起源于阿拉伯文明，传说牧羊人发现吃了咖啡树叶和豆子的羊爬起山来格外轻快。17 世纪在欧洲各国城市中已盛行咖啡店，成为人们社会交往的文雅之处。

可可原产于墨西哥，将可可豆磨成粉煮粥食用，可使人精神振奋。1528 年西班牙人将可可带到欧洲做成古典巧克力食用。1828 年他们把可可粉中的脂肪成分脱掉再加入牛奶和糖，制成现代的巧克力。

茶叶、咖啡和可可的有效成分是黄嘌呤类物质，只不过它们分子结构稍有不同。1920 年化学家从咖啡中提取出有效成分，命名为咖啡因，其化学结构是三甲基二氧嘌呤。后来从茶叶中提取出的有效成分命名为茶碱，其化学结构是二甲基二氧嘌呤。从可可粉中提取的有效成分命名为可可碱，其化学结构也是二甲基二氧嘌呤，与茶碱的相对分子质量相同，二者是同分异构体。其实茶叶和可可粉中也都含有咖啡因。由此可见，咖啡因、茶碱和可可碱三者都含有二氧嘌呤，它是人体能量代谢中一种非常重要的辅酶——黄素辅酶的类似物。所以，这些饮料可以提高人体能量代谢的效率，特别是提高细胞代谢中的氧化磷酸化过程，为细胞提供高效的能量，加速代谢活动。除此之外，它对神经系统还有直接的兴奋作用，但其作用机制至今不清。饮茶或咖啡后 30～60 分钟，血液内的咖啡因达高峰，它对中枢神经系统的兴奋作用在饮茶后可持续 2～3 小时。3 小时后咖啡因在血液中的含量减半，其中 90%分解代谢后经尿或汗排出体外，所剩

10％的咖啡因不分解直接经尿排出体外。喝茶或咖啡后其作用的速度和强弱因是否为习惯饮用者而异,也因性格而异。习惯食用者食后发生兴奋作用的速度快于偶尔食用者;性格内向的人食用后的兴奋作用强于外向性格者。

9

测谎及其认知神经科学基础

说谎和欺骗是人类社会生活中一种屡见不鲜的行为类型,说谎者从某种自身利益的需求出发,有意隐蔽、掩盖或修饰事物的真实情况,尽力使与其交往的人或群体对他歪曲的假象信以为真。在多种社会生活背景下,都可能出现说谎和欺骗的行为。子女出于对长辈的爱,有意隐瞒长者的真实病情,是常见的善意谎言;而凶杀犯人在警察的审讯中矢口否认杀人的事实,则是典型的恶意说谎。在两种极端情况之间有多种性质不同的谎言和欺骗,分别发生在社会生活的各种场合之中。伴随说谎和欺骗行为,必然有受骗者上当受骗,事后他们知道真相,就会对说谎骗人的行为深恶痛绝。面对一些重大案件或是非问题,人们更是关切事实真相。因此,从古至今为辨识谎言,人们不仅从社会经验的角度总结出测谎的谋略与方法,而且总是试图找到一些科学方法,有效测谎。20 世纪初,记录血压、呼吸和皮肤电变化的多导生理记录技术问世,很快被用于测谎,经过近百年的沿用,在常识和经验的基础上发展为至今广泛应用于世界许多国家的传统测谎技术。

传统测谎技术基于人们说谎时常伴随心跳加快、脸红和出汗的常识,通过警察审讯经验对被测人进行审讯式提问,同时利用多导生理记录仪(polygraph)进行记录。对每个问句要求被测试人只回答"是"或"否",并由主试在仪器上标记出问句和回答的时间标记以及答题的性质,事后分析每个问句结束和回答时刻后的皮肤电反应(5～10 秒内)、呼吸、指脉和血压(2～3 秒内)等自主神经系统功能的变化。比较探测问题、无关问题和准绳问题引起的这些生理参数的变化程度,就会得出是说谎还是诚实的结论。这种测谎技术已经被应用了近百年,随着电子技术的发展,仪器的技术水平不断提高,直至最近十多年,发展出计算机控制的测谎仪和自动评分系统,使传统测谎方法获得了现代科学的外表形式;然而,测谎的原理却停留在常识和经验的基础上,百年不变。2001 年美国能源部建议下,美国国家科学院(National Academy of Science, NAS)组织一个专家组,对传统测谎技术的科学性进行了考察。期间美国遭遇震撼世界的恐怖袭击,世界各国普遍重视反恐技术的发展,使测谎问题变成公众关注的焦点。在此背景下,2002 年 11 月该专家组向美国政府提交了一份长达数百页的调查报告,并于 2003 年初公开发表了这份报告,对传统测谎技术持否定态度。依本书作者的看法,传统测谎技术中，审讯式的提问，句子长短不一，语气不同，由主试替被试按反应键，对测试数据不进行精细数学分析和显著性检验等，都不符合心理学实验的科学标准。当代生理学和心理学以及某些临床医学的诊断结论中使用的统计分析、信号检测、判别分析和自举分析以及证据科学中的 D-S 证据决策分析等，对测谎都是可以借鉴的分析方法。可惜传统测谎技术，只关注自身的办案经验和编题方法，对反应曲线的分析主要依靠直观判断。

这个专家组由美国国家统计学委员会、行为科学、社会科学和教育学委员会以及行为、认知和感觉科学委员会的著名专家组成，在科学界的权威性很高。虽然他们的报告认为传统测谎技术缺乏科学基础，并且测定结果略高于随机水平，不赞成美国政府支持这种技术。但是，2002 年 11 月 5 日美国国防部助理秘书 John P. Stenbit 向参议院五角大楼办公室提交一项备忘录，明确表示仍继续支持这种技术的应用，因为这对相关部门的工作很重要，美国能源部也表示了同样态度。这说明测谎技术具有很强的社会需求；而且上述报告也对测谎的替代技术进行了分析和展望，认为相关的替代技术存在很好的发展前景。

本章将测谎或辨识谎言的科学技术分为三类：多导生理记录仪和传统测谎技术、基于事件相关电位的测谎研究和基于脑成像技术的测谎研究。首先，让我们来了解这些测谎技术和研究的理论和方法学基础。

第一节 多导生理记录仪和传统测谎技术

在《英汉医疗器材与生物医学工程学词汇》(人民卫生出版社 1985 版)中，“polygraph”的中文是“多导生理记录仪”，“导”字是导联的简称，在心电图记录时有标准导联、胸导联等多种导联方式，在脑电记录中有单极导联和双极导联的区别。多导生理记录仪是指有多种连接人体的导联方式，记录多种生理参数的仪器，广泛用于人体生理学和基础医学研究中。因此 polygraph 并不是测谎专用的仪器，把它译成测谎仪或多道心理测试仪，都不准确。“道”与“导”一字之别，是电子技术和生物医学工程两类学科间名词术语之别。仪器的制造者关注的是放大器通道数，“道”是通道(channel)简称，指放大器的通道。导联数和通道数不完全相同，它既取决于放大器的通道数，更决定于连接人体的方式，即导联方式。所以，从用户角度出发导联方式最重要。

1895 年意大利警官第一次采用脉搏和血压参数作为重大案件嫌疑人是否说谎的生理指标。1932 年美国拉松(Larson)警官开始采用呼吸、血压、脉搏和皮肤电四项生理指标，作为测谎的生理参数。1945 年美国雷德(Reid)警官，在此基础上又增加了肌肉电活动的记录，总结出至今广泛采用的五种电生理参数作为测谎生理参数，并制定对照问题测试方法。随着电子工程技术的发展，多导生理记录仪的技术水平不断提高，利用它进行五种生理指标的记录，并不存在很大技术问题。如何记录，怎么分析这些生理参数，才是判定是否说谎的关键技术问题。而这种关键技术是在办案经验或审讯经验基础上，总结出来的编题和测试方法。这就是为什么采用多导生理记录仪的测谎技术，长期得不到科学界认可的原因之一，即仪器原理和结构是简单的，使用方法是警察的审讯方式。

一、传统测谎方法

测谎之前要花很多时间了解案情，阅读案卷，然后从中找出要审讯的问题，这些都与一般办案没什么不同之处。编题和测试方法是测谎技术的精髓，随后是审讯式的测试，最后是阅图和写报告。下面简要地介绍这些方法。

(一) 编题

了解案情之后，应设置出五类问题，用以讯问被测人，这些问题各自作用不同。编题和测试方法的确定，是测谎技术的精髓，也是世界上优秀警官聪明智慧的结晶。

1. 中性问题

中性问题或叫无关问题，是与案件无关的问题，对被测人不会产生心理刺激。例如：

你叫王××吗？
你今年 22 岁了吗？
现在屋里的电灯亮着吗？
今天是阴雨天吗？

这类问题都是安排在测试的前面，使被测人在陌生测试环境和仪器面前的紧张心态得到缓解，对提问和回答产生适应性。同时是为了考查回答中性问题时，多导生理参数的记录情况是否平稳。

2. 探测问题

探测问题又叫相关问题、关键问题、目标问题或主题问题等。这里值得说明，目标问题的名称在传统测谎技术中的含义和在脑电测谎中的含义不同，后者不是相关问题或探测问题的同义词，而是与案情无关的对照问题。所以，在脑电测谎中目标问题和对照问题是同义词。虽然有这么多的名称，但都是指与调查的案件直接相关的问题，包括案件情节相关的各种问题。例如案件发生的时间、地点、方式、同案人和作案动机等。在英语国家，办案人员把这类问题又称作“五W”问题，即“who, when, where, what, why”，“何人，何时，何地，做何，出于何动机？”

例如：

你知道是谁杀了王××吗？
王××是昨晚 11:30 被杀的吗？
王××是在××路 8 号他的住处被杀的吗？
王××是前胸遭到刀刺而死的吗？

王××是因欠了一大笔钱还不上被杀的吗？

相关问题是测谎所要搞清楚的问题，被测人对这些问题的回答是真实的，还是说了谎，才是测谎的主要目的所在。

3. 控制问题

控制问题，又叫对照问题、准绳问题。任何人日常生活中总有些难以启齿的问题或一些不情愿让人知道的有辱尊严的、或不光彩的行为。这些能引发否定答案的问题称控制问题。实际上是些与案情无关的说谎问题。

例如：

你考试作弊吗？
你偷拿别人的东西吗？
你爱占小便宜吗？
你以前作过见不得人的事吗？

这类问题之所以又称对照问题或准绳问题，是因为我们假定被测人一定在回答中说谎，此时的各种生理参数就成为对案情相关的问题是否在说谎的参照比对的准绳。

4. 牺牲问题

牺牲问题又称过渡问题。在测试中加入这类问题，但却不分析它的结果，所以叫牺牲问题，它的作用是在无关问题到相关问题之间起到过渡作用。

例如：

你愿意老实回答我的所有问题吗？
对××案件的问题，你愿如实回答吗？

5. 题外问题

题外问题或称征象问题，设定这类问题是为了明确被测人是否信任测试人以及被测人是否还有更关心的问题。

例如：

除了刚才问的以外，你害怕我会再问你别的问题吗？
除了刚才讨论的问题以外，我不再问你新的问题，你相信吗？

(二) 测试方法

上述五类测试问题并不是同时使用，决定于案情和测谎的测试方法，目前总结出的测试方法有10种，它们使用的问题类型及提出问题的顺序各不相同。

1. 刺激测试法

刺激测试法(stimulus test)又称卡片测试法(card test)，即使用扑克牌或数字卡片(4、5、6、7、8)，先取五张，请被测人从中选取任一张上的数字写在纸上，不要让测试人知道。然后依序讯问，你写的是×？……

最前面两个问题是五张卡片数字以外的数，是为了克服被测人对第一个问题回答中的不适应或紧张反应。要求被测人对所有问题回答“不”。根据生理反应，特别是皮肤电反应，确定他写下的数字。一般测试总是从刺激法开始，因为它与案情无关，一方面可以使被测人适应测试环境和测试方法，同时还可以观察仪器记录是否功能正常。此外，它的测试结果会使被测人体验仪器和方法的准确性。

2. 相关/无关问题测试法(relevent-irrelevent test)

对相关问题(R)和无关问题(I)回答时，生理反应大致相等者为诚实回答，R>I 的反应为说谎的指标。除了两类问题，还穿插牺牲性问题(S_C)和题外问题(S_Y)。这种测试的典型题序是：I_1，I_2，S_C，R_1，I_3，R_2，I_4…

3. 控制问题测试法

控制问题测试法(control question test，CQT)，又称准绳问题测试法。在同一组测试中，五类测试问题都使用，它的标准排列顺序是 I_1，I_2，S_C，C_1，R_1，C_2，R_2，C_3，R_3，S_Y，I_3，在 R 和 C(控制问题)的比较中判定结果。CQT 方法变式很多，单一探测问题法，多探测问题测试法，唯你测试法，怀疑-知情-参与测试法，改进的一般问题测试法等。

4. 犯罪情节测试法(guilt knowledge test，GKT)

犯罪过程和情节是作案人亲身经历的，他必然知道一切。因此，根据对案件发生的时间、地点、作案工具、后果等知识是否掌握，作为测定被测人是否为实施犯罪者的指标，是 GKT 法的基本原理。可以设定多个犯罪情节的探测问题，每个问题再配上 4～5 个陪衬问题，作为一组测试。所以 GKT 可以有多组测试问题，探测问题应由大范围至小范围，由浅入深，逐级提问。陪衬问题应与探测问题属同一类型、同一层次；但却是与案件无关，与探测问题有明显差异的问题。只有这样，才能比较出两类问题引发的反应之间的差异。

与 GKT 测试法相近的还有紧张峰测试法(POT)，GKT 和 POT 又被统称为隐秘信息测试法(concealed information test，CIT)。

（三）心理生理参数的记录和分析

采用不同的导联方法通过传感器和多导生理记录仪将多种生理信号采集和记录下来，比较不同类型问题引出的生理反应，作为测谎的生理指标，这就是多导心理生理测试的基本方法。在这些外周自主神经系统功能的生理参数中，皮肤电变化最为明显，占有重要地位，但它的反应时间较慢，而且变异性大。最快的反应时间在提问之后 1 秒开始，最慢的在 4 秒后才开始变化。变化持续时间和恢复到基线的时间变异性也很大，在十几秒范围内变化。脉搏和呼吸的变化比较快，一般是在提问的问题结束后 2～3 秒发生脉搏的明显改变。呼吸波变化与脉搏有一定关系，人们紧张时一般是呼吸抑制，幅值降低或频率变慢。然而，近两年对脉搏的量化分析表明，它不比皮肤电变化的测谎可靠性差。这里先介绍现在普遍使用的评分方法。

1. 强度分析法

Lykken(1959)提出来的强度分析法经常被用于GKT测试结果的分析，其基本特点是因人而异的三级评分，将每个被测人的测试记录图从头至尾看一遍，人为地把最高和最低的反应幅值之间分为高、中和低三类，相应的分数是2、1、0分；每一组测试中所具有的案情相关问题数为n，则被试所得满分就应该是$2n$，那么半满分值就是判定说谎的标准：每组测试所得分数等于或高于半满分值($>n$)为有罪、说谎或知情者；所得分数低于半满分值($<n$)为无辜、诚实或不知情。还有一种强度评分是在三级的基础上增加为五级，以0为中心正、负各两级，－2，－1,0,1,2，分出向上和向下的变化，或与对照问题引起的变化相比较，相关问题引起的变化大于对照问题得负分；小于对照问题得正分。

2. 概率分析法

比较相关问题和对照问题的反应图谱，把前者大于后者的反应次数除以相关问题总数，所得到的百分比，作为说谎概率。

3. 自动评分系统

通过计算机编程，将人工评分的规则编制成自动评分软件，实现计算机自动读图给出结果。其中，关键的问题是使用一定的特征点和区分变量，才能鉴别出诚实或欺骗。

4. 辨识方法

既然欺骗和谎言是一种人类复杂的社会行为，涉及人的认知、情感、动机冲突、意向和执行功能，这种行为因具体社会环境和社会情节不同，以及说谎人的个人人格特质、身体的生理状态和心态不同而异。因此，识别诚实与谎言只靠某一项生理参数直观测量，就很难避免发生错误，必须通过一些科学的辨识方法，经过计算和统计分析，才会得到一个相对准确的结论。

测谎既要参照人类行为的普遍规律，又要参照被试的个人稳定特点，还要依时间和环境不同出现的心理生理功能状态不同，综合地进行个体心态和行为的鉴别。目前在认知神经科学文献中已引用了自举统计分析、鉴别分析和信号检测等分析方法，对测谎所得数据进行分析比较，权衡差异的显著性水平和判别阈值，给出最终的客观结论。

二、近五年的研究进展

从上面的介绍中，可以说当今世界各国流行的测谎技术是基于审讯经验的测试方法，基本技术关键是问题的设定和提问方法。对于办各种案子的审讯和调查人员，设定问题是他们所擅长的，充分发挥了他们的专长；但对于实验科学来说，这种句子长短不一，语气轻重不等的刺激呈现，是很难控制的，更与神经生理学实验的要求相差甚远。对于心理生理学实验而言，十分重视的反应时和正确率的行为参数，却无从得到。不论是国内还是国外，多导生理记录仪用于测谎时，问题开始、结束和被测人的反应，均由主试按键做标记。心理学实验研究中最重要的被试反应时和正确率竟然由主试按键而无法确定！这就导致皮肤电反应、呼吸、血压、脉搏的变化与被测人的反应之间缺乏精细的时间关系，心理生理学的时序性原理无法考察。更重要的是这类测谎技术所能达到的正确率，也无法令人满意。据美国测谎协会 2003 年公布的数据，难以做结论的测试占测试的 19%～34%，能做出结论的测试正确率达 81%～91%，但假阳性率，即冤枉无辜者的概率为 5%；假阴性率，即放掉坏人的概率为 2%。所以，不仅科学界不接受这类测谎技术，法庭也不予以采信。但作为警察侦破案件手段之一，对侦查方向的确定和某些案件的侦破，确能起到较好的作用。这种测谎技术，尽管从理论到方法学上都达不到现代科学标准，不为科学界和法庭科学所接受；但仍在侦察工作中应用。这种状态促使一些科学家，努力对传统测谎技术加以改进，最近几年发表约 20 篇研究报告，大体是以下四个方面。

（一）心理生理参数的量化方法

传统测谎采用的评分方法建立在直观比较的基础之上，进行反应强度或概率比较。随着计算机化的自动评分系统研发过程的推进，如何客观地度量反应图谱的问题提到日程上来。早在 50 多年前，地理学绘图使用的一种转轮笔，本是用于计量山脉或地域的边界线长的工具，脑电图分析家们借用来分析脑电图曲线的线长。现在计算机自动读取呼吸、脉搏、血压和皮肤电反应在一定时间内的曲线线长，并不是很难的事。为了改善传统测谎技术，近年出现了一批利用线长定量分析测谎图谱的研究报告。Elaad 和 Ben-Shakhar(2006)发表了题为“隐秘信息测试中的指脉波长度”的研究报告。首先综述有关研究文献，关于犯罪情节测试中判定罪犯或无辜的评定法是由 Lykken 在 1998 提出来的，凡是对相关问题的反应显著大于无关或中性问题者可以确定为罪犯。作者在 2003 年的研究中报告皮肤电变化的可靠率较高，如果加上呼吸波线长、呼吸波幅值和周期三个参数，则测谎效果更好。心率变化不如皮肤电可靠，通常，在相关问题刺激后 8 秒钟之内心率变慢可作为判定为罪犯的一种指标。Lani 等人(2004)认为指脉幅值降低是外周血管收缩的结果，说明交感神经激活或耗费心神。Hirota 等人(2003)证明在 GKT 测试中提问相关问题后 15 秒内有外周血管收缩反应。指脉线长变短、脉率下降和指脉幅值降低三者一致性变化，可以提高测谎的准确性。呼吸波长由提问开始后 15 秒内呼吸反应波总线长计算，取 10 次 15 秒总线长；起始时间点依次从提问时刻延后 0.1 秒。提问起始为零时刻，第一个 15 秒为 0～15 秒，第二个 15 秒为 0.1～15.1 秒，最后一个 15 秒线长取自 0.9～15.9 秒。每个 15 秒时窗的线长由计算机以 20 赫兹采样率进行计算，RLL 定义为由 10 个 15 秒线长值转换为 RLL 标准 Z 分数，即平均值和标准差。每次测试有 6 个相关问题提问，对每个相关问题之后均取 10 个 15 秒的记录长度，进行 60 个 15 秒线长的标准分变换，得到每次试验的 RLL 均值和标准差。对指脉波长度和皮肤电反应也如此计算。不同的是皮肤电反应取刺激后 1～5 秒的记录。结果发现三种量化的生理反应在有罪和无辜之间的差异均超过随机水平，在置信度为

95%的接收者操作特征曲线图上。它们的等感受性曲线均在左上部,指脉线长生理参数好于呼吸线长,接近皮肤电反应检测精度为83%。作者对同一批被试进行第二轮测试,发现结果明显变差,其检测精度略高于随机水平,41%~75%之间,作者在讨论中认为这正说明GKT测试的基础是朝向反射,随刺激重复反应消退。其次两次测试也有不同之处,前者比较相关问题与无关问题的差异;后者比较模拟盗窃组的相关问题与无罪组被试对犯罪情节相关的项目之间的反应差别。这种差异也是造成测试Z检测精度明显下降的原因之一。

Vandenbosch等人(2009)在Elead和Ben-Shakha的研究报告基础上，比较了指脉线长(finger pulse line length,FPLL),指脉幅值(FPA)、脉率(PR)、心率(HR)、呼吸线长(RLL)和皮肤电反应(SCR)在模拟盗窃实验中的测谎检测精确度。实验方法基本与前一篇报告相似,结果表明在95%置信区间。基于Lykken评分法基础上的检测正确率分别是:皮肤电反应78%,心率46%,呼吸线长50%,指脉线长81%,脉率42%。通过信号检测的接受者操作特征曲线(ROC)验证分析,在这些生理指标中,只有指脉线长的检测精度接近皮肤电反应,是可以很好应用的测谎指标。在讨论中作者认为,在ROC曲线分析中,FPA与PR都在随机水平之上(ROCa=0.60~0.65),虽然不能作为独立的测谎生理指标,但与FPLL结合起来会将检测精度提高到0.83。通过回归分析可以发现FPA与PR都对FPLL有所贡献,它们与皮肤电反应一样,都是交感神经活动的结果。另一方面,心率的降低却是副交感神经活动增强的结果。所以,作者认为在隐秘信息测试中的朝向反应是交感和副交感共同激活的结果。作者支持Elaad和Ben-shakha的研究报告,对朝向反应的消退性进行了比较研究,发现SCR和RLL随问题的重复使用发生习惯化效应;但FPLL却不出现习惯化效应。作者还分析了与已有FPLL能够增加SCR与RLL的检测精确度的研究报告结论不一致的原因。可能是检测时间窗10秒与15秒之差所引起的,也可能是记录皮肤电所用左右手以及电极位置不同所引起的。

从上面介绍的以色列和比利时的研究报告中,不难看出美国科学院评估报告的建议正在受到测谎研究领域的重视,努力使建立在经验基础上的传统测谎技术能够提高其科学水平。

(二)模拟实验设计

Bell等人(2008)不仅利用呼吸和皮肤电曲线的线长量化生理参数,还在模拟测谎的实验设计中做出了新的改进。他们将对照问题区分为两种类型,分别称导向性谎言和可能性谎言,例如,你曾经犯过错误么?它引导被试说谎,称导向性说谎;在10~20岁之间你曾为了避开所遇到的麻烦而撒过谎么?这样提问有可能引出谎言。实验中相关问题或探测问题是从钱包内模拟偷窃20美元。因为传统评分办法是比较被试对相关问题与对照问题的反应强度,罪犯对相关问题的反应强度大于对照问题,无辜者的对照问题反应强度大于相关问题。因此,测谎的结果经常受制于被试如何理解对照问题并对其怎样反应。设置两类不同的对照问题并编制不同判分程序由计算机自动评分。将120名被试分为4组各30人,分别是模拟盗窃犯、无辜组、导向性谎言对照组和可能性谎言对照组。结果发现,改变对呼吸波的传统评分方法,用比较中性无关问题的反应和导向性谎言反应之间的差异作为罪犯判定标准。提高检测准确度5%的水平;不改变无辜者的检测准确度;对皮肤电反应而言,采用反应曲线线长测量代替波幅,将识别谎言的准确率从81%提高到86%,对无辜者无结论从12%降低至5%。

(三)测试结果可靠性的科学验证

在美国科学院专家组对多导生理记录仪测试的评估报告中,推荐性地介绍了信号检测论(signal detection)的方法,认为它是提高传统测谎技术所必须借用的方法,以使心理生理测试结果得到科学验证。下面先简要介绍信号检测论,再介绍近几年引用该方法验证测谎结果的研究工作。

20世纪40～50年代,在雷达技术发展中遇到了如何识别信号和噪声的问题。在信号检测中,为了检查雷达信号接收器对噪声背景下信号的敏感性,提出了信号检测论的技术方法。雷达接收器在检测噪声背景上的信号时,可能会发生四种结果:击中、漏报、虚报和正确否定,最前和最后两项均属正确检测,漏报是假阴性或者说是没有检测出信号,虚报是假阳性或者说是无中生有。心理学家于20世纪70年代引用这一理论,研究人在噪声背景下检测信号时,奖惩和事先告知的先验概率对信号识别的正确率、假阳性率和假阴性率造成影响的规律。为了表示人们对信号感受性变化,研究者设计出一种图示方法,称为接受者操作特征曲线(ROC),用横坐标表示假阳性率,纵坐标表示真阳性率,再把不同的判定标准下所得数据连成一条曲线。这条曲线可以说明,噪声强度不变而信号强度变小时,辨认信号的难度增大;相反,噪声和信号差不变时,随判别标准不同,ROC也不同。在同一条ROC曲线上的各点感受性相同,所以称ROC为等感受性曲线。ROC曲线随着检测标准的不同而发生位移,正确检出率和假阳性率也不同。因此,美国科学院专家组在2003年的测谎技术调查报告中,用较多篇幅介绍了信号检测论,并建议采用这种方法对多导生理记录的测试结果进行分析。经过信号检测方法给出正确率、假阳性率、假阴性率和无结论四种指标,才能更客观地对待测谎报告。

Gamer等人(2008)通过275名不同来源的模拟罪犯和53名无辜者的测试数据,比较了在ROC上三种测试结果的异同:SCR、HR、RLL,结果如图9-1所示。SCR处于ROC最高位置准确率86%,随后是HR和RLL。通过逻辑回归模型使三种生理参数以一定权重加以结合,结果比用任何一种参数都更好的,提高了测试结果的可靠性,其结果如图9-2中黑实线所示。除了这篇研究报告,在前面介绍的几篇生理指标量化研究的报告中,也都应用ROC曲线验证自己的实验结果。这说明信号检测论的方法已经成为测试技术的重要组成部分。

(四)测谎的基础理论

在美国科学院专家组对多导生理记录仪测试的评估报告中,推荐性地介绍了多导

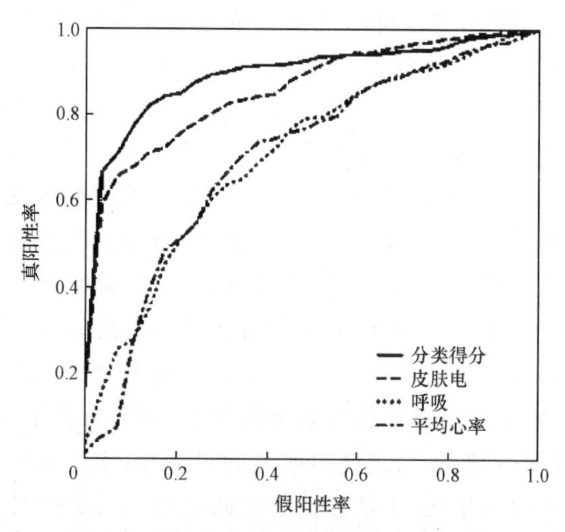

图 9-1　Z 标准分差异的 ROC 对比分布图

图标：自下而上点短线：平均心率；点线：呼吸；间断短线：皮肤电反应；粗线：三种生理参数结合后的分类分，横坐标：假阳性率；纵坐标：击中率。（摘自：Gamer et al，2008）

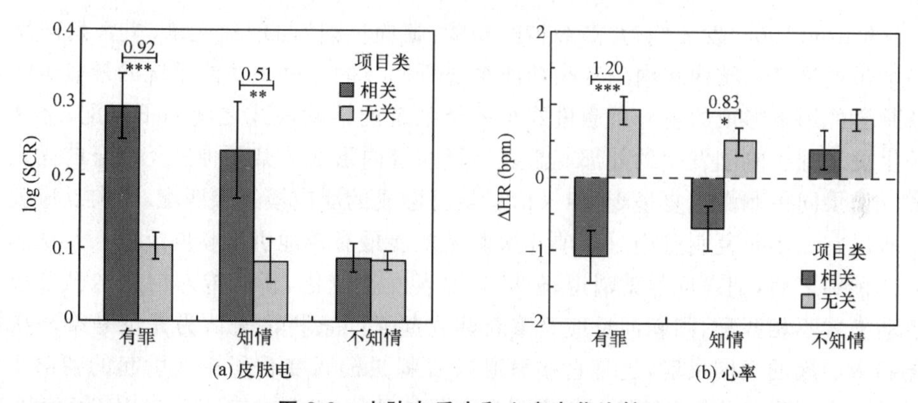

图 9-2　皮肤电反应和心率变化比较

（摘自：Gamer et al，2008）

仪测谎技术相关的一些心理学理论概念，包括心理冲突、心理定势、惩罚效应、唤醒反应等概念和朝向反射理论。报告指出：早期理论著作的假设，多导仪测试所测量的反应与欺骗行为相联系，或者与害怕欺骗行为被发现相联系，这种联系是不随意的，而且相对于测试带来的其他焦虑所唤醒的心理反应来说更强（Marston，1917）。沿着这条思路，使用多导仪的心理生理测试理论假设：相对于对照问题，相关问题对于那些欺骗的被试比那些诚实的被试，刺激更大（Podlesny & Raskin，1917；Lykken，1998）。但是，随着现代对不同个体和不同情景下自主反应的普遍研究，特别是对测谎的心理生理测试研究的深入，对早期的理论假设提出了质疑（Lykken，2000；Iacono，2000）。事实上，不存在欺骗行为特有的生理反应（Lykken，1998），即使被试对相关问题的反应与对照问题的反应之间有较明显的差异，也不能必然解释成他在说谎。正是由于美国科学院专家组的这种意见，使最近几年测谎研究领域，特别关注引用朝向反射理论解释皮肤电反应、心率、血压和呼吸等生理参数的意义。所以，本书下面对朝向反射理论进行梗概的介绍，欲更详细了解，请参阅本书第 4 章第一节。

20 世纪 20～40 年代，巴甫洛夫在狗唾液条件反射实验中发现，对于已经建立起唾液条件反射的狗，给予一个意外的新异性声音刺激，则唾液分泌条件反射立即停止，狗将头转向声源方向，两耳竖起，两眼凝视，瞳孔散大，四肢肌肉紧张，心率和呼吸变慢，动物做出应付危险的准备。巴甫洛夫认为这种对新异刺激的朝向反射本质是脑内产生了外抑制过程。新异刺激在脑内产生的强兴奋灶对其他脑区发生明显的负诱导，因而抑制了已建立的条件反射活动。随着新异刺激的重复呈现，失去了它的新异性，在脑内逐渐发展了消退抑制过程，抑制了引起朝向反射的兴奋灶，于是朝向反射不复存在。由此可见，巴甫洛夫关于朝向反射的理论主要是根据动物的行为变化，概括出脑内抑制过程变化规律，用他的神经过程及其运动规律加以解释。具体地讲，脑内发展的外抑制是朝向反射形成的机制，而主动性内抑制过程—消退抑制的产生，引起朝向反射的消退。

Sokurov(1963)发表题为“高级神经功能：朝向反射”的理论文章，主张朝向反射是由一个包括许多脑结构在内的复杂功能系统所调节的。这一功能系统的最显著特点是在新刺激作用下形成的新异刺激模式与神经系统的活动模式之间的不匹配，是这种反应的生理基础。刚刚发生的外部刺激在神经系统内形成了某些神经元组合的固定反应模式。如果同一刺激重复呈现，传入信息与已形成的反应模式相匹配，朝向反应就会消退。所以在一串重复刺激中只有前几次刺激才能最有效地引出朝向反应。几次刺激之后或几秒钟之后，朝向反射就消退；但刺激因素发生变化，新的传入信息与已形成的神经活动模式不相匹配，则朝向反应又重新建立起来。索科洛夫认为无论是第一次应用新异刺激引起的朝向反射，还是它在消退以后刺激模式变化所再次引起的朝向反射都由同一神经活动模式匹配的机制所实现的。具体地讲，这种机制发生在对刺激信息反应的传出神经元中，在这里将感觉神经元传入的信息模式和中间神经元保存的以前刺激痕迹的模式加以匹配，如果两个模式完全匹配，传出神经元不再发生反应。两种模式不匹配就会导致传出神经元从不反应状态转变为反应状态。进一步实验分析表明，不匹配机制引起神经系统反应性增加的效应可以发生在中枢神经系统的许多结构和功能环节上，其结果是大大提高对外部刺激的分析能力或反应能力。

20 世纪 60～80 年代，世界各地的许多心理生理学实验室系统地研究了朝向反射的各种生理变化。心率、血压、血容量、呼吸、皮肤电和瞳孔都是自主神经系统功能变化的生理参数；肌肉电活动和骨骼肌张力是神经系统的间接生理指标；脑电活动则是脑功能状态的直接生理指标。新异刺激引起瞳孔散大，皮肤电导迅速增强等交感神经的兴奋效应；头颈肌肉和眼外肌肉收缩使头转向刺激源；脑电图出现弥散性去同步化反应，皮层的兴奋性水平提高,全部这些朝向反射的生理变化对于各种新异性刺激的性质是非特异性的。无论是声刺激、光刺激或温度刺激以及痛刺激,只要它对机体是新异的,都会引起这些生理变化。不仅刺激的性质,而且刺激量的差异对朝向反应的生理变化也是非特异的。例如,刺激接通或撤除都会同样的引起这些朝向反应的生理变化。朝向反应生理变化的这种非特异性使之与适应反应和防御反应显著不同。温刺激引起外周血管和脑血管的扩张,而冷刺激则使它们收缩。这就是说,适应性反应随着刺激性质的不同而异。在有害刺激引起的防御反应中,无论是外周血管还是脑血管都发生收缩。这种血管的收缩反应,在重复应用有害刺激的过程中并不会减弱,说明它与朝向反应的成分不同,不易消退。总之,朝向反射的多种生理指标变化不同于适应反应和防御反应,其特点在于对不同性质刺激或一定范围强度的刺激均给出非特异性反应。对重复应用同一模式的刺激,则朝向反应消退;变换刺激模式则再次呈现朝向反应。所以,刺激模式在朝向反应中具有重要意义。

20世纪80年代,对朝向反射各种生理变化进行精细分析以后发现,各种生理变化出现的时间和稳定性不同,其心理生理学意义也各不相同。60年代,心理生理学家普遍认为皮肤电反应是朝向反射最稳定的重要生理指标。然而,新异刺激的皮肤电变化潜伏期大约为1秒,达到波峰约需3秒,恢复到基线约需7秒,所以,为了引出朝向反应的皮肤电变化,最适宜的重复刺激间隙期至少为10秒。几次重复以后皮肤电朝向反应就会消退。

Gamer等人(2008)设计了犯罪活动测试(GAT),记录108名女性被试皮肤电反应和心率反应,用以分析和验证朝向反射的作用。他们将被试分为三组,每组36人,一组作为盗窃犯模拟入室偷窃;第二组作为物业清扫工,目睹了前一组人入室盗窃的全部过程;第三组对入室盗窃一无所知。相关问题10项是失窃房间室内的陈设和家具特点,每段测试由一个相关问题和5个无关问题组成,每个项目均以声音和显示屏上的图像同时呈现,刺激项目间的间隔30秒,刺激呈现时间在8～10秒间随机变化,刺激消失时刻作为被试按键反应的命令。对盗窃组被试的指示语要求他们对所有问题均回答“不”,这样对相关问题的“不”回答就是谎言;对知情组和不知情组的被试,要求他们如实回答一切问题。对皮肤电反应的记录将其反应幅值转换为对数0.0、0.1…0.4;对心率则转换为每分钟的搏动次数,并以8秒刺激呈现期为基线值计算。结果如图9-3所示,无论是皮肤电反应还是心率变化,知情组与罪犯组都显示相似的变化规律,这与不知情组显著不同。也就是对犯罪活动细节的刺激物,无论在盗窃者还是目睹者,可能都引发了朝向反应。随后作者对重复多次后的皮肤电反应进行观察,尽管重复次数和刺激后的时间间隔不同,都发生明显消退现象;而心率变化却未出现消退现象。所以,作者得到的结论是,朝向反应的理论还不能解释心率的变化规律,朝向反射理论还不是理想的测谎理论基础。

本书作者认为,把巴甫洛夫-索科洛夫的朝向反射理论作为测谎的基础理论,是一种误导。因为巴甫洛夫开拓的朝向反射研究,是基于狗条件反射受到新异刺激在脑内发生的外抑制,是无意识的不能自我控制的生理反应;而测谎过程,被试受到的审讯或提问是有明确社会心理含义的关键问题,虽然也是一种强烈刺激,但不同于引起朝向反应的新异刺激,被试对相关问题的反应过程是耗费心神的意识活动,是一种控制加工过程,脑内的生理基础比外抑制过程复杂得多。测谎所面对的不是单纯的神经生理学问题;而是复杂的社会心理与心理生理学问题。用单纯的神经生理学范畴的朝向反射理论,作为指导测谎研究的基础理论,不会推进这一技术的发展。本书第 2 章讨论的心理生理学理论概念和第 7 章有关社会情感认知神经科学的理论研究成果,为测谎基础理论铺垫了一条宽阔的路基。当代认知神经科学,特别是社会情感认知神经科学以及心理生理的理论,才是高级社会心理——测谎研究的理论方向。

这里值得指出的是,在同一历史时期,即 20 世纪 60～80 年代,一个新兴的科学分支:心理生理学从生产劳动效率和人—机界面的工程心理学的角度出发,研究了皮肤电、心率、血压、脉搏、呼吸和瞳孔与眼动等外周生理参数以及脑电波和事件相关电位的变化规律,但不是用朝向反射的神经生理学理论为基础,而是用人类信息加工的时序性、容量有限性和两类加工过程的概念为指导加以研究。本书作者将在下面介绍这些理论。因为它比朝向理论更贴近测谎研究中所遇到的理论和技术问题。

三、自主神经系统功能的心理生理学理论概念

第二次世界大战之后,经济发展中需要对生产劳动效率和工程心理学中人体生理参数进行测定和分析。在适应这种社会需求中,心理生理学(psychophysiology)得到了发展,于 1960 年建立了美国心理生理学学会并创办了自己的专业学术期刊,标志其成为一个成熟的心理学分支学科。关于心率、血压、呼吸和皮肤电反应,在心理生理学发展的早期,就已经积累了相当多的资料。Jenning(1986)系统总结了有关的研究方法;Wilson(1992)专门编辑了生物心理学杂志的一期专刊:"心率、呼吸的心理生理学研究",全面综述了心率、呼吸研究技术和在心理生理学多项课题研究中的应用;Koers 等人(1997)系统总结了在警告—命令情景下心率和血压诱发变化的规律。这说明,随着心理生理学理论和生理信号处理技术的发展,心率和呼吸的生理指标获得许多新的理论意义和应用价值。可惜,这些科学成果不仅在当时没有引起测谎界的重视,甚至也没有得到 2001 年美国科学院专家组的重视。我们在介绍近年无创性脑成像测谎研究进展之前,先简要回顾心理生理学的这些理论概念和研究结果。

(一)心率和呼吸——作为信息加工的不同时序和心理容量变化的生理指标

1. 心率和呼吸变化的阶段性

如本书第 2 章第三节所介绍的,心理活动的时序性、心理容量(心理资源)有限性和两类加工过程的概念,是理解被试面对认知操作任务时,心率与呼吸变化规律的基础。在信息加工中,心率变化的时序性及其与心理容量的关系,Jenning 和 Koers 总结出下

列4个阶段：

(1) 如果在反应命令之前有一个警告命令时，在警告命令和反应命令之间的间隔期内，心率和呼吸变慢。间隔期从6秒增加到9秒或12秒时，则发现从第6秒开始变化，说明心率与呼吸为执行反应命令做好了精确的时序性准备，以节约心理资源。

(2) 随后，当命令刺激出现之前一瞬间，心率、呼吸大幅度变慢。

(3) 命令刺激出现时，立即引起心率和呼吸进一步变慢，变慢的幅度随着刺激意义增大而增加。

(4) 最后，给出运动反应时，导致副交感神经抑制，心率和呼吸从减速变为逐渐加速的过程，决定于运动反应的周期或频率。

心率和呼吸在认知操作反应中的这种准确时序性变化，可以作为认知加工及心理容量变化的灵敏生理参数。应用心率和呼吸生理参数的研究，主要适用于符合相加因子法则的认知反应，超出这种认知行为模型的研究工作，还有待于进一步发展。

2. 心率和血压在进行测试中的变化规律

Koers等人(1997)报道，当人们接受一个刺激作为准备执行一项任务的警告信号S1，随后几秒间隔，直到出现执行命令S2，如图9-3(a)所示，心率和血压均出现三时相变化模式：下降、略回升再下降，只是血压的变化比心率延迟几秒。如果这一反应带来不同的奖惩后果，则三时相模式不变；但反应的潜伏期和幅值不同。如图9-3中的(b)所示，阳性奖励反应后果引起心率的反应潜伏期(2180毫秒)短于阴性奖励(惩罚，图(c))反应潜伏期(2670毫秒)，收缩压变化的潜伏期为2690毫秒，幅值－2.6毫米汞柱，也快于惩罚后果的潜伏期(3150毫秒)；但惩罚引起的反应幅值高(－3.9毫米汞柱)，舒张压有相似的变化规律。

3. 呼吸的人为控制

Weintjes(1992)在其标题为"心理生理学中的呼吸、方法和应用"的文章中，对呼吸的变化规律和中枢调节机制做了全面的分析，首先他对呼吸周期进行了精细的描述。如图9-4所示，其中重要的是潮气容量、吸气时、呼气时、呼吸周期、吸气间歇时和呼气暂停。

如果有意人为地改变呼吸记录图谱，可以从图谱中加以鉴别。如图9-5所示，图(a)和(b)、(c)、(d)中的虚线均是正常呼吸图谱，(b)、(c)、(d)中的实线是人为控制呼吸的图谱，(b)是有意缩短呼吸间隔；(c)是有意增加吸气量，(d)是深吸气快呼出。

4. 瞳孔舒缩反应与减法法则

瞳孔的舒缩反应由交感神经和副交感神经支配，其中枢位于中脑、顶盖前区、下丘脑。皮层对低位中枢也有调节作用，所以对瞳孔舒缩行为的记录和分析，有助于对信息加工过程脑机制的分析。20世纪70年代，利用高分辨率红外线摄像技术与计算机技术相结合，已能对瞳孔连续自动检测，其分析范围可在2～10毫米之间，灵敏度可达0.01毫米的变化值。实际上，在明或暗的不同照明度下，瞳孔直径仅相对变化0.1～0.2毫米，说明瞳孔自动检测系统的灵敏度和量程范围足以达到测定的实际要求。但

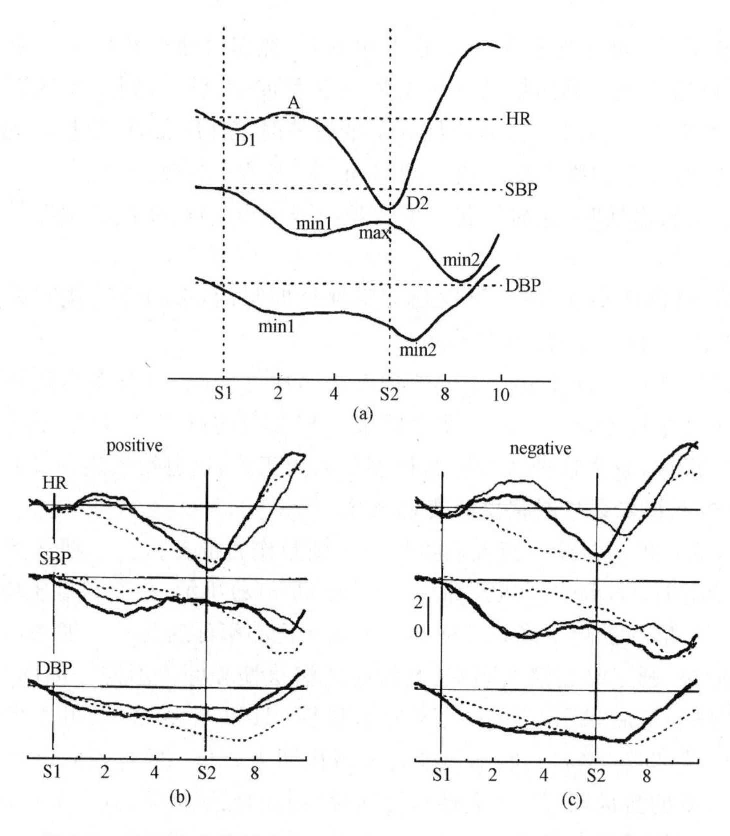

图 9-3　在两个命令的作业任务中心率和血压的三时相变化模式

S1：警告命令，S2：反应命令，HR：心率，SBP：收缩压，DBP：舒张压，min：最小值，max：最大值，positive：奖励，negative：惩罚(摘自 Koers et al,1997)

是，由于眨眼运动和眼球运动以及头部运动所造成的伪差，使其有用的数据损失 30%～40%之多。Bradshaw(1968)的实验中，先给被试一个警告命令，间隔 2.25～5.5 秒，再给一个按电键的运动命令。在这一标准反应时的实验中，被试的瞳孔在警告命令发出后的 2.75 秒时扩张，也就是说，在预计命令刺激呈现时，瞳孔扩张出现第一个峰；当运动命令出现并有按键反应时，出现第二个瞳孔扩大的峰值。Richer(1983)等在 GO/NO-GO 范式的实验中发现，GO 反应伴随瞳孔扩张 0.25 毫米；而当 NO-GO 不给反应或反应抑制时，瞳孔扩张 0.17 毫米。两者之间的差(减法法则)被认为是运动执行所引起的瞳孔舒张值。van Demolen 等(1989)在 GO/NO-GO 的实验范式中，同时记录心搏率和瞳孔舒张反应。结果发现：随着反应中引起的 GO 反应次数的概率，从 0.25，0.5 增加到 0.75，出现 GO 反应时心率下降和瞳孔扩大的现象，且逐渐变得明显。因此，他们认为瞳孔和心率都可作为被试对刺激反应准备状态的心理生理指标。

除心搏率、呼吸和瞳孔之外，皮肤电反应、眼动等都是心理生理学常用的自主神经

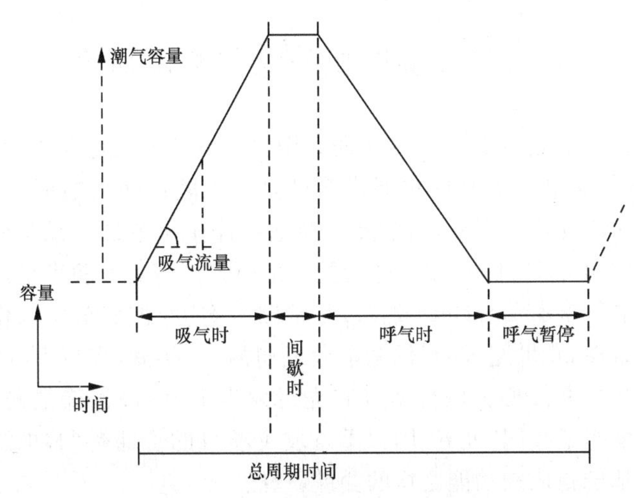

图9-4　呼吸周期的时间和呼吸量

(摘自:Wientjes,1992)

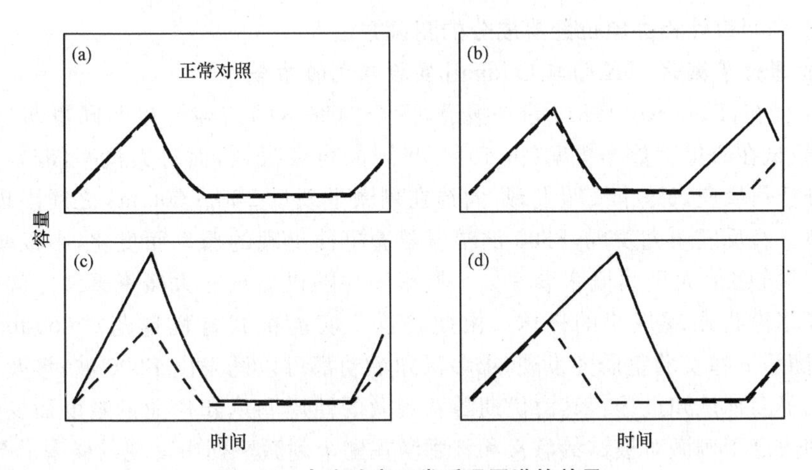

图9-5　人为改变正常呼吸图谱的效果

(摘自:Wientjes,1992)

系统功能的重要生理参数,但眼动的变化除反映自主神经功能外,更多反映随意性眼动的中枢机制,是一项较复杂的心理生理学参数。综观心理生理学关于自主神经系统功能参数的研究结果,与其说它们反映认知活动及其生理机制的时序性,还不如更恰当地说,它们主要反映出心理容量有限性的生理学基础。这些生理参数在认知活动中,以其缓慢的级量变化为主要特征,更多地与被试注意准备状态和唤醒水平密切相关。与这种变化特点不同,脑中枢的生理参数既随着认知活动时序性不同而异,也随被试唤醒注意状态等心理容量不同而不同。因此,脑事件相关电位,是心理生理学研究的重要领域。

第二节 事件相关电位测谎研究

20世纪80年代，已经走过二十多年研究历程的事件相关电位技术，积累了一批科学事实，证明事件相关电位的某些重要成分可以作为脑认知功能的生理指标，反映知觉、注意、记忆的功能变化。因此，科学界已经把事件相关电位记录和分析技术视为人脑认知功能之窗(Coles，1989)。在事件相关电位研究的著名实验室里，对P300波的研究做出重要贡献的科学家Donchin教授较早地预言P300波成分可以作为测谎的客观脑功能指标。随后在20世纪80年代至本世纪初的20年间，美国西北大学、明尼苏达大学以及北京大学的事件相关电位实验室先后发表P300波测谎的研究报告，北京大学相关实验室还承担了我国"九五"国家重点攻关项目的子课题"脑电波心理测试"，现在这里简要介绍基于脑认知功能之窗的测谎研究。

一、事件相关电位的测谎技术

(一) 利用事件相关电位经典成分的测谎方法

1. 犯罪情节测试(GKT)与Oddball实验范式的结合

80年代初，Donchin(1981)等人报道，两个频率不同的纯音以不同概率呈现给被试，要求被试在心里默数小概率(占15%)呈现的声音次数，而对大概率(85%)呈现的声音不做任何反应。这个实验发现，大约在刺激呈现后250～600 ms之间出现一个较大的正波。经反复研究发现，P300波幅值随着事件出现的概率而变化，小概率事件引出的P300波幅值大于大概率事件。小概率事件随机出现在大概率事件之间，似乎是打乱大概率事件出现规律的怪球。由此将这个实验范式称怪球范式(oddball paradigm)。随后一些实验室研究发现，很多认知活动都可以诱发出P300波，涉及注意、知觉和记忆等多种认知过程。其潜伏期随着刺激的性质和认知作业的难度而变化，其幅值大小则决定于刺激对被试的意义和该刺激在整个刺激序列中呈现的概率。与前者成正比，后者呈反比关系。也就是说刺激对被试来说心理学意义较大，其引出的P300幅值越高，而呈现的概率越大则引出的P300幅值越低。P300成分的这一特性被巧妙地用于测谎研究中。

Donchin和他的学生Farwell博士(1986)、Rosenfeld(1987)等人都把Oddball实验范式和测谎中的犯罪情节测试结合起来，进行了事件相关电位模拟测谎方法的早期探索。此后的20年间许多实验室都进行了P300波测谎的模拟实验研究。这类模拟实验大都采用三类刺激物：

(1) 无关刺激，以大概率(70%～80%)呈现；

(2) 目标或靶刺激，以小概率(10%～15%)呈现，要求被试做按键反应或心理默数其呈现次数；

(3) 探测刺激以小概率(10%～15%)呈现,要求被试不做任何反应(与大概率事件相同的要求)。

刺激材料可以选择面孔照片、日期、电话号码和地址门牌号等。这种模拟实验的要点是探测刺激的性质和呈现概率都与靶刺激相同,但却故意做出与无关刺激相同的反应。在 Farwell 与 Donchin(1993)、Rosenfeld(1999,2006)进行的实验中,将模拟犯罪信息作为探测刺激(probe),以小概率呈现,要求被试故意做出与大概率呈现的无关刺激一样的反应;对小概率呈现的靶刺激做出相反的反应。对三类刺激诱发的 P300 波,并通过自举的方法对 P300 振幅和两两相关的相关系数进行了比较,检验这种怪球范式诱发的事件相关电位,用于测谎的可能性,结果显示当被试了解探测刺激所涉及的模拟犯罪信息时,探测刺激将与小概率的靶刺激一样诱发较大的 P300 波形(图 9-6(a));而当被试不了解犯罪信息时,探测刺激诱发的 P300 波形与无关刺激类似(图 9-6(b))。

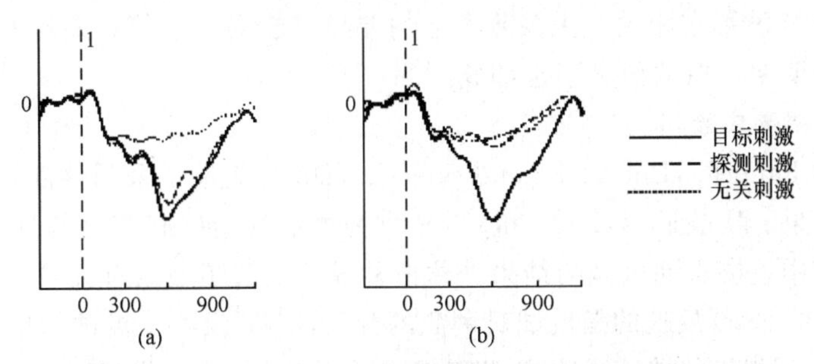

图 9-6 同一名被试在不了解犯罪信息时的 P300 波形(a)和了解探测刺激(b)所涉及模拟犯罪信息比较

(引自:Farwell & Donchin, 1993)

此外,一些研究者也检验了此方法在少数具体案例上的有效性。实验结果表明,应用事件相关电位分析,将 P300 成分作为犯罪信息的测试指标,具有一定的可行性。但是这一方法在实际案例中应当如何应用,则还存在争议(Rosenfeld,2005)。

2. N400 作为犯罪情节信息的测试

N400 成分是由 Kutas 与 Hillyard(1980)首先认定的,他们给被试呈现一些由等个数单词组成的句子,其中四分之一的句子以一个意想不到的词结尾(如,“他剃掉胡子”和“他剃掉眉毛”),结果发现以意外词结尾的句子比正常句子引起的 N400 幅值较高。研究者进一步发现,N400 容易被视觉和听觉通道上的语义反常诱发。N400 幅值随语义反常的程度而变化,反差越大,幅值越大。与 P300 不一样的是,N400 的幅值对刺激概率的变化并不敏感,但是对语言范畴的偏差有相当的特异性。

利用 N400 测谎的前提假设是:当被试识别出一个刺激事件与其语义和情节记忆不协调时,会产生高幅值的 N400 波。

Allen, Iacono 与 Danielsen(1992)在研究中让被试从 7 类词中选出一类来学习,这些词在一个认知任务中作为目标刺激，另4类词(不在原来的7类之中)作为非目标刺激，5类词以相等概率随机呈现。休息30分钟后，让被试学一组新词，然后再做一次认知任务，这回以新学的词作为目标，原先学的词与另5类词作为非目标，每类词又以相同概率随机呈现。然后进行了三个实验，第一个实验指示被试忽略先学过的词，第二、第三个实验指示被试承认学过的那组词(即，把它们作为目标)，但否认先学过的那组词(即，把它们当作非目标)。鼓励被试努力，防止他们的脑电波被实验者识别出他们在撒谎。第三个实验还给被试5美元，奖励他们愚弄"测谎系统"。被试通过按左键指明刺激是目标，按右键指认刺激是非目标。根据ERPs波形幅值的差异，Allen等人用贝叶斯后验概率方法分析，发现每个实验都几乎完全地(三个实验平均为94%)把学过的词识别为学过的，仅有平均4%的假阳性率，误把没学过的词识别为学过的。改变指示语并不能影响这种识别结果。也就是说，鼓励被试激进行分类的过程中撒谎，并无明显效果。因此，ERPs波形在相关与无关刺激上的差异可能揭示了信息差异本身，即使是在"审问"的意图明明白白的情况下也如此。

3. CNV测谎实验

北京大学Fang F.，Liu Y. T. and Shen Z.(2003)报道了采用伴随性负慢波CNV测谎的研究结果。实验显示，P300和CNV作为测谎的指标有充分的理论基础，同时，在合理的测试中能够得到可靠的结果。这两种成分反映了被试对关键刺激认知加工的不同侧面。其中P300反映的是被试对刺激的分类，CNV反映了被试的反应加工。二者结合，反映了被试说谎的神经活动，为测谎提供了新方法。进一步我们需要研究这种差异在其他条件下是否存在，比较它们之间的关系，讨论说谎是否是一种特异的加工过程。

4. 晚正慢成分测谎(Old/New实验范式)

Tardif等人(2000,2002)对大学生进行了模拟伪装失忆实验，他们分析了Rosenfeld等1995年采用的怪球范式之后，决定改用记忆研究领域中的Old/New实验范式。对实验数据中的反应时和事件相关电位晚正后成分，进行鉴别函数分析，结果表明对伪装失忆的正确识别率82%，主要依据潜伏期585～900毫秒的晚正成分。

(二)脑波测谎研究现状

1. 近几年国际发展趋势

近十多年来事件相关电位的测谎研究报告有30多篇，通过这些国际学术期刊文献，可以看到这一领域的研究先驱是美国Donchin教授和Rosenfeld教授，Rosenfeld教授的研究报告数量最多。前20年研究主要集中在P300成分，最近两年则出现了内侧前额叶负波的新发展趋势。用P300成分测谎的正确率不同实验室报道不一，Farwell和Donchin(1991)报告利用自举相关系数统计处理可达87.5%的正确率；几年以后Farwell申请脑指纹发明专利，宣布可达100%正确率。Wolp(2005)在一篇测谎技术评论性文章中以"骗局"(The Hype)为小标题，介绍Farwell的脑指纹测谎技术。Rosenfeld(2004)发表的文章中，提出当前事件相关电位技术不可能使正确率达到

100%,并且简单有效的反测谎方法,可使正确率降为35%～44%。Rosenfeld(2001)比较了P300幅值自举统计分析正确率80%～95%;Abootalebi等人(2006)采用前述两种自举方法之外,还使用了小波分析方法,使正确率为74%～80%,并认为还需进一步考查它对反测谎的敏感程度。

最近3～5年间出现的两个研究发展趋势值得重视。一方面,在犯罪情节测试和P300相结合的研究基础上,发展为隐秘信息的研究热点,发表的文章较多,研究对象不限于正常人,还有不同精神疾患的被试。实际上已成为可否测知人脑存储隐秘信息的问题。另一个方面就是把基于P300波的认知测谎引向基于内侧额叶负波(MFN)的研究,实际是基于情绪和执行功能的心理生理测试。虽然文章数量不多,但很有分量。值得高兴的是2009年1月我国西南师范大学张庆林教授课题组在《大脑研究》(*Brain Research*)上发表一篇相关的研究报告。这类模拟测谎实验设计的特点是用偏好、态度等情绪色彩的刺激物,要求被试违心地表达喜欢或厌恶、同意或不同意、好或坏等反应。与情绪表达中的谎言相对应的是内侧前额叶功能有关的MFN波或错误相关的负波ERN,以它们作为说谎的心理生理指标。

2. 事件相关电位测谎的自举统计分析法(bootstrapping)

通常实验室研究是两组以上被试,每组至少十几个人,一组作为实验组,另一组作为对照组。控制实验中,使用的自变量,例如熟悉和陌生两种面孔照片,请被试做按键反应,熟悉照片按一个键,陌生照片按另一个键,记录下来的反应时和正确率以及脑事件相关电位,这些就是因变量。一组被试按屏幕上呈现的照片属性做正常如实的按键反应,称为对照组,另外一组被试作为实验组,对两张熟悉照片中的一张做出不认识的按键反应(说谎),另一张照片如常反应。无论是按键反应的反应时和正确率,还是从头皮上记录下来的脑电波,都进行全部被试组的平均处理,求出两组的平均数。然后,再求出每个被试的反应值与组平均数的差异,把所有被试的差异相加,求出全组的均差。比较两组之间平均数的差异是否达到显著性,作为最终研究报告的结果。但是,在现实的测谎工作中,或者是对病人的病情诊断中,都必须对每个个体的测试结果做出判断。也就是说一个被试做完了测试,必须判断出他的反应是说谎还是诚实。很难像理论研究那样,比较两组之间的平均数之差是否达到统计意义上的显著性水平。这时只好把一个被试的全部实验数据看成是两组被试的反应。例如:一个被试对8张陌生照片总共做出320次反应,对每张熟悉照片各做出40次反应。如果在每类照片的总体数中随机取出30次,当作是一个人的测试结果,然后再随机取30次反应作为第二个人的测试结果,这样重复做下去就可以得到虚拟的N个人的测试数据。从一个人的总体实验数据中推举出类似一些人的实验数据的过程,称为自举(bootstrap),从一个人的数据中自举出一批人的数据,再按组间平均数据差异显著性的统计处理方法,就可以得到同一个人对靶刺激照片、探测照片和无关照片之间反应时的平均数据差异,以及头皮上记录的P300波幅值平均数差异,做出显著性分析。在Donchin和Rosenfeld两个实验室中，都采用这种自举的方法判断一个被试是否说谎。与通常的组间平均数差异检验略有不同，不是以95%作为置信度($p<0.05$)，而是放宽标准以达到90%作为显著性差异的置信标准。换言之，只要有90%的把握就可以断定该被试在说谎。在测谎研究中，利用下列两种自举算法分析测谎的脑电数据：

(1) 事件相关电位某成分的自举幅值差显著性分析。

Rosenfeld(2001)首先利用被试P300波的幅值进行自举的统计处理，进行自举平均数差异显著性检验，比较出探测刺激、无关刺激和靶刺激之间差异是否达到可信的程度，置信度$p<0.1$，就是说两者有明显差异的把握大于90%，犯判断错误的可能性小于0.1或小于10%。

(2) 刺激类别间自举相关性统计分析

Farwell和Donchin(1991)采用自举统计分析法，将一个被试对探测与无关刺激诱发反应间的相关系数小于探测刺激与靶刺激诱发反应间的相关系数，作为说谎的判断标准；相反，前者大于后者则是诚实判断标准。他们把被试对三种刺激的诱发反应放在一起做总平均处理，再把三种刺激分别进行平均处理，对其结果分别减去大平均。然后计算出探测刺激与无关刺激诱发反应的相关系数以及探测刺激与靶刺激诱发反应的相关系数。对说谎的判断标准是前者小于后者。也就是说，探测刺激的诱发反应为中心，求出它与靶刺激的诱发反应间的相关系数，以及与无关刺激的诱发反应间的相关系数，这种说谎的判断标准称为探测刺激诱发反应的双中心相关标准。

3. 心理生理信号多时窗采集分析技术

本书作者于1996—2001年间在北京大学的实验室承担了国家"九五"重点攻关项目子课题"脑电波心理测试"，其研究结果先后发表在国际出版物中，第一篇采用GKT和准绳问题测试(CQT)两种方法分别实施于不同的测谎情境，并对P300的幅值进行分析以达到测谎目的。第二篇采用CNV慢波测谎。2005—2007年间，本书作者领导的北京毫纳心脑测试诊断技术研究所与某研究所以及大连市公安局合作，先后在北京和大连两地，进行了以人面孔图片为主要刺激类型的模拟实验，目的是检验通过事件相关电位的实验方法是否能够区分出被测人是否熟悉某一特定人。首先以面孔为刺激材料进行实验的原因在于面孔是一种较强的实验刺激材料，并且对面孔的认知差异是否能够被检测，在实际案例中有重要的应用意义(如判断嫌疑人是否认识被害人等)。在实验中，我们采用怪球范式下诱发的P300成分，以及更早期的负向成分作为测试指标进行了分析，通过多种方法比较了不同指标在判断被测人认知活动差异中的作用，并对测试方案给出了评价。

2008年本书作者领导的北京毫纳心脑测试诊断技术研究所吸收最近十多年认知神经科学发展所积累的许多新科学事实，发展了心理生理信号多时窗采集与分析系统，是以综合分析中枢和外周生理信号为特点的新测谎方法。说谎行为的脑科学基础，至少涉及大脑内侧前额叶、扣带回、杏仁核等脑结构，由这些结构组成的脑复杂功能回路，这些脑回路有特定时序性的心理生理活动或代谢活动变化。测谎技术的目标就是要瞄准这些脑结构的生理参数,获取和分析与这些脑回路的心理生理信号。此外,严格遵循心理学实验设计的基本方法学原则,严格控制测谎中自变量的时间和强度特性,准确测定反应时。概括地说,测谎过程中被测人必然出现三类心理活动:认知、情感和执行过程。通过认知过程把握测谎环境、人物和自己的角色以及面临的形势;伴随认知过程必然产生情绪反应,并在内心出现动机冲突,形成总体应付对策;在测谎过程中,被试面对眼前呈现的语音或图像刺激,通过认知-情感活动产生决策,做出执行反应。在执行反应中既有应付对策和决策的长时记忆功能,又有对眼前刺激做出反应的工作记忆的参与。虽然有数不胜数的说谎情节,但在说谎所伴随的这些复杂心理活动中,最核心的环节是强烈动机支持的反常执行功能和对执行过程的超常监控。这个核心环节是耗费心理资源的意识活动,必然需要较多的脑代谢和生理能量所支持。本发明中实现的测谎方法正是对说谎或诚实反应中的反应前正波(PRP)、内侧额叶负波(MFN)等诸多生理参数进行时间锁定和多时窗的分析,并对其进行统计处理,得到更为准确的测谎结果。

同时采集脑电信号和外周生理信号,利用多时间窗,分别对不同时序特性的信号加以处理和显示。对脑电信号和眼动电位采用－0.2～1秒时窗,对呼吸和脉搏采用1～2秒时窗,对皮肤电、血压和体动采用2～20秒时窗。

进一步,对脑电信号后处理是分别采用刺激呈现时间锁定和反应时间锁定两种方式分析事件相关电位,这些都是国内外测谎设备中所不存在的功能。具体到测谎结论的得出,主要是通过分析如下相关生理心理参数:

(1) 把P300等认知成分作为说谎中反常执行功能额外耗能的生理参数。

人类对视、听信息加工是从后或侧头部的视、听感觉皮层向顶和前头部的高级联络皮层逐级进行的,初级无意识的自动加工不受是否说谎的影响;但高级意识的加工活动却对说谎核心环节十分敏感。比如,利用熟悉和陌生面孔照片进行模拟测谎中,对熟悉的探测照片故意做出陌生照片的反应,对熟悉的靶刺激照片进行正常反应。结果是探测刺激诱发的P300波幅总是低于靶刺激,因为说谎的核心环节耗费了心理生理能量。近年来,基于P300波的GKT,把探测刺激与无关刺激相比,可诱发出显著高幅值的P300波,看做是被测人头脑中记忆的作案情节的证据。本实验室既把P300和N400波等认知成分的改变作为对犯罪情节记忆的生理参数,更把它作为工作记忆执行器反常执行过程所额外耗能的生理参数。所以,探测刺激引出的P300波幅显著低于靶刺激。

(2) 把MFN波作为说谎伴随着超强监控功能的生理指标

当代认知神经科学表明,面对复杂任务时,工作记忆的中央执行器不仅承担执行功能还对执行过程是否得当进行监控。与这一功能相关的脑结构主要是内侧前额叶和前扣带回,MFN是其激活的生理指标。实验室把高幅MFN波作为说谎伴随着超强监控功能的生理指标。

(3) 结合大脑额区生理参数与外周生理指标，对情绪进行综合分析

说谎不仅包括对相关问题的认知，即知觉、记忆和注意，还必然伴有复杂的情绪动机活动，包括紧张焦虑情绪、矛盾意向、动机冲突等。当代情感认知神经科学已证明，除了由前额岛叶调控的外周自主神经功能(呼吸、心率和皮肤电)的慢生理反应之外，情绪活动还通过杏仁核与丘脑引起大脑的快速反应，在接受刺激的100毫秒左右就会在前额叶出现生理改变。因此，通过前额叶电报和鼻咽电报检测两类时序不同的情绪相关的生理参数，分析说谎过程中所伴随的情绪反应。将大脑特别是额区的生理参数与外周生理指标进行综合分析，在本实验室中作为测谎技术的重要环节。

(4) 说谎过程中心理活动及其相关生理参数的时序性

说谎是一种复杂的心理活动，涵盖多种时序不同的认知、情感和决策执行过程，快速反应发生于刺激呈现后50毫秒出现P50波，在被试反应发生后70毫秒出现MFN波，这些反应出现在快时窗，统称为快时窗反应；1～4秒内出现呼吸和脉搏的变化，称为中时窗反应；在被试按键或应答反应后5～15秒内出现的皮肤电的慢生理反应，称为慢时窗反应。本发明通过对多时窗反应，即－0.2～1秒时窗反应、1～4秒时窗反应和5～20秒时窗反应，进行全面分析，为准确测谎提供了一种全新方法。

(5) 刺激时间锁定和反应时间锁定的生理参数

在测谎过程中，被测人在接受刺激的瞬间和对刺激做出反应后都会发生激烈的心理活动，因此除了三类时窗，还有两个锁时叠加的时间点。

最后将上述生理心理参数的分析、应用形成测谎新范式，即新的测谎方法。

迄今，已有的测谎范式是基于多导生理记录仪的GKT、CQT等；GKT方法也用在基于事件相关电位的怪球范式中。本发明从现代认知神经科学基础研究中吸收一些新方法，作为新的测谎范式。

(1) Go/No-Go范式，要求被试对靶刺激按键(Go)反应，对非靶刺激不做反应(No-Go)，如何对探测刺激反应由被试自己确定。比较三类刺激的P300成分和反应前正波(PRP)的差异。由于探测刺激和靶刺激性质接近，诚实者应做出GO反应，而说谎者抑制这一反应，给出NOGO反应；但它的ERP却更类似GO效应。采用刺激时间锁定的叠加方式处理ERP。这是对说谎者反常执行功能的检测。

(2) Flanker范式，请被试始终把两眼注视显示屏正中的黑十字，用两眼余光观察在十字的左右两侧空白方框内的变化。其中一方框发出闪光作为线索，提示刺激将出现的位子；但只有80%的概率，是准确的提示线索；还有20%的提示线索不准确，刺激出现在对侧，即出现在没有提示的方框内。被试的任务是分别根据刺激出现的位子尽快按鼠标器左或右键。把与案件相关的图或字词以10%概率方式呈现；把对照问题的图或字词以10%概率方式呈现；无关的字词或图以80%概率呈现。比较平均反应时和事件相关电位的幅值，主要是比较PRP和MFN。采用反应时间锁定的叠加方式处理数据。它主要是检测说谎者超常的执行监控过程。

作者领导的北京毫纳心脑测试诊断技术研究所于2008年底，完成了这项技术的专利申请，在2009年内做好投产的各项准备工作。

4. 事件相关光信号采集分析系统与测谎方法

2009年初，北京毫纳心脑测试诊断技术研究所完成了这项专利申请，这是由于近红外成像技术的造价和测试条件与功能性磁共振技术相比，具有很大优越性，而且测试脑功能的生理参数是含氧与去氧血红蛋白的分布，又接近功能性磁共振成像(fMRI)所测的血氧含量相关的信号(BOLD)，所以在国际学术领域中特别重视近红外成像技术的发展，出现了许多基础实验研究。Gratton等1995年发现了脑的快速光信号。大约在视觉刺激的事件发生后0.1～0.3秒时间窗内，被试的枕部出现了散射光信号，可能与脑细胞兴奋过程中钾、钠、钙离子在细胞膜内外分布的变化有关。2006年Low等人又发现利用听觉刺激怪球范式，小概率呈现的刺激可在主动反应的被试右额中回，记录到潜伏期0.35秒的正向事件相关光信号(EROS)；而在被动反应的被试左内侧额叶诱发出潜伏期0.13秒的负向EROS。这一结果与事件相关电位的变化十分相似。脑事件相关电位研究领域中，已有许多研究报告利用Oddball实验范式测谎，因此，我们引用EROS技术测谎。与脑事件相关电位测谎相比，它的优点是既有相同的时间分辨率又有更好的空间分辨率(不超过1厘米，相比之下，事件相关电位的空间分辨率2.0厘米以上)。此外，它很适用于前额区的测试，所以特别符合测谎的要求。因为无论是说谎的认知成分，还是情感成分，乃至执行控制或监控成分，都有前额叶皮层及附近的脑结构参与。

总之，利用EROS对脑功能进行基础研究，是一项国际前沿技术。我们之所以利用这一技术发明的事件相关光信号采集分析系统与测谎方法，是看重EROS具有比脑事件相关电位更好的空间分辨率，将它们作为测谎的脑功能指标，在国内外测谎技术领域中尚未见报道。

这一发明的总体思路是，克服传统测谎技术和产品中存在的不足，吸收传统测谎技术和产品的经验，同时吸收当代认知神经科学的最新理论和近红外成像技术。事件相关光信号采集分析系统由光导帽、近红外激光器、散射光信号采集控制系统、事件相关光信号处理软件和测谎软件五个部分构成。

三、事件相关电位分析的基本理论概念

事件相关电位是心理生理学最主要的脑功能生理参数，也是心理生理过程的时序、容量和加工过程的重要指标。

(一) 事件相关电位作为信息加工时序性和心理容量分配的生理指标

脑事件相关电位(ERPs)作为一种重要的脑功能参数，在心理生理学基本理论发展中的意义是不容忽视的。脑事件相关电位在信息加工过程的研究中，既可以作为信息加工结构特性，即时序性的重要参数；又可以作为其容量分配的重要参数。Meyer

(1988)等系统论述了脑事件相关电位作为心理时序参数的理论基础。Donchin(1980)和 Coles(1989)的理论文章较深刻地讨论了脑事件相关电位在心理资源分配和信息加工时序性研究中的意义。关于时序性和容量分配的双重意义的争论问题，在 Donchin 和 Coles(1988)的长篇讨论中进行了富有针对性的论证。

1. 脑事件相关电位与心理时序性的理论问题

Mayer 等(1988)将脑事件相关电位在心理生理实验中用于探讨信息加工时序性的原理，概括为 6 条推理规则：

(1) 脑事件相关电位各成分意义的确认：如果实验中某一控制变量对某一心理过程有特殊影响，那么脑事件相关电位的某一成分及其参数也随之变化。这时可以推论脑事件相关电位的这一成分是该信息加工过程或其以后过程的生理指标。从而认定这一脑事件相关电位成分的心理学意义。

(2) 控制因素作用部位的确认规则 1：如果已明确脑事件相关电位某一成分是一种特殊心理过程的生理参数，而且，该控制因素对脑事件相关电位这一成分的潜伏期和这一心理活动的反应时同时发生影响，这时可以作两种推论：或者该因素作用的部位是这一心理过程；或者这一因素作用于由其引起的外显反应为中介的心理过程。脑事件相关电位的改变，正是这种外显行为和心理过程的脑功能指标。

(3) 控制因素作用部位的确认规则 2：如果已明确脑事件相关电位的某一成分变化，是某一特殊心理过程的表现，控制因素对心理活动反应时的影响，大于对脑事件相关电位成分潜伏期的影响。这时可以推论，该控制因素影响这一心理过程的子过程。它是刺激引起外表行为的中介，不是直接影响该事件相关电位成分的因素。由此，该规则可以引申出另一项规则：如果这一因素对该脑事件相关电位成分的潜伏期有影响，则可推论，这一效应是由于该因素作用于前一心理过程而产生的。前一心理过程的活动，是导致对刺激的外显行为和脑事件相关电位成分变化的基础。控制因素作用部位的两条推论规则相比，规则 2 的推论意义更大，因为它不仅帮助我们确定控制因素发生作用的部位，而且还能推断其他有关的过程。这种推理的意义还可以在下面两条规则中进一步体现出来。

(4) 加工阶段的确定规则 1：如果明确脑事件相关电位某一成分是某些心理过程的生理参数，并且两个实验因素对该脑事件相关电位成分潜伏期的作用可叠加起来，那么就可推论，这些因素影响了不同的信息加工阶段，其中可能有与脑事件相关电位成分有关的加工阶段，也可能影响其他一些加工阶段，甚至有可能作用于更多的信息加工阶段。由此还可引申出这样一条规则：如果两个因素对事件相关电位这一成分潜伏期具有交互作用，则可以推论，这两个因素共同作用于事件相关电位这一成分所反映的信息加工过程，或者是其之前的加工阶段。这条规则可由斯滕伯格的相加因子法则推导出脑事件相关电位的潜伏期。

(5) 加工阶段确定规则 2：如果明确脑事件相关电位的一个早成分和一个晚成分分

别是两个不同心理过程的生理参数,而一个控制因素对两个脑事件相关电位成分具有相同的作用,那么可以推论这些过程是不重叠的阶段,而且这一因素作用于第一阶段或这两个阶段之前的另一个阶段。

(6) 因素作用部位确认规则3:如果已知脑事件相关电位某一成分是某一特殊加工阶段的生理参数,并且该波峰的潜伏期制约于实验控制变量,则可推论为控制变量影响这一加工阶段,而不是作用于前一阶段。

在认知心理生理学实验中,利用上述6条规则讨论脑事件相关电位某一成分的心理生理学意义,及其作用的部位以及认知加工过程的阶段性。除了这6条推理规则,认知心理生理学家们还十分注重脑事件相关电位各成分间机能意义的重大差别。东琴等系统地综述了事件相关电位中内生性成分的特点,及其与人类认知活动的关系。他们指出,可将事件相关电位分为外生性成分与内生性成分。外生性成分的特点在于其波幅及出现的潜伏期与外部事件的物理特性,如刺激模式的性质、强度等有关。与之不同,事件相关电位的内生性成分,虽然也由外部事件触发,但它们的形态与特点仅与事件的部分物理参数有关,更多特点则制约于人类被试的心理状态及其对外部事件的理解。因此,物理参数相同的外部事件在不同情景时对同一被试引出的诱发电位,或在同样情景时对不同被试引出的诱发电位的内生性成分往往不同;相反,一些物理参数不同的外部事件,只要被试对其意义的理解相同;平均诱发电位的内生性成分就十分相似。

Snyder(1980)等报道,听觉刺激、视觉刺激和躯体感觉刺激均可在被试头皮上引出波形与分布相似的P3波。这些诱发反应的差异,仅表现为波幅及其波峰出现的潜伏期不同。由此可知,P3波虽与外部刺激事件相关,但又有其相对稳定的固有特征,它是与被试神经系统功能状态有关的脑内生性成分。Ritter(1983)等发现,事件相关电位的内生性成分,可以作为人类认知活动中信息处理阶段性的脑功能指标。他们指出,在P3波之前的N2波与人类对外部刺激的模式识别有关,而P3波与对刺激的理解和分类过程有关。Naatanen等对事件相关电位内生性成分的概念进一步发展,认为它应包括N2波与P3波。根据其在人类认知过程中信息处理的意义,又将N2波分为两种成分。较早出现的N2波又被称为不匹配负波,与人类认知活动开始时,脑对外部事件的差异匹配有关,可能是脑的次级感觉皮层活动的结果;稍后出现的N2波成分,又称为N2b波。它与P3波的前部分P3a形成一个两相综合波N2b-P3a,这种综合波才是真正的事件相关电位的内生性成分,与人类对外部刺激的朝向反射有关。Renault也提出事件相关电位中的3种内生性成分:顶—枕区皮层N2波在知觉信息处理的时相内出现;中央区皮层的双相N2b-P3a综合波,与人类被试对外部刺激进行主动性信息加工有关,代表脑内沿着N2波所指出的方向对外部刺激的认知决策过程;顶叶P3b波代表认知过程的终结,往往在被试对刺激给出运动反应时出现此波。简言之,3种内生性事件相关电位反映了人脑对外部事件信息处理的完整过程:顶—枕区N2波代表信息处理开始时相；中央区 N2b-P3a 的综合波代表信息处理的决策时相；顶叶 P3b 波代表信息处理的终结。事件相关电位的内生性成分不仅对信息处理过程，而且对信息处理的结果也是有效的探测工具。Radil 等以速示器向被试呈现数字，并记录他们的视觉平均诱发电位。结果发现，被试正确认知数字时，P3 波波幅增高的概率为 65%；相反，不能正确认知数字时，P3 波波幅增高的概率只有 10%；平均诱发反应的 P3 波无显著差异的概率 25%。内生性成分除能反映人类对外部事件信息处理过程与结果外，尚可反映出在信息处理过程中脑各部的机能关系。Kok(1985)等发现，人脑的事件相关电位中有 3 种顺序出现的波与字母认知活动有关：首先是潜伏期约 200 毫秒的 N2 波；随后是潜伏期约 500 毫秒的 P3 波；最后是广泛分部的正慢电位，其潜伏期约 600～700 毫秒。P3 波和正慢电位的波幅，左半球的总是大于右半球的。N2 波的波幅在字母呈现视野的对侧半球中，总是大于视野同侧半球。他们认为，N2 波可能反映出视觉通路直接投射的传入纤维的活动，而左侧半球优势的 P3 波和正慢波，则反映出被试对字母意义的理解与注意。这一现象可能反映出，在文字材料的认知活动中，与视野对侧半球的 N2 波仅和感知刺激有关，无论发生在哪侧，最后总是传入到左侧半球，表现出左侧优势的 P3 波和正慢波。换言之，文字的认知与理解主要是左半球的功能。Lovrich(1986)等对人类在字母视觉感知及其向语音和语义的转换过程中，人脑事件相关电位的动力过程进行了系统研究。他们发现，如果仅仅要求被试判定视野中是否有字母呈现时，则其平均诱发电位中没有 N2 波和 P3 波的显著变化；如果进一步要求被试认知字母时，则发现其枕区为主的平均诱发电位 P3 波；如果再进一步要求被试读出字母的语音时，则 P3 波不仅出现在枕区，还出现在颞—顶区。

综上所述，事件相关电位的内生性成分主要是 P3 波，也有些学者将之扩展为包括 P3 波之前的 N2 波和 P3 波之后的慢电位。它们在人类认知活动中的变化，不仅能反映出人类信息加工过程的阶段性与信息加工的结果，还能反映出大脑各部分之间的功能关系。因此，脑事件相关电位的内生性成分，是研究人类认知活动脑机制的有力工具。

2. 脑事件相关电位作为心理容量分配的客观生理指标

早在 20 世纪 70 年代，心理生理学对脑事件相关电位进行实验研究时，就使用了怪球范式。这种刺激概率效应的研究，在认知心理生理学发展中成了经典标准的实验范式。此外，还采用了双重作业或双重任务法，对事件相关电位波幅的变化与心理容量分配的关系进行了研究。80 年代，用关于早通讯和一侧化准备电位的实验范式，对事件相关电位和心理容量的分配问题进行了更精细的研究。

(1) 怪球范式。这种实验范式最初是由 Duncan-Johnson 和 Donchin(1977)采用的，他们利用两个音高不同的声信号，以不同的概率(10%～90%)随机顺序呈现。结果发现，小概率呈现的刺激总是引出幅值较高的 P300 波。他们认为，高概率呈现的刺激在被试头脑中形成了对刺激呈现的主观概率，期望下一个呈现的刺激是高概率者。但是，偶尔呈现的小概率事件打破了期望的主观概率，这是造成P300波波幅增高的原因。因高概率呈现事件而形成的主观概率，使被试对其反应较少耗费心理资源；而小概率事件则引起较多耗费心理资源的反应。由此可以推论，在怪球范式中，P3波幅值的高低，是心理资源耗费程度的生理参数。

(2) P3波幅与心理资源分配(resource allocation)。Isreal和Donchin(1980)等研究了工作负荷不同，心理资源的分配也不同时，脑事件相关电位中P3波幅值的变化。被试坐在屏幕前，头上戴着耳机，心里计算两个随机发出的声音中某一个声音呈现的次数，事件相关电位被同时记录，结果表明，总是小概率呈现的声音引起较高幅值的P3波，这是"怪球范式"的实验。在这个实验基础上，要求被试在听声音计数的同时，必须注视屏幕上运动着的光标，光标可沿一维或二维方式在屏幕上移动。结果发现，视觉任务降低了怪球计数任务诱发的P3波幅值。他们将这一结果解释为工作负荷增大，双重任务使心理资源分配发生变化，用于计数"怪球"的资源减少，是P3波幅值降低的原因。

3. 一侧化准备电位

Coles(1989)系统地总结了一侧化准备电位的研究工作和基本概念。一侧化准备电位(LRP)的实验范式是一个警告命令S1，随后跟着一个按键的运动命令S2。比较被试用左、右手按键所引起的两半球相应区(C3、C4)事件相关电位之间的差异。结果发现，总是按键手的对侧半球的运动相关电位幅值高。两半球C3、C4区运动相关电位之差，称为与运动准备有关的脑事件相关电位，简称一侧化准备电位。他们计算一侧化准备电位的公式为：

$$\text{LRP} = [\text{Mean}(C4 - C3) + \text{Mean}(C3 - C4)] \div 2$$

式中的Mean(C4－C3)为左手按键时的运动相关电位差；Mean (C3－C4)为右手按键时的两半球运动相关电位差。将左、右手按键时所得的两半球相关电位差相加，再平均。这一算法的理论基础是心理资源分配随着参加反应的两侧大脑结构不同而异。一侧化准备电位不仅与感知觉和运动过程有关，也与快速知觉和反应的运动有关。所以，这种研究和分析方法，从脑事件相关电位中，不仅得到心理容量分配的结果，也可从认知加工的时序性得到有价值的信息。

(1) 快速知觉的信息

Gratton和Bosco(1989)设计了一种实验模式，利用字母H，S分别作为警告信号(S1)或命令信号(S2)。警告信号也具有命令呈现的线索意义。当字母作为S1时，呈现在屏幕两侧；当字母作为S2时，呈现在屏幕中间。位置1的S1与S2字母相同，且以0.8的概率呈现；位置2的S1与S2字母不同，也以0.8的概率呈现；位置3的S1与S2字母相同，以同等概率呈现。实验结果表明，那些能充分利用线索的、正确反应率达97%的被试，平均反应时263毫秒，一侧化准备电位约为－1微伏；一般地利用线索的被试，正确反应率达90%，平均反应时357毫秒，一侧化准备电位约为0；不能利用线索的被试，正确反应率为47%，平均反应时403毫秒，一侧化准备电位为1微伏。他们认为一侧化准备电位的大小与认知过程的决策和给出反应的正确率有关。

Gratton和Coles(1988)进行了与上述实验模式相同的研究，但他们并不分析被试的按键反应时，而是记录和分析手指的肌电反应。结果发现，脑事件相关电位中一侧化准备电位为−0.6微伏的数值，与手指肌电反应密切相关。所以他们认为，−0.6微伏一侧化准备电位可作为肌电反应出现的脑中枢指标。进一步分析手指肌电反应的反应时，结果发现了两类不同的反应时，快速的肌电反应时大约为150～199毫秒，此时被试的正确反应率为55%；慢反应时约300～349毫秒，被试正确反应率82%。这一结果使他们认为快反应是慢反应的准备机制，说明一侧化准备电位−0.6微伏的成分中，包括两类外周效应的中枢机制，与快肌电反应有关的一侧化准备电位具有准备电位的意义。这类实验表明，一侧化准备电位虽是一种运动相关电位，反映了心理资源分配状态，但运动反应对知觉决策也有重要意义，这便引出感觉—运动系统间的早期通讯现象。这一研究方法及其所发现的现象对探讨测谎试验中外周生理参数和脑事件相关电位的关系，具有重要启示(图9-7)。

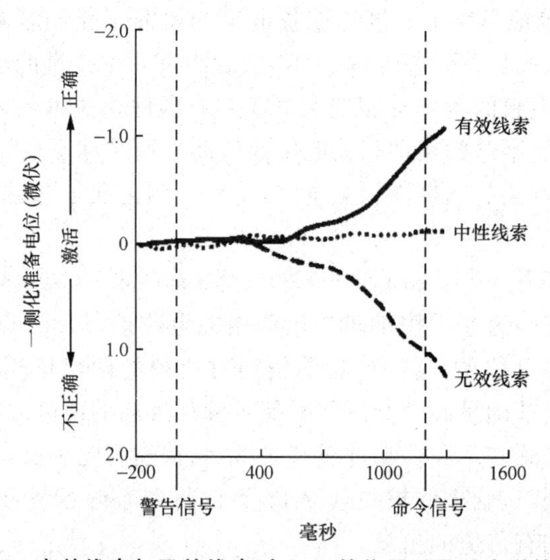

图9-7 有效线索与无效线索对LRP的作用以及反应时的变化

对有效线索的正确反应时263毫秒，正确率97%；对中性线索的正确反应时357毫秒，正确率90%；对无效线索的正确反应时403毫秒，正确率47%(摘自：Gratton et al.,1989)

(2) 感觉—运动系统间的早期通讯

Coles(1988)等系统总结了感觉与运动系统之间的早期通讯现象。较为典型的实验模式是Eriksen(1974)的5个字母实验，又称干扰兼容实验。屏幕正中的字母H或S，分别为命令被试用左或右手按键的信号，该字母两侧各有两个字母作为干扰或线索而出现。命令信号与两侧干扰或线索的关系可分两类：

H　H　H　H　H 或 S　S　H　S　S

S　S　S　S　S　　H　H　S　H　H

前者称两类信号为兼容性关系，两侧字母与中间字母的一致性，可为正确反应提供线索；后者称不兼容性关系，两侧字母对中间命令信号产生干扰作用。在这一实验模式中记录和分析一侧化准备电位，分别给出兼容或不兼容刺激模式引出的运动相关电位。他们又将两种条件下被试的总反应和其中正确反应的一侧化准备电位，分别绘出曲线加以比较。结果他们发现了有趣的现象：面对不兼容的两侧字母，被试的正确反应只能激活感知觉系统，抑制不正确的反应；而兼容的两侧字母，主要激活运动反应；两种条件下的正确反应之间的一侧化准备电位，是激活感知系统还是激活运动的反应系统？然而，这两条一侧化准备电位曲线却有较大的重合，仅仅在最初 100～200 毫秒之间有一定的差异，随后两条曲线重合起来(图 9-8)。这说明在 100～200 毫秒之间的差异中，感觉系统和运动系统间有着交流通讯过程。通讯的结果是两者统一起来，一侧化准备电位曲线重合。在比较两种刺激条件下，即兼容和不兼容条件下被试的全部反应，包括不正确反应的总一侧化准备电位曲线(图 9-7)，则两条曲线重合性较差。这进一步证明，只有对两种刺激条件的正确反应才有早期通讯现象。正确反应是耗费精力和心理资源的过程。因此，一侧化准备电位中的早期通讯现象，也是心理资源分配的客观心理生理学参数。

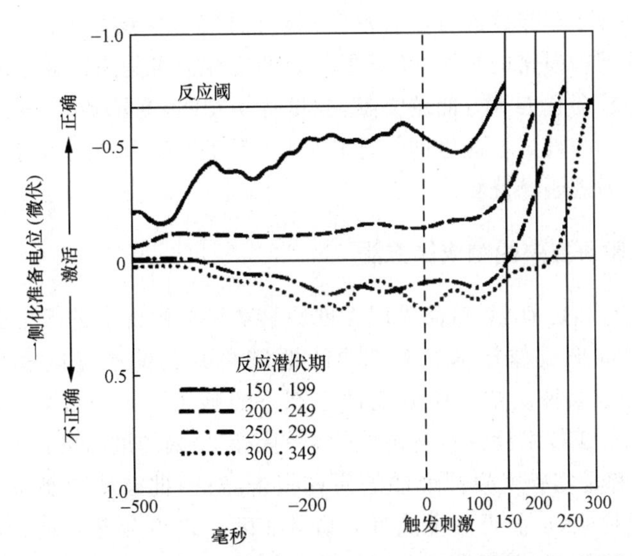

图 9-8　以肌电反应潜伏期而不是行为反应时出现的 LRP(同上)

第三节 现代脑成像测谎技术

美国科学院专家组2003公布的调查报告中指出："在过去5年里，脑功能成像技术用于情感过程的研究还处在萌芽状态，这些研究与测谎可能有内在联系，但对欺骗相关的大脑活动的研究还只是开始"。这份报告引用Spence(2001)最早使用功能性磁共振成像对说谎机制的研究，也就是关于自传性信息记忆任务的模拟说谎实验。这份报告发现相对于诚实回答，说谎时被试的腹外侧前额叶和内侧前额叶明显激活。Lee(2002)有类似发现，对出生地的故意说谎引发大脑皮层前额叶、顶叶、颈叶、尾状核和后扣带回明显激活。这类研究自2003～2007年以来从每年2～3篇增加到每年不超过10篇，但在2008年一年就有近20篇脑成像的测谎研究报告，而且发表这些研究报告的期刊不仅限于*NeuroImage*，*Human Brain Mapping*，还有*Brain Research*，*Brain Cognition*，*Neuron*，*Cerebral Cortex*，*Trends in Cognitive Science*等影响因子很好的学术期刊。除了在文章题目中有欺骗与测谎的这批文献，还有更多关于认知、情感、动机、执行功能等方面的认知神经科学研究报告，通过这些文献，大体可以看出2008年测谎的研究已迈入新的历史时期，得到许多科学家和实验室从基础理论研究上的重视。因此，测谎理论和方法在今后若干年会有较大突破。这里应该说明，关于说谎和测谎的研究主要是对正常年轻被试进行实验室模拟测谎情节，少数文献是以有脑外伤史但没有造成局部大脑结构损伤的被试，还有更少数的研究报告是用监狱中的犯人作被试，而关于情感动机和社会智力等方面的文献，被试各不相同，有较多研究报告以局部脑损伤病人或精神病人作为被试。这里的综述和分析，限于说谎和测谎的研究报告，不涉及情感和社会交往行为的研究资料。

一、说谎实验研究中的脑成像方法

自2003年以来，已有30多篇采用无创性脑功能成像技术进行测谎的研究报告，其中利用功能性磁共振成像技术最多。功能性磁共振成像通过血氧水平相关的信号(BOLD)，检测完成某种认知操作或某种心态下的脑激活区。自从Spence于2001年在实验室首先试用该技术检测对自传性信息的说谎中脑的激活区。到2005年，不超过10篇研究报告，都是实验室模拟说谎的研究报告，对一批被试的实验结果进行组平均数差异的显著性检验，从而得到说谎时的脑激活区。2005年至今已经转向通过这类组间差异的研究建立模型，再用模型参量对某个人进行测谎研究。2008年英国精神病学家Spence，报告了首例服刑犯人认罪的司法鉴定，使功能性磁共振测谎技术从实验室模拟研究，迈入实际应用的司法鉴定。

（一）蓄意谎言与无意出错

2002—2005年间多篇研究报告虽然具体使用的磁共振成像仪器型号和技术参数

不同，模拟欺骗的形式不同，但所得结果却共同发现说谎时脑前额叶和扣带回激活，说谎时的反应时长于诚实回答的反应时，说谎时脑激活区比诚实回答时增加很多，至少是增加了对行为反应的执行监控强度的脑激活区。Davatzikos 等人(2005)提出了高维度非线性模式分类法，用于区别说谎和诚实的脑激活的空间模式。利用这种方法处理的 fMRI 结果使对 22 例被试的测谎正确率达到 99%。尽管如此，人们还是担心，fMRI 测谎是否能把蓄意谎言和无意出错区别开来。

Abe 等人(2008)通过字词假性记忆实验范式，证明 fRMI 中的脑激活能够有效地区别错误记忆和蓄意说谎。Lee 等人(2008)进一步设计了字词再认实验范式(word-recognition paradigm)，先让被试学习一组词，正确再认率为 70%时，称为学习。随后混进一些未学习过的单词，以使有可能出现 30%的再认错误率，可以当成是假阳性率，即没有学习过的词错认作学习过的词。他们把后一过程称作测试时相。测试时相试图检测三种情况下的脑激活区：① 正确再认学过的老词并且正确拒绝未学习过的新词；② 无意中错记，把学过的老词误认为新词加以拒绝(假阴性率)，把未学习过的新词误认为老词(假阳性率)；③ 蓄意认错，明知是新词故意当成老词反应，明知是老词故意认作新词(谎言)。对被试给出实验条件的指示语，一种是要被试尽最大努力，做出最好的字词再认成绩，另一种要求被试伪装记忆有问题，给出最差的字词再认成绩，并对于能做出骗过计算机的结果给予奖励。每位被试完成四组测试，其中两组做诚实的正确再认反应，两组蓄意给出错误再认反应，结果发现两种条件下脑激活区的差异主要是在左额下回(BA47 区)和右后扣带回(BA23 区)以及左楔状回。经统计学检验之后，左额下回的差异显著性水平 $p=0.039$；右后扣带回差异显著性为 $p=0.007$；楔状回差异未达到显著性水平。Abe 和 Lee 分别在中国香港和日本的两个实验室于 2008 年证明，fMRI 测谎不致于把无意出错当成蓄意骗人，能给出较好的测试正确率。

(二) 多种谎言类型的分辨

Sip 等(2008)以测谎的范围和限度为标题，对当代测谎研究提出质疑，其中特别怀疑 fMRI 测谎能否适用于多种类型的现实谎言的识别。Haynes(2008)引用 Ganis(2003)发表的基于 fMRI 数据的不同类型谎言识别模式分类算法，并给出图 9-9。横坐标表示，A 脑区的激活水平，纵坐标表达 B 脑区的激活水平，这样二维坐标图上可以清楚看出两种谎言的分辨以及两者之间忠诚反应的脑激活模式。他们的理论观点明确表达为 fMRI 数据识别谎言、诚实和谎言的类型，不是根据激活的脑区；而是脑激活模式的分类。虽然从理论上如图 9-9 这样简捷明了；但实际上这需要复杂的数据驱动算法，特别需要强有力的统计学方法。Ganis(2003)、Davtzikos 等人(2005)和 Kogel(2005)等一系列研究报告，是这一问题研究代表作品。因此，基于 fMRI 测谎的脑激活数据，进行算法的研究，是一个富有前景的研究领域。

Abe 等(2006)利用 PET 成像技术研究了说谎和说真话时不同脑结构的作用。他们发现背外侧前额叶(DLPFC)、腹外侧前额叶(VLPFC)和内侧额叶(MPFC)皮层的激

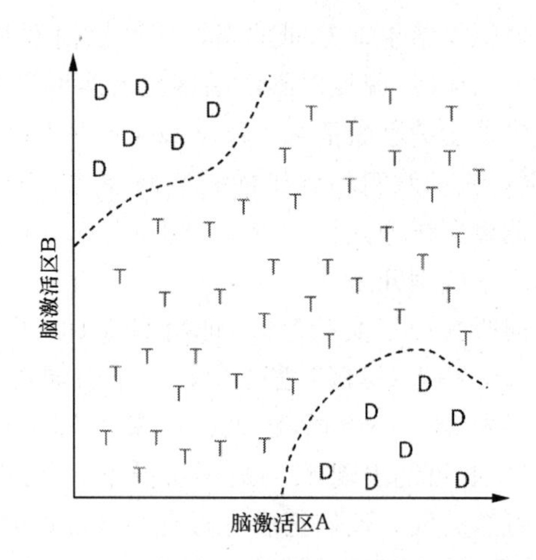

图 9-9 非线性模式分类器

可以区分出不同类型谎言和诚实的脑激活区。T:诚实的脑激活区,D:谎言的脑激活区(摘自:Ganis et al,2003)

活,总是与故意假装说知道(认识)和不知道(不认识)的谎言相关;前扣带回(ACC)的激活仅仅与假装不知道(不认识)的谎言相关。ACC区域性脑血流增加在说不知道的谎言时与DLPFC的激活正相关。因此,他们得到的结论是内、外侧前额叶皮层参与各类谎言;而扣带回仅仅参与说"不知道"或"不认识"等否定类谎言。

(三)实际案件测试

在Sip等(2008)的评论中,最担心的问题是实验室模拟实验与实际应用之间的差别。Spence(2008)在英国进行了一例在押犯人的实际案件测谎。该在押女犯人42岁,于4年前被判虐待婴儿罪入狱;但其本人始终否认有意在婴儿饮料中加大量盐的行为,一直不断申诉,其家人和朋友也认为她是无辜的。因此,对其进行fMRI的测谎。使用仪器为23T磁共振成像仪,每3秒采集图像数据,180秒为一组,测试60次图像数据,计四组测试,采用单激发回波成像技术,T2加权功能性成像,体元(voxel)为$(2.88\times 2.93\times 4)mm^3$。测试问题呈现在MR机房中安装着射频线圈的计算机显示器上,提出的问题是:

你有意伤害那个婴儿,
你在他喝的糖水里放入很多盐,
你认为自已是无罪的,
你对你丈夫说了案件的实情,
你对婴儿护理部的职员说了谎,
你对医务人员说了真话,

要求她通过按键选择不同颜色作为回答“是”或“否”。6 个问题的顺序按 ABCCBA 方式在测试组之间变换。第 3、4 组测试之间的题序完全颠倒。代表“是”或“否”的键选颜色规则也按一定顺序变换。测试结果如图 9-10 所示，涉及被控告问题的反应时明显长，特别回答承认罪行的反应时最长（左图）；她的两半球腹外侧前额叶（BA47 区）和前扣带回皮层（BA32 区）激活水平很高（右图）。

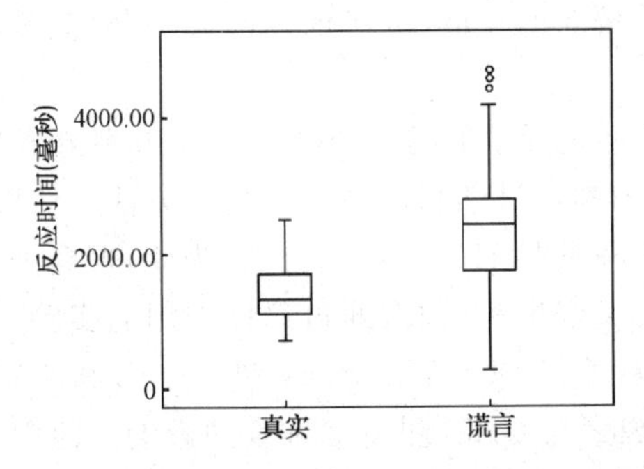

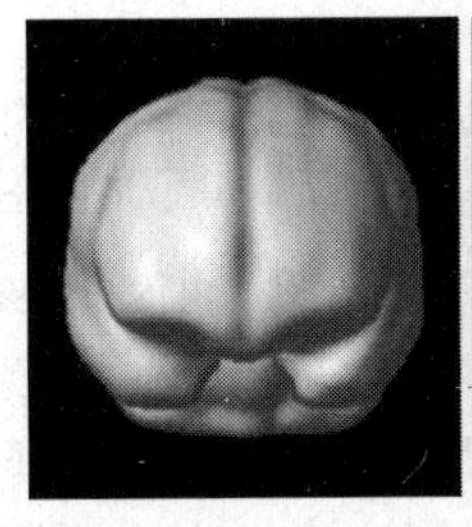

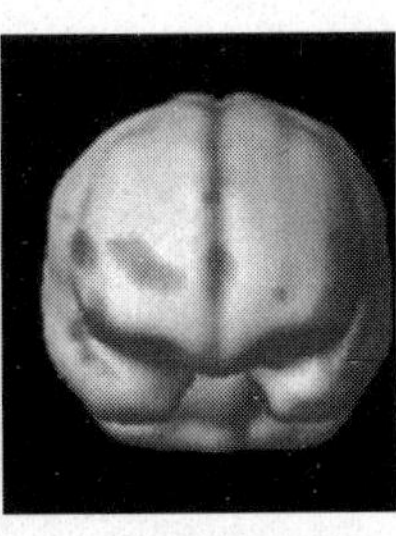

图 9-10　实际案件测试结果图

左为反应时比较图；右图为 fMRI 图；两图内的左右关系对应。

真实：她肯定自己对事件的解释是真；谎言：她肯定控告者对事件的解释。

（摘自：Spence et al，2008）

二、说谎脑功能基础的认知神经科学理论雏形

利用当代无创性脑成像技术，探索说谎的脑功能基础，对测谎技术的发展发挥着基础理论的重要作用。这方面研究在过去 4 年内迅速增多，特别是利用功能性磁共振的研究报告和利用事件相关电位的测谎研究，近两年显著增加。从这些研究报告中，揭示了许多新科学事实，说明人们在说谎过程中，涉及认知、情感动机和执行功能。

（一）说谎的认知理论

这种理论关注说谎者大脑中的认知过程，主要是记忆和再认过程，传统测谎技术中的 GKT 方法是通过被试是否具有犯罪情节的知识对被试是否有罪加以裁定。利用事件相关电位基于 P300 成分的测谎实验研究，也把 P300 成分作为犯罪情节记忆的生理参数。所以，在三类刺激诱发的 P300 幅值比较中，如果探测刺激与无关刺激引起的 P300 波幅值差，且在统计学上达到显著性水平，则认定被试要么是犯罪嫌疑人，要么是见证人（知情人）。相反的差异，即探测刺激与靶刺激诱发的 P300 波幅值差大于探测刺激与无关刺激诱发的 P300 幅值差，则认定被试是无辜的。怎样从当代认知神经科学的基本概念理解这一测谎原则呢？

（1）P300 波是脑的内源成分。按事件相关电位理论，P300 波是脑的内源成分，它的幅值不取决于外部刺激的物理特性，而是决定于刺激对被试的生态意义，刺激的意义是被试脑内记忆功能的体现。案件细节对有犯罪嫌疑人或目睹犯罪过程的知情人具有

很强的心理含义，所以它比无关刺激会诱发出较高幅值的 P300 波。

（2）朝向反射理论。经典神经生理学关于朝向反射的理论认为，具有强新异性的刺激或具有强生态意义的刺激（如疼痛），不但能引发较强的朝向反应，包括皮肤电、心率、呼吸和脑自发节律的生理变化，而且也不易形成习惯化；新异性弱或生态意义性不强的刺激引发较弱的朝向反射，且很快习惯化。犯罪相关的情节对于不知情的无辜者，没有什么意义，所以它们和无关刺激一样引发较弱的反应，两者诱发的 P300 幅值差异很小。

简言之，犯罪情节测试技术既符合经典神经生理学的朝向理论，又符合事件相关电位内源成分的理论观点。所以是一种具有认知神经科学基础理论支持的方法。然而，这种测谎技术至今不尽如人意，测谎的准确率一般在 85％～95％之间，为此，根据美国科学院专家组的建议，最近几年一批研究报告发表出来，试图通过严格控制的实验，找到改进现有 GKT 测谎的方法。例如，Meijer 等（2007），Mertens 和 Allen（2008）与 Elaad（2008）都通过实验设计，对比分析不同因素对 GKT 测谎准确度的影响。他们分别发现，除认知因素之处，隐秘信息方式、刺激呈现的序列，以及被试的心态，特别是焦虑等情绪对测谎结果都有显著影响。所以，他们都认为在 GKT 测谎技术中还有认知以外的因素在发生作用，这是 GKT 技术无法得到理想测谎结果的重要原因。换句话说，仅靠认知功能的心理生理指标，不可能准确测谎。

（二）谎言的情绪动机理论

利用多导生理记录仪进行测谎，可能是因为说谎必然伴有情绪和动机的变化，随之出现心率、血压、皮肤电等自主神经系统功能的改变。和这种常识有一定关系的理论概念就是“唤醒水平”。唤醒水平（arousal level）是指动物有机体在应激源作用下，即在不利于生存或有害刺激环境中，出现全身性应激反应，大脑皮层普遍兴奋性提高，交感神经兴奋增高，全身代谢率提高等。当犯罪嫌疑人面对自己罪行即将被揭穿，面对法律制裁，不得不采取谎言相救之际，唤醒水平一定升高。唤醒水平是 20 世纪中期，神经生理学和心身医学界所提出来的理论概念。传统测谎技术中控制问题方法可以从说谎的情绪、动机说中得到理论支持。

现代情感认知神经科学的发展丰富了情绪、情感和动机的脑理论，如本书第 7 章第一节所述，当代情感认知神经科学已不再把丘脑、边缘脑看做是脑内高级中枢，还有新皮层，特别是内侧前额叶皮层的参与。

（三）谎言的执行功能说

谎言的执行功能说强调各类谎言实现的核心是执行功能，即与大脑额叶有关的行为策划和动作监控、执行控制、冲突监控、情绪控制和工作记忆等诸多功能。说谎是复杂的心理活动，说谎类别不同，其具体心理过程细节不同，但必然包括一些共同的心理过程，如知觉、记忆、说谎意向、执行功能抑制，认知与执行功能间的冲突、决策等。在过去的十年，很多研究者使用 ERPs 技术研究人的说谎行为。研究最多的是用 P300 推断被试是否了解犯罪情节。这其中包括故意隐藏真相和伪装遗忘症者。尽管ERPs被广泛应用于测谎研究，但是到目前为止，还很少涉及说谎的认知加工。实际上，说谎也受很多因素的影响，如人格特质、习惯和所处环境。目前认为说谎的认知加工包括说谎的意图和策略，以及说谎的运动反应，也就是企图阶段和执行阶段(Furedy, Davis, & Gurevich, 1988)。一个重要的问题是说谎是一种特有的加工还是一种与其他认知加工类似的普通的目的加工。

近期的研究认为执行控制加工在说谎行为中起着重要的作用。无论参与说谎的认知和情绪加工的程度如何，最终都要执行一个与事实不符的反应，也就是抑制一个真实的反应，执行一个冲突的反应。比起真实的反应，执行加工在说谎上起着更大的作用。说谎实际上也是冲突解决策略的加工。在冲突反应的研究中(如Stroop效应)，发现冲突的情景会使反应的准确率下降，反应时延长。fMRI研究表明，不确定的反应或冲突的反应激活额中回和前扣带回(Barch, Braver, Sabb, & Noll, 2000)。前扣带回在冲突反应中起监控作用。已有的文献表明，各种说谎过程必然抑制正确答案的表达，并引出说谎与正确回答的冲突，这种抑制发源于说谎意图。因此，类似连续重复的Stroop实验所揭示的前扣带回(ACC)外侧前额叶皮层(LPFC)以及运动意图相关的脑结构，如辅助运动前区(Pre-SMA)和背侧前额叶皮层(DPFC)，都可能参与说谎过程。当现实的刺激物呈现时，通过知觉脑机制对现实客体形成知觉，正常条件下理应给出知觉反应(语音反应或按键反应)；但此时说谎意图通过其记忆提取回路与意图表达的相关结构抑制正常知觉反应回路(Pre-SMA，DPFC)。因此，说谎意图或动机、常规反应的抑制、冲突监测和行为的控制与调节等，是说谎的必要心理过程，与之对应的关键脑结构是ACC, Pre-SMA，PFC(包括DPFC和LPFC两部分)。

10

精神疾病的脑科学基础

精神疾病是指某人的心理活动和行为紊乱达到无法使人理解并对其自身和周围人产生不良后果的病理过程。随着科学的发展，特别是脑科学的发展，人类对精神疾病的认识不断深化。对这类疾病性质的认识发生了几次巨大的历史变迁。现代医学和脑科学诞生之前，将精神疾病看成是妖魔和鬼魂附体的结果，轻者采用驱魔打鬼的巫术，重者焚烧或极刑处之。直到18～19世纪现代医学诞生，人类认识到脑与心理活动之间的关系后，才开始以科学的观点，分析和整理精神障碍的各种现象，逐渐走向用心理功能的整体性和心理现象的协调性认识精神疾病。大约一百年前，即19世纪末和20世纪初，形成了现代精神病学理论体系。正如第一节所述，按心理过程系统描述精神疾病的症状；把精神疾病分为躯体器质性、机能性和心因性三大类。经过一百多年的科学探索，这种认识正在发生第二次历史变革，许多新科学事实正在揭示机能性精神障碍的实质性病变之所在，第二节最后讨论的精神分裂症内表型，给出了人类对精神疾病认识的新的里程碑，机能性精神病实质上也是脑内的实体性病变，这个认识将不断深化，将使精神病学的面貌为之一新。

第一节　精 神 疾 病

一、精神疾病的种类

精神病学是研究人类精神障碍的医学分支学科，主要研究精神病和神经症两大类疾病。精神病是迄今病因尚不十分明确的精神疾病，大体上认为是由遗传和代谢的异常所引起的疾病，只是对具体遗传和代谢的机制还不完全了解，故又称为内生性精神病。神经症，是慢性心因性疾病，尽管其具体表现轻重不一，种类繁多，但其共同特点是由于外界不良环境和不完善人格特性相互作用的结果。因而，只要改变环境或克服不良性格因素，这类变态心理均可治愈或减轻。由于神经症，即使长久不愈，也不会导致精神衰退，所以，又把神经症称为轻病。与之相对应的重病，是精神分裂症等精神病，多以严重精神衰退或情意性痴呆为结局，以致终生住院，失去劳动能力和社会生活能力。

（一）机能性精神病

机能性精神病，包括四类不同的精神疾患，即分裂症、偏执性精神病、情感性精神病和其他非典型性和混合型精神病。

1. 精神分裂症

突出的特点是在意识清晰、智能正常的背景上，以思维过程障碍为主的一类心理变态。精神分裂症的心理变态，大体可分为阳性心理变态和阴性心理变态两大类。阳性心理变态包括幻觉、妄想、破裂思维、行为紊乱等显而易见的变态心理现象。阴性心理变态包括情感淡漠以致减弱或缺失、行为懒散、孤独退缩等变态心理现象。如上所述，精神分裂症基本特点是：紊乱的思维过程与情感和意志行为相互不协调，思维过程与外部环境不协调和病前基本人格的破裂。精神分裂症的变态心理常常导致严重的结局。这种病人多数终归要失去劳动能力和社会生活能力，甚至日常生活不能自理，不修边幅，不知秽洁。

根据精神分裂症的临床特点，精神分裂症又被分为五种临床类型，即紊乱型、紧张型、妄想型、未分化型和残留型。紊乱型精神分裂症，除精神分裂症的基本特点外，最突出的特点是思维破裂、情感不协调和行为紊乱、荒谬而愚蠢。紧张型精神分裂症的基本特点是木僵、蜡样屈曲、缄默、被动顺从、违拗、刻板动作、模仿动作、持续动作或不可控制的冲动性兴奋状态。妄想型（或偏执型）精神分裂症，以思维内容方面的妄想为突出症状，也常伴有幻觉的变态心理现象。未分化型精神分裂症，不能列入上述三种类型以外的临床类型。残留型精神分裂症是患有上述四种类型中任何一种精神分裂症之后，仍残留某些以前的症状的一种慢性精神分裂症。我国现行的精神分裂症临床类型，青春型相当于本节讲的紊乱型，单纯型、潜隐型相当于这里讲的未分化型。日本科学家K. Kasai等人2002年综述了精神分裂的神经解剖学和神经生理学的研究进展。他们总结了利用脑结构磁共振成像、磁共振波谱成像、正电子断层扫描研究、事件相关电位和脑磁图的研究成果，认为精神分裂症是一种多源性病理基础的疾病。具有思维障碍的精神分裂症病人，听觉平均诱发电位P300幅值降低、潜伏期长，语音音素分辨诱发的事件相关脑磁图研究发现，精神分裂症病人脑磁功率在100毫秒以后的反应低于正常人，功能性磁共振成像（fMRI）和正电子发射断层扫描术（PET）研究发现，精神分裂症病人的思维障碍严重程度，与左半球颞上回和颞中回的激活水平成反比关系。在精神分裂症各种症状中，处于核心地位的是认知障碍，它的基础之一是感觉门控机制的缺损，利用双听刺激实验范式，可发现精神分裂症病人存在着P50抑制缺损的病理现象，无论是发病期还是疾病的缓解期，甚至阴性症状病人的直系亲人都存在P50抑制不足的现象。其他一些精神疾病，如创伤后应激状态、抑郁症、帕金森氏症等发病期虽然也有P50抑制缺损现象，但随病情好转，P50抑制也会转为正常。

2. 偏执性精神病

此类病症包括偏执狂、急性偏执状态和感应性偏执状态三种精神障碍。偏执狂具有顽固的被害妄想、夸大妄想和嫉妒妄想，但不会伴有幻觉和其他思维障碍，也不会伴有不协调的情感体验与表现，长久不愈也不会导致精神衰退或人格分裂。其妄想内容不像分裂症、妄想型那样荒谬不着边际，而多为可以使人理解的系统性夸大、嫉妒与被害妄想。急性偏执状态多是因为不利的环境刺激所引起，由精神因素而造成的短暂偏执状态，一般突然出现又很快消失。感应性偏执状态，是由于受了关系至亲的亲人或朋友出现偏执状态或偏执狂的影响而发展起来的一种妄想状态。偏执性精神病不同于妄想型精神分裂症，它由人格弱点、社会心理因素等原因形成，长期不愈也不会导致人格衰退，但是仍然把这类疾病放在跟精神分裂症一大类的机能性精神病之中。偏执型精神病和妄想型精神分裂症均是最常出现法律纠葛的精神病态。某些恶性案件就是由于这类病人在妄想支配下造成的，如自杀、自伤、他伤、他杀、控告、诬陷等多种案件均可与精神分裂症和偏执型精神病有关。

3. 情感型精神病

此类病症是以情感改变为主的心理变态，以忧郁情绪为主，对一切事物失去兴趣，有无力感，失眠或多眠，食欲降低，体重减轻，有自责负罪感等变态心理现象的称为抑郁型；而以情感高扬为主，思维奔逸、意念飘忽、随境转移、精神运动性兴奋、睡眠减少、注意力难以集中等变态心理现象则称为躁狂型。单相情感型精神病只有抑郁型或躁狂型；双相情感型精神病则抑郁状态和躁狂状态交替出现。

4. 其他非典型性和混合型精神病

难以诊断为上述三类疾病的精神病即归为此大类。

(二) 神经症

神经症主要包括四类心理异常，即焦虑性心理异常、躯体不适性心理异常、解体性心理异常和做作性心理异常。

1. 焦虑性心理异常

焦虑性心理异常可分为五种类型，即极度焦虑症、一般焦虑症、强迫症、恐怖症和非典型性焦虑症。极度焦虑症，对平时不引起恐怖的无关刺激也出现十分严重的恐惧反应：气急、心悸、胸痛、窒息感、头晕感，皮肤特殊紧张感、非现实感、出汗、战栗等。一般焦虑症，焦虑情绪可表现为紧张、不安、疲倦、心悸、出汗、胃肠紊乱、忧虑、担心、激惹、失眠和无法集中精神等变态心理现象。强迫症，反复出现的强迫观念和强迫行为，影响了正常生活和工作。恐怖症，对某一环境（如广场等）或某一器物有无名的恐怖感，并竭力避免介入此环境或不再接触此器物。上述四种类型以外的焦虑心理异常，均可列入非典型性焦虑症。

2. 躯体不适性心理异常

躯体不适性心理异常可分为五种类型，即心因性疼痛、转换性心理异常、躯体患病感、疑病感和非典型性躯体不适性心理异常。这类异常心理的共同特性是没有相应临床体征,只有情感因素促成的躯体不适感。单独一种疼痛反复出现为心因性疼痛感;集中疼痛交替出现为转换性心理变态;多年陈诉换了某种疾病,到处检查治疗,则属躯体患病感;把正常感觉错误理解为严重疾病的症候 ,称为疑病感。除上述表现以外的躯体不适感,均可归入非典型性躯体不适性心理变态。

3. 解体性心理异常

解体性心理异常包括四种类型,即心因性遗忘、心因性神游、多重人格和人格解体。突然间不能回忆起自己的全部重要事情和理解自己的处境,称心因性遗忘。跑到一个新的地方,不能回忆起自己过去的一切,完全以另外一个人的身份出现,称为心因性神游。年龄、性别、身份不同的多种人格不断交替出现在一个人的身上,称为多重人格。对自己的存在突然怀疑,有不真实感和虚无感,称为人格解体。

4. 做作性心理异常

为了生活中的某种目的,努力控制和故意做作下产生的躯体和精神症状,则属于做作性心理异常。

神经症也可分为八种类型,即神经衰弱症、焦虑症、癔症、强迫症、恐怖症、疑病症、器官性神经症和其他神经症。焦虑症、恐怖症和强迫症三类与上述五类焦虑性心理异常相符合;疑病症、器官性神经症相当于上述躯体不适性心理异常;癔症则与上述解体性心理异常大体相符。在上述各种神经症中,解体性心理异常,最常与法律问题发生关系。这种心因性自我意识障碍,常常是作案之中和作案之后出现的异常心理现象,必须与癫痫性精神障碍严格区别。后者是器质性意识障碍,完全没有法律上的刑事责任能力。此外,在我国现行分类试行草案中,并没有纳入做作性神经症这项分类,显然这是一种完全有刑事责任能力的异常心理现象。

(三)器质性精神病

器质性精神病是脑和躯体器质性病变引起的精神障碍,包括痴呆、谵妄状态、遗忘症候群、器质性偏执状态、器质性情感症候群、药物中毒和成瘾药物戒断中的心理异常。是否存在上述器质性异常心理现象,首先要通过常规的神经精神检查,得到一般印象,再根据所存在器质性异常心理现象,选择适当的神经心理测验方法,或建议进行详细的神经系统检查或计算机控制的X射线脑层描(CT)等辅助检查,以确定这种器质性异常心理现象的严重程度和神经病理学性质。在精神检查中要注意器质性异常心理现象的突出特点,以便确定是属于下列哪一种症候群 。

1. 器质性痴呆

器质性痴呆是一种由于脑器质性疾患引起的记忆力、理解力、判断力和抽象、概括等思维能力的严重损坏。这种损坏可能是一种至今尚不明确的原发性退行性痴呆,也可能是由于多发性脑血管梗塞引起的痴呆,还可能是由于酒精或其他化学物质中毒而引起的痴呆。

2. 谵妄状态

谵妄状态是由于脑器质性疾患引起的意识障碍。此时注意、记忆和定向能力也发生变态,并伴有幻觉和精神运动性增强等异常心理现象。这种状态也可能是酒精成瘾物质戒断时出现的震颤性谵妄(伴有心动过速、出汗和血压增高等躯体变化),也可能是苯丙胺、巴比妥或其他化学物质中毒或戒断引起的谵妄。

3. 器质性遗忘症候群

器质性遗忘症候群是由于脑器质性疾患引起的近期记忆能力的缺失,这时注意、判断和其他概括性思维能力仍保持完好。脑外伤、脑震荡、脑血管意外和酒精、巴比妥、药物中毒等,均可出现器质性遗忘症候群。饮酒癖的人喝少量酒后,可能遗忘饮酒后发生的事情。

4. 器质性偏执状态

器质性偏执状态是脑器质性疾患引起的妄想状态,也可能是由于苯丙胺、致幻剂、印度大麻或其他化学物质引起的。

5. 器质性幻觉症

器质性幻觉症多是由脑器质性疾患引起的,也可能是酒精、致幻剂或其他引起幻觉的化学物质作用而引起的。

6. 器质性情感症候群

器质性情感症候群是脑器质性疾患引起的躁狂和忧郁状态,也可能是滥用致幻剂或其他对情绪过程有影响的药物所引起的。能引起中毒性心理异常的化学物质包括酒精、巴比妥、鸦片、印度大麻、可卡因、苯丙胺、咖啡因和其他有毒物质。有些化学物质应用以后,戒断时也会出现变态心理现象,如巴比妥、鸦片、苯丙胺、盐碱等药物。

在一般人看来,意识不清,好坏不知,打人毁物等是严重精神病的标志,但对精神科医生来说,这些却是歇斯底里(癔病)的常见症状,是在不良人格基础上由精神刺激所诱发的轻病。相反,某人神志清晰,智能正常,可以正常生活工作,仅出现某种特别荒谬的行为或想法,仅令人感到有些古怪,一般人并不将其视为精神病人;但在精神医生看来,这是急需住院治疗的严重精神病人。由此可见,尽管当代科学还缺乏对精神病进行诊断的仪器,但精神病学仍不失为一门科学,一门临床医学分支的学科。精神科医生对精神病人的诊治,是一般人靠生活经验与常识所无法解决的。精神病学认为心因性精神病(如反应性精神病)、神经症(如恐怖症、焦虑症、强迫症、癔症等)和人格障碍都是在人格发展不成熟、不完善背景上,不良环境或人际关系发生作用的结果。这些疾病的治疗首先要改变环境或人际关系,进行心理治疗,以适当药物作为辅助治疗。对于内生性精神病,如精神分裂症和情感型精神病,则是脑代谢异常的后果,某些病人发病前的不良精神刺激仅是这些疾病的诱因,并不是真正的病因。因此,对这类病人必须以抗精神病药物治疗为主,心理治疗和工娱治疗只能在疾病恢复期发挥辅助治疗作用。

精神科医生之所以将精神分裂症视为严重精神病,是因为这种疾病的预后较差,几乎1/4以上的精神分裂症病人无法治愈，或发展为情意型痴呆，而以终生丧失社会生活能力为结局；或以荒谬行径害人、害己，导致可怕的后果。那么，这类严重精神病都有哪些症状，其脑功能障碍何在？这里仅就其核心概念加以介绍，顾名思义，精神分裂的核心障碍，是在意识清醒、智能正常的前提下，不同层次心理活动产生了分裂。这种分裂在早期可能仅表现在局部性心理活动中，如幻觉或思维内容的某些方面。这时病人仅给人以古怪之感。由于病人主要或大部分心理活动仍很正常，没有精神病专门知识和经验的人，自然看不出病人患有严重疾病。但在疾病发展严重时，可出现整个思维的破裂，情感意志的分裂，最终导致病人与社会生活和周围人际关系的分裂。

二、精神疾病的常见症状

（一）感知觉障碍

既然感觉和知觉是主体对客体属性的反映，障碍就应从它同外部客体的关系中加以理解。没有客体存在而出现了感知觉则称为幻觉。在客体刺激的强度与主体感受性之间的关系中，可区分为感觉的增强（过敏）或减弱（迟钝）。主体的感知成分间的关系与客体属性或成分之间的真实关系如客体空间关系、比例、时间关系或身体各组成部分间关系出现的异常，称为感知综合障碍。此外，根据主体对幻觉的体验，可分为真性幻觉和假性幻觉；根据幻觉的复杂程度，可分为原始性幻觉和不完全性幻觉、反射性幻觉和入睡前幻觉；根据幻觉出现的原因，可分为脑器质性感知改变，心因性感知觉改变和机能性精神病的感知改变。

1. 感觉异常

感觉异常可表现为感觉过敏（或增强），较弱的外部刺激就引起很强的主体感觉，普通的声音被认为震耳的轰鸣，普通的气味会引起难以忍受的刺鼻感。与此相反，感觉减退（或迟钝），则是对强刺激甚至损伤性刺激的反应不灵敏。常见于神经症（特别是癔病），还可见于忧郁状态的群体。

内感性不适是另一种感觉异常现象。这时主体总感到自己身体的某部位很不舒服，或者虽说不出究竟哪一具体部位，但总觉得不舒服。这种精神症状可以在许多疾病中出现。比较典型的癔病球和癔病头圈就是最常见的一种病理现象。病人声称咽喉中有个球状物梗塞着，呼吸感到困难或头上有个钢圈箍着，十分痛苦。内感性不适也可以出现在抑郁症、更年期精神病中，甚至可能出现在精神分裂症患者中。这种内感性不适的感觉异常往往伴随着疑病观念，是很难消除的症状。

对感觉异常的各种病理心理现象，必须提高警觉。因为在很多情况下这是神经系统器质性病变的早期症状，只有经过神经系统检查，排除品质病变之后，才能确认是精神疾病。感觉异常虽然会给主体带来痛苦，但如未伴有其他精神症状，则不会导致犯罪行为。如果内感不适伴有疑病妄想或忧郁症状，则必须提高警惕，防止自杀。如果感觉过敏伴有被害妄想，则有可能出现违法行为，必须密切注意。在教养院或监狱中，收监对象出现了感觉障碍，经过神经系统检查，排除神经系统器质性病变之后，应该进行心理分析和心理治疗。

(1) 错觉

错觉是对客体歪曲的反映。根据不同感觉通路，可分为视错觉、听错觉、味错觉、嗅错觉、触错觉和内感性错觉等。根据主体对错觉的态度又可分为幻想性错觉与真性错觉。错觉偶见于健康人中，特别是在过度疲劳、入睡或刚从睡眠中醒来时，以及在某些特殊心境下，常易出现错觉。一般说来，在健康者中出现的这些错觉是十分短暂的现象，经过验证很容易纠正和消除。某些感染性疾病或一些化学物质中毒以及成瘾药物戒断过程均可出现大量错觉；在某些心理因素的影响下，或癔病发作期，或某些脑器质性病变（如精神运动型癫痫），也常常出现错觉。上述这些情况，错觉通常是在意识不清晰的背景下出现的；与之相对应的是精神分裂症病人在意识清晰背景上出现的真性错觉，并把错觉当作真实的感觉加以对待，例如把自己的母亲看成是怪物，拿刀砍去。意识清晰的背景上产生的错觉和轻度意识不清的状态下出现的错觉都可以导致危害行为。

(2) 幻觉

幻觉是在没有客体存在时出现的知觉反映。根据主要知觉通路，可分为视幻觉、听幻觉、味幻觉、嗅幻觉、运动性幻觉和内脏幻觉等。正常的知觉具有客观性、恒常性和完整形象性。幻觉不具备正常知觉的特性。根据正常知觉特性的情况，可把幻觉分为真性幻觉和假性幻觉。真性幻觉投射于外部空间，是通过主体相应感觉器官而出现的幻觉，内容比较“真实”、完整。假性幻觉定位于主体内部空间中，并不是通过感官得来的，内容不够鲜明、生动和完整。具有真性幻觉的人，确信这种知觉（如声音）是来自附近某处，是自己亲耳所闻的，内容生动而具体。具有假性幻觉的人，则认为这种知觉（声音或形象）好像从脑子里发出来的，不需要用耳朵听或眼睛看；虽然幻觉的内容不那么生动、清晰，但幻觉的主体仍确信是真正知觉到了。假性幻觉常出现在精神分裂症病人中，也是精神自动症的主要组成症状之一。

视幻觉常出现在意识到障碍的背景之上，多由于感染性疾病或某些化学物质中毒所引起。此时视幻觉的内容常是些奇异可怕的妖怪或猛兽，生动多变。嗅幻觉通常是非常难闻的气味。在颞叶和海马部位的脑器质性病变中，常出现嗅幻觉。味幻觉常表现为感到食物中出现怪味。触幻觉则表现为感到躯体表面有昆虫爬行、通电感或异性接触感。运动性幻觉则是感到自己的肢体或全身处于某种运动之中，自己无法控制。上述各种幻觉均可以出现在意识清晰的精神分裂症病人中，且常与妄想同时存在。病人把这些幻觉内容作为妄想的支柱。因而，这类幻觉常常促成危害行为，必须给予足够重视。

听幻觉是意识清晰背景上最常出现的幻觉，内容可能是多种多样、性质不同的声音，其中言语性幻听最为常见，讲话人的性别、年龄、讲话的位置均非常清晰，讲话的内容多与病人有关，讽刺、嘲笑、斥责、谩骂，从而引起病人的气愤，与之争辩。有时幻听是指示性、命令性的，要病人去做什么或不做什么，即使是伤害自己的身体或去杀掉亲人的命令，也不能不去照办。在幻听驱使下出现的危害自己、他人或社会的行为是较为常见的。精神分裂症病人作案常与这类听幻觉的存在有关。

机能性幻听是听觉受到某一现实刺激时所伴随的幻觉。这种幻觉随现实刺激的呈现和中止而发生或消失。例如，听到钟表的声音和水流声音时，出现一种言语性幻听，两种声音并存，清晰可闻。另一种幻觉称为反射性幻觉，与机能性幻觉相似，也是在现实刺激的条件下呈现的幻觉，与机能性幻觉相似，也是在现实刺激的条件下呈现的幻觉，但它是由于大脑内的反射性机制在另一感官内随现实刺激而发生的幻觉。如每当听见关门声就产生视幻觉。机能性幻觉和反射性幻觉大多出现于精神分裂症。病人常在此基础上出现妄想。此外，病人听到脑子里的声音，认为别人在读他的思想，称为读心症，也是常使病人深感痛苦的幻觉症状，多见于精神分裂症，可能引起危害行为。

（二）感知综合障碍

感知综合障碍时，病人对事件本质能正确感知，仅对该事物的部分属性，如形状、大小、比例、空间关系和时间关系等出现歪曲的反映。感知综合障碍，对该事物基本属性的感知并不发生改变。常见的感知综合障碍有空间知觉改变、时间知觉改变、运动知觉改变和自身身体结构的知觉改变。空间关系的知觉障碍，表现为病人见到的人、物等发生变形，如视物显小或视物显大等。时间关系的知觉障碍，是指把从未见过的人看成是过去见过面的人，或者把过去很熟悉的老朋友当成陌生人。运动知觉障碍是把静止的物体看成是运动的物体，或者把运动的物体看成是静止的物体，结果事物都突然变了样，缺乏真实的感觉。自身躯体的知觉障碍表现为自己身体某部分发生变化，如头变大等。这类感知综合障碍主要见于癫痫病人，也可见于精神分裂症病人。感知综合障碍也可形成自伤或他伤的危险行为，造成法律后果。

（三）思维障碍

思维障碍是指在对客观事件的分析、综合、比较、抽象、概括、判断、推理等思维过程中存在的异常现象。大体可从思维的速度、表达形式、联想方式、逻辑形式和思维内容等五个方面去认识和研究思维过程的改变。

1. 思维速度障碍

思维速度方面的障碍，又称思维过程障碍，包括思维进行过速、过缓和阻滞。这是比较容易观察到的。思维奔逸是在心理活动兴奋性增强的背景上出现的。这时脑内的思维联想加速、思潮澎湃，新概念不断涌现，因而造成意念飘忽、随境转移。这种思维奔逸或意念飘忽的外在表现就是口若悬河，滔滔不绝，一个事情还未读完就出现下一个概念，前后概念之间还可能以音韵或意义连接表现为音连和意连。

与上述情况相反，思维迟缓时，某种概念在脑内停留很长时间，思维速度受到阻抑，思考问题很困难，对问题反应迟钝，语言很少，语流缓慢，语声低沉，回答问题很慢，总是说："想不起来"。与思维迟缓情况相似的是思想贫乏，这时，虽然言语也很少，但与思维迟缓不同。思维迟缓时，思维过程完好，仅是速度与进程变得缓慢；而思想贫乏时，则是思维过程停滞,头脑空虚,缺少思想内容,概念与词汇贫乏。

思维速度改变的另一种形式并不表现为思维加快或减慢,而是表现为思维过程的突然中断,或者在思维过程中突然出现不相干的概念和思维插入。这些情况大都发生在意识清晰的背景上,多属于精神分裂症的症状。思维奔逸常见于躁狂症,思维迟缓常见于抑郁症。此外,在某种药物作用下,也会出现这种兴奋状态或忧郁状态。思维内容贫乏,见于精神分裂症和脑器质性精神病。

2. 联想方式障碍

思维联想过程的特点之一,在于它的目的性。如果思维过程缺乏这种鲜明的目的性,就是不正常的思维。联想散漫,主题不突出,中心思想不断变化,使人无法理解谈话的内容和目的。这种思维散漫现象进一步严重化,就出现思维破裂。这时,不但每一段话之间缺乏内在逻辑,甚至每句话之间的关系也不够紧密,结果就形成了句子的杂乱堆积,语无伦次,支离破碎,甚至形成词的杂拌,连一句完整的话也难说清。思维散漫、破裂性思维和词的杂拌都是在意识清醒的背景上呈现的,是精神分裂症的显著特征。另一种称为思维不连贯的症状,其言语零碎、片断、概念之间毫无联系,有时还伴有幻觉和情绪上的变化。这种思维不连贯现象多在感染性躯体疾病、脑器质性疾病或某些化学药物中毒时意识不清晰背景上出现。

联想方面的另一种改变常见于癫痫性人格障碍。这种联想过程十分迂回曲折,在要表达的主题之内插入很多无关枝节,以致花了很多工夫才说清主要思想。这种现象称为病理性赘述。

3. 思维的逻辑形式障碍

逻辑性是正常思维过程的重要特征之一。病理性思维则缺乏正常的逻辑性,其推理缺乏严密的逻辑关系,因果倒置或出现一些古怪离奇的因果关系,使人不可理解或啼笑皆非。这就是逻辑倒错,主要见于精神分裂症。

语词新作是比较特殊的一种逻辑障碍,以自己特殊的古怪逻辑杜撰出新的文字,只有他自己才能解释和理解。把很多不相干的概念凝缩在一起,称为思维凝缩。例如,某病人造一字,表示他自己是羊年生的,在娘肚子里长大的。语词新作这种特殊的逻辑障碍是精神分裂症的特征性症状。与此相近的一种逻辑障碍称为象征性思维,即用一个非本质的普通概念去代替另一类本质不同的事物。这种代替是荒谬的、不可理解的。例如,某病人把辽宁产的扣子缝到上海产的衣服上,称为"辽海两地一线牵"。

逻辑倒错、语词新作和象征性思维都是逻辑形成上的障碍。某些危害行为可由此类逻辑障碍引起,甚至出现报复、凶杀等严重刑事案件以及进行恶意宣传等危害社会治安的违法行为。某些逻辑改变不明显时,在短暂接触过程中不易发现,或认为是态度不端正,无理取闹,而不能从精神病态的角度加以认识。

4. 思维表达形式障碍

言语和语言是思维的形式,当思维过程出现病态现象时,也必然在语言上表现出来。上述几种思维过程的病态心理也都包括有思维表达形式——语言的改变。这里的思维表达形式是一种特殊的形式，即刻板言语、重复言语、模仿言语和持续言语。这些显而易见的言语改变，很少具有法律意义。

刻板言语，是指对某一无意义的词或句子的机械性刻板重复，常见于精神分裂症。重复言语，主要是重复每句话最后几个字或词，多见于脑器质或癫痫性精神障碍。模仿言语，是指听见别人说什么就跟着学什么，是精神分裂症紧张型病人的言语特点。持续性言语，是指跟别人对话时，总用对前一个问题的回答去回应以后的各种问题，见于癫痫或其他脑器质性精神障碍中。

5. 思维内容障碍

思维内容障碍，对于法律精神病学来说是非常重要而常见的问题。这类障碍不如思维形式上的改变那么容易鉴别，往往要根据对很多现象和背景材料的分析，才能做出最后的结论。思维内容障碍有强迫观念、超价观念和妄想等几种形式，其中以妄想最为常见。思维内容障碍的类型、严重程度是多种多样的，同法律问题的关系也千差万别。刑法和民法的很多问题，都可能与当事人的思维内容障碍有关。

强迫观念，是在主体的头脑中反复出现，难以排除的思想内容。它与妄想不同，主体意识到这种反复出现，难以排除的思想内容是没有必要的，甚至是不正常的，力图摆脱，但仍无法避免。因而，主体感到很苦恼，主动要求别人或医生帮助他们改变这种状态。强迫观念常见于强迫性神经官能症，也可见于早期分裂症。一般情况下，强迫观念较少涉及刑事案件，较多的与民事纠纷、劳动鉴定等问题有关。

超价观念，优势观念和先占观念是在职业、社会地位和性格等因素的基础上，由于某种强烈情绪影响而在意识中占主导地位的一些观念。这些观念的出现并没有显著的思维形式障碍，并有现实生活的基础，故不显得荒谬。实际上是一种由强烈情感支持的片面性判断，与性格上的弱点有一定关系。牵连观念、嫉妒观念和疑病观念等，只要没有达到牢固程度，都可列为超价观念。

妄想是最常见的思维内容障碍。妄想是一种与现实相脱离而又荒唐的固执想法。这种想法很顽固且与病人的文化程度、社会背景及平时思想很不相干，又不能通过说服、教育和各种验证途径加以动摇。具有妄想的人对妄想内容坚信不疑，缺乏认识和批判能力。妄想的类型主要按其内容划分，也可以按其产生时的心理特点划分。

原发性妄想是突然出现的、不需任何解释的、突如其来的想法，如见到一张圆桌立即意识到世界末日的来临。这种妄想没有其他心理上的原因可以解释和理解。根据其出现的内容，可分为妄想心境、妄想知觉与妄想回忆。这是精神分裂症特有的思维内容障碍。与原发性妄想相对应的是继发性妄想，是感知觉障碍或情感障碍，以及在人格改变基础上演变而来的妄想，如在幻觉和错觉基础上出现的被害妄想、被控制妄想；在情绪高涨状态下继发的夸大妄想和在忧郁状态下继发的自责自罪妄想与疑病妄想；在性格缺陷背景下继发的关系妄想、嫉妒妄想；在老年智能缺损前提下继发的被窃妄想，等等。继发性妄想不仅见于精神分裂症,也可见于其他多种精神病。

根据妄想的内容,又可分为关系妄想、嫉妒妄想、被钟情妄想、被害妄想、影响妄想,夸大妄想、罪恶(自罪)妄想、疑病妄想、虚无妄想、变兽妄想、特殊意义妄想、被窃妄想等。在这些妄想中关系妄想、妒忌妄想、被害妄想、影响妄想等常常是造成他伤和凶杀等恶性危害行为的基础;罪恶妄想、疑病妄想和虚无妄想常常是自残自杀的前奏。这两类恶性案件,都是值得密切注意的问题。

(三)情绪和情感障碍

情绪和情感是人们对外部事物认识过程所伴随的主观体验及其外在表现。情绪和情感的体验与表现,都是以对外部事物认识过程和体内某些生理改变为基础的。情绪和情感障碍的特征在于情绪和情感过程与外界环境不相协调,与主体对外界的认识过程不相协调,或者是情绪和情感内心体验与外部表现不相协调。情绪和情感障碍,可根据其性质、强度、协调性和稳定性等变化不同而分为多种类型。

根据情绪和情感的性质和强度可分为情感高涨、情感低落、焦虑和恐怖等不同状态。情感高涨状态时,表现为欣喜若狂,喜形于色,眉飞色舞。由于内部体验和外部表现比较协调,故富有感染性,使周围的人也受到这种情绪的影响。情感低落则表现为痛苦、忧郁、忧心忡忡,甚至号啕大哭。焦虑状态表现为紧张不安,担心会发生意外事件,惶惶而不可终日。恐怖状态表现为对无关紧要的物品或环境有一种说不清原因的恐怖感。情感高涨、情感低落、焦虑和恐怖等情感改变也经常出现在正常人情感变化中。但精神病学中的情感障碍比较持久,且没有相应的原因。情感障碍一般见于情感性精神病、焦虑性神经症和恐怖症中。

根据情绪和情感过程的协调性,可分为情感倒错、情感淡漠、情感迟钝、矛盾情感、强制性哭笑和欣快状态等。这些症状的共同特点是情感体验与情感表现之间不协调,或者与外部环境不协调。

情感迟钝和情感淡漠表现为对外部刺激不能产生相应的情感反应。情感迟钝则丧失了对周围朋友和亲人的正常感情,即使对强刺激的情感反应也比较平淡。情感迟钝的进一步发展就再现出情感淡漠。情感淡漠表现为对一切事物、甚至对亲人的生离死别也无动于衷。情感迟钝和情感淡漠主要见于精神分裂症。情感倒错表现为情感活动与环境的不协调。矛盾情感表现为对同一件事同时出现相互对立的矛盾情感,并对这种矛盾情感的出现不觉痛苦,不力求摆脱这种状态。无论是欣快还是强制哭笑都不伴有相应情感的内心体验,也说不清楚为什么欣快地哭笑,欣快常见于脑器质性疾病。

情感脆弱和激惹状态均表现为对外界无关重要的小事容易出现强烈不稳定的情感变化,无法控制。两者的区别在于:激惹状态不但有情感体验和情绪表现,还常伴有强烈的精神运动性兴奋反应,如吵闹、争论等行为。情感脆弱和激惹状态均常见于癔病、神经衰弱或躯体性精神病。情感脆弱还见于脑动脉硬化性精神障碍。激惹状态还出现于甲状腺机能亢进的病人中。情感爆发和病理性激情,都是非常短暂的极为强烈的情感反应状态。情感爆发多出现在癔病性人格障碍的个体中,在不顺心的精神因素作用下突然爆发,哭笑无常,打人毁物,撕拉头发,在地上打滚,叫骂不止,对周围事物的感知仍保持正常,一般很少发生意识障碍。病理性激情较情感爆发更为严重,有明显的意识障碍和残暴的冲动行为,严重地伤人毁物,事后并不记得。病理性激情常见于癫痫、脑器质性病变或中毒性精神障碍,往往造成恶性刑事案件,是特别需要引起关注的精神症状。

(四)意志和意志行为障碍

意志是人们自觉地有目的地调节与控制自己行为的心理活动。意志行为则是意志活动的外部表现和结果。意志和意志行为与情绪、情感和认识过程有密切的关系。知、情、意三者是统一的心理活动。意志和意志行为障碍表现为意志增强和意志行为的过度、意志减弱和意志行为的抑制、意志缺失的行为和不协调的意志行为。

意志增强可能是由于情感高涨或激惹状态而引起的,也可能是在幻觉和妄想支配下出现的,还可能是在某些化学物质作用下出现的。意志增强表现为精神运动性兴奋行为、冲动行为、自杀行为、戏谑行为和性变态行为等。精神运动兴奋性行为主要表现为知、情、意均呈现较高的兴奋水平。躁狂状态、激惹状态以及在苯丙胺、酒精等化学物质作用下,均可出现精神运动性兴奋状态。偏执性精神病、精神分裂症、妄想等病人在妄想或幻觉支配下,可能表现出顽强的意志行为。此时,意志行为中没有精神运动性兴奋那样高昂的情绪色彩。妄想和幻觉支配的意志行为也可能以冲动行为的方式表现出来,这时行为来势凶猛,常常指向妄想中的迫害或控制他的对象,造成恶性刑事案件。自杀行为也是一种经过思考的意志增加行为,多见于忧郁状态的病人或某种精神分裂症病人。

与上述现象相反,意志减弱和意志行为的抑制状态,则主要表现为懒散、退缩、孤独、对一切事物失去了兴趣,没有任何打算,甚至个人的生活和卫生都不能料理。这种现象,称为意志减退和意志缺乏,是精神分裂症严重结局之一。与这种伴有情感淡漠的意志减退不同,精神运动性抑制,则保持着强烈的情感体验。见于心因性忧郁或抑郁症,此时言语和动作均减少,感到力不从心,完成不了自己的工作和社会义务。严重时可出现忧郁性木僵状态。言语动作和表情等精神运动性行为全部受到抑制。反应性木僵则是在另外一种强烈精神刺激震动下出现的精神运动性行为抑制现象。紧张症候群包括木僵状态、蜡样屈曲、缄默、被动服从、违拗、刻板动作、模仿动作、作态、紧张性兴奋和冲动行为。这些动作和行为的障碍并不伴有相应的意志活动,它们是脑内运动系统的病理性抑制机制所造成的后果。即使是紧张症的冲动行为也是突如其来,没有主观内心体验和明确的行为意向。紧张症候群主要见于精神分裂症,也可见于心因性精神病、抑郁症和脑器质性疾病中。

不协调的意志行为,是意志过程与认识过程或情感过程之间的不统一,以及对外界环境反应的失调。这时的行为缺乏正常意志行为所具备的自觉性和目的性。强迫性行为和强制性行为失去了行为的自觉性。这类行为不是出于自己的意志支配，而是在强迫观念或其他病理过程下出现的行为。强迫性行为是在强迫观念支配下出现的，尚伴有摆脱和控制这种行为的意志活动。在完成无法抗拒的强迫行为之后，有强烈的体验。与此不同，强制性行为是不符合本人意愿但又不受自己支配的动作。它可突然出现或终止，病人不以为然；完成强制性行为后，也不感到痛苦。强迫性行为见于强迫性神经症，偶尔也见于精神分裂症早期。强制性行为则出现于精神分裂症的病人中。矛盾意志和模棱两可的行为，是在病人的思维、情感中表现出的矛盾状态和行为上的模棱两可现象，把一件东西拿出来又放进去，走两步又退回来，想说话又不说等等。这种现象也见于精神分裂症。意向倒错、怪异行为和不协调性运动兴奋状态，都是常见于精神分裂症的不协调行为。意向倒错表现在病人的食物本能、性本能和防御本能行为的荒谬离奇。青春型精神分裂症的病人，有时吃大便、喝尿等，就是这种意向倒错的表现。怪异行为表现为挤眉弄眼、做鬼脸、头戴痰盂等难以理解的荒谬现象。精神分裂症的这类怪异行为有时伴有运动兴奋状态，如打人、毁物等，都是与外部环境不适应的不协调行为。这种不协调的行为常对社会治安、家人和邻居造成有害的后果，是一些法律纠葛中常遇到的问题。

意志缺失性的运动障碍，见于精神自动症和神游症等。精神自动症是在意识清晰的背景上，思维、情感和行为完全不受意志的制约和调节，自动进行的精神现象。这时，病人突然做出某行为或机械地重复某一动作，但却不知为什么会发生这种行为，没有和这种行为相一致的意志活动。与梦游症不同，神游症与睡眠和梦没有关系，是在日间发生意识轻度障碍时出现的漫游行为，可持续数日，事后对自己的行为也不能解释。

第二节　精神分裂症的疾病性质和遗传内表型

一、精神分裂症的疾病性质

（一）原因不明的机能性疾病

自从 1911 年，瑞士精神科医师 M. Bleuler 确定精神分裂症的疾病单元以后，Bleuler 父子两代人领导着瑞士精神病研究所对精神分裂病理基础进行了 60 多年的探索，20 世纪 60 年代小 Bleuler 很悲观地总结到：我们父子两代人领导瑞士精神病研究所花费 50 多年的时光试图发现：① 阳性精神分裂症及其神经内分泌功能变化，② 阴性精神分裂症及其脑形态改变。结果，至今没有得到可靠的科学证据。然而，就在 Bleuler 发出这样哀叹的十来年之后，科学发展出现了转机。在 20 世纪 70 年代有了新进展，先后出现四种假说。

（二）神经信息化学传递的机能障碍

1. 多巴胺神经递质的功能亢进说

精神药理学研究发现，正常人服用一些药物，如苯丙胺、左旋多巴（L-dopa）和利他灵(ritalin)等,如果药物剂量足够大或服用多次,可引起幻觉、妄想等类似精神分裂症的阳性症状。已经缓解的精神分裂症病人,服用这些药物可导致疾病复发,症状不明显的精神分裂症病人服用这些药物可使病情迅速恶化。动物实验证明,这些药物引起脑内多巴胺类神经递质功能增强。苯丙胺能促进多巴胺从突触前的囊泡中大量释放到突触间隙。左旋多巴可以透过血脑屏障直接进入脑内,成为合成多巴胺的原料,促进多巴胺的生成。相反,一些能解除精神分裂症阳性症状的药物,如氯丙嗪(chloropromazine)、利血平等,均能降低多巴胺递质作用。利血平促使突触前末梢内大量单胺类神经递质耗竭,以致神经冲动传来时,该神经末梢无法再向突触间隙释放递质。氯丙嗪等抗精神病药物阻断多巴胺递质的释放和与突触后膜受体的结合。这类精神药理学资料表明多巴胺神经递质功能亢进或降低与精神分裂阳性症状的出现、加重或缓解之间呈一定相关性。因此,20 世纪 70 年代初曾认为多巴胺神经递质的生成及功能亢进是精神分裂症产生的脑机制。

2. 多巴胺受体亢进说

按多巴胺递质功能亢进说,服用抗精神病药物引起类帕金森氏症副作用出现,可能是最有效的治疗剂量。因为当时已经确切知道,帕金森氏症的病理机制在于脑基底神经节内多巴胺功能降低所致。既然精神分裂症是多巴胺系统功能亢进的结果,服用抗精神病药物使病人出现类帕金森氏症副作用,说明已使其脑内多巴胺功能降低,自然应该是有效剂量。所以 20 世纪 60～70 年代初,在精神病临床治疗中曾追求大剂量用药,以期望快速治疗病人。然而,经过二十多年的临床经验表明,抗精神病药物对精神分裂症阳性症状的治疗效果与其是否伴有类帕金森氏症副作用并无直接关系。对精神分裂症病人脑内多巴胺含量的直接测定也未能发现与病情变化的一致关系;相反,意外死亡的精神分裂症病人脑生化分析表明,其脑内多巴胺受体含量高于正常人两倍之多。于是,精神分裂症多巴胺假说为多巴胺受体理论所取代。

多巴胺神经通路在脑内有两条。发自中脑被盖 A8 和 A10 区,经隔核、嗅结节分布于大脑皮层,称多巴胺中脑—边缘通路,在边缘结构和大脑皮层中含有高密度的多巴胺 Dl 受体;中脑 A9 区是黑质致密部,发出较长的多巴胺神经纤维到达纹状体,形成黑质—纹状体多巴胺通路,在纹状体内含较多的多巴胺 D2 受体。多巴胺 D3 受体是自感受体分布于黑质细胞的树突和胞体上。抗精神病药物作用于多巴胺中脑—边缘通路,使那里的多巴胺 Dl 受体的活性受到抑制,与其抗精神病的治疗作用有关;抗精神病药物作用于多巴胺黑质—纹状体通路,引起那里的多巴胺 D2 受体功能的阻断,与其引起类帕金森氏症副作用有关。抗精神病药物也可以作用于黑质细胞上的多巴胺 D3 受体,引起这种自感受体的激活,造成多巴胺生物合成和释放的负反馈,使多巴胺通路同时发挥作用。由此可见,抗精神病药物通过不同的多巴胺通路和受体发生不同作用。

(三) 精神分裂症的多源病理学说

经过 20 多年的基础研究和临床总结,在进入 21 世纪后,已不再把精神分裂症的病理基础看成是脑内多巴胺递质及其受体功能亢进的单一疾病。精神分裂症是一大类多源病理机制的复杂疾病，含有多种神经递质及其多种受体功能异常。包括氨基酸递质，如谷氨酸、丝氨酸、环丝氨酸、甘氨酸和γ-氨基丁酸(GABA)以及谷氨酸的NMDA受体；还有多种单胺类递质及其多种受体，如多巴胺D2受体、5-羟色胺Ⅱ型受体(5-HT2)；脑内胆碱类递质及其受体的异常，也在精神分裂症中具有重要作用。分子遗传神经生物学研究已经发现，精神分裂症有多染色体、多位点基因突变，包括1q21.22，1q32.42，6p24，8p2l，10p14，13q32，18pll，22q11.13。所以，现在认为精神分裂症是一种复杂的疾病，具有多位点基因突变导致的多种递质及其受体功能失调的多源病理基础。

(四) 精神分裂症的脑形态学改变

广泛应用计算机控制的脑扫描技术(CT)和脑磁共振成像(NMR)技术以后，才逐渐积累了一些科学事实，首先于20世纪90年代发现精神分裂症的症状有其脑形态学基础。

D. R. Weinberger等人报道慢性阴性精神分裂症病人的侧脑室比正常人大两倍之多，这些病人的脑脊液压力正常，说明脑室扩大并不是由于脑压增高所致，而是由于脑萎缩所造成的。对这些脑室增大的精神分裂症病人进行家族研究发现，他们兄弟姊妹的CT检查并未发现脑室增大现象。他们还对脑室增大的精神分裂症病人进行了回顾性研究，追溯至他们童年时在校学习成绩，结果表明21名脑萎缩的精神分裂症病人学习成绩显著低劣，与同学接触欠佳。这表明，阴性症状为主的精神分裂症病人脑缓慢进行萎缩。J. R. Stevens对某医院长期住院的精神分裂症病人和非精神分裂症病人死后进行脑组织学检查，结果发现精神分裂症病人脑内神经细胞明显丧失，许多脑结构为异常多的胶质细胞所占据。这些脑结构改变与病人生前的行为障碍有一定关系。孤独、退缩、情感淡漠等与脑室周围边缘系统结构、下丘脑的损伤有关；言语贫乏和言语思维障碍与苍白球和边缘系统损伤有关；刻板行为与下丘脑和海马损伤有关。Roberts(1990)总结了精神分裂症的脑CT研究，发现阴性精神分裂症病人脑室扩大，半球体积缩小了8%，长度缩短了7毫米，大脑皮层丧失12%。除这些普遍性变化外，颞中回、旁海马回和苍白球等结构丧失最为严重。左颞叶皮层丧失21%，右颞叶皮层丧失18%。这些结构的丧失程度与疾病症状严重性相平行。细胞学研究发现，受损部位并没有通常脑损伤相伴随的胶质细胞增生现象。由此推论，精神分裂症病人的旁海马回和颞叶是在胚胎发育过程中受损所致。

R. Daniel利用MR脑成像技术，研究了精神分裂症病人的脑形态学变化，进一步证实了脑CT的结果，病人脑室明显扩大，旁海马回明显萎缩。

利用PET成像技术研究精神分裂症病人脑区域性糖代谢率，许多报告基本一致，发现脑额叶皮层糖代谢率显著低于正常人，旁海马回和额叶的脑区域性血流量也显著降低。

2005年，利用磁共振灌注成像技术，对精神分裂症、自闭症和失读症病人的研究发现，这类病人脑白质中深层长距离纤维明显少于正常人，从而认为脑各区间长距离纤维发育不足是这些疾病的重要基础。长距离纤维发育不足可能是由三个基因突变决定的。

(五) 两类精神分裂症的脑代谢和脑形态改变间的关系

许多精神分裂阳性症状的病人,如妄想型和青春型病人,患病早期存在大量阳性症状,丰富的幻觉、妄想、破裂性思维和荒谬的行为变幻莫测,经过数年反复发作,疾病的阳性症状逐渐减轻,代之以情感淡漠、意志衰退,出现了阴性症候群。当然也有些精神分裂症如单纯型病人,原因不明地潜隐发病,孤独退缩症状逐渐加重,从始至终都是阴性精神分裂症的症状。那么,这两类不同的精神分裂症是否有共同的脑机制呢?目前虽然缺乏系统的证据,但也有些科学家认为多巴胺受体亢进和脑萎缩及代谢率降低之间存在着密切关系。M. Mayia 和 A. Carlsson 等(1990)提出,精神分裂症病理过程最初发生在中脑的多巴胺神经元和大脑皮层的谷氨酸神经元之间的功能平衡性破坏。多巴胺含量增多或多巴胺受体亢进为一方;谷氨酸缺乏或兴奋性氨基酸受体功能低下为另一方;或者其中单独一方变化,或者两方发生相反的变化,都是精神分裂症阳性症状的病理机制。由于这种代谢过程在大脑皮层中,引起兴奋性氨基酸为神经递质的神经元大量衰退,伴随着区域性糖代谢率下降,脑萎缩也逐渐变得显著起来,这种变化在颞叶、边缘结构和额叶皮层最明显,于是阳性症状逐渐变为衰退的阴性症状。对于那些潜隐性渐进型衰退的阴性精神分裂症,其疾病可能源于胚胎期或个体发育的早期,如3~15岁神经元间关系修饰或重组阶段出现了病变,以旁海马回损伤为主要部位。

日本科学家 Kasai 等人 2002 年综述了精神分裂的神经解剖学和神经生理学的研究进展。他们总结了利用脑结构磁共振成像、磁共振波谱成像、正电子断层扫描研究、事件相关电位和脑磁图的研究成果,认为精神分裂症是一种多源性病理基础的疾病。具有思维障碍的精神分裂症病人听觉平均诱发电位 P300 幅值降低、潜伏期长。语音音素分辨的事件相关脑磁图研究发现,精神分裂症病人脑磁功率在 100 毫秒以后的反应低于正常人。fMRI 和 PET 研究发现,精神分裂症病人的思维障碍严重程度与左半球颞上回和颞中回的激活水平呈反比关系。在精神分裂症各种症状中,处于核心地位的是认知障碍,它的基础之一是感觉门控机制的缺损。利用双听刺激实验范式,可发现精神分裂症病人存在着 P50 抑制缺损的病理现象,无论是发病期还是疾病的缓解期,甚至阴性症状病人的直系亲人都存在 P50 抑制不足的现象。其他一些精神疾病,如创伤后应激状态、抑郁症、帕金森氏症等发病期虽然也有 P50 抑制缺损现象,但随病情好转,P50 抑制也会转为正常。

二、精神分裂症内表型

内生性精神障碍包括精神分裂症和情感性精神病,是发病率高、危害性大的精神疾病。长期以来,一直以症状和病程作为主要诊断依据,缺乏实验室或临床检验上的客观诊断标准。由于精神现象学上的症状是一类动态多变的定性描述,往往导致对同一案例由不同专家给出不同的诊断结论。在司法精神病鉴定中，常因此引起激烈争辩，弄得专家们在法庭上十分尴尬，法官也很难裁定。

从1911年算起，前五十年认为内生性障碍的原因和性质不明；后四十多年取得新的共识：脑内神经递质及其受体的代谢障碍是内生性疾病的生物化学机制。这一认识主要是来自于精神药理学和神经生物学研究；但对疾病诊断却无重大影响。虽然20世纪80年代，地塞米松抑制试验作为内生性抑郁症的鉴别诊断方法曾令人振奋一时，终究未能达到实用的标准。

精神分裂症研究将近100年之际，精神疾病性质的认识有了新进展：内生性精神障碍有其脑形态学基础，有其电生理学的遗传内表型性状，有其基因型基础，有其诊断参照的生物化学新指标，而且对幻听这种最常见的分裂症症状及其严重程度，也有与之对应的脑形态学参数！这些科学前沿成果转化为公认的临床诊断的方法，已为时不远！

(一) 精神分裂症的“遗传内表型”及其电生理学诊断指标

遗传内表型(endophenotype)的概念最初是20世纪70年代精神分裂症遗传研究中所采用的述语，是指对精神分裂症家族研究中，生化测试或显微镜观察的阳性所见。只要这些参数或形状在精神分裂症家族成员中，与其精神分裂症临床发病率相比，高出10倍的，均可视为精神分裂症的“遗传内表型”。2003年，这一概念扩展到神经生理学、生物化学、内分泌学、神经解剖学、认知功能和神经心理学检查中，它是精神分裂症临床诊断与其基因型之间的中介因子，或者说是精神分裂症发病的危险因子。当代分子遗传学和精神病学正是通过精神病的这些内表型，才逐渐发现它们相对应的动物模型及其基因型。

Price等人(2006)以题为《多变量的电生理学遗传内表型》一文，报道了对具有60个遗传家庭背景的53名被试所进行的四项电生理学遗传内表型实验分析，包括失匹配负波(MMN)、P50波、P300波和反向眼动的电生理学指标。这篇研究报告的份量在于从跨学科高度审视了以往二十多年对精神病电生理学的研究成果。采用了经过严格遗传学标准选定的53名被试，分别进行了四种电生理指标的实验研究，并对其结果以对数回归模型进行了综合分析，发现四项指标的共同使用，不仅回归系数达到显著水平，也使诊断精确度达80%以上(图10-1)。

Clapcote等人(2007)在*Neuron*杂志上发表一篇题为:“小鼠突变基因*Disc 1*的行为表型”的重要文章。该文将20多年来关于重症精神病研究中所发现的130个基因中，被列为首位的*Disc 1*，进行了跨学科的基因型、表型和内表型的综合研究，证实了*Disc 1*确实负载着人类重症精神病的遗传基因。在这篇文章中，选择了L100P突变小鼠以前脉冲抑制PPI作为精神分裂症的内表型，验证了PPI与L100P基因突变中*Disc 1*基因的关系，从图10-2可见，在100P/100P的基因突变鼠中，低强度声(69dB)的前脉冲刺激产生的抑制效应几乎为零，正常鼠+/+组的抑制效应为50%以上。这说明通过PPI行为表型和其相应的电生理参数，能够较好地确定相应的基因型。

Mariela等人(2006)报道，利用病人的血清对神经肌肉节点乙酰胆碱释放的作用，对精神分裂症和抑郁-躁狂双相情感障碍进行鉴别诊断的方法。其技术路线是在

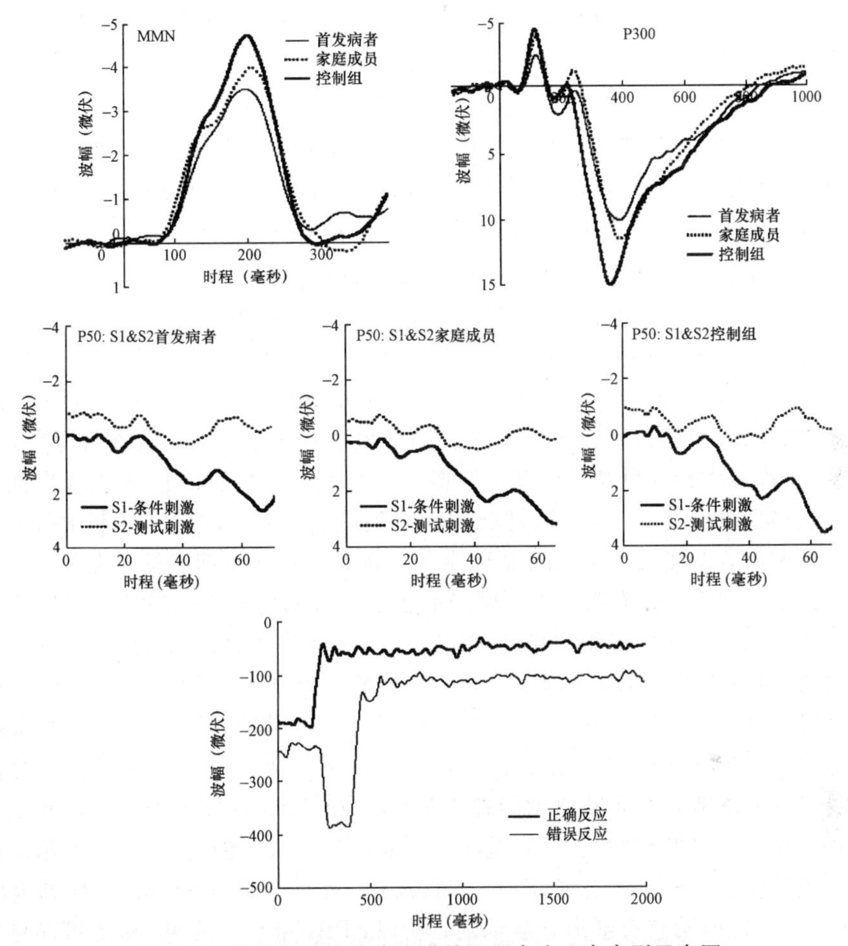

图 10-1　精神分裂症遗传家谱的四项电生理内表型示意图

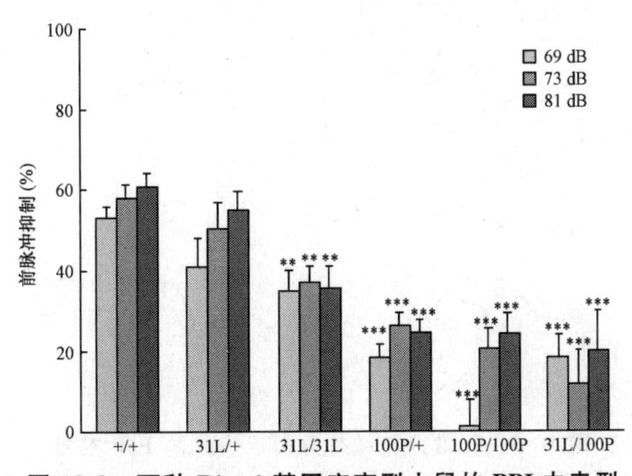

图 10-2　两种 Disc 1 基因突变型小鼠的 PPI 内表型

神经肌肉标本中记录神经肌肉节点的终板电位,作为乙酰胆碱释放的客观指标,再将病人血清提取物滴入标本中,根据终板电位的变化,对两类精神病进行鉴别诊断。其主要原理是病人血清中所含的腺苷,作为一种生物活性物质,存在于细胞内液和细胞外液中,它与神经细胞突触前膜上的腺苷受体结合,调控突触前膜神经递质的释放功能。抑郁-躁狂双相情感障碍的病人血清中腺苷含量较高,可引起突触前膜神经递质的释放抑制,终板电位发放抑制;而精神分裂症病人的血清没有这一效应。

除以上三篇文章所利用的六项电生理指标,近年还有许多关于P300波、P450波、N400波和后慢波作为诊断指标的研究报告。这里主要介绍其中两种,即PPI和P50,因为它们在精神病研究领域中,已有20～30年的历史渊源。PPI是Prepulse Inhibition,即前脉冲抑制的缩写。来源于大白鼠的惊跳反射(startle response),一个意外的强声刺激,引起惊跳反射,事先用了苯丙胺的大鼠这一反射更强,这种现象曾被20世纪70～80年代视为精神分裂症的动物模型。90年代,在此基础上,发现若在强声之前有一短的弱声脉冲(前脉冲),则惊跳反射就受到抑制,称为前脉冲抑制PPI。几乎与行为研究的同时,发现人类被试的PPI伴有十分精细的电生理指标。在强声之前0.5秒先发出的短声刺激,能有效地抑制强声刺激的听觉诱发反应。精神分裂症病人惊跳反射强于正常人,但PPI现象却很差。如图10-3所示,间隔0.5秒的两个强度相同的短双声刺激,分别诱发出两个潜伏期为50毫秒的P50波,右侧的第二个短声诱发的P50波幅仅是第一个声诱发波(左侧)的12%,称为P50抑制现象。精神分裂症病人的P50抑制很差,如下图第二个波是第一个波的84%。PPI和P50抑制缺失的科学事实,共同支持了精神分裂症的感觉门控理论(sensory gating theory)。概括地说,感觉门控理论认为,精神分裂症的病理基础是感觉门控缺失,导致大量无关的信息进入脑中,搅乱了脑功能。图10-4表明,PPI、P50反应,具有细胞电活动和局灶场电位的基础,下面的讨论还说明它有脑形态学基础。所以,PPI和P50反应,最有可能首先用于临床诊断。

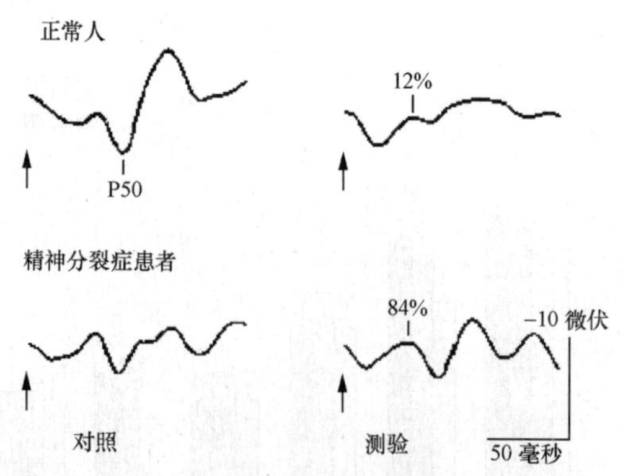

图10-3 正常人与精神分裂症病人的P50抑制

对照是第一声刺激,测验是第二声刺激,带标记的向下的波峰是P50波,上下两个标记的波峰差就是P50波幅。

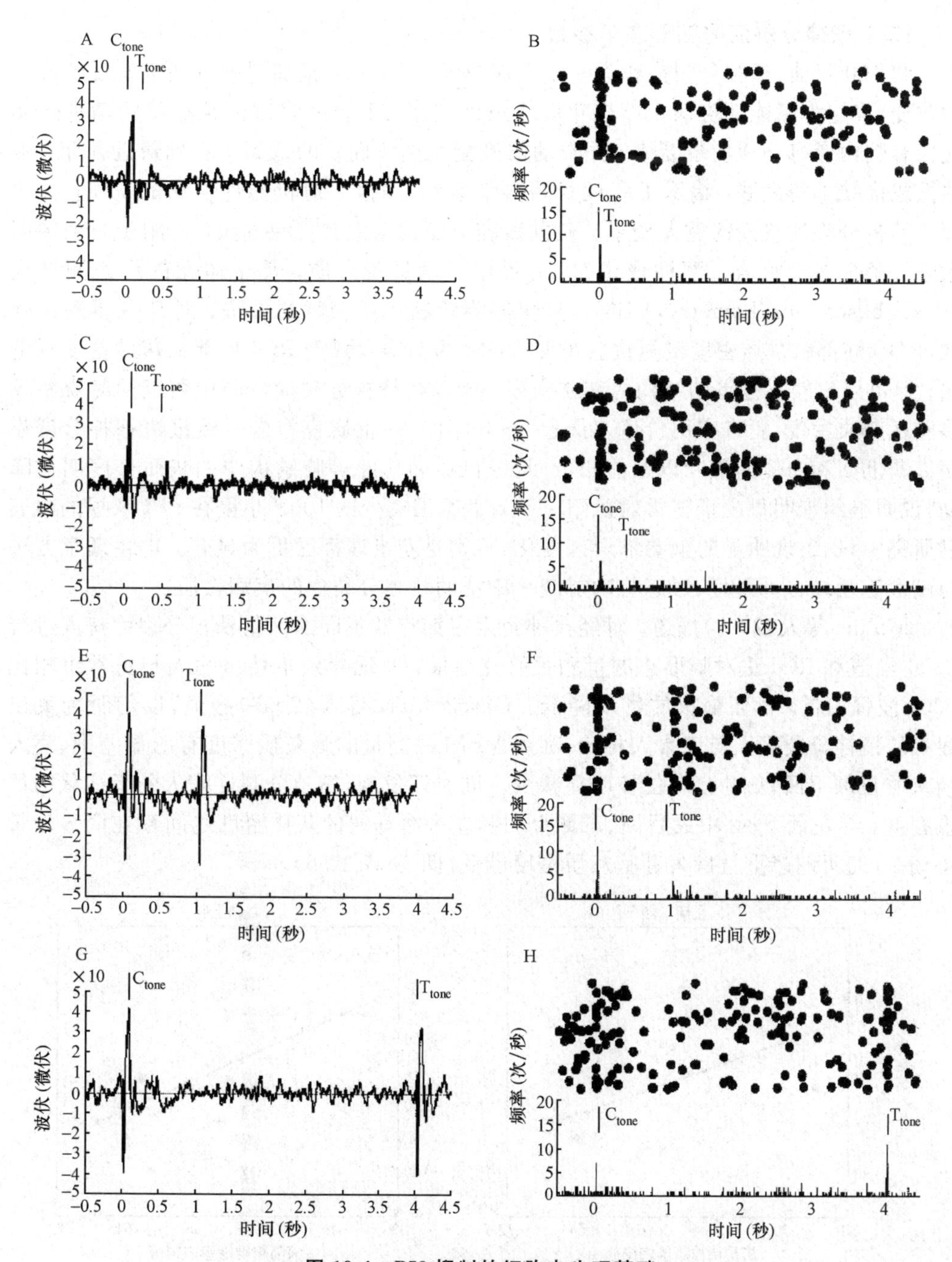

图 10-4 P50 抑制的细胞电生理基础

随两个声刺激的间隔增加(图中 C-T 间距)到 1 秒以上(图 E-H)，抑制现象消失。

(二) 精神分裂症的脑形态学参数

约 100 年前,精神分裂症作为一个疾病单元,由于并未能通过病理解剖发现脑形态学改变,确定为机能性疾病；60 多年以后虽然应用 CT 技术发现阴性症状的精神分裂症伴有脑内旁海马回皮层萎缩,并未动摇机能性疾病性质的认识。直到最近几年,磁共振成像技术的发展,揭示了一批新的科学事实,动摇了对机能性疾病的认识,并孕育着精神分裂症诊断的重大变革。磁共振脑成像技术中有三种方法,可用于对精神病人进行脑形态学检查。灌注成像法,主要用于测量脑白质；基于体元的形态测量法(voxel-based morphometry,VBM),是快速测量脑灰质密度的方法；对某一感兴趣脑区(ROI)局部脑灰质密度测量法。虽然 VBM 的精确度低于 ROI 局部脑灰质密度测量法；但可以比较大范围脑结构的灰质密度,所以在精神分裂症诊断中可以同时观察较多脑区灰质密度,更有实用价值。最近 4～5 年间,一批研究报告一致报道精神分裂症病人颞上回和内侧前额叶以及前扣带回、杏仁核和岛叶等脑结构中的灰质密度明显降低,说明脑细胞明显少于正常对照组。*Disc 1* 基因突变的 100P 小鼠在 PPI 缺损的内表型研究中,也出现明显的脑萎缩形态变化,特别是左半球额区更为显著。电生理学方法与脑形态相结合,可以从形态与功能统一中证明精神分裂症的疾病性质。

Molina 等人(2007)报道,对经典神经阻滞剂疗效不同的两组精神分裂症病人进行 P300 幅值和 ROI 法对脑形态测量相关研究结果,发现疗效不佳组病人与正常组相比 P300 波幅值低,额区脑灰质密度降低。Garcia-Mart 等人(2007)报道,以幻听为突出症状的精神分裂病人与正常人相比,利用 VBM 法测量的脑灰质密度有明显差别,病人脑灰质在颞下回、岛叶和杏仁核明显减少。同时还发现,精神分裂症病人幻听症状的严重程度,与左额下回、中央后回、右颞上回和左旁海马回的灰质密度之间存在明显定量负相关,幻听越严重且持久者脑灰质密度越低(图 10-5、10-6)。

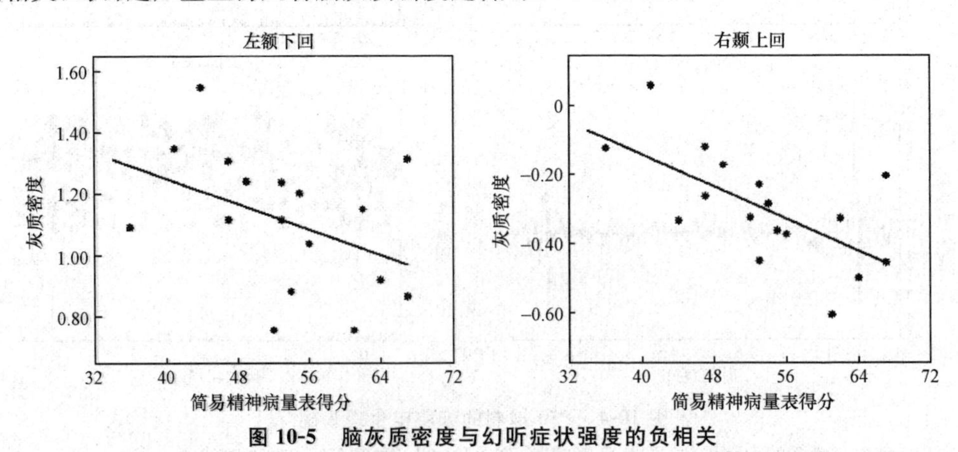

图 10-5 脑灰质密度与幻听症状强度的负相关

Kornyukov 等人(2007)利用癫痫病人进行手术治疗时栅格电极记录 P50 反应得到并通过 LORETA 算法进行源分析,结果表明颞叶和额叶是 P50 发生的脑结构(图

10-7）。

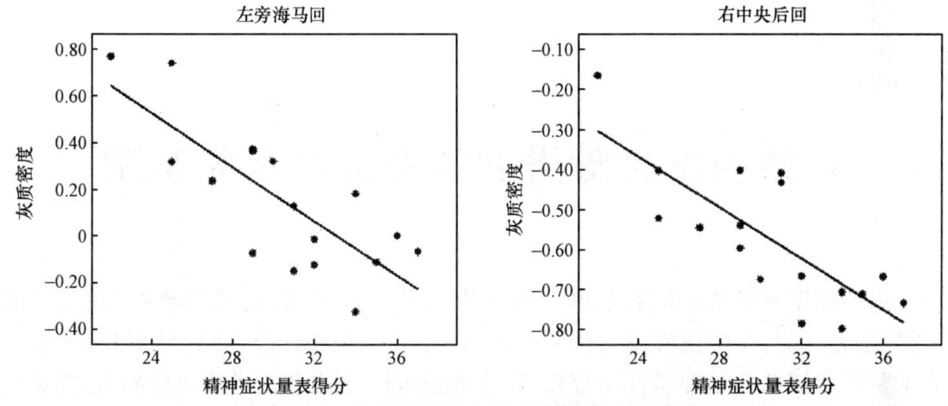

图 10-6　灰质密度与幻听症状强度的负相关

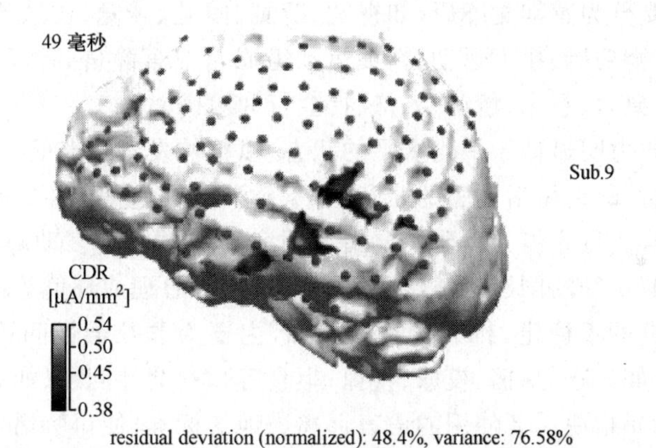

图 10-7　对癫痫病人手术时进行 P50 源分析表明定位于颞上回

11

儿童脑发育障碍的认知神经科学基础

儿童期脑发育异常可能影响到个体发展的某个领域(特定发育障碍)或几个领域(广泛性发育障碍)。广泛性发育障碍(pervasive developmental disorder,PDD)指一组起病于婴幼儿期的全面性精神发育障碍,主要是人际交往和沟通模式的异常,如语言和非言语交流障碍,兴趣与活动内容局限、刻板和重复。患儿均在5岁前就有明显异常。

发育障碍主要分为感知觉障碍(如视觉、听觉、嗅觉、味觉、皮肤感觉障碍),肢体运动功能障碍(如平衡功能、粗大运动、精细运动障碍),语言障碍,神经心理障碍(如注意力、记忆、思维、想象力、意志、情绪、人格、社会行为障碍)。

智力障碍指智力明显低于平均水平的状态,以精神发育迟滞的儿童为中心,常见于有脑部疾病的儿童、缺乏生活体验的儿童、感觉障碍的儿童等,主要特征是抽象能力和概念形成能力障碍。行为能力障碍主要指自闭症和注意缺陷多动障碍,其行为特征是易兴奋、易冲动、有认知的问题。情绪障碍主要是由于心理或环境等因素导致的情绪的表现内容或持续性的不稳定,行为异常的状态,主要为非社会性问题(如缄默症、退学等),神经症问题(如口吃、抽搐、夜尿、夜惊、拒食等),社会性问题(如暴力、说谎、反社会行为等)。言语障碍指说话者使用的语言远离当地的标准,使得听话者被其奇怪的说话方式所吸引的状态,或者说话者对人的社会不适应的状态。身体功能障碍主要是指疾病、虚弱所致的功能障碍,慢性疾病(如心脏病、肝脏疾病、进行性肌萎缩症等身体的虚弱所致)。运动功能障碍主要是以肢体功能障碍为对象,运动障碍主要表现为精巧性缺乏、协调能力障碍、肌张力亢进等问题。感觉功能障碍指来自身体内外的感觉刺激障碍。感觉障碍包括视觉、听觉、嗅觉、味觉、皮肤感觉、内脏运动、平衡感觉、运动感觉等8种感觉障碍。社会功能障碍主要是指人际关系处理能力和自身日常生活处理能力障碍。

认知神经科学的发展为解释脑发育障碍提供了一个整合性的框架,不仅增强了关于脑发育障碍的概念,对脑发育障碍的研究也会扩展认知神经科学的概念和范围。通过关注出生前大脑发育的异常,脑发育障碍研究在认知神经科学的框架里吸纳了遗传学和发展性的视角。对儿童脑发育障碍的研究探讨遗传学、生物学和环境经验在从早期胚胎学阶段到青春期的发展过程中的各自作用及其相互作用。从多维角度进行研究将为我们了解遗传与环境因素是怎样建构我们的大脑和心理提供参考。

本章主要介绍广泛性发育障碍中的三种障碍:自闭症、注意缺陷/多动障碍和学习障碍的认知神经科学研究基础。

第一节　自　闭　症

1943 年 L. Kanner 描述了一组儿童,“从生命早期开始,就不能像正常儿童一样,与周围的人和环境建立联系”,他们似乎与环境是隔离的,语言异常或者根本就没有语言,不寻求拥抱、待人如同待物、很少目光接触、行为刻板等。他将这种状况称为“孤独性情感交往紊乱”,即儿童孤独症,也叫自闭症(autism)。1980 年,美国精神病学会编写的《精神疾病诊断与统计手册(第三版)》(DSM-Ⅲ)将自闭症正式确定为一组综合征。

一、自闭症简介

在 2000 年出版的《精神疾病诊断与诊断手册(第四版)文本修订》(DSM-Ⅳ-TR)中诊断与分类标准与《精神疾病诊断与诊断手册(第四版)》(DSM-Ⅳ)(表 11-1)的一致。自闭症是一种广泛性发育障碍,表现为与“狭窄的、重复的和刻板的”行为、兴趣和活动有关的社会交往和交流障碍。

表 11-1　DSM-Ⅳ-TR 中关于自闭症的诊断标准

A. 包括(1)、(2)、(3)总数 6 项以上,至少有 2 项是(1),而(2)、(3)至少各 1 项。
(1) 社会交往有质的缺损,至少表现为下列中的二项:
(a) 非言语性交流行为使用有显著缺损,例如眼神交流、面部表情、躯体姿态及社交手势等方面;
(b) 与相似年龄儿童缺乏应有的同伴样关系;
(c) 缺乏自发地寻求与分享乐趣或成绩的机会(例如,不会显示、携带或指出感兴趣的物品或对象);
(d) 缺乏社交性或情感性互动。
(2) 言语交流有质的缺损,至少表现为下列中的一项:
(a) 口语发育延迟或缺如(并不伴有以其他交流方式来代替或补偿的企图,例如手势或姿态);
(b) 虽有足够的言语能力,但不能发起或维持与他人的交谈;
(c) 语言使用刻板并重复,或有奇怪性语言;
(d) 缺乏与发育水平相应的各种自发的假扮游戏或社交性模仿游戏活动。
(3) 有限的重复和刻板行为、兴趣和活动模式,至少表现为下列中的一项:
(a) 沉湎于某一种或几种刻板而有限的兴趣,其注意力集中的程度异乎寻常;
(b) 固执于某些特殊的、没有实际功能的常规行为或仪式动作;
(c) 刻板而重复的动作习惯(例如,手或手指拍打或扭转,或复杂的全身动作);
(d) 持久地沉湎于物体的部件。
B. 功能异常或延迟,表现在至少下列之一,而且出现在 3 岁之前:(1) 社会交往;(2) 社交交流中使用的语言;或(3) 象征性或想象性游戏。
C. 并非雷特症或儿童瓦解性精神障碍。

社会交往障碍是自闭症的核心症状,患儿缺乏与他人的交流或沟通技巧,婴儿期不

喜欢拥抱,缺乏与亲人的目光对视,与父母间缺乏安全依恋关系,总是独自玩耍。有需要时不能用手指指向物体,通常拉着父母亲的手到某一地方,运用身体语言方面也同样落后,较少运用点头或摇头表示同意或拒绝。

语言交流障碍表现为多种形式,多数患儿语言发育落后,通常在两三岁时仍然不会说话,或者在正常语言发育后出现语言倒退;部分患儿具备语言能力,但是语言缺乏交流性质,表现为重复刻板语言或是自言自语,语言内容单调,模仿言语和“鹦鹉语言”很常见。

自闭症儿童一般都会表现出刻板行为或刻板动作,例如转圈、嗅味、玩弄开关、来回奔走、排列玩具和搭积木、特别依恋某种东西、爱看电视广告或天气预报、喜欢听某一首或几首特别的音乐,但对动画片通常不感兴趣。往往在某一段时间内有某几种刻板行为,并非一成不变。

自闭症包含的症状和种类很多,表现出明显的个体差异性,故称“自闭谱系障碍”(autistic spectrum disorder),意为患儿症状模式、能力范围和特征以不同的组合和不同的严重程度表现出来。在谱系的一端是一个蜷缩在角落里沉默的孩子,数小时反复不停地旋转着某种圆形物体,在谱系的另一端则是绘画、音乐天才或是造诣高深的学者,只是他的社会交往能力较差。

大约80%左右的自闭症儿童智力落后,但这些儿童可以在某些方面显得有较强能力;20%左右的自闭症儿童智力在正常范围,小部分儿童在音乐、绘画或计算方面具有天赋。多数患儿记忆力较好,尤其是在机械记忆方面,对音乐有兴趣的自闭症儿童较多。

此外,大多数自闭症儿童存在感觉异常,包括对某些声音的特别恐惧或喜好,有些儿童表现为对某些视觉图像的恐惧,很多病儿不喜欢被人拥抱、痛觉迟钝。多动和注意力分散在大多数自闭症病儿中较为明显。此外,还可以看到发脾气、攻击、自伤等行为。

早期文献认为自闭症是一种发生率较低的罕见疾病。国外报道自闭症的患病率达2‰~7‰,国内不完全统计自闭症的患病率约为1‰~2‰。自闭症者中男性与女性的比例大约是4:1。

二、自闭症病因的认知神经科学基础

过去的几十年,研究者们分别从行为、认知、大脑机制和基因等不同的层面对自闭症进行了大量的研究。关于自闭症的病因还不清楚,目前认为自闭症是由于外界环境因素(感染、宫内或围产期损伤等)作用于具有自闭症遗传易感性的个体所导致的神经系统发育障碍。

1. 遗传因素

双生子和家族研究结果显示,遗传与自闭症的发生有很大关系。同卵双生子的自闭症同病率明显高于异卵双生子,但遗传方式不明。流行病学调查也显示自闭症存在家族聚集现象，自闭症者的兄弟姐妹比没有血缘关系的人患自闭症的概率要高 50 倍。家族中即使没有同样的病人，也可以发现存在类似的认知功能缺陷，如语言发育迟缓、精神发育迟滞、学习障碍、精神障碍和显著内向等。

为了揭示遗传学因素与自闭症发生之间的关系，研究者对人体细胞中的染色体进行了研究，试图找到自闭症遗传现象与染色体异常之间的关系，并为自闭症候选基因的定位提供线索。目前发现大约 15 至 20 个基因与自闭症有关，如第 7 号、15 号染色体。但要确定备选基因的可靠性，研究组还需要更多家庭的 DNA 样本。此外，很难确定特定的基因在自闭症中的作用，因为自闭症是一种谱系障碍，不同的基因组合将在不同的个体中发挥不同的作用。

尽管研究发现基因在自闭症的发病中起重要作用，但有很多研究证据表明环境因素的影响也是非常重要的。自闭症者的病史和发育史报告中更常见到围产期前后的困难，也有报告指出免疫因素、疾病感染、毒素接触、疫苗、病毒、抗生素及高烧等的作用。自闭症是一种复杂疾病，很可能具有多种致病因素，一个孩子患自闭症可能是遗传和环境因素相互作用的结果。

2. 神经生理学研究

结构和功能成像研究发现，自闭症与大脑体积、神经递质系统和神经元生长异常有关，与大脑皮层、小脑、边缘系统等结构与功能的异常有关。

(1) 大脑体积异常

关于自闭症研究的最重要的发现之一是患者大脑体积增大，大约 20%的自闭症个体有“巨头”，在儿童、青少年和更大范围的年龄段的自闭症个体中都有相似的“巨头”比例。

那么，到底从何时开始，自闭症个体的脑体积开始高于正常标准呢？研究表明，自闭症者出生时脑体积和脑围是正常的，在出生后第一年时开始加速生长，2～4 岁时其过度生长的部分是参与高级认知、社会性、情感和语言功能的大脑皮层、小脑和边缘结构。我们知道，头围虽不能有效反映成人脑体积的大小，却是表征儿童脑体积大小的重要指标之一。自闭症个体婴幼儿期的头围增大程度与幼年期的障碍程度呈现相关关系。这意味着，自闭症个体在生命早期脑过度生长越多、越早，其将来的障碍程度就越重。脑体积增加最显著的年龄范围与自闭症的症状出现一致，提示遗传学和/或环境因素可能在这个关键阶段起作用。

虽然自闭症婴儿出生时的脑体积与普通儿童没有显著差异，在婴儿期快速增长之后，其脑体积增长速度随即转向降低或生长抑制。但在随后的幼年阶段，其脑体积似乎达一个“高原”状态，出现了异常缓慢的增长甚至不增长，随着年龄逐渐增长，其脑体积又逐渐接近常人，最终趋向“正常”。这一发现无疑是近年来有关自闭症的脑结构研究中最为惊人的成果之一。

关于脑围和大脑重量的研究结果与大脑的过度生长有关。越来越多的人认为，异常的大脑生长发生在大脑回路形成最迅速而敏感阶段的任何时间。增大的体积可能是因为神经元生长增加或神经元修剪减少。

脑体积增加并不等于脑功能增强。研究者指出,这种异常发展可能会使突触减少,严重损害儿童生命早期至关重要的神经髓鞘化、形成、轴突生长等过程,并可能导致异常的脑神经联结。增加的脑体积可能与组织紊乱所导致的特定神经系统之间的功能改变有关。

对该假设的进一步支持来自对联接两个大脑半球的胼胝体的分析。胼胝体作为联接两半球间最大的纤维负责联络半球皮层上相似区域间的皮层与皮层下信息,涉及需要双侧感觉与运动整合的加工过程,包括双手的动作协调、视觉注意转移和程序性学习。磁共振成像(magnetic resonance imaging, MRI)研究发现自闭症者的胼胝体比控制组的小,包括矢状面区域整体缩小,胼胝体的前部、中部和后部部分缩小。神经元整合实际上与解释自闭症的中央统合不足理论一致。功能联结低下与体积较大的大脑,可能是因为其神经回路难以进行必要的联结、错误联结和无效联结而导致功能联结低下,从而导致无法在认知、神经水平上整合信息。

(2) 边缘系统

结构脑成像研究显示,自闭症儿童和成人的很多脑区具有神经解剖学异常。边缘系统的异常总是与杏仁体、海马和乳头体的神经元密度异常、细胞排列小而密有关。这些细胞属于帕帕兹环路的一部分,对于记忆和情绪有重要的作用。

杏仁复合体是内侧颞叶的一个小结构,由十多个核团组成。关于其功能的模型提示,它会为输入的感觉刺激贴上情绪标签,将感觉信息与以往的知识和经验联系起来形成想法和行动。杏仁体和颞叶皮层,与眶额和内侧前额叶皮层具有相互联系。以这种方式,杏仁体就在调节和解释知觉皮层所接受的信息的情绪意义方面发挥核心作用。同样,杏仁体在情绪觉醒和情绪学习的调节中起关键作用。此外,几乎所有的面孔识别任务,及很多社会性认知任务都直接激活杏仁体。杏仁体损伤可能导致梭状回(FFA)激活下降,提示杏仁体到FFA的输入是直接的、活跃的。因此,杏仁体的损伤也会导致面孔情绪识别,意图理解等方面有缺损。

采用定量MRI分析结果发现,自闭症者内侧颞叶结构异常,双侧杏仁体增大,左颞叶语言区体积比正常人小。研究发现,3～4岁的自闭症组儿童的杏仁体体积增大,右侧杏仁体体积增加与社会交往、交流功能负相关。7.5～12.5岁自闭症组儿童双侧杏仁体增大与对照组的差异最显著。关于自闭症的功能成像研究也发现,在社会性知觉和社会性认知任务中,自闭症者左侧杏仁体的激活不足,这在一定程度上支持了自闭症的杏仁体假说。“杏仁体假说”认为杏仁体发育异常是自闭症者社会认知损伤的基础,自闭症者主控情绪情感和社会性的杏仁体存在缺陷,导致其心理推测能力异常,再引起其他功能领域的缺陷。

关于海马结构的研究发现,自闭症儿童与成年人的海马体积增加。很难对这些结果进行说明,因为它们既可以被解释为病理学的结构性异常,也可以被解释为正常分布的不显著变化。异常的解释类似于杏仁体和其他边缘系统结构。自闭症者陈述性记忆相对完整,通常机械记忆能力、视觉-空间能力增强。海马体积增大可能与自闭症者更多使用机械记忆有关,也可能与其视觉-空间记忆增强有关。

总之,边缘系统假设认为内侧颞叶与边缘脑结构与自闭症者的社会交往、交流缺损有关。

(3) 小脑

近年来对小脑的研究取得的进展较大。自闭症中已经发现的小脑结构异常表现在微观和宏观水平上。微观水平上,比较一致的发现是小脑皮层的浦肯野细胞的体积缩小、数量减少。这个变化与下橄榄和小脑深部核团的小神经元,以及小脑深部核团的神经元密度下降有关。宏观水平上,小脑半球具有异常发育的趋势,个体从出生早期到 2～4 岁时小脑半球体积增大,成年期时其体积减小。因此,自闭症的小脑病理学原因可能主要有两类,一类是小脑第Ⅵ～Ⅶ蚓叶发育不全,与浦肯野细胞的严重缺失有关的小脑半球的结构发育不全以及小脑半球体积减小;第二类可能是没有发育出合适的前额叶-新皮层神经回路而导致发育不全。神经回路上任何水平的缺陷都可能导致小脑的神经元缺失。

上述发现使人们确信小脑异常与自闭症者行为特征之间的密切关联。自闭症者的运动问题通常以精细运动和大运动技能发育迟缓的形式表现出来,但其步态困难或笨拙却没有传统上小脑损伤导致的基本运动困难那样严重。

最初研究者认为小脑完全参与运动协调,但目前已知小脑还参与很多功能,如注意力转移、程序性记忆和非运动学习。小脑在中枢神经系统中不仅能够调节运动和注意的敏捷度,而且还对认知、语言、记忆等功能具有重要的调节作用。小脑被认为是仅次于额叶的信息加工系统。小脑功能障碍使自闭症者在语言发展、社会交往、动作模仿、注意力转移和联想学习及认知记忆等方面就不能对信息进行准确的整合加工和调节反应。

(4) 颞叶

脑损伤、尸检和成像研究发现自闭症者内侧颞叶的神经元异常小且结构紧密。颞叶异常可以解释与自闭症有关的一些行为损伤,如语言缺损、面孔加工缺损、心理理论缺损、跨模式关联困难、刺激泛化缺损以及难以考虑背景。功能成像研究也显示,听觉刺激引起的左侧颞上沟的激活下降,显示自闭症与左侧颞叶的活动模式异常有关。左侧颞叶参与语言的组织,自闭症者语言缺损可能与这种异常有关。

此外,在要求完成看面孔的任务中,自闭症者面孔知觉区梭状回没有得到激活,这与临床上观察到的自闭症者面部表情识别困难是一致的。

(5) 额叶

大量结构和功能成像研究均发现自闭症者的额叶存在异常。

一些研究发现自闭症者额叶结构异常,额叶的灰质和白质出现最大程度的增长。扩散张量成像(diffusion tensor imaging, DTI)技术依靠水分子的扩散模式来描绘白质的结构,能够提供更为详细的皮层网络结构信息。DTI研究发现,自闭症组前额叶的短程联络纤维的各向异性分数降低,表面扩张系数升高,说明自闭症者前额叶区域的髓鞘减少,轴突密度降低或者轴突联结异常等。

关于额叶的研究,一个重要的发现是"镜像神经元"的功能。镜像神经元指在个体观看或从事一个动作时显示出反应的一组神经元。由于镜像神经元对匹配动作的知觉和产生发生反应,因此在模仿行为中起重要作用。研究结果显示,人观察非人动物咬的动作激活左下额叶以及顶下小叶,而猴子的咂嘴动作引起的激活相对弱些,犬吠动作没有引起额叶的激活。个体在语言发展过程中的模仿行为离不开布罗卡区中镜像神经元的活动。有确凿证据表明自闭症者的镜像神经元功能损伤,因此可能导致自闭症者在模仿、移情、语言和心理理论任务中的一些困难。

总之,神经病理学和脑成像研究提示,自闭症者的神经系统存在解剖学异常,大脑、小脑和边缘系统等结构异常与功能失调,这些发现似乎与自闭症者的社会性缺损、动作笨拙等行为有关。自闭症者童年早期大脑生长加速、随后减速的现象是自闭症者的一个最稳定的发现,提示自闭症者的皮层组织可能紊乱。

3. 神经生化研究

人的各器官、系统功能的正常发挥离不开神经系统的控制和调节,而神经系统的功能完成又是一套复杂的信号传导过程,承担神经细胞或神经-肌肉信号传递作用的重要化学物质是神经递质。神经递质不同,神经细胞或神经-肌肉之间传递信息就不同,而且神经递质在大脑不同部位的浓度大小、传递快慢、传递多少等也都影响着人们的思维、情感和行为方式。因此,人们提出自闭症可能与神经系统中的神经递质的功能失调有关。

目前,这一领域的研究虽未得到一致性的结论,但已经发现自闭症的一些神经递质系统失调,包括5-羟色胺、去甲肾上腺素、多巴胺、催产素-加压素系统。到目前为止,没有得到支持去甲肾上腺素的研究结果,虽然关于多巴胺系统的证据还不一致。相反,对5-羟色胺和催产素/加压素系统在自闭症病理学中的作用却有确凿证据。

5-羟色胺在神经发育中至关重要。大脑中的5-羟色胺神经元在怀孕5周时就出现了,所有的5-羟色胺受体在怀孕4个月就出现。5-羟色胺比其他单胺类递质到达目标区域的时间更早的事实可能说明它调节其他单胺类系统(如多巴胺系统)的最终成熟。因此,5-羟色胺对个体进一步的发育起关键性的作用。

采用正电子断层扫描技术(positron emission tomography, PET)考察5-羟色胺水平,也发现自闭症者额叶存在明显的异常,其背侧前额叶中的5-羟色胺水平下降影响了额叶的功能。由于5-羟色胺在生命的早期是作为一种神经营养而影响皮层神经的髓鞘化,自闭症儿童额叶5-羟色胺水平的变化可能与额叶联结异常有关。

有研究认为，注意力缺陷、抑郁、行为问题，甚至精神分裂症的发生都是 5-羟色胺系统受损的结果。研究表明，约 1/3 的自闭症者及其亲属中全血或血浆 5-羟色胺水平升高。神经递质水平异常可能导致脑形态异常，进而可能与特定的行为综合症状相关。

动物学研究显示，催产素-加压素系统与社会性依恋、性选择和重复性运动有关。自闭症儿童的血浆催产素水平比正常的同龄人低，而且随着年龄增长，没有发生预期的血浆内催产素水平升高。一组自闭症者经过催产素注射后，其重复性行为显著减少。

4. 认知神经模型

自闭症是一种谱系障碍。关于自闭症者的信息加工，目前有三种主要理论：心理理论缺损理论、中央统合不足理论和执行功能失能理论（图 11-1）。

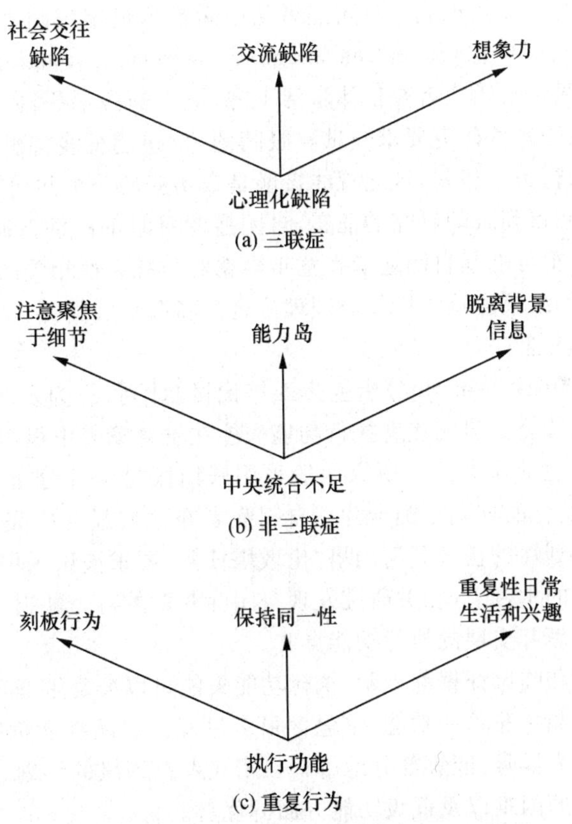

图 11-1　U. Frith 关于自闭症者信息加工的模型

（1）心理理论缺损理论

心理理论（theory of mind）指个体为了理解他人的行为，需要“心理化”能力推测他们有自己的信念的需求。作为社会性能力的一个基本测量手段，正常发育儿童一般在 3～4 岁时获得心理理论，通常与语言能力相关。行为学研究结果显示，因功能水平和年龄的不同，自闭症者的心理理论通常发展延缓。

在心理理论的任务中,正常发育个体表现出的神经网络激活区域包括背侧额中回。此外,额叶中部或眶额皮层的损伤均能导致心理理论的障碍(眶额皮层的缺损表现出轻微的症状)。在某些心理理论任务中,自闭症者表现出额叶的异常激活。一项PET研究发现,在基于心理理论范式的故事任务中,自闭症成年人的激活区域与正常控制组有差异,后者内侧前额叶有与任务有关的激活,提示两组被试对心理状态任务的神经反应具有质的而非量的差异。神经学差异可能是因为自闭症成年人心理理论发展异常,而相关的社会能力通常相对于发育水平延缓,从而引起对心理理论任务的皮层反应表现出局部性差异。

发展心理理论的重要能力包括从面部表情推测他人的情绪。除了上述基于心理理论范式的故事,还有研究发现成年自闭症者从眼睛推测情绪的困难。在类似的情绪推测任务中,功能磁共振成像(functional magnetic resonance imaging, fMRI)研究结果支持了这个区别,显示自闭症者杏仁体激活下降,颞上回激活提高,后者是情绪感知和语言理解区域。由于这些研究要求被试看眼睛图片,缺乏视线接触的感知水平失能不能解释自闭症者的行为。但是,缺乏视线接触是自闭症的一个共同特征,在成年人和儿童当中都相似,后来得到眼动研究的证实,自闭症者对眼部的注意减少,对嘴部或周围环境的注意增加。很可能是自闭症者在童年早期对与社会性相关的刺激缺乏注意而阻碍了其社会性发展,结果影响了诸如心理理论这类高级社会能力。

(2) 执行功能失能

执行功能(executive function)指包括工作记忆、计划、行为发起、认知灵活性和抑制能力在内的高级功能。自闭症者执行功能失能在发育障碍中很明显,如坚持同一性、仪式化行为和重复性动作方式。研究一般采用威斯康星卡片分析测验考察认知灵活性,被试必须根据变化的规则分类卡片。自闭症者在这些任务中表现出越来越多的普遍性错误。测量计划性的任务是河内塔/伦敦塔任务,要求被试采用尽可能少的步骤将一套圆盘放到不同的木桩上,相关研究发现自闭症儿童的行为缺损。此外,神经成像研究也显示自闭症者额叶皮层的执行功能异常。

虽然描述性的和临床证据都提示,执行功能失能可以准确解释自闭症的认知特征,可问题在于执行功能并非单一功能,它包含很多过程。自闭症者额叶结构和功能的异常导致其认知和行为异常,能够部分地解释自闭症者在高级的计划、分类和适应情境变化等任务中所遭遇的困难以及低级功能方面的优势。

(3) 中央统合不足

中央统合不足(weak central coherence, WCC)指自闭症者整体加工能力下降,局部细节加工能力增强。这类能力模式反映了自闭症的临床特点,自闭症者在需要关注细节的知觉任务中,如搭积木、视觉搜索等任务中表现较好。

虽然该理论最初的实验证据来自类似于心理理论的视觉-空间任务,社会性困难可能是早期忽视社会性相关刺激的结果。但是,不注意和不能将社会性刺激与背景整合起来的能力或许能更好地解释社会性行为。由于自闭症者不是完全不能注意社会性刺激如注视，但功能成像研究也显示面孔加工中的特征，似乎 WCC 是影响自闭症者社会性和非社会性特征的高级功能的失能。将 WCC 用于自闭症剖面，特殊领域的天赋和特殊兴趣可能说明其强烈而狭窄的兴趣，有时导致注意障碍，或者导致在某些任务或爱好中表现出能力优势，甚至有研究者提出，自闭症者所表现出的这些能力优势应该被看做是认知风格而非缺陷。

用心理理论缺损理论解释自闭症者的社会交往、交流缺陷和想象力损伤已被广泛接受，自闭症者在理解他人的交流意图、愿望，话语的隐含义方面有困难。用执行功能失能理论可以解释自闭症者的刻板行为、坚持原样不变以及重复的程序和兴趣。执行功能与个体的很多目的指向性的行为适应过程（如计划、抑制控制、注意、工作记忆）有关，如果执行功能有缺损将会影响到个体相关的认知建构。自闭症者的中央统合不足主要与其兴趣狭窄、保留的正常能力（孤岛能力）和背景分离等非社会性认知特征有关。

关于这三种认知理论及其相互关系的探讨还有很多争议，它们都不能完全解释自闭症的所有症状。目前，心理理论缺损对自闭症社会交往障碍的解释仍存在着局限性，如缺乏针对性，难以说明心理理论和语言能力的关系及一些特殊现象，包括某些患者能够完成不同复杂程度的心理理论任务，甚至还能推测他人的心理状态，但这些技能却不能转换为相应的社会能力等问题。执行功能失能本身无法解释自闭症者的社会交往障碍。针对自闭症个体以上行为特征，研究者试图从认知神经科学的层面给予解释。

(4) 脑神经联结假设

美国国家卫生研究院神经科学实验室的 B. Horwitz 等在 1988 年运用 PET 考察了 14 名 18～39 岁自闭症者和 14 名相匹配正常者的脑区功能联结状况。结果发现，与控制组相比，自闭症组的顶叶等其他低级脑区与额叶之间的功能性联结有受损和减少的现象。自此，有关自闭症脑神经联结方面的研究就不断涌现，并朝着两个方向展开。

一方面，一些研究者采用新的研究设计，重新考察了自闭症个体不同脑区之间的结构联结和功能联结状况。J. Brock 等在 2002 年提出脑神经联结低下（underconnectivity）的观点，即认为自闭症者不同脑区之间缺乏正常的结构联结和神经联结，造成各脑区间的协作功能低下。

另一方面，M. R. Herber 等 2004 又提出自闭症存在脑神经过度联结的观点。采用白质分割技术将脑白质分成外层白质（包括顶叶、枕叶、额叶等区域）和内部白质（包括胼胝体、带状沟、基底神经节等区域）两部分。发现自闭症组与控制组之间在内部白质部分没有显著差异，但自闭症组和发展性语言障碍组在外层区域均存在脑白质过度生长、神经元过度联结的现象。此外，越是神经髓鞘化偏迟的区域（如前额叶），这种神经过度联结的状况越严重。

近年来，在吸收以上“过度联结”和“联结不足”两方面研究成果的基础上，越来越多的研究者主张自闭症“脑神经联结异常”。该假设的主要观点是，自闭症同时并存脑神经"局部联结过度"(local over-connectivity)和"远距离联结低下"(long-distance disconnection)现象。即自闭症者在局部脑区内的神经联结过度,同时各功能区之间的远距离联结却是不足、不同步及缺乏反馈的。就顶叶、枕叶等脑区来看,由于存在异常的过度联结,同时又无法接受额叶的监控和抑制,这些区域对感觉信息的加工是异常的,传递速度更快、选择性降低。因此,这些脑区显示出更加独立的、自治的局部加工能力。相反,承担统合功能的脑区——额叶,则由于存在过度的、未组织化的和未分化的局部联结,同时又不能获取广泛的低级功能脑区所传来的信息,其高级统合能力将大大受损。

上述观点得到了一些关于自闭症者脑结构和脑功能研究的支持。

神经生理研究认为,脑白质在神经网络中主要承担联结功能。如果说整体脑体积的异常间接地支持了脑联结异常假设,那么针对自闭症者脑白质的微观测查则为该假设提供了更为直接的证据。根据 M. R. Herbert 的发现,整个幼年阶段,自闭症者的脑白质发育速度都显著地快于正常儿童,在他们与正常儿童的脑体积差异达到最大时,其大脑灰质比过去增加了 18%,而白质却增加了 38%。但幼年期之后,当正常儿童的脑白质所占比例持续增加时,自闭症者却只有灰质在不断增加,白质却逐渐停止发育。由于白质所占比例的下降,才使得整个脑体积看起来趋向"正常"。然而,即便此时自闭症者的脑体积正常,其白质的局部分布仍然存在缺陷,有的区域白质过多,有的区域白质又过少。

图 11-2 说明,左边正常大脑的神经网络中,适当的局部联结和选择性的长距联结组成有效表征和传播信息的结构,信息输入(双箭头)能够在两个脑区共同表征和传播,

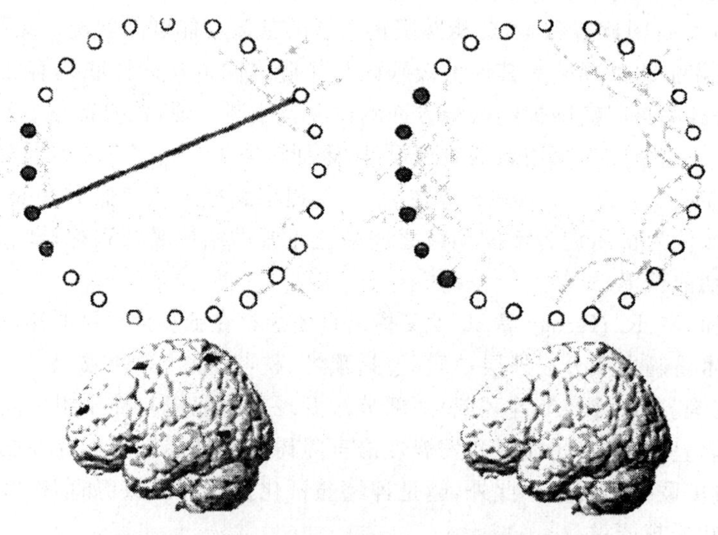

图 11-2　M. Belmonte 等(2004)关于正常个体(左)和自闭症者(右)的脑神经联结模式对大脑活动的影响

干扰信息(单箭头)被有效地区分出去。在对应的激活模式上,视觉注意任务的信息输入导致了脑区的同时性分布式激活。而在右侧自闭症个体的神经网络中,过度的局部联结和不足的长距联结,低级功能脑区的信息加工是未经分化的(信息输入和干扰信息都得到加工),而脑区之间的活动又缺乏协同。在对应的激活模式上,视觉注意任务的信息输入只导致了低级功能脑区异常强烈而集中的激活,其他脑区却没有同时激活。

依据脑神经联结异常假设,任何心理和神经功能领域,只要任务需要不同脑区的协同工作,自闭症者便可能遭遇困难。如果任务对不同脑区协作的计算需求很大,其困难还将更加明显。由于动作、记忆、社会、语言和推理等领域的复杂任务都不可避免地要动用多个脑区的协同活动,自闭症者在这些复杂任务中的遭遇便可想而知了。相反,对那些更多依赖单独脑区的简单任务,如视觉任务,自闭症者表现出优势,因为这些脑区已发展出更为独立的局部加工能力。从这个角度看,该模式为自闭症者在动作、记忆、社会、语言和推理等领域的"优势"和"缺陷"并存的现象提供了合理的解释。

总之,脑神经连接异常模式用大量证据表明,自闭症存在局部脑神经联结过度而长距离脑神经联结不足,支持中央统合不足假设。自闭症是复杂信息加工存在缺陷,而简单信息加工可能存在优势的一类特殊群体。

第二节　儿童注意缺陷/多动障碍

注意缺陷/多动障碍(attention-deficit/hyperactivity disorder, ADHD)是一种常见的儿童慢性行为改变,表现为注意力不集中或与年龄不相称的注意力涣散、冲动性、多动性行为等。

早在 19 世纪医学文献上已有类似多动症的记载,20 世纪 60 年代世界卫生组织(WHO)和美国精神病学会(APA)以症状进行命名,分别称为"多动性障碍"和"注意缺陷障碍"。1987 年在《精神疾病诊断与统计手册(第三版修订版)》DSM-Ⅲ-R 中改称为注意缺陷/多动障碍。1994 年修订出版的 DSM-Ⅳ将该症归入"注意缺陷/多动障碍"。DSM-Ⅳ-TR 将注意缺陷/多动障碍分为三种类型:注意缺陷型、多动冲动型和两种症状的混合型。1995 年我国自然科学名词审定委员会又将其定名为注意缺陷障碍伴多动(attentional deficit disorder with hyperactivity)。2001 年出版的中国精神疾病分类方案与诊断标准(CCMD-3)改名为注意缺陷与多动障碍。

一、儿童注意缺陷/多动障碍简介

根据 DSM-Ⅳ-TR,注意缺陷/多动障碍是儿童期表现出注意力不集中,多动和冲动行为,有些个体其障碍可持续至成年期(表 11-2)。

表 11-2 DSM-Ⅳ-TR 中关于注意缺陷/多动障碍的诊断标准

A. (1)或(2)：

(1) 下列注意缺陷之 6 项以上，持续至少 6 月，达到难以适应的程度，并与发育水平不相一致：

注意缺陷：

(a) 在学业、工作或其他活动中，往往不能仔细注意细节或者常发生粗心所致之错误；

(b) 在学习、工作或游戏活动时，注意力往往难以持久；

(c) 与之对话时，往往心不在焉，似听非听；

(d) 往往不能听从教导以完成功课作业、日常家务或工作(并非因为对立行为或不理解教导)；

(e) 往往难以完成作业或活动；

(f) 往往逃避、不喜欢或不愿参加那些需要精力持久的作业或工作(例如功课或家务)；

(g) 往往遗失作业或活动所必需的东西(例如玩具、课本、回家作业、铅笔或工具)；

(h) 往往易因外界刺激而分心；

(i) 往往遗忘日常活动。

(2) 下列多动-冲动行为的 6 项以上，至少持续 6 月，达到难以适应的程度，并与发育水平不相一致：

多动性：

(a) 往往手或足有很多小动作，或在座位上扭动；

(b) 往往在教室里，或在其他要求坐好的场合，擅自离开座位；

(c) 往往在不合适场合过多地奔来奔去或爬上爬下(青少年或成年人，可能只是坐立不安的主观感受)；

(d) 往往不能安静地参加游戏或课余活动；

(e) 往往一刻不停地活动，似乎有个机器在驱动他；

(f) 往往讲话过多；

冲动性：

(g) 往往在他人(老师)问题尚未问完时便急于回答；

(h) 往往难以静等轮换；

(i) 往往在他人讲话或游戏时予以打断或插嘴。

B. 多动-冲动或注意问题都出现于 7 岁以前。

C. 某些缺损症状表现在 2 个以上场合里(例如，在学校(或工作场所)和家里)。

D. 在社交、学业或职业等功能上，有临床缺损的明显证据。

E. 排除以下可能：广泛性发育障碍、精神分裂症，或其他精神疾病，而且不能用其他精神障碍(例如心境障碍、焦虑障碍、分离性障碍或人格障碍)进行解释。

根据上述症状：

314.01 ADHD 混合型：过去 6 个月的症状符合 A1 和 A2 条目

314.00 ADHD 注意缺损型：过去 6 个月内的症状符合条目 A1，但不符合条目 A2

314.01 ADHD 多动-冲动型：过去 6 个月内的症状符合条目 A2，但不符合条目 A1

注意事项：对当前症状不符合所有条目的个体(尤其是青少年和成年人)，应注明“症状部分缓解”。

根据 DSM-Ⅳ-TR 诊断标准，儿童注意缺陷/多动障碍至少要出现在两种情境下，7 岁前表现出症状，表现出注意缺陷、多动冲动或混合型几个维度的 6 种以上的症状。

过度活动指与年龄不相称的活动水平过高。在婴幼儿时期就已出现易兴奋、常哭闹、睡眠差、喂食困难，难于养成定时大小便规律；平时手脚不停乱动，显得格外活泼，过早地从摇篮里向外爬。学步时往往以跑代步，并且对周围的东西非要用手触弄不可，好喧闹捣乱、翻箱倒柜、玩耍无长性、破坏性行为多等。上课时小动作多、坐不稳、口中嗯哼作声或喧闹，不知疲倦，就连睡眠时也不安静。在家中，不能静心做作业、做事冒失、“人来疯”、喜欢过分恶作剧和富有破坏性；做事缺乏缜密考虑，不顾及后果。有个别儿童属于“睡眠不足型”，在课堂上反而表现瞌睡或没精打采。

注意力集中困难指儿童在家里或课堂上往往表现出注意力不集中，有意注意涣散，选择注意短暂，即使在游戏中也显得不专心；与他人交流时眼神游离；上课时注意力难以集中，对课堂讲授和作业布置很少注意，以致答非所问、丢三落四、遗漏作业、学业不良。有些 ADHD 儿童可能会对特别感兴趣的事物产生较强的动机，使得注意集中的时间可能会延长，但不能因此而排除 ADHD 的诊断。

冲动行为指儿童常常适应新情景困难，容易过度兴奋。做事欠考虑、行为冲动、不顾及后果，甚至伤害他人。患儿可能在课堂上忽然大叫大喊、来回走动，在室外常有冒险行为。不遵守游戏规则，常显得急不可待，对别人的玩笑做出过激反应，吵闹和破坏性强。平时缺乏忍耐或等待，要什么非得立即满足，否则吵闹或破坏东西。

一般而言，ADHD 儿童的智力水平大都正常，有些处于临界状态，可能与测验时注意力不集中有关。具体表现为视听辨别能力低下、手眼协调困难、短时记忆困难；可能出现写字凌乱歪扭，时间方位判断不良，辨别立体图困难，不能把握整体，精细动作如写字绘画笨拙，缺乏想象力，约 25%的 ADHD 儿童存在学习困难。

按 DSM-Ⅲ-R 和(或)DSM-Ⅳ诊断标准，在学龄儿童中的患病率为 3%～5%左右。我国 ADHD 流行病学调查地区很广，次数很多，所得数据的差异也很大，大致在 3%～10%之间。本症男性发病率明显高于女性，比率约为 9∶1～4∶1之间。其差异的原因之一是男性更具有冲动和攻击行为，并且容易伴随品行方面的问题，故更容易引起注意。

二、ADHD 的认知神经科学研究基础

ADHD 的病因和发病机制至今未明，目前认为 ADHD 是由多种生物学因素、心理因素及社会因素单独或协同作用而导致的一组综合征。

1. 遗传因素

家系研究、寄养子、双生子研究和分子水平的研究均提示，遗传是 ADHD 的发病机制之一。同卵双生子的 ADHD 共患率高于异卵双生子的共患率。ADHD 家系中发生该症的概率高于正常组，而且男孩发病率高于女孩。ADHD 一级亲属中 ADHD 伴有反社会行为、情绪冲动以及焦虑者明显高于正常儿童家庭。近期几项大型双生子研究显示儿童多动、冲动行为的遗传度为 55%～97%，平均为 80%。由此可见，遗传因素在 ADHD 发病中起了重要作用，但遗传方式不明。

分子遗传学研究发现儿茶酚胺类(多巴胺、去甲肾上腺素和5-羟色胺)神经递质通路上的受体、转运体、代谢酶等多个基因可能是ADHD的易感基因。ADHD分子水平的研究主要集中于调节单胺类神经递质的基因上,诸如多巴胺转运体(DAT1)、多巴胺受体(DRD2、DRD4)等。尽管所有遗传学研究均指出遗传因素在ADHD表型中具有重要作用,但仍无最后的证据指认某一特殊基因作为ADHD遗传的依据。

在强调ADHD的遗传因素的同时,不能忽略环境因素的作用,而且基因与环境因素可以相互影响。

2. 神经生理因素

过去20年的研究,使我们了解了正常儿童及ADHD儿童的执行功能的神经生物学基础。较早的、也是目前影响力最大的是R. Barkley在1997年提出的执行功能缺损理论。该理论认为,行为抑制障碍是ADHD的最根本缺损,额叶功能与ADHD关系最为密切。

正常发育个体的右侧前额叶比左侧的略大,而ADHD个体右侧前额叶体积减小,且其减小的程度与抑制反应下降有关。

很多研究显示,ADHD与执行功能困难有关。一般来说,执行功能指一组自我调节的过程,使个体在现有的知识和技能基础上,选择最好的策略"完成任务"。执行功能在注意、工作记忆的认知功能模型中处于核心地位。执行功能被定义为控制或对各种认知操作中的分配控制的调节机制。结构与功能成像研究显示,这些迅速发展的"认知"成长阶段与大脑额叶及包括纹状体和小脑皮层下结构的成熟阶段相对应。由于支持执行功能的大脑回路的成熟要持续到青少年期至成年早期,该过程可能受很多因素的影响。当这些神经系统没有按照预期发展,就会有ADHD的行为表现,执行功能失能在其中起重要作用。有关ADHD的核心症状和认知问题的理论解释几乎都指向自我调节的某些方面。自我调节或认知控制是以支持适当行为、抑制不适当行为的能力为特征的。事件相关电位(event-related potentials, ERPs)研究还发现,ADHD儿童在右额下回的N200波幅明显弱于正常儿童,说明ADHD儿童具有抑制控制的缺损,而且,右侧额叶异常在其中起非常重要的作用。

为了理解ADHD的调节活动和有利于相关信息加工的注意力的fMRI研究基本都围绕自上而下的皮层控制系统(如前额叶),额叶损伤会破坏行为调节能力。关于ADHD大脑结构研究显示,其自上而下的加工较弱。

额纹回路(frontostriatal circuitry)包括外侧前额叶、背侧前扣带回、背侧纹状区如尾状核,并通过丘脑与小脑联结。该回路主要与注意力、执行功能及组织能力有关,它调节不带情绪色彩的与任务有关的反应选择,通常被叫做"冷"(cool)执行功能,一般由需要抑制优势行为的任务(如停止信号、反应/不反应、斯楚普任务)引起,抑制无关刺激的干扰、在工作记忆中维持和操作,在反应之间进行切换。大部分研究的结果显示,ADHD的额纹回路活动不足。

很少有研究关注 ADHD 自下而上的神经系统，如基底神经节和小脑，或者后皮层系统。脑成像研究结果大都指出，ADHD 者左侧尾状核和尾状核头较小。尾状核被认为在调节运动方面起重要作用。所以，这种运动系统异常可能与 ADHD 儿童的活动水平高的症状有关。

3. 神经生化因素

神经递质的功能有一定的遗传性，同时又受毒素、感染、缺氧、营养不良、紧张刺激的影响，还与患儿的年龄和社会经验等有关。有学者认为 ADHD 儿童存在儿茶酚胺水平不足，从而导致脑抑制功能不足，对进入的无关刺激起不到过滤作用。

中枢神经系统中大部分神经元是通过两种神经递质沟通的，一类是兴奋性神经递质——谷氨酸；一类是抑制性神经递质——GABA。GABA 和谷氨酸这两类神经递质系统的改变，通常导致多动行为。

此外，研究还发现多巴胺、去甲肾上腺素和 5-羟色胺等在 ADHD 调节中的作用。

研究发现，ADHD 是由于多巴胺能系统活动降低所致。T. Sagovlden 等 2005 年提出 ADHD 动态发展行为理论（the dynamic developmental behavioral theory）建立在多巴胺功能变化在对非多巴胺（主要是谷氨酸和 GABA）信息传递不当调节中起关键作用的假设基础上。中脑边缘多巴胺系统功能低下产生了行为强化的改变和以前被强化了的行为的消退缺陷。这引起 ADHD 者在新的情境中活动过度的发展、冲动、持续性注意缺陷、行为多样性增加，以及难以“抑制”反应。中央皮层多巴胺系统的活动不足将导致注意反应缺陷（指向反应缺陷，眼睛扫视损伤，对目标的注意反应不足）以及行为计划不足（执行功能不足）。黑质纹状体多巴胺系统活动不足将导致运动功能调节缺陷及非陈述性学习与记忆缺陷。在需要快速反应时，这些损伤将引起明显的发育迟缓、笨拙，对反应的抑制失败。

在这个理论中，多巴胺系功能不足意味着个体的 ADHD 易感性。该理论预测 ADHD 的行为和症状是个体的易感性与环境因素交互作用的结果。在个体人生某一特定时间 ADHD 的确切症状将有所不同，而且这些因素对症状的发展具有正面和负面的影响。变化的或有缺陷的学习和运动功能将对父母养育风格和社会风格产生特殊的需求。

ADHD 的病因涉及与警觉性调节、视觉注意的增强、适应性行为的启动、学习和记忆均有关系的去甲肾上腺素系统。ADHD 患儿大脑神经元之间的信息传递发生障碍，抑制性突触与兴奋性突触互相制约的程序出现紊乱。血液中去甲肾上腺素含量反映交感神经的兴奋性，去甲肾上腺素含量下降通常导致活动水平较低，但去甲肾上腺素的缓慢增加可能导致多动。因此，患儿血中的去甲肾上腺素含量高于正常儿童，很可能是导致儿童活动过度的原因。该观点与脑成像研究证明的 ADHD 的额叶-皮层下通路功能障碍的结果相一致，因为构成这一通路障碍的基础就是去甲肾上腺素机能失调。

ADHD的异常与儿茶酚胺神经递质有关,多巴胺和去甲肾上腺素两个系统都发挥调节作用,如去甲肾上腺素调节觉醒,多巴胺调节奖赏加工,它们还决定着感觉/反应和控制过程之间的平衡。二者的相互作用通过提高适应环境的信噪比而促进对行为的自上而下的控制。两个系统在解剖学上有很大的重叠,多巴胺和去甲肾上腺素能神经元起源于中脑神经网络,受额纹和中央边缘回路和顶叶皮层的支配。但是,两种神经递质的分布是有区别的,如多巴胺递质在尾状核分布很多而在前额叶皮层少,去甲肾上腺素则在前额叶丰富而在尾状核较少。此外,尾状核内的D1受体比前额叶皮层的多,但D4受体和去甲肾上腺素受体在前额叶发挥作用而不是在纹状体。这些在多巴胺/去甲肾上腺素水平上的生理调节的解剖学差异影响ADHD的功能神经病理学。

ADHD儿童单胺类中枢神经递质如多巴胺与去甲肾上腺素两者之间存在不平衡。多巴胺递质密度在纹状体内很高,在前额叶皮层很低,而去甲肾上腺素递质则相反。多巴胺受体的密度与儿童发育有关,其密度的特异性变化直到少年期才成熟。ADHD儿童易被影响的区域是大脑前额叶的多巴胺通路。多巴胺可能与动机有关,而去甲肾上腺素与反应抑制有关。还有证据显示,5-羟色胺和去甲肾上腺素也可能是该症的致病原因。有关动物和人的研究均发现,5-羟色胺系统与冲动、侵犯行为的控制有关。

4. 认知神经模型

试图解释ADHD病因的理论建构有很多。有的模型强调行为反应的抑制缺陷的重要性和首要性,有的则强调工作记忆和注意力的重要性。早期模型,如中枢神经系统低唤醒模型和成熟滞后模型也都得到了一些研究的支持。

(1) 中枢神经系统低唤醒模型

J. H. Satterfield等人1974年提出的中枢神经系统低唤醒模型主要是从生理唤醒水平探讨了ADHD缺损的实质。唤醒理论认为,大多数任务的完成需要中等程度的唤醒水平,唤醒水平过高会导致行为紊乱,过低则会导致昏昏欲睡。脑电图检测的结果多报道ADHD者具有阵发性或弥散性θ波活动增加,提示ADHD儿童有觉醒不足的特点,此外,还表现出慢波增加、α波减少和平均频率下降等非特异性改变。觉醒不足属于大脑皮质抑制功能不足,从而诱发皮层下中枢活动释放,而表现出多动行为。相关研究都指出,ADHD儿童比正常儿童的唤醒水平低,其过多的活动和寻求刺激的行为可能是试图提高自身的唤醒水平。

(2) 成熟滞后模型

成熟滞后模型认为ADHD儿童的脑发育滞后于同龄儿童。根据功能成像研究结果,与同龄儿童相比,ADHD儿童的大脑体积一般减小3%～8%,从而影响到他们大脑的整体功能、执行功能和学习,尤其在学龄早期阶段。P. Shaw等最近关于大脑皮层的纵向研究显示,ADHD儿童的大脑发育虽然遵循正常的成熟模式,其前额叶的成熟要延迟大约3年,但初级运动皮层却比同龄人发育略早。因此,ADHD者的功能激活模式可能反映了其成熟延迟,而不是功能解剖学的异常。事件相关研究发现,ADHD儿童的反应潜伏期延长、波幅降低，提示 ADHD 儿童脑发育成熟偏迟。上述结果提示，一方面，ADHD 儿童的非典型脑发育导致其过多的活动，另一方面又难以抑制不适当的冲动。

(3) 反应抑制缺陷

冲动性是 ADHD 的一个典型特征，行为反应抑制缺陷是冲动性的一个重要指标。R. Barkley 提出反应抑制缺损导致了 ADHD 者其他认知执行功能的障碍，包括注意、动机、工作记忆和总体行为的失调。

最直接的证据来自对人类行为抑制的研究，如停止-信号(stop-signal)任务。在这个过程中，要求被试尽快完成一个对刺激做出反应的任务，"执行"信号后出现一个"停止"信号。该测验范式的基本假设是行为是由"执行"过程和"停止"过程的竞争决定的。停止信号反应时(stop signal reaction time, SSRT)较短是反应抑制的标志，说明更多有效的抑制控制。使用该范式的研究一致地发现，ADHD 患者的 SSRT 较长，也易变化。

(4) 注意力缺损

注意是一种多维度的认知建构。根据背景不同，它可能指(a) 对某刺激的最初选择；(b) 将这些资源维持在相关的刺激上(持续性注意)；(c) 无关刺激的抑制(选择性注意)；(d) 当其他刺激变为相关刺激时注意的转移。ADHD 者的注意问题主要包括注意广度小而易分心，说明是持续性注意和选择性注意缺损。

最广泛使用的持续性注意测验(continue performance test, CPT)。给被试呈现一系列视觉刺激，由一个发生概率小的刺激作为目标刺激，要求被试在目标刺激出现时做按键反应，抑制其他反应。反应的准确率作为持续性注意的主要指标。很多采用 CPT 的研究证明，ADHD 者的反应正确率和反应速度不如正常控制组。反应慢与 Barkley 模型中反应抑制缺陷不一致，应该导致反潜伏期变短。但这个不一致性提示，注意力缺陷和反应抑制缺损是 ADHD 的不同特点。

(5) 工作记忆缺损

工作记忆对新获得的与任务有关的信息进行编码和维持，用于引导后面的选择反应，因此它对目标指向行为的暂时组织是非常重要的。大量的关于 ADHD 的相关认知任务测验表明，工作记忆似乎是 ADHD 的一个主要缺陷特征。ADHD 个体在要求完整工作记忆的任务(如 CPT，停止-信号，反应/不反应和数字广度)中表现差，而不是在其他的对工作记忆要求甚微的任务(如视觉运动，敲手指等)中。一种可能性是"难以维持工作记忆表征可能导致输入刺激转移到工作记忆中的概率提高，以补偿工作记忆中表征的快速消退。"这种观点支持工作记忆缺陷假设。

综上所述，关于 ADHD 的认知神经科学研究提示，ADHD 的缺损表现在认知和神经通路的许多方面。认知缺损除包括执行功能缺损之外，还包括空间、时间和低级的"非执行"功能缺损。功能解剖学异常不仅包括前纹状体回路，还包括后部皮层、边缘叶和小脑。病理生理学异常包括多巴胺和去甲肾上腺素神经递质系统的异常，功能成像研究发现的ADHD个体的纹状体激活下降与该区域多巴胺减少有关。

关于ADHD的不同模型在病理学通路和病理生理学细节方面是有区别的，如额纹和中央边缘系统通路的分离，是"冷"和"热"执行功能缺损的分离；而"冷"和"热"执行功能缺损都被认为是额纹和中央边缘叶通路的多巴胺缺损导致的。

第三节 学习障碍

儿童学习障碍(learning disabilities，LD)是一种异质性综合征，指智力正常儿童在阅读、书写、拼字、表达、计算等方面的基本心理过程存在一种或一种以上的特殊障碍。目前教育学和心理学界较广泛应用1988年全美学习障碍协会(National Joint Committee on Learning Disabilities，NJCLD)的有关定义，即"LD指一组异质性障碍的总称，主要表现在听、说、读、写、推理以及计算能力的获得和应用方面出现的明显困难；这类障碍为个体所固有，推测有中枢神经系统功能障碍起因，并可伴随终生。"可与LD合并出现自我行为控制、社会认知、社会交互作用方面的问题，但后者并不一定构成LD。其他类障碍(如感觉障碍、精神发育迟滞、重度精神障碍)或环境原因(文化差异、教育方法不良)也可导致学习问题，但这里所称的LD不包含在其范围内。我国CCMD-2-R分型亦基本雷同。

一、学习障碍简介

根据DSM-Ⅳ-TR，当某人在阅读、数学或书面表达方面远远低于相同年龄、学校里同年级水平应有的成绩时，便可以对其作出学习障碍的诊断(表11-3)。学习障碍主要是阅读障碍、计算障碍、书面表达障碍和学习障碍非特定型。

阅读障碍是LD的一个最主要类型，占所有被诊断为学习障碍儿童的70%以上。阅读障碍儿童在一般智力、动机、生活环境和教育条件等方面与其他个体没有差异，也没有明显的视力、听力、神经系统障碍，但其阅读成绩明显低于相应年龄应有的水平，处于阅读困难的状态中。大约有6%～11%的儿童被数学障碍困扰，不同程度地影响他们的数学成绩与日常生活中与数学相关的活动。可能是由于语言障碍、语义障碍、图形障碍、运算障碍、实物操作障碍和理解障碍造成的，其中部分数学障碍的儿童同时存在着阅读障碍。书面表达障碍儿童的主要问题表现在表达观点困难、句法和语法问题、使用不适当词汇、文章组织拙劣等。

表 11-3　DSM-Ⅳ-TR 中关于学习障碍的诊断标准

阅读障碍的诊断标准：
A. 在测查阅读准确性或理解水平的个别化施测的标准化测验中的阅读成绩显著低于个体生理年龄、智力水平或年龄对应的教育程度所应有的表现。
B. 标准 A 所出现的情形显著影响个体的学业成就或需要用到阅读技能的日常生活活动。
C. 如果有感官缺陷，个体的阅读困难会超过其感官缺陷所导致的严重程度。
数学障碍的诊断标准：
A. 个别标准化测验所评估的数学能力，显著低于个案生理年龄、智力水平及年龄对应的教育程度应有的水平。
B. 标准 A 所出现的情形严重影响个案的学业成就或需要数学能力的日常生活活动。
C. 假如个体有感官缺陷，则其数学能力上的困难会超过其感官缺陷所导致的严重程度。
书面表达障碍的诊断标准：
A. 个别化施测的标准测验（或书写技能的功能性评估）所得的书写能力显著低于个体生理年龄、智力水平及与年龄对应的教育程度所应有的水准。
B. 标准 A 所出现的情形严重影响个体的学业成就或需要写作（如写出语法正确的句子和条理分明的短文）的日常生活活动。
C. 如果个体有感官，其书写能力上的困难会超过其感官缺陷所导致的严重程度。
其他未特定的学习障碍：
这类的学习障碍并不符合任何一个特定学习障碍的标准。他们可能三个方面（阅读、数学、书面表达）都有问题，并且显著地影响其学业成就，即使他们达到能力测验成绩并未显著低于生理年龄、智力水平及年龄对应的教育程度的预期水准。

显而易见，参照不同的标准，会产生不同类型的学习障碍，折射出学习障碍问题的复杂性。阅读和书写障碍不仅影响儿童的学习，也会影响儿童的社会化过程。

由于研究年代不一、研究角度及选择对象不同，有关学习障碍发病率的报道差异很大。一般认为，表音文字国家的学习障碍儿童中有 10％～15％的儿童存在阅读障碍。国内的报道为 6.6％，男女比例为 4.3∶1。学龄儿童的发展性阅读障碍发生率为 3％～20％，是一种最常见的学习障碍。

根据阅读障碍认知特性，将阅读障碍分为发展性阅读障碍和获得性阅读障碍。发展性阅读障碍是指儿童智力正常，并且享有均等的教育机会，没有明显的神经或器质上的缺陷，但是阅读成绩显著落后于其年龄与年级所应达水平的一种学习障碍现象。本节主要介绍阅读障碍的认知神经科学基础。

二、阅读障碍的认知神经科学研究基础

阅读障碍确切病因尚未明确，可能与生物学因素和环境因素均有关系。许多研究者认为，阅读障碍是遗传、中枢神经系统损伤、功能失调或结构异常所致，亦不排除不利环境教育因素作用于易感素质儿童所致。某些儿童与生俱来就有生物学和神经心理方面的脆弱性，对后天不利因素更具有易感性和缺乏耐受性。

1. 遗传因素

同卵双生子的共患率明显高于异卵双生子的共患率，尤其是LD的亚型-阅读障碍具有家族高发特性，其遗传度高达41%。学习困难者的家族成员中，30%～80%有阅读障碍问题。有研究报道，阅读困难的遗传基因位点是第15对染色体上，呈显性遗传。最近研究发现，语音、阅读理解、拼写和正字法都受很强的遗传学影响。语音与正字法与第6号染色体有关，单词阅读与第15号染色体有关。

2. 神经生理研究

脑解剖学研究发现，阅读障碍者的大脑半球多见异位性白质或对称性改变等微小异常。通过对10例男女阅读障碍者的研究，研究者发现了许多种类型的异常现象：在大脑表层附近有块发育不完全的神经，神经元排列不规则，还发现所谓微小包块（micropolygyria），而且通常位于左半球。

一般来讲，正常人的左脑比右脑大，而阅读障碍者两侧半球则多呈对称性或右侧比正常人的小。阅读障碍者脑结构表现出不同程度的结构异常，其特异性可能是出生前神经异常发展的结果。异位使大脑神经通路改变，且影响大脑整体功能，例如使外侧膝状体巨细胞层结构改变，层次不分明，而该细胞的主要功能与视觉信号的加工速度和明暗度的对比度辨别，内侧膝状体比正常人的相对要大些。先天性失语者可见两侧大脑外侧裂周围的缺损和内侧膝状体病变，左右颞叶底部对称性异常明显，左前额叶发育不全等改变。

fMRI研究证明，大多数人的语言功能位于左半球，尤其是语言加工中对语音的要求增加使左半球的激活程度提高得比右半球的还要多。有些LD患者左右脑半球前部形态无差别或右侧反而小，但后部与正常人无差异。此外，研究还发现患儿存在第三脑室扩大现象，左右脑室不对称，左右额叶对称性异常，脑白质区高吸收现象（提示脑白质完成髓鞘化延迟）。阅读障碍者右侧间脑灰质和左脑后侧部语言中枢以及双侧尾状核体积缩小。

单光子计算机断层扫描（single photon emission computed tomography，SPECT）研究发现，发展性语言障碍伴注意缺陷儿童的两侧大脑外侧裂周围和尾状核部位血流量偏低。对阅读困难成人施加视觉负荷进行SPECT检测时发现，在单词范畴分类任务中，阅读障碍者左半球脑血流量较右半球明显增加，在划线和角度判断任务中，右脑半球前部和后部的血流量差异减少。

阅读障碍者在进行语言（语音）加工时，左侧颞叶-顶叶交界处，特别是角回的活动异常。相对于正常阅读者，阅读困难者的颞顶联合区只有较低的激活，而额下回的激活较高。颞顶联合区的激活低下揭示了从字形向语音转换的困难，而额下回的超激活则可能反映了对语音加工困难的一种补偿机制。

3. 阅读障碍的认知神经模型

尽管目前对阅读障碍的研究已经形成共识：阅读障碍的核心问题是语言加工障碍，

尤其是“语音障碍”。当前的主要认知神经理论主要包括20世纪80年代初提出的阅读障碍视觉加工的巨细胞系统缺陷理论(visual magnocellular deficit),及左半球语言区功能失调理论。传统认为,左半球在阅读中起主要作用,但该理论受到半球间联结中断理论(interhemispheric disconnection theory)的挑战,后者认为阅读加工中两半球通过半球间最大的连合纤维胼胝体相互作用。虽然有很多研究探讨发育障碍,直到现在还没有一个理论可以完全解释发育障碍。本文主要介绍巨细胞系统缺陷理论。

功能成像研究发现,阅读障碍者的视觉加工过程中可能存在巨细胞的缺陷。一些未知的病理因素可能导致视网膜和外侧膝状体的巨细胞异常,可能是阅读障碍的一个基本原因。视觉系统主要区分为两条视觉信息加工通路:背侧通路(M通路或巨细胞通路)和腹侧通路(P通路或小细胞通路)。背侧通路主要是探测视觉运动的巨细胞神经元,主要控制眼部和四肢的运动,并把信息传递给后部顶叶皮层的缘上回和角回。腹侧通路主要识别视觉外形并投射到颞叶皮层。因此,视觉通过两条通路与语言系统一起调节阅读活动。但在初级视皮层后两条通路开始混合,仍可大致区分为M通路或顶部通路和P通路或颞部通路。两类细胞对光度、时间和空间变化都有不同的反映,对不同颜色和对比度的物体的反应时也不同。P通路参与物体细节和颜色辨别,而M通路参与分析物体间的关系和运动加工。许多研究表明,阅读障碍者的这些系统和通路都有缺陷。

发展性阅读障碍者与正常者相比,存在着中枢和外周神经系统的结构异常,表现为左右大脑皮层、小脑的对称性异常、胼胝体大小异常、丘脑大细胞形态异常。阅读障碍儿童主要表现为左颞顶区的激活减少,或者表现为左背侧脑区的激活模式的异常,与成人研究的结果一致。阅读障碍有关的基本知觉加工的理论假设,发现觉察动态刺激的敏感度影响正常儿童的阅读技能,视觉与听觉可能单独影响阅读过程中提取字形与语音信息的能力。这些发现从生理机制的角度支持了巨细胞系统缺陷理论。

12

脑发育和衰老

第一节 脑的发育

很多行为障碍的发生率存在着明显的性别差异,例如自闭症、自闭症谱相关的行为问题和精神分裂症,男性发病率均高于女性;情感性精神障碍,特别是抑郁症女性发病率高于男性4～5倍。此外,性行为和婚姻夫妻生活问题也常与脑的性别分化不健全相关。这促使科学家们探索脑的性别差异和胚胎发生过程的细节,希望从中得到干预和治疗这些行为问题的有效途径。除了性分化,脑在胚胎期和儿童期必须处理细胞数、髓鞘化和突触生长等问题并由此引起的超常脑能量需求,使得脑的发育比其他器官更容易发生节外生枝的问题。

一、胚胎期脑的性别分化

研究人员很早以前即确定胚胎期性激素对脑的性别分化,具有组织作用。也就是说,性激素对胚胎期脑结构的发生和出生后早期婴幼儿脑结构的发育具有重要作用。Kickmtyer 和 Baron-cohen(2006)与 McCarthy(2008) 分别系统总结了胎儿雄激素和雌激素对脑的性别分化以及对其成年后性行为所发生的作用。现在简要介绍如下。

众所周知,性别决定于23对染色体中的一对性染色体,也就是说男女之间有相似的22对44条常染色体;一对性染色体不同,男人的一对性染色体是异质XY对;女性是同质XX对。1990年前后,发现在性染色体上有一个关键基因SRY,决定着性别的表型为男或女,又称性别相关的Y基因,分布在男性Y染色体中。SRY的表达发生在妊娠后第一周之内,在未分化性别的性腺细胞内发生。一旦SRY表达了,性腺分化就开始了,按SRY表达程度引导性腺的分化,男性生殖系统发生,抑制女性生殖系统的发生。妊娠6周前胎儿的性腺尚无激素分泌功能,大约在第6周Y染色体上的SRY基因作用下,使胎儿发生睾丸,第8周睾丸开始合成雄激素,第10～20周雄激素分泌功能逐渐增多,促使脑发育男性化,脑下垂体分泌的促性腺激素,肾上腺也分泌一些雄性激素。Y染色体上的SRY基因没有发挥作用的胎儿,在第1周卵巢开始发生,第6～7周卵巢开始合成少量雌激素,再加上母亲肾上腺和卵巢分泌的雌激素,女胎的脑接受到足够的雌激素作用。胚胎 8～24 周是性别分化的重要时期。性激素的分泌是否充足，决定着胎儿的外生殖器形成得是否正常，也决定着脑结构的性别分化。如果没有充分的自身合成的雄激素，那么胎儿就会受到来自母体的雌激素作用，使胎儿女性化方面发展。

(一) 性激素与受体结合的分子生物学基础

雌激素和雄激素均是通过与雌激素受体(estrogen receptor，ER)结合而实现其功能的。

ER 广泛分布在爬行动物、两栖动物、鸟类和哺乳类动物的间脑中，说明其系统进化的保守性，但是 ER 在大脑皮层中的分布却差异较大，与脑的进化和性别分化有关。发育中的脑含有很多雌激素受体，对发育有持久性作用，表现出多方面的影响：对脑细胞的凋亡有调节作用，对突触形成的调节，对神经元和胶质细胞形态学的影响，调节钙离子流、即刻早基因表达和对蛋白激酶活性的影响等。这些效应是通过不同的分子生物学机制来实现的。

性激素的生物效应主要是中介于细胞核内的基因转录因子诱导作用而实现的，此外还有三类细胞核以外的作用机制：经典雌激素受体激活作用，形成同质双体(共激活体或共抑制体)，进入细胞核促进基因转录；在细胞核以外发生的 ER 受体结合作用；不是通过 ER，而是通过其他受体而发挥作用。中介于细胞核内的基因转录因子的诱导作用与核外三种作用途径如图 12-1 所示，并分别说明如下。

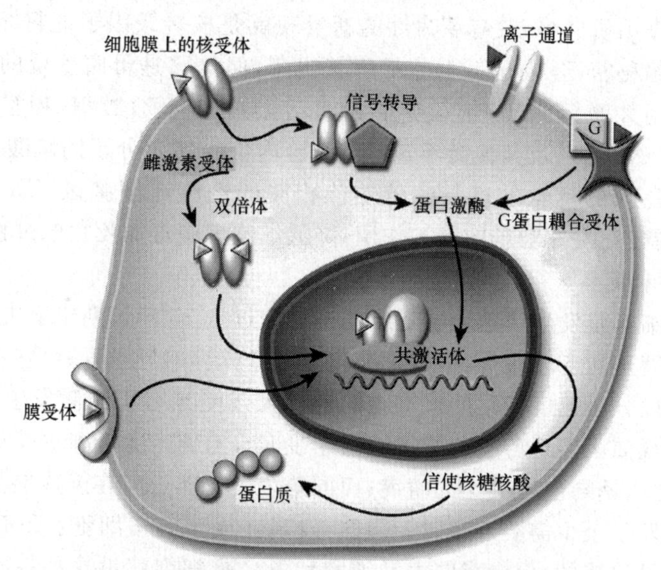

图 12-1　性激素与受体结合的分子生物学机理

1. 核受体和基因转录

雌激素受体 ERS 是核转录因子超级家族的一个成员，其特点是具有激素反应成分(HRE)的受体，以 HRE 作为靶的中心 DNA 结合域。DNA 结合位含有两个核苷酸结合为一个同源双体，这就是 HRE，即激素反应成分。所有甾体受体都具有一个配体结合域，当其与配体结合就会发生受体分子的构型变换和功能改变，1999 年被统一命名，以 P-450 基因超级家族的系统发生为基础，将甾体和甾体类受体命名为 NR3。对雌二醇的受体 ER_α 和 ER_β 分别命名为 NR3A 和 NR3A2；两个雌激素相关的孤受体（ERR_α/ERR1 和 ERR_β/ERR2）命名为 NR3β1 和 NR3β2。没有配体时 ERS 和其他核受体一样，存在一个热休克蛋白质特性的多蛋白复合体处于失活状态。当与配体结合时，热休克蛋白质发生变构作用，形成同质或异质双体，变成新蛋白质，并形成转录活性蛋白质复合体。在绝大多数组织的细胞内，ER 存在于细胞核内，但在脑内由于神经元和胶质细胞的复杂形态等因素，使 ER 分布于细胞核以外相当大距离的位置上，使 ER 活性变化，产生非转录效应。

2. 共激活体

任何一种具有转录能力的核受体成分，都涉及一系列附属蛋白质，在细胞内发挥增强或抑制受体活性的作用。最早发现的共激活体（coactivators）是 5-羟色胺受体，这是决定脑性别差异机制中的一个环节，即雌激素锁定脑性别差异的环节之一。ER 的激活需要 SRC 或其他共激活体在受体的两个不同位置上与受体结合，这种机制使 ER 影响基因转录的作用甚至没有 ERE 存在时也能发生。

3. 核外受体和信号转导

甾体激素作用研究中，最有革命性的新发现就是核转录因子的超级家族含有蛋白激酶激活能力的秘密，至今还不十分了解其内幕，但这已是毋庸置疑的事实，ER 与蛋白激酶相互作用并激活它们，例如分裂素激活蛋白（MAP）激酶，相互作用的结果是 ERR、CREB 或 AKT 以及其他尚不知道的细胞内信号转导分子的磷酸化，最终导致核内基因转录。在脑的视觉前区与生殖功能相关的性两形细胞区，ER 通过 CREB 和 MAP 激酶的磷酸化发挥对脑的保护作用，降低细胞因中毒而死亡的过程。

4. 膜效应和受体

雌激素在细胞膜发生快速生物效应的机理是过去 25 年长期未解决的问题，雌二醇在血液中的浓度虽然变化很大，但这种变化是以日计算的慢过程；而它在细胞膜上的快速激活效应是以分秒速度变化的。动物的性行为或受到有害刺激发生的快速反应时，在脊髓中枢和视前区发现芳香化酶活性发生变化。在成年动物脑中，发现雌二醇能在不到 30 分钟之内诱导出树突上的嵴突；而同等浓度的雌二醇在未成熟的动物脑内引起树突上的嵴突发生至少需要 4 小时。同样，发现在成熟海马细胞和下丘脑细胞中诱导出钙流入效应是快速的；但未成熟海马细胞和下丘脑细胞就没这种效应。青春期以后的下丘脑星形胶质细胞受到雌激素快速的膜生物效应影响，大量自由钙流入细胞内促进黄体酮孕激素的合成，但在新生儿脑内就没有这种作用。可能发育中的脑具有抗快速膜效应的免疫功能，以保护其在敏感期所具有的激素慢性组织效应。这对于脑的性别分化是十分重要的，它保证脑的性别与体内性腺性别一致分化，以及与此相一致的生理和行为间的协调一致性发展。

（二）性激素对脑性别分化的作用

在功能上，脑的性别分化主要是与生殖功能相关的环节，包括雄性攻击行为，母性攻击行为等；在结构上，脑的性别分化体现在脑容量和神经联系方面的差异以及作为性行为的脑中枢的不同；在生理方面，性别分化体现在神经递质和神经生化以及相应神经元的差异上。

（1）性分化与性别确定

2001年美国科学院发表关于人类健康的科学政策问题的报告时，最受关注的是性因素对健康问题的生物学作用，首当其冲的是关于性和性别的定义。性（sex）是按生殖器官不同对生物体所做的分类；性别（gender）则是一个人的自我表达的基础，包括外生殖器和次级性征的形成，是在发育的适当时期表现出来的。性别确定是导致全部与性别表达有关特征形成的过程。脑的性分化，仅仅指性激素驱动的脑结构和功能特点的形成过程，仅发生在一个特殊的关键期，大约是出生前后很短的时间内，灵长类和人类脑的性分化发生在胚胎中、晚期。现代社会中，性行为的多种表现形式虽然有社会因素的作用，但其性生物学因素可能是最重要的基础。至少，脑的性分化、性器官发育和性别确定三者的关系并不总是完全一致的。

（2）脑性分化的组织作用和激活作用

这种理论建立在两种科学事实的基础上，一是性行为，二是促性腺激素分泌的周期性和脉冲性。对于男性性行为必须在个体发育早期就有雄激素的作用，还必须在成年期雄激素的作用基础上才会表现完善；对于女性，必须在早期没有受到雄激素的作用，才能在成年期出现性行为，生殖系统才可能有促黄体生成激素的作用。如果在未成年期用大量雄激素处置，她就会出现男性性征。性激素对性行为的激活作用对两性来说是相同的，是指成年以后的性行为由相应激素水平所确定。长期大量激素作用也会导致性行为变化，大量使用外源性雄激素，女性也会表现出男性性行为。对激素的组织化作用则主要是指雄激素的作用，因为雌性是遗传上已经预置的脑发育方向，只要没有雄激素的作用，脑就会按预置的雌激素作用发育下去，可能是母体血液中所含雌激素作用的结果。

（3）脑性分化的芳香化理论

雌激素特别是雌二醇（estradiol）是由甾酮或称睾丸酮（testosterone）A环芳香化而形成，芳香化是借助P450芳香化酶（又称雌二醇合成酶）的作用而实现的。因此，可以说雌二醇的前体是睾丸酮（甾酮）。在含有性两形性细胞的脑结构，即在视前区和下丘脑腹内侧核细胞内，芳香化酶含量最高，其次是端脑和间脑也有少量芳香化酶。所以，1975年Naftolin认为，由雄性激素经芳香化酶作用生成雌二醇的过程，在性分化中发挥重要作用。此理论的最大问题是胎盘蛋白对母体激素的选择性准入性能。有一种先天性肾上腺功能亢进症（congenital adrenal hyperplasia，CAH），这种女婴出生时外生殖器部分男性化。日本、欧洲和北美洲的一些病例报道，其脑结构和功能也发生男性化趋势，且其男性化程度与外生殖器畸形程度是相关的。这是由于肾上腺合成的雄激素过多造成的。雌二醇对成年动物和新生儿脑树突嵴突形成的作用不同，表现为发生作用的脑结构和作用持续时间的差异。在雌性成年个体，雌二醇诱导海马的嵴突多于其他脑结构 30%，而且形成的新嵴突不稳定，雌二醇浓度下降则嵴突数量也减少；在新生儿中，雌激素诱导下丘脑视前区的嵴突高于其他脑结构 200%～300%，而且增多的嵴突是永久性的。

(4) 男性化、去女性化和女性化问题

在婴幼儿期和胎儿期，性分化体现在脑结构发育的差异上；而成年个体则体现在性行为之别。女性的下丘脑腹内侧核（VMN）在性行为中是重要中枢；男性的视前区（POA）是性行为中枢。成年个体的两性差异，主要体现在性行为以及两性人格的差异中。对性行为类型和脑结构的关系问题，目前有两种观点：一种认为男、女性别分化是一个维度的两个极端，一端为完全男性，另一端是完全女性，胚胎初期处于中间状态，出生前决定了成年之后的性行为类型；另一种观点是二维决定出四种成年性行为类型：完全男性性行为、完全女性性行为、不男不女、又男又女。在动物实验中，胚胎期的大鼠给予 PGE_2 处理就会导致这种又雄又雌的两性行为类型；男性新生儿用环氧化酶抑制剂阻断内生性 PGE_2 的形成，成年以后，无论使其血液的性激素怎样变化，性行为都丧失了。由此证明，男性化和去女性化是两个彼此独立的过程，二维理论是正确的。去女性化是一种中介于雌二醇的主动过程，防止女性脑功能回路的形成；永久性抑制成年后出现女性性行为。男、女两性的脑回路差别是女性的下丘脑腹内侧核神经元有较长而多分枝的树突以及树突上分布较密的嵴突。为什么除了男性化和女性化之外，还有去女性化的机制呢？可能是与雌激素受体 ER 有两种类型 ERα 和 ERβ 有关。利用基因敲除技术产生一种小鼠称为 ERKO 种系，其缺乏 ERβ 型受体，只有 ERα 受体，这种动物表现出去雌性化，也就是完全男性的性行为。它们的突触后嵴突能在受刺激后快速形成(6 小时之内)。由于女性化发展是遗传上预置状态，去女性化撤出了预置状态，为男性化提供了前提。

二、大脑白质发育的性别差异

磁共振成像技术提供了测量脑结构中白质和灰质的比例方法，结果表明，男人脑的白质（主要是胼胝体）和灰质的比率明显小于女人。人类以外的其他动物的两性比较也发现雄性动物脑体积大于雌性；但白质量小于雌性。男性脑神经元数量较多(灰质)，神经元排列致密，细胞间短距离纤维联系较多，两半球间长距离纤维(胼胝体)较少。生理功能研究发现，执行语言作业中女性脑是两半球双侧激活。在脑磁图研究中发现男性额叶和顶叶间，在执行认知作业时发生锁相性变化，证明两个脑叶间发生长距离的功能联系。

（一）脑白质发育的极端男性化

这种理论对儿童自闭症的解释具有较大的代表性，提出自闭症的脑是极端男性化的脑（extreme male brain，EMB）。EMB理论认为自闭症的脑在E-S人格维度上处于极端的S端，而E端发育不良。成年以后的人格心理测验，得到较高的系统化商（SQ），情感再认测验所得的EQ值很低。通过磁共振成像技术可以测量脑内短距离纤维和长距离纤维的比值，发现自闭症儿童短距离纤维较多。由于长距离纤维发育不足，难以从多个大脑区之间聚合神经信息，导致“移情”品格发育不好。自闭症儿童的头颅及颅脑内的脑比同龄儿童的大；但其内囊和胼胝体的比例较小，18～35月龄的自闭症儿童脑内杏仁核的体积异常大，直到少年期之前杏仁核才不再增大。胚胎期和新生儿早期雄性激素，包括前列腺素对脑的发育占主导作用。这些脂肪性结构的雄激素分子，可以透过血脑屏障和脑细胞膜，在细胞质内与受体结合，然后进入细胞核促进脱氧核糖核酸转录，并中介脑内的神经营养因子，使神经元树突生长较多的嵴突，有利于短距离纤维联系的形成。从图12-2可见，白色的深层纤维明显少于浅层白质纤维。

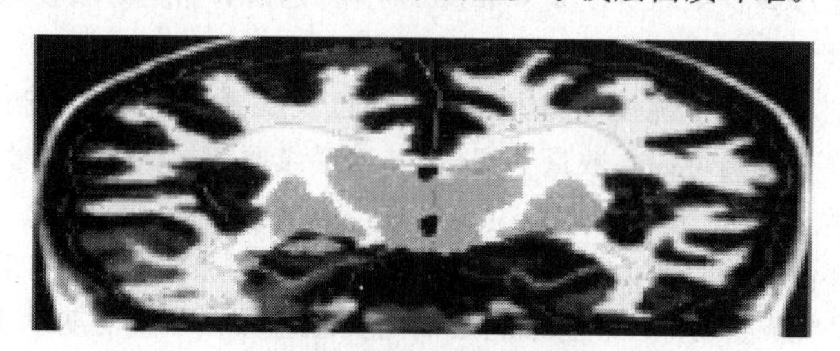

图12-2 自闭症儿童深层白质发育不足

深灰色为浅层白质，白色为深层白质

（二）婴幼儿脑和神经纤维髓鞘化的发育过程

婴幼儿的脑从胚胎期开始发育，出生时重量已经达到成人的25%；大脑皮层出现6层结构，但沟回还不明显，树突短小，部分神经轴突还未髓鞘化；脑细胞的数目和成人相同，但细胞较小，突触尚未完全形成。六七个月龄的婴儿脑重，达到成人脑重的50%，脑细胞分化，生成新突触，细胞构筑和层次分化已基本完成，大多数沟回都已出现，脑岛已被临近脑叶掩盖，脑内基本感觉通路已髓鞘化。二三岁儿童脑重约为成人的75%，脑的各部分大小和比例已经类似成人大脑。轴突基本开始髓鞘化，白质与灰质明显分开。

婴幼儿脑重量的增加是由于神经细胞结构复杂化和神经纤维分支增多的结果。脑结构复杂化主要表现在神经细胞体积增大，神经细胞突触的数量和轴突长度增加；神经纤维深入到各个皮层，逐渐完成纤维髓鞘化；大脑皮层的沟回加深，皮层传导通路髓鞘化（依次为感觉通路、运动通路、与智力活动有关的额、颞、顶叶髓鞘化）。最终使神经兴奋的传导更加精确、迅速。

三 、脑在发育中对能量代谢的特殊需求

成人的脑重量约占体重的2%,但消耗的体内葡萄糖却占了总数的20%。与成人相比,婴儿期脑发育(上述细胞形态等变化)的耗氧量以及葡萄糖的消耗量占全身耗氧量以及葡萄糖总量的60%。由于轴突髓鞘化过程,体内需要合成大量脂肪和蛋白质,这是消耗大量葡萄糖的主要原因。在脑的发生和发育中有两个特殊时期,是其他器官所没有的。在胚胎6个月时,脑细胞增殖达到顶峰,脑细胞数是成人的两倍。随后的2~3个月内,淘汰一半,保留功能良好者。可见,在脑的发生和发育中投入的营养代价是很大的。在出生时这些被保留的"优胜者"细胞和成年人脑细胞相比,虽然数量相等,但细胞树突的嵴突很少,还没有与其他细胞形成突触。直到6周岁之前,脑内的突触总数逐年增加,6周岁时突触总数已是成年人的1.5倍,然后从6岁至20岁,逐年淘汰一些用处不大的突触。所以在少年儿童和青少年的脑发育中,所需能量和营养是很大的。少年儿童和青少年之所以大多数喜欢吃糖,是因为糖类易吸收,易为脑利用。但只注意甜食是远远不够的,必须给予含有丰富蛋白质的食物。

童年期大脑和神经系统较之身体的其他部位发展更快。此时大脑迅速地变化,某些脑区域成分在短期内可以在数量上翻倍,结构继续重组、体积继续增长,主要是因为髓鞘化和树突数量及大小的增加,大约6岁时,髓鞘化全部完成。

大脑额叶部位的增长速度最快,这个部位主要与语言和智力发展有关,研究表明额叶是大脑皮层中最晚成熟的部位。脑细胞之间的突触总数在学龄前期迅速增长,6岁时脑的突触总数是成人的1.5倍,随后再筛选突触,淘汰三分之一突触,逐渐达到成人水平。

第二节 脑的衰老

一、程序性细胞凋亡基因与神经退行性变化

神经退行性变化是生物体全身退行性变化的组成部分。退行性变化(degeneration)的主要分子生物学基础是一种称之为程序性细胞凋亡的基因(apoptosis DNA)。这种基因控制生物体内的许多生物化学事件,导致细胞形态学变化,包括细胞内空泡,细胞膜皱缩,细胞核破碎、染色质凝聚和DNA破碎,最终导致细胞凋亡。8~14岁儿童,每天约有200~300亿个细胞自然凋亡,成年人每天约500~700亿个细胞凋亡。这些细胞的凋亡就像大树落叶一样是自然变化新陈代谢的过程。与细胞坏死(necrosis)不同,每天机体又会通过细胞分裂(mitosis)有新的细胞生成代替,所以细胞凋亡和细胞分裂是平衡的。程序性凋亡基因的发现,经过了30多年漫长的研究历史,直到2000年3月14日,这项研究的科学家Derr和Howvit才获得诺贝尔生理学或医学奖。

即使是儿童和年轻人,程序性凋亡基因也每日每时地发生作用,平衡性调节细胞分

裂和细胞凋亡的关系。但是到中年以后，细胞凋亡的速度超过细胞分裂的速度，造成某些重要器官的缩萎和容积减少。马永兴等综述(2008)40～50 岁开始，大脑逐渐萎缩，50 岁时大脑平均重量为 1350 克，15 年以后可能只有 1200 克，大脑皮层脑沟裂变宽，50 岁以后大脑额叶每年缺失 0.55%，高于脑其他区的退行性变化的 2 倍。神经退行性变化，就是全身老化变化的组成部分。任何超过 50 岁以上中老年人，神经退行性变化是不可避免的，但绝大多数中老年人的神经退行性变化并不会出现退行性疾病，这是由于机体的代偿作用，使继续生存的细胞发挥更大的生物学效应，代偿了凋亡的细胞。例如 60～70 岁的老年人脑细胞凋亡导致脑萎缩 10%，表现为 CT 成像中脑室增大，脑沟裂增宽，但并不一定会表现为智能衰退。相反，年老心理学研究表明，老年人的晶态智力不但不比年轻人差，而且在某些方面还会更加优于年轻人。

伴随着脑结构的退行性变化，脑的血液供应减少了，80 岁老人的脑血流量比青壮年降低了 20%左右。由于脑血流量减少，脑内葡萄糖利用率降低，脑耗氧量也降低。总之，脑的能量代谢普遍降低。此外，与神经功能密切相关的某些脑内化学物质也发生了显著变化。参与神经细胞间神经冲动传递的一些活性物质，如单胺类的小分子物质和某些氨基酸与胆碱类物质，在脑内不同区的浓度都有所降低。和这些活性物质合成与代谢有关的更大分子的物质，如各种酶也有相应的减少。值得特殊注意的是与神经内分泌功能有关的脑内代谢过程，年老时发生显而易见的变化。进入老年之前，人们就失去了生殖功能，这就是脑与机体神经内分泌功能降低的表现。神经内分泌系统由五个环节构成，其中三个环节都位于脑内，所以，脑内的变化居于中心环节。

老年人运动功能的改变，主要是随意运动方面的变化，运动速度较慢，灵活性不佳。此外，锥体外系功能和平衡功能的改变也影响随意运动的速度，如帕金森氏病.韩廷顿舞蹈症等，不但出现运动迟缓，步态不稳和奇异动作，并伴有精神活动的改变。

老年常见的平衡障碍有三种：摔跤、摇摆和步履不稳。摔跤，75 岁以后的妇女比男人更常见，多在缓慢安静走路时或从座位起立时摔倒，说明躯体重力分布变化时不能达到新的平衡状态而造成的。摇摆是在老人安静站立时发生，它表明维持躯体姿势的肌肉不断地进行精细调节。脑部有其他器质性损伤时摇摆就更加重。步履不稳，是表现在连续走步时，步子大小不匀。

平衡障碍的机制比较复杂，涉及较多系统，目前认为锥体细胞参与的肌肉抗引力作用发生退行性变化是最主要的，因为锥体细胞老年过程明显退化；其次，视觉、前庭觉的敏锐度下降，肌肉关节的感受器退化等多方面因素也造成了平衡障碍。

在脑结构和某些物质改变的基础上，脑的生理功能也发生了复杂变化。使用传统方法描记的脑电波，波幅和频率都趋于降低。这似乎与脑血供应和脑能量代谢降低是一致的。20 世纪 70 年代以来，被誉为“脑功能之窗”的平均诱发电位研究，发现这类脑电反应的晚成分随年老过程发生较明显改变，而早成分变化不大。前者表明脑中枢的功能在年老过程中发生了一定的变化；后者表明感觉传入功能改变不大。由此可见，电生理学的研究发现与心理学研究，并不完全吻合。从心理学研究的事实来看，年老过程中，感知和运动功能发生了显著改变，而高级心理过程未发生显著变化。由此进一步说明，脑结构和生理功能的退行性变化，与心理活动的改变并不完全是一回事。

二、老年期神经退行性疾病

(一) 老年退行性痴呆

老年退行性痴呆，是由于脑的退行性变化而出现的严重智能障碍。痴呆是精神病学的诊断术语，退行性痴呆虽然与年老过程脑的退行性变化有关，但这种脑的退行性变化并不必然与老年有关。有些患者仅 20 岁左右，就过早衰老，出现了退行性痴呆症状。老年退行性痴呆中最典型的代表性疾病就是阿尔采莫氏(Alzeimer's)疾病，此外还有皮克氏(Pick's)病等。

最早于 1907 年，由阿尔采莫医生报道的一位 51 岁女病人，以进行性记忆衰退为最初的突出症状，并偶见被迫害妄想，持续 2～4 年后病情加重，完全丧失时间、空间和人物定向能力；三维立体结构的失认症；手和嘴的失用症以及失语症等逐渐出现，继而出现人格和行为紊乱，不知秽洁，饮食无度，最后大小便不能自理，卧床不起直至死亡。总病程大约 7～10 年之久。阿尔采莫氏症病人的剖检表明：神经炎斑块和神经元纤维缠结主要发生在海马、大脑皮层，尤以顶、颞叶为甚。皮克氏的病理变化在额叶更为显著。

20 世纪 80 年代以后，利用分子生物学的遗传基因分析技术，对病人脑细胞内神经炎斑块作了细致分析，从淀粉样的变性蛋白质中，分离出称为 A4 的多肽分子，它由 42～43 个氨基酸残基组成。近两年追踪研究发现，A4 多肽是从一种跨膜蛋白质 APP695 生成。它是由 695 个氨基酸残基组成的蛋白质分子，分子大部分游离在细胞膜外，膜内只有少部分。细胞膜外游离的 APP695 分子对年老过程的一些不良因素十分敏感，这些不良因素使 APP695 分子结构变型，造成膜内部分脱落而生成 A4，成为导致神经细胞蛋白质淀粉样变性的前奏。APP695 是怎样形成的，与遗传基因又有何关系？研究表明：人的第 21 对染色体负载着合成 APP770 蛋白质的密码，经信使 RNA(mRNA)的转录合成 APP770，经过两次剪裁形成了 APP695。阿尔采莫氏病人的第 21 对染色体与正常人的二倍体不同，而是三倍体。染色体的异常使 DNA 信息向 mRNA 转录时，缺少一种合成抑制性蛋白酶的密码，因而造成 APP695 比正常人增多 2～3 倍。在这种脑代谢异常的背景上，加之不良的年老因素，就会引起 APP695 变构脱落出大量 A4 多肽，导致脑细胞蛋白质淀粉样变性和神经元纤维缠结。这一发现对进一步研究对阿尔采莫氏症的防治提供了分子生物学基础。通过基因重组技术，改变控制 APP695 合成的基因组，是攻克阿尔采莫氏症的一线曙光，在未来的神经生物学研究中，沿着这条路会取得更大进展。老年退行性痴呆又称阿尔采莫氏症(Alzheimers disease，AD)，是对人类危害很大的神经退行性疾病，其缓慢进行性恶化的疾病过程，可迁延十多年。脑神经细胞内的蛋白质发生淀粉样变性，从而形成神经炎性斑块，神经纤维发生缠结，是

AD 病理学基础。作为蛋白质淀粉样变性的可测性化指标，称 Aβ42 肽，即 42 肽链在 β 位发生淀粉样变化的病理性产物，其含量大于 3 nmol/g 脑组织，即可确诊为 AD。其含量高达 10 nmol/g，即可导致死亡。注入血液中放射性同位素标记的淀粉样变性配体，经正电子发射层描技术(PET)所做的脑成像研究发现，AD 人顶叶和额叶皮层，特别是后扣带回皮层淀粉变样性的 Aβ42 肽含量显著增高。近年研究发现，Aβ42 肽随老化过程在脑内含量有所增高，但正常老年人脑内存在清除机制。由于早年基因(presenilin 1 或 2)的突变，或由于其他因素，如免疫力下降或感染引起的 Aβ42 肽清除机制的受损造成其累积。特别是在边缘皮层和联络皮层的积累，导致细胞间突触传递效能的降低，对短时记忆功能发生明显的影响。这种行为水平的精细变化可持续多年。Aβ42 肽进一步累积才会形成神经炎斑块。因此，短时记忆障碍是淀粉样变性产生神经炎斑块的先兆。如果在这一阶段发现病人的其他病理变化，包括海马的明显萎缩和阿朴脂蛋白 APOE4 的免疫反应阳性，应采取早期预防措施：增强免疫力、抗炎治疗和功能训练等，可以有效延缓神经炎斑块的形成。如果在做出 AD 临床诊断之前一年采取这些干预措施，就可以延缓神经炎斑块的形成 10%～15%，临床诊断之前三年干预，可延缓 50%的进程，可使遗传基因突变而注定发生 AD 的，将疾病推迟 5～10 年出现，这也是病人及其亲属的莫大福音。然而，目前关于 AD 对短时记忆的哪类记忆特性或工作记忆哪一环节影响最大，文献报道却很少。

“脑意外”(brain failure)一词颇为盛行，特别是在英国，这是指脑动脉硬化造成脑供血不足而发生的脑病变，在痴呆症状方面类似于阿尔采莫氏疾病。此外，在几十年前所使用的老年前或早老性痴呆一词，在脑病理学对应于阿尔采莫氏疾病或应笼统称之为“老年性痴呆”。事实上，老年期的痴呆中，有 50%的病例是阿尔采莫氏疾病。

在死亡率方面，80%的老年精神病人和 70%的动脉硬化性精神病人，在发病后两年死亡。60 岁以上的器质性痴呆病人中的 50%在两年内死亡。但是 65 岁以上的阿尔采莫氏症患者，至少在确诊后仍能活 4～5 年，其中女性平均可活 6.17 年，男性平均活 4.09 年。

老年痴呆，发生于老年期，为一种慢性进行性精神衰退性疾病，主要临床表现为进行性的智能减退，尤以记忆障碍为主，同时还可有显著的情绪和人格改变，以及整个机体的衰老。年龄相关的智能损害在 65 岁以后加速了。假性痴呆和可逆性痴呆应该从这一诊断中排除。老年痴呆实际上是慢性进行性不可逆的脑器质性病变。

神经心理测验，做为临床诊断的辅助手段，并不能对老年痴呆的病源问题提供任何帮助，只能确定痴呆症状是否存在并估量其程度。因而它要对智能的五个方面进行全面测验：注意、语言、记忆、空间视觉能力和抽象认识能力，以便对痴呆诊断的 DS-Ⅲ标准做出更概括性的参照标准。其次，这一测验手段可以在正常老年人与痴呆老年人之间进行客观的对比。此外，对老年人的心理测验必须尽可能简便易行，因为老年人容易疲劳和注意力涣散，不能像成年人心理测验那样繁多。

心理状态简易检查法(Mini-Mental State Examination),非常适合对老人进行全面和多次重复的检查。它由30个简单问题组成:包括定向力13个问题,注意和计算5个问题,回忆3个问题,语言接受和表达能力9个问题。每对1题得1分,满分为30分,少于20分者可疑为痴呆。由于简便易行,可以用它对老年痴呆者进行多次重复检查,以便对比痴呆病情或改善程度。

韦氏成人智力测验(WAIS)中的某些分测验,如词汇分测验和相似性分测验可以检查老年人的语言概括能力和记忆功能;数字广度分测验能检查出视觉空间能力,知觉运动速度和记忆功能;木块设计测验可以检查视觉空间能力和问题解决能力。这类测验中,必须注意老年被试的教育和职业背景,因为它可能影响某些分测验的成绩,如词汇和相似性测验等。正常老年人的回答速度可能很慢,但痴呆者却可能不理解问题,不能完成以数字符号代替测验等项目。

短时记忆和长时记忆及其相互传递过程改变是老年人最突出和常见的功能变化,有很多方法可以进行这方面的测验。例如让被试学习和记住5~10对联想强度不同的词汇。一般有记忆障碍的人或痴呆者,对于生活中形成的老的词汇或过渡学习获得的词汇易于保存下来,对于新形成的联想词汇较难记住。痴呆的病人不能学会5对和5对以上词汇的联想。也可以让被试学习和记住10个通常采购的日用杂品的名字,痴呆病人一般不能记住5个以上的品名,经常只记住最后一个品名,甚至臆造出新的品名(实验中未曾提过的品名)。也还可以请被试记住10个内容相反的品名,测定短时和长时记忆,痴呆病人不能记住5个或5个以上的名称,回忆分数很差,但常保持对个别词的顺利回忆,这是阿尔采莫氏型痴呆的特点。此外,让被试看不同的简单几何图形,如三角、圆、方等,10秒钟呈现一个,并令其画出此图形。复杂的图形可令其临摹,或采用多项选择的方法。这样就可以测出非语言的短时记忆能力。痴呆病人很少能正确完成三项以上。记忆错误或搞混,常常是脑器质性病人出现的症状。上述一些简单测验,对于正常人和正常老年人来讲都比较容易,但痴呆者却很少能完全完成。除了完成项目的数量差别外,有些特殊性质的反应,对确定诊断也有重要参考价值。如福尔德(Fuld)及其同事发现,精神状态检查时,出现的词干扰现象,即在检查中前一项测验的词语反复出现在被试后面的回答之中。它与病人大脑皮层乙酰胆碱转换酶含量降低和大量皮层老年斑有关。痴呆的病人常出现的另一类特殊反应,是对语词成对回忆中的某些词有优势反应或易搞混,而在语词自由联想测验时,很难再现第一个词。这些特殊反应是病理性记忆障碍的标志,完全不同于正常年老过程的记忆减退现象。

此外,在检查中对于不同指导语和为了改善操作,主试会给予一定的启发,正常老人都很容易理解和努力改善或完成项目;但对痴呆病人,无论主试重复多少次指导语和提供启示,都无济于事。

原发性老年退行性痴呆(阿尔采莫型)在神经心理测验中的发现大体可分为三种类型。第一,各项测验或一部分项目的测验分数低于常模,并且他们日常生活方面也有显著的功能缺失。测验只不过能帮助证实存在着的全面性心理功能障碍。第二，学习、近事记忆和视觉空间功能的某些丧失，并伴有中度至重度的学习和近事记忆障碍和轻度的语言和抽象概括方面的障碍。远事记忆、口头和书面语言能力则不受影响，未发现障碍。尽管如此，这类心理测验的发现也不同于正常老年人的功能不足。无论性质和数量上这类变化都是痴呆的指征。最后，一部分病人心理测验的分数下降，严格限于学习和近事记忆，其他认识方面的变化与正常老人相似。如果病史和检查均排除其他特殊疾病引起的遗忘症，则根据心理测验的这一结果，仍可将这种病人诊断为阿尔采莫型痴呆，但这必须要随访 3～6 个月以后才能最后确诊。

（二）老年性帕金森氏病

帕金森氏病（Parkinson's disease）的临床特点是肌肉僵直和运动迟缓，在此基础上出现静止性震颤、姿势、平衡障碍、自主神经功能紊乱和痴呆。在老年性帕金森氏病中，特别是 70 岁以后发病者静止性震颤不明显，或完全没有。姿势、平衡障碍，自主神经功能紊乱和痴呆则是老年帕金森氏病的常见症状。老年性帕金森氏病的发病率是 2%，而 50 岁以下的发病率 8/10 万（每 10 万人有 8 人发病）。老年性帕金森氏病多为双侧对称性姿势改变。肌张力和运动缓慢，是最早的症状，甚至误认为是风湿症。姿势紧张度下降、尿失禁和便失禁是老人自主神经功能低下的表现。

帕金森氏病是由于基底神经节内多巴胺能末梢内多巴胺含量显著降低而引起的。这是由于黑质色素细胞损失 75%，使多巴胺减少而造成的。在纹状体内多巴胺末梢的突触后受体感受性并未发生变化，故外源性多巴类制剂如多巴胺的前体可以起治疗作用。多巴胺的受体在纹状体内是位于乙酰胆碱的中间神经元上，当多巴胺减少时，神经元上的乙酰胆碱与之平衡性失调，故使胆碱能亢进出现运动过度。所以帕金森氏病一方面可以用外源性左旋多巴治疗，另一方面也可用抗胆碱类药物治疗，两者均可使失去的平衡得以恢复。

20 世纪 80～90 年代脑移植手术治疗帕金森氏病曾风行一时，最初将人工流产胎儿脑的黑质神经细胞移植到病人中脑黑质中。随后由于伦理道德问题以及移植后的排斥问题改用病人自身肾上腺嗜铬细胞移植到中脑黑质。这种手术移植的治疗效果较好，但持续时间不理想，0.5～2 年内复发，使这一治疗方法冷落下来。2009 年 2 月在英国《自然》杂志上发表了一篇令人兴奋的短评，对当年进行过胎儿脑黑质细胞移植的老年尸检中发现，15 年以前移植的细胞仍在老年死前的脑内存活着，并且老年退行性变化的颗粒也出现在这个只有 15 岁龄的移植的细胞中。

（三）亨廷顿舞蹈症（Huntington chorea）

亨廷顿舞蹈症是老年性的晚发性舞蹈病，可发生于 60～80 岁间，伴有对称性运动障碍，发病缓慢。而急性发病者多为脑血管病变损及基底神经节而引起。亨廷顿舞蹈症主要表现为不自主的面部奇特表情，类似马戏团小丑，也有上肢和肩部自发性怪异运动。这些难以自己控制的运动改变，给人以怪癖行为的印象。

亨廷顿舞蹈症是由于基底神经节多巴胺末梢活动性增强的结果，可能是由于基底神经节的γ-氨基丁酸(GABA)对黑质抑制作用较低的结果。去甲肾上腺素和乙酰胆碱系统也发生变化。治疗采用多巴胺抑制剂，如甲基-酪氨酸，抑制酪氨酸羟化酶活性从而使多巴胺合成减少。

(四) 运动神经元的退行性病变

运动神经元病是一组选择性地损害脊髓前角、脑干颅神经的运动神经核细胞以及大脑运动皮质锥体细胞的进行性的神经肌肉退行性疾病。

常见的四种疾病：

(1) 肌萎缩侧索硬化：最多见，常在40～50岁发病，男性多于女性。多数病者起病缓慢，常从手部开始，无力和动作不灵活、手小肌萎缩；然后向前臂、上臂和肩胛带发展，由一侧上肢发展到另一侧。萎缩肌肉有明显的肌束颤动、吞咽困难、发音含糊，晚期可出现抬头困难、呼吸困难。最后常因呼吸麻痹或并发肺部感染而死亡。病程自1年半至10年以上不等。

(2) 进行性脊髓肌萎缩症：病变仅限于脊髓前角细胞，而且影响上运动神经元。按其发病年龄，病变部位又可分为：

① 成年型(远端型)进行性脊髓肌萎缩：多数起病于中年男性，从上肢远端开始，为一只手或两手无力、肌萎缩，渐向前臂、上臂、肩带肌发展。

② 少年型(近端型)进行性脊髓肌萎缩：可有家族史，为常染色体隐性或显性遗传，多数在青少年或儿童期发病，症状为骨盆带与下肢近端肌无力与肌萎缩，行走时步态摇摆不稳，站立时腹部前凸。

③ 婴儿型进行性脊肌萎缩：本病多为常染色体隐性遗传疾病，在母体内或出生后一年内发病。临床表现为躯干与四肢肌肉的无力与萎缩。在母体内发病者母亲可感到胎动减少或消失，出生后患儿哭声微弱、紫绀明显。

(3) 进行性延髓麻痹：多在中年后起病，出现声音嘶哑、说话不清、吞咽困难、唾液外流，进食或饮水时，发生呛咳，咳嗽无力，痰液不易外流等症状。

(4) 原发性侧索硬化：男性居多，临床症状表现为缓慢进展的双下肢或四肢无力、剪刀样步态。

参考文献

专著：

1. 沈政，林庶芝. 生理心理学(第二版). 北京：北京大学出版社，2007.

2. 沈政，林庶芝. 神经科学导论，呼和浩特市：内蒙教育出版社，1995.

3. 沈政，林庶芝. 脑膜拟与神经计算机，北京：北京大学出版社，1992.

4. 美国国家科学院多导生理记录仪测试评估委员会著. 测谎仪与测谎，刘歆超(译)，北京：中国人民公安大学出版社，2008.

5. Baars B. J. and Gage N. M. Cognition, Brain and Consciousness. Amsterdan: Academic Press, Elsevier Ltd. ,2007.

6. Gazzaniga M S, Ivry R B, Mangun G R. Cognitive Neuroscience——The Biology of the Mind. 2nd. W. W. Norton & Company, 2002.

7. Puves D, Brannon E M, Cabeza R, Huettel S A, LaBar K S, Platt M L and Woldorff M G. Principle of Cognitive Neuroscience. Sunderland, MA: Sinauer Associates Inc. , 2008.

8. Goldstein, E B. Sensation and Perception. Wadsworth Publishing, 2006.

9. Palmer S E. Vision Science: Photons to Phenomenology. The MIT Press, 1995.

10. Frith U. *Autism: explaining the Enigma*. 2nd ed. United Kingdom: Blackwell publishing, 2003.

研究报告

Adolphs R. Neural systems for recognizing emotion. Current Opinion in Neurobiology, 2002, 12:169—177.

Amodio D M, Frith C D. Meeting of minds: the medial frontal cortex and social cognition Nature Reviews. Neuroscience, 2006, 7:268—277.

Belmonte M, Allen G, & Beckel-Mitchener A, et al. Autism and Abnormal Development of Brain Connectivity. Journal of Neuroscience, 2004, 24(42):9228—9231.

Blake R. A primer on binocular rivalry, including current controversies. Brain and Mind, 2001, 2:5—38.

Brock J, Brown C C, Boucher J, Rippon G. The temporal binding deficit hypothesis of autism. Developmental and Psychopathology, 2002, 14:209—224.

Bulthoff H H, Edelman S. Psychophysical support for a two-dimensional view interpolation theory of object recognition. PNAS, 1992,89: 60—64.

Baddeley A. The episodic buffer: a new component of working memory? Trends in Cognitive Sciences, 2000, 4:417—423.

Bayley P J, O'Reilly R C, Curran T, Squire L R. New semantic learning in patients with large medial temporal lobe lesions. Hippocampus, 2008, 18:575—583.

Belmonte M, Allen G, Beckel-Mitchener A et al. Autism and Abnormal Development of Brain

Connectivity. Journal of Neuroscience, 2004, 24(42):9228—9231.

Brewer J B, Zhao Z, Desmond J E, Glover G H, Gabrieli J D E. Making memories: brain activity that predicts how well visual experience will be remembered. Science,1998 281:1185—1187.

Brock J, Brown C C,Boucher J, Rippon G. The temporal binding deficit hypothesis of autism. Developmental and Psychopathology, 2002, 14:209—224.

Chen J, Wang C, Qu H W, Li W R, Wu Y H, Wu X H, Schneider B A, Li L. Perceived spatial separation induced by the precedence effect releases Chinese speech from informational masking. Canadian Acoustics, 2004,32: 186—187.

Cilia R, Siri C, Marotta G, Isaias I U, Gaspari D D, Canesi M, Pezzoli G, Antonini A. Functional abnormalities underlying pathological gambling in Parkinson disease. Arch Neurol, 2008,65 (12):1604—1611.

Clifford C W G, Harris J A. Contexual modulation outside of awareness. Current Biology, 2005, 15: 574—579.

Coles M G H. Modern mind-brain reading Psychophysiology, Physiology and cognition. Psychophysiol. 1989, 26: 251—269.

Coles M G H, Grattong G, Donchin E. Detecting early communication: using measures of movement-related potentials to illuminate human information processing. Biol. Psychol, 1988, 26: 69—89.

Durston S, Konrad K. Integrating genetic, psychopharmacological and neuroimaging studies: A converging methods approach to understanding the neurobiology of ADHD. Developmental Cognitive Neuroscience, 2007, 27: 374—395.

Duncan J, Seitz R J, Kolodny J, Bor D, Herzog H, Ahmed A, Newell F N, Emslie H A. Neural Basis for General Intelligence. Science, 2000, 289:457—460.

Davachi L. Item, context and relational episodic encoding in humans. Current Opinion in Neurobiology, 2006, 16: 693—700.

Ekstrom L B, Roelfsema P R, Arsenaul J T, Bonmassar G, Vanduffel W. Bottom-Up dependent gating of frontal signals in early visual cortex. Science, 2008, 321: 414—417.

Eichenbaum H, Yonelinas A P, Ranganath C. The medial temporal lobe and recognition memory. Annual Review of Neuroscience, 2007, 30:123—152.

Eldridge L L, Knowlton B T, Furmanski C S, Bookheimer S Y, Engel S A. Remembering episodes: a selective role for the hippocampus during retrieval. Nature Neuroscience, 2000, 3: 1149—1152.

Fang F, Liu Y T, Shen Z. Lie detection with contingent negative variation. Int. J. Psychophysiol, 2003,50(3), 247—255.

Fang F, Shen Z. Detection of Deception With P300,// I. Hashimoto and R. Kakigi(eds)Recent Advances in Human Neurophysiology, Elsevier Science B. V. , 1998: 733—739.

Fang F, He S. Viewer-centered object representation in the human visual system revealed by viewpoint aftereffects. Neuron, 2005, 45, 793—800.

Frith U. Autism: explaining the enigma. 2nd ed. United Kingdom: Blackwell publishing,2003.

Gazzaniga M S. The law and neuroscience. Neuron, 2008,60:412—415.

Grandjean D, Sander D, Scherer K R. Conscious emotional experience emerges as a function of multilevel, appraisal-driven response synchronization, Consciousness and Cognition, 2008(17): 484—495.

He S, Cavanagh P, Intriligator J. Attention resolution and the locus of visual awareness, Nature, 1996, 383,334—337.

Henson R. A mini-review of fMRI studies of human medial temporal lobe activity associated with recognition memory. Quarterly Journal of Experimental Psychology Section B-Comparative and Physiological Psychology, 2005, 58:340—360.

Herbert M R, Ziegler D A, Markris N et al. Localization of white matter volume increase in autism and developmental language disorder. Annual Neurology, 2004, 55:530—540.

Hickok G, Poeppel D. Dorsal and ventral streams: a framework for understanding aspects of the functional anatomy of language. Cognition, 2004, 92 : 67—99.

Herbert M R, Ziegler D A, Markris N et al. Localization of white matter volume increase in autism and developmental language disorder. Annual Neurology, 2004, 55:530—540.

Holden C. Behavioral addictions: Do they exist? Science, 2001,294:980—982.

Holstege G G, Mouton L J, Gerrits P O. The Human Nervous System, Chapter36: emotional motor system. 2nd ed. San Diego: Academic Press, 2004:1306—1324.

Horwitz B, Rumsey J M, Grady C L, et al. The cerebral metabolic landscape in autism: intercorrelations of regional glucose utilization. Archives Neurology, 1988, 45:749—755.

Kalivas P W, Volkow N D. The Neural basis of addiction: A pathology of motivation and choice Focus J. Lifelong Learning in Psychiat. 2007: 208—218.

Khayat P S, Pooresmaeili A, Roelfsema P R. Time course of attentional modulation in the frontal eye field during curve tracing. J. Neurophysiol. 2009,101:1813—1822.

Kim C Y, Blake R. Psychophysical magic: rendering the visible 'invisible'. Trends in Cognitive Science, 2005, 9:381—388.

Knickmeyer R C, Baron-Cohen S. Fetal testosterone and sex differences in typical social development and in Autism. J Child Neurol. 2006, 21: 825—845.

Kober H, Barrett L F, Joseph J, Bliss-Moreau E, Lindquist K, Wagera T D. Functional grouping and cortical-subcortical interactions in emotion: A meta-analysis of neuroimaging studies. NeuroImage, 2008, 42 : 998—103.

Koers G. , Gaillard A W K, Mulder G. Evoked heart rate and blood pressure in an S1-S2 paradigm. Biological Psychology, 1997,46:247—274.

Koutstaal W, Verfaellie M, Schacter D L. Recognizing identical versus similar categorically related common objects: Further evidence for degraded gist representations in amnesia. Neuropsychology. 2001,15(2): 268—289.

Lamme V A F, Roelfsema P R. The distinct modes of vision offered by feedforward and recurrent processing. TINS, 2000, 23:571—579.

Levitin D J. Absolute memory for musical pitch: Evidence from production of learned melodies. Perception and Psychophysics, 1994,56, 414—423.

Lewis M D, Todd R M. The self-regulating brain: Cortical-subcortical feedback and the development of intelligence action Cogn. Develop. 2007, 22: 406—430.

Mathew K B, Allen G. Beckel-Mitchener A. M. et al. Autism and abnormal development of brain connectivity. The Journal of Neuroscience, 2004, 24:9228—9231.

McCarthy M M. Estradiol and the developing brain. Physiol. Rev, 2008, 88: 91—134.

Miyazaki K. Musical pitch identification by absolute pitch possessors. Perception and Psychophysics, 1988, 44, 501—512.

Ochsner K N. The Social-Emotional Processing Stream: Five Core constructs and their translational potential for schizophrenia and beyond. Biol Psychiat. 2008, 64:48—61.

Olofsson J K, Nordin S, Sequeira H, Polich J. Affective picture processing: An integrative review of ERP findings. Biol. Psychol, 2008,77 : 247—265.

Panksepp J. Emotional endophenotypes in evolutionary psychiatry. Progress in Neuro-Psychopharmacology & Biological Psychiatry, 2006, 30: 774—784.

Pollmann S, Manginelli A A. Early implicit contextual change detection in anterior prefrontal cortex Brain Res. 2009, BRES-38943; No. of pages: 6; 4C: 3.

Prabhakaran V, Narayanan K, Zhao Z, Gabrieli J D E. Integration of diverse information in working memory within the frontal lobe. Nature Neuroscience, 2000, 3:85—90.

Ranganath C, Yonelinas A P, Cohen M X, Dy C J, Tom S M, D'Esposito M. Dissociable correlates of recollection and familiarity within the medial temporal lobes. Neuropsychologia, 2004, 42: 2—13.

Reverberi C, Shallice T, Agostini S D, Skrap M, Bonatti L L. Cortical bases of elementary deductive reasoning: inference, memory, and metadeduction. Neuropsychologia, 2009, 47:1107—1116.

Rizzolatti G and Fabbri-Destro M. The mirror system and its role in social cognition. Current Opinion in Neurobiology, 2008, 18:179—184.

Rodriguez-Moreno D, Hirsch J. The dynamics of deductive reasoning: An fMRI investigation. Neuropsychologia, 2009,47: 949—961.

Russell J A. Core affect and the psychological construction of emotion. Psychol Rev, 2003, 110: 145—172.

Rushworth M F S et al. Contrasting roles for cingulate and orbitofrontal cortex in decisionsand social behaviour. Trends in Cog Sci 2007,11:168—176.

Sacks O, Schlaug G, Jancke L, Huang Y, Steinmetz H. Musical ability. Science, 1995, 268, 621—622.

Sagovlden T, Aase H, Johansen E B, Russell V A. The dynamic developmental theory of attention-deficit/hyperactivity disorder (ADHD) predominantly hyperactive/impulsive and combined subtypes, *Behavioral and Brain Science*,2005, 28,397—468.

Schacter D L, Buckner R L. Priming and the brain. Neuron,1998,20:185—195.

Scott S K, Wise R J S. The functional neuroanatomy of prelexical processing in speech perception.. Cognition, 2004, 92:13—45.

Scott S K, Johnsrude I S. The neuroanatomical and functional organization of speech perception Trends in Neurosciences 2003, 26:100—107.

Shamay-Tsoory S G, Aharon-Peretz J, Perry D. Two systems for empathy: a double dissociation between emotional and cognitive empathy in inferior frontal gyrus versus ventromedial prefrontal lesions. Brain, doi:10.1093/brain/awn279(2008).

Shaw P, Eckstrand K, Sharp W, et al. Attention-deficit/hyperactivity disorder is characterized by a delay in cortical maturation. *PNAS*,2007, 49:19649—19654.

Soros P, Sokoloff L G. , Bose A, Anthony R, McIntosh A R, Graham S J, Stuss D T. Clustered functional MRI of overt speech production NeuroImage, 2006, 32, 376—387.

Spence S A et al. Munchausen's syndrome by proxy' or a 'miscarriage of justice'? An initial application of functional neuroimaging to the question of guilt versus innocence. Eur Psychiatr. 2008, 23: 309—314.

Squire L R, Knowlton B, Musen G. The structure and organization of memory. Annual Review of Psychology, 1993,44:453—495.

Tong F. , Nakayama K, Vaughan T, Kanwisher N. Binocular rivalry and visual awareness in human extrastriate cortex. Neuron, 1998,21, 753—759.

Viggiano D. The hyperactive syndrome: metanalysis of genetic alterations, pharmacological treatments and brain lesions which increase locomotor activity. Behavioural Brain Research,2008, 194:1—14.

Wandell B A, Dunoulin S O, Brewer A A. Visual areas in humans. 2007,NRSC:00241, 1—8.

Wientjes C J E. Respiration in psychophysiology:methods and application. Biol. Psychol. 1992, 34:179—203.

Wig G. S, Grafton S T, Demos K E, Kelley W M. Reductions in neural activity underlie behavioral components of repetition priming. Nature Neuroscience, 2005,8:1228—1233.

Wolpe P R. Emerging neurotechnologies for lie detection: promose and perils. J. Bioethics,2005, 5: 39—49.

Yang J J, Meckingler A, Xu M W, Zhao Y B, Weng X C. Decreased parahippocampal activity in associative priming: Evidence from an event-related fMRI study. Learning & Memory, 2008, 15: 703—710.

Yang J J, Wu M, Shen Z. Preserved implicit from perception and orietation adaptation in visual form agnosia. Neuropsychologia, 2006, 44:1833—1842.